高校经典教材同步辅导丛书

传热学（第五版）
同步辅导及习题全解

主　编　陈国通　苏志平

中国水利水电出版社
www.waterpub.com.cn
·北京·

内 容 提 要

本书共有十一章，分别为：绪论、稳态热传导的规律及计算、非稳态热传导的计算、热传导问题的数值解法、对流传热的理论分析与实验研究基础、单相对流传热的实验关联式、相变对流传热的计算、热辐射基本定律和物体的辐射特性、辐射传热的计算、传热过程分析与换热器的热计算、传质学简介。本书按教材内容安排全书结构，各章（除第十一章）包括知识点归纳、难点解析、考研真题及期末考试真题、习题全解四部分内容。本书按教材内容，针对各章节习题给出详细解答，思路清晰、逻辑性强，循序渐进地帮助读者分析并解决问题，内容详尽、简明易懂。

本书可作为高等院校学生学习“传热学”课程的辅导教材，也可作为考研人员复习备考的辅导教材，同时可作为参考资料供教师备课、命题。

图书在版编目（CIP）数据

传热学（第五版）同步辅导及习题全解 / 陈国通，苏志平主编. -- 北京 : 中国水利水电出版社，2021.12（2024.8 重印）
（高校经典教材同步辅导丛书）
ISBN 978-7-5170-9977-2

Ⅰ. ①传… Ⅱ. ①陈… ②苏… Ⅲ. ①传热学－高等学校－教学参考资料 Ⅳ. ①TK124

中国版本图书馆CIP数据核字(2021)第189394号

责任编辑：张玉玲　　加工编辑：刘　瑜　　封面设计：李　佳

书　名	高校经典教材同步辅导丛书 传热学（第五版）同步辅导及习题全解 CHUANREXUE（DI-WU BAN）TONGBU FUDAO JI XITI QUANJIE
作　者	主　编　陈国通　苏志平
出版发行	中国水利水电出版社 （北京市海淀区玉渊潭南路 1 号 D 座　100038） 网址：www.waterpub.com.cn E-mail：mchannel@263.net（答疑） sales@mwr.gov.cn 电话：（010）68545888（营销中心）、82562819（组稿）
经　售	北京科水图书销售有限公司 电话：（010）68545874、63202643 全国各地新华书店和相关出版物销售网点
排　版	北京万水电子信息有限公司
印　刷	三河市德贤弘印务有限公司
规　格	170mm×227mm　16 开本　20 印张　377 千字
版　次	2021 年 12 月第 1 版　2024 年 8 月第 2 次印刷
定　价	58.80 元

前言

陶文铨编著的《传热学》(第五版)以体系完整、结构严谨、层次清晰、深入浅出的特点成为这门课程的经典教材，被全国许多院校采用。为了帮助读者更好地学习这门课程，掌握更多的知识，我们根据多年的教学经验编写了这本与该教材配套的《传热学(第五版)同步辅导及习题全解》。本书旨在使广大读者理解基本概念，掌握基本知识，学会基本解题方法与解题技巧，进而提高应试能力。

本书作为一种辅助性的教材，具有较强的针对性、启发性、指导性和补充性。考虑到“传热学”这门课程的特点，我们在内容上做了以下安排：

1. 知识点归纳。对每章知识点做了简练概括，梳理了各知识点之间的脉络联系，突出各章主要定理及重要公式，使读者在各章学习过程中目标明确、有的放矢。

2. 难点解析。每章前面均对本章的知识要点进行了整理；综合众多参考资料，归纳了本章几乎所有的考点，便于读者学习与复习。

3. 考研真题及期末考试真题。精选历年研究生入学考试中具有代表性的试题并进行了详细的解答，以开拓读者的解题思路，使其能更好地掌握该课程的基本内容和解题方法。

4. 习题全解。教材中课后习题丰富、层次多样，针对许多基础性问题从多个角度帮助读者理解基本概念和基本理论，促其掌握基本解题方法。我们对教材的课后习题给出了详细的解答。

由于时间仓促及编者水平有限，书中难免有疏漏之处，敬请各位同行和读者给予批评和指正。如有疑问，请联系我们(微信：JZCS15652485156；QQ：471284015)。

编 者

2021 年 8 月

目 录
contents

目 录

contents

目 录

contents

第一章

绪　论

知识点归纳

1. 传热学

传热学是指研究温差引起的热能传递规律以及控制和优化热能传递过程的方法。热能的传递有三种基本方式:热传导、热对流、热辐射。

2. 热传导

热传导指物体各部分之间不发生相对位移时,依靠分子、原子及自由电子等微观粒子的热运动而产生的热能传递规律,简称导热。

3. 导热公式 —— 傅里叶定律

$$\Phi = -\lambda A \frac{\mathrm{d}t}{\mathrm{d}x}$$

式中　$\frac{\mathrm{d}t}{\mathrm{d}x}$—— 温度变化率;

A—— 垂直于热传导方向的横截面积,m^2;

λ—— 导热系数(热导率),其实是一个常物性参数,W/(m·K);

负号 —— 导热方向与温度升高的方向相反;

Φ—— 热流量,W。

4. 热对流

热对流指流体微团宏观运动,从而使流体各部分之间发生相对位移,冷、热流体相互掺混所引起的热量传递过程。

5. 对流换热公式 —— 牛顿冷却公式

$$\Phi = hA\Delta t$$

式中　Δt—— 冷、热物体的温差，K；

A—— 壁面面积，m^2；

h—— 对流换热系数，W/(m^2 · K)；

Φ—— 热流量，W。

6. 热辐射

具有不同表面温度的物体之间，依靠电磁波进行的热传递过程称为热辐射。

7. 辐射换热公式（斯忒藩 - 玻尔兹曼定律）

$$\Phi = A\sigma T^4$$

式中　T—— 黑体的热力学温度，K；

σ—— 斯忒藩 - 玻尔兹曼常量，其值为 5.67×10^{-8} W/(m^2 · K^4)；

A—— 辐射面积，m^2；

Φ—— 热流量，W。

8. 传热过程

热量由固体壁面一侧的流体通过壁面传递到另一侧流体中去的过程称为传热过程，其示意图如图 1-1 所示。

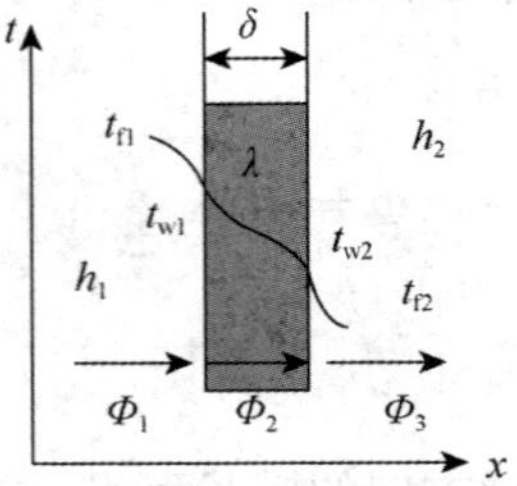

图 1-1　传热过程示意图

9. 传热方程式

$$\Phi = Ak(t_{f1} - t_{f2}) = Ak\Delta t$$

式中　Δt—— 壁面两侧冷、热流体的温差，K；

k—— 传热系数，W/(m^2 · K)；

A—— 垂直于热传导方向的横截面积，m^2；

Φ—— 热流量，W。

10. 传热系数 k

$$k=\frac{1}{\frac{1}{h_1}+\frac{\delta}{\lambda}+\frac{1}{h_2}}$$

式中　h_1、h_2—— 对流换热系数，$W/(m^2 \cdot K)$；

δ—— 壁厚，m；

λ—— 导热系数，$W/(m \cdot K)$。

11. 传热热阻 R

$$R=\frac{1}{Ak}$$

难点解析

三种热传导方式的特点：

1. 热传导的特点

(1) 导热依靠微观粒子(分子、原子、电子等)的无规则热运动，物体之间不发生宏观相对位移。

(2) 导热是物质的固有本质，在气体、液体和固体中存在。

2. 热对流的特点

有宏观运动，在气体、液体中进行。

3. 热辐射的特点

(1) 物体温度大于 0 K，就有辐射传热。

(2) 不依靠任何介质在真空中传播，有能量形式的变化。

考研真题及期末考试试题

1. (华中科技大学 2004 年考研真题) 对于室内安装的暖气设施，试说明从热水至室内空气的热量传递过程中包含哪些传热环节。

答：传热环节包括热水与暖气内壁面之间的对流传热和辐射传热、暖气内壁面与外壁面之间的导热、外壁面与室内空气的对流传热和辐射传热。

2.（重庆大学 2005 年考研真题）“对流传热”是否是基本的传热方式？它与“热对流”有何本质上的区别？解释这两种现象并比较。

答：对流传热不是基本的传热方式，它是指流体与相互接触的固体表面之间的一种热量传递过程，是热对流和导热的共同作用；而热对流是由于流体的宏观运动，使不同温度的流体发生相对位移而产生的热量传递现象，其只发生在流体中，并伴随着微观粒子热运动而产生的导热。

3.（北京航天航空大学 2005—2006 第 2 学期期末测试试题）判断题：流体发生热对流时，必然会伴有导热。

答：对。

习题全解

能量平衡分析

1-1 解题过程 因关闭门窗后，相当于隔绝了房间内外的热交换，但是电风扇要在房间内做功，产生热量为

$$15 \times 10 \times 3600 = 540000\ \text{J}$$

热量全部被房间的空气吸收而升温，空气在 20℃ 时的比热为 $c_p = 1.005\ \text{kJ/(kg} \cdot \text{K)}$，密度为 $\rho = 1.205\ \text{kg/m}^3$。所以

$$\Delta t = \frac{540000 \times 10^{-3}}{5 \times 3 \times 2.5 \times 1.205 \times 1.005} = 11.89℃$$

当他回来时房间的温度近似为 32℃。

1-2 解题过程 查教材附录可知，取空气的定压比热容和密度

$$c_p = 1.005\ \text{kJ/(kg} \cdot \text{K)} \quad \rho = 1.118\ \text{kg/m}^3$$

由题意可知 $\quad q = c_p \cdot q_m \cdot \Delta t = c_p \cdot q_m (t_2 - t_1)$

即 $$q_m=\frac{q}{c_p(t_2-t_1)}=\frac{1500}{1005\times(47-25)}=0.0678\ \text{kg/s}$$

$$q_m=\rho c A_2 \Rightarrow c=\frac{q_m}{\rho A_2}=\frac{0.0678}{1.118\times 60\times 10^{-8}}=10.114\ \text{m/s}$$

1-3 解题过程 电热器的加热功率：

$$P=\frac{Q}{\tau}=\frac{cm\Delta t}{\tau}=\frac{4.18\times 10^3\times 10^3\times 1000\times 10^{-6}\times(43-15)}{60}$$
$$=1950.6\ \text{W}=1.95\ \text{kW}$$

15 min 可节省的能量：

$$Q=cm\Delta t=4.18\times 10^3\times 10^3\times 1000\times 10^{-6}\times 15\times(27-15)=752400\text{J}$$
$$=752.4\ \text{kJ}$$

1-4 解题过程 图(a) 中热量交换的方式主要为热传导。

图(b) 中热量交换的方式主要有热传导和自然对流。

所以如果要通过实验来测定夹层中流体的导热系数，应采用图(a) 中的布置。

1-5 解题过程 (1) 球表面散热方式有热传导、热对流、热辐射。

(2) 换热方式：① 自然对流换热；② 自然对流与强制对流换热相当的过渡流传热；③ 强制对流换热。

1-6 解题过程 遮光罩与宇宙空间发生辐射换热及遮光罩外表与船体外表进行辐射。传热方式为热辐射。

1-7 解题过程 具有管道内流体与节点的对流换热、沿偶丝到节点的热传导和管道内壁到节点的热辐射。

1-8 解题过程 保温作用的原因：内胆外壁和外胆内壁涂了反射率很低的银，则通过内外胆向外辐射的热量很少，抽真空是为了减少内外胆之间的气体介质，以减少其对流换热的作用。如果密闭性被破坏，空气进入两层夹缝中形成了内外胆之间的对流传热，从而保温瓶的保温效果降低。

导热

1-9 解题过程 根据傅里叶定律有

$$\Phi=\lambda A\frac{\Delta t}{\delta}=1.5\times 12\times\frac{25-(-5)}{0.26}=2076.9\ \text{W}$$

1-10 解题过程 根据傅里叶公式：

$$\Phi = \frac{\lambda A \Delta t}{\delta} = \frac{1.04 \times 20 \times (520 - 50)}{0.13} = 75.2\ \text{kW}$$

每天用煤

$$\frac{24 \times 3600 \times 75.2}{2.09 \times 10^4} = 310.9\ \text{kg/d}$$

1-11 解题过程

$$q = \lambda \frac{\Delta t}{\delta}, \lambda = \frac{q\delta}{\Delta t} = \frac{15 \times 0.04}{40 - 30} = 0.06\ \text{W/(m·K)}$$

对流

1-12 解题过程 根据牛顿冷却公式：

$$\Phi = 2\pi rlh(t_w - t_f)$$

所以 $h = \dfrac{\Phi}{2\pi rl(t_w - t_f)} = \dfrac{\Phi}{\pi d(t_w - t_f)} = 49.33\ \text{W/(m}^2\text{·K)}$

1-13 解题过程 根据牛顿冷却公式有 $\Phi = Ah\Delta t$

所以 $h = \Phi / A\Delta t = 4423.2\ \text{W/(m}^2\text{·K)}$

1-14 解题过程

$$\begin{aligned}\Phi_{max} &= hA\Delta t \\ &= 175 \times [0.01 \times 0.01 + 4 \times (0.01 \times 0.001)](85 - 20) \\ &= 1.5925\ \text{W}\end{aligned}$$

1-15 解题过程 由题意知 $3500 \times 2\pi Rl = h \times 2\pi rl \times (80 - 45)$

又 $r = 18 - 2 = 16\ \text{mm}$

所以 $h = \dfrac{3500 \times 18}{16 \times (80 - 45)} = 112.5\ \text{W/(m}^2\text{·K)}$

1-16 解题过程 $A = \pi d \cdot H = 3.14 \times 0.25 \times 1.75 = 1.37375\ \text{m}^2$

所以当 $h_1 = 15\ \text{W/(m}^2\text{·K)}$ 时，散热量为

$$\Phi_1 = h_1 A(t_w - t_f) = 15 \times 1.37375 \times (30 - 20) = 206.063\ \text{W}$$

当 h 增大至 $h_2 = 50\ \text{W/(m}^2\text{·K)}$ 时，散热量为

$$\Phi_2 = h_2 A(t_w - t_f) = 50 \times 1.37375 \times (30 - 20) = 686.875\ \text{W}$$

由风冷温度的定义可知 $t_{风} = t_w - \dfrac{q_2}{h_1 A} = -3.3\ ℃$

辐射

1-17 解题过程 由题意知 $q_{1f}=\sigma T_1^4;q_{2f}=\sigma T_2^4;$

两板的换热量为 $q=\sigma(T_1^4-T_2^4)$

1-18 解题过程 $q=\varepsilon\sigma T^4=0.7\times5.67\times10^{-8}\times250^4=155\ \text{W/m}^2$

1-19 解题过程
$$\begin{aligned}\Phi_{辐射}&=\varepsilon A\sigma(T_1^4-T_2^4)\\&=0.9\times5.67\times10^{-8}\times[(85+273)^4-(20+273)^4]\times0.00014\\&=0.0645\ \text{W}\end{aligned}$$

$p\Phi_{对流}+\Phi_{辐射}=1.5925+0.0645=1.657\ \text{W}$

1-20 解题过程 电子元件的发热量 = 航天器的辐射散热量

即 $$Q=\varepsilon\sigma AT^4$$

所以 $$T=\sqrt[4]{Q/\varepsilon\sigma A}=187\ \text{K}$$

热阻分析

1-21 解题过程
$$R_1=\frac{1}{h_1}=0.010526=\text{m}^2\cdot\text{K/W};$$

$$R_2=\frac{\delta}{\lambda}=\frac{0.0025}{46.5}=5.376\times10^{-5}\text{m}^2\cdot\text{K/W};$$

$$R_3=\frac{1}{h_2}=\frac{1}{5800}=1.724\times10^{-4}=\text{m}^2\cdot\text{K/W}$$

则 $k=\dfrac{1}{\dfrac{1}{h_1}+\dfrac{1}{h_2}+\dfrac{\delta}{\lambda}}=94.7\ \text{W/(m}^2\cdot\text{K)}$,应强化气体侧表面传热。

1-22 解题过程 由题意得

$$\begin{aligned}k&=\frac{1}{\dfrac{1}{h_1}+\dfrac{\delta_1}{\lambda_1}+\dfrac{\delta_2}{\lambda_2}+\dfrac{\delta_3}{\lambda_3}+\dfrac{1}{h_2}}\\&=\frac{1}{\dfrac{1}{95}+\dfrac{0.002}{0.116}+\dfrac{0.0025}{46.5}+\dfrac{0.001}{1.15}+\dfrac{1}{5800}}\\&=34.6\ \text{W/(m}^2\cdot\text{K)}\end{aligned}$$

1-23 解题过程

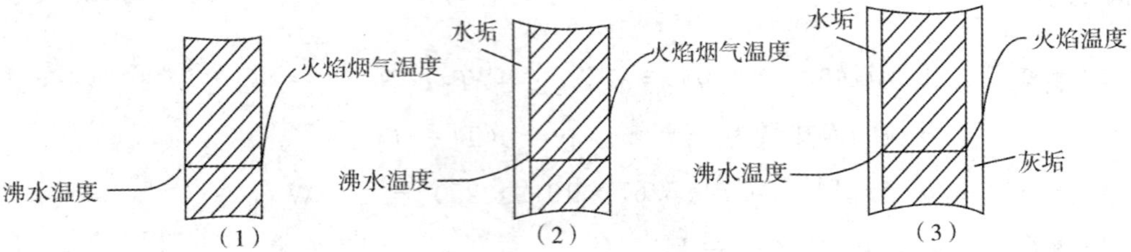

解 1-23 图

1-24 解题过程 由题意得

$$R_Z = \frac{1}{h_1} + \frac{\delta_1}{\lambda_1} + \frac{\delta_2}{\lambda_2} = 0.00071$$

所以 $$q = \frac{\Delta t}{R_Z} = \frac{t_{w1} - t_{f2}}{R_Z} = 225.35\ \mathrm{kW/m^2}$$

1-25 解题过程 因为稳态传热，所以通过每个截面的热流量都相等，热阻越小的串联环节温降小，则换热壁面温度越趋于接近，否则温差较大。

传热过程及综合分析

1-26 解题过程 由题意得

$$\Delta \bar{t} = \frac{\Delta t_1 + \Delta t_2}{2} = 7.35℃$$

又因为 $$\Phi = kA\Delta t$$

所以 $$k = \Phi / A\Delta t = 782.3\ \mathrm{W/(m^2 \cdot K)}$$

1-27 解题过程 下面 3 幅图从左至右依次表示题中 3 种情况。

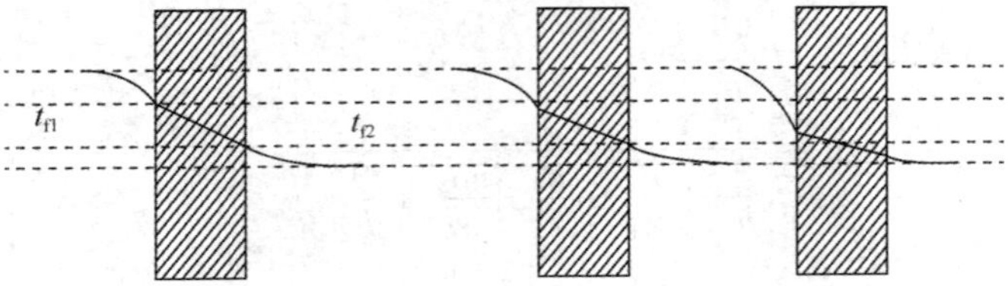

解 1-27 图

1-28 解题过程 下面 3 幅图从左至右依次表示题中 3 种情况。

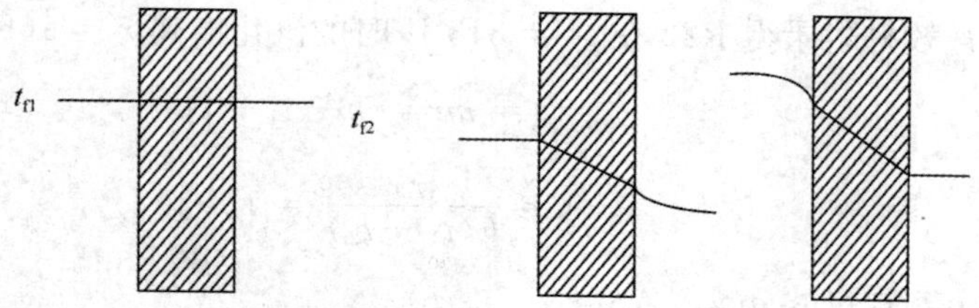

解 1-28 图

1-29 解题过程 因为$\dfrac{\delta}{\lambda}=0$；所以 $t_{w1}=t_{w2}$

又因为 $Ah_1(t_{f1}-t_{w1})=Ah_2(t_{w2}-t_{f2})$

所以(1)$h_1=h_2$ 时，$t_{w1}=t_{w2}=\dfrac{t_{f1}+t_{f2}}{2}$

(2)$h_1=2h_2$ 时，$t_{w1}=t_{w2}=\dfrac{2t_{f1}+t_{f2}}{3}$

(3)$h_1=0.5\ h_2$ 时，$t_{w1}=t_{w2}=\dfrac{t_{f1}+2t_{f2}}{3}$

1-30 解题过程 因为 $q=h_1(t_{f1}-t_{w1})=\dfrac{\lambda}{\delta}(t_{w1}-t_{w2})$

所以 $\lambda=\dfrac{h_1\delta(t_{f1}-t_{w1})}{t_{w1}-t_{w2}}=64\ \mathrm{W/(m\cdot K)}$

1-31 解题过程 在稳态工况下，因为 $\lambda A\ \dfrac{t_{w3}-t_{w2}}{\delta}=\sigma A(T_{w2}^4-T_{w1}^4)$

所以 $t_{w3}=\dfrac{\delta\sigma(T_{w2}^4-T_{w1}^4)}{\lambda}+t_{w2}=132.67\ ℃$

1-32 解题过程

$$\Phi=\frac{\Delta t}{\dfrac{1}{Ah_1}+\dfrac{1}{Ah_2}+\dfrac{\delta}{A\lambda}}=57.5\ \mathrm{W}$$

1-33 解题过程 由题意知

$$\Phi=\frac{\Delta t}{\dfrac{1}{Ah_{N1}}+\dfrac{1}{Ah_W}+\dfrac{\delta}{A\lambda}}=45.68\ \mathrm{W}$$

当室外风力减弱时 $h_W=30\ \mathrm{W/(m^2\cdot K)}$

$$\Phi=\frac{\Delta t}{\dfrac{1}{Ah_{N1}}+\dfrac{1}{Ah_W}+\dfrac{\delta}{A\lambda}}=45.52\ \mathrm{W}$$

1-34 解题过程 查教材附录得 R22 在 $t_1 = 313$ K 时的汽化潜热 $r = 166.16$ KJ/kg

$$Q = \dot{m}r = hA(t_1 - t_2)$$

$$A = \frac{\dot{m}r}{h(t_1 - t_2)} = 1.5\ \text{m}^2$$

1-35 解题过程 由题意可知 $\Phi = hA\Delta t$

所以 $h = \frac{\Phi}{A\Delta t} = \frac{1000}{0.2 \times (65 - 25)} = 125\ \text{W/(m}^2 \cdot \text{K)}$

辐射传热所带走的热量为

$$\begin{aligned}\Phi_{辐} &= \varepsilon\sigma A(T_w^4 - T_f^4)\\ &= 0.85 \times 5.67 \times 10^{-8} \times 0.2 \times [(273 + 30)^2 - (273 + 25)^4]\\ &= 5.231\ \text{W}\end{aligned}$$

1-36 解题过程 设冷却空气与叶片内表面的换热量为 Φ_1，则

$\Phi_1 = h_i A_i(t_{w内} - t_{fi}) = 320 \times 200 \times 10^{-6} \times (790 - 700) = 5.76\ \text{W}$

设高温燃气与叶片外表面的换热量为 Φ_2，则

$\Phi_2 = h_o A_o(t_{燃} - t_{w外}) = 1420 \times 2840 \times 10^{-6} \times (1000 - 820) = 725.904\ \text{W}$

因为 $\Phi_2 >> \Phi_1$，所以该叶片内的导热不是处于稳态的。

1-37 解题过程 由题意可知 $\Phi = \varepsilon\sigma A(T_w^4 - T_f^4)$

$$\begin{aligned}&= 0.05 \times 5.67 \times 10^{-8} \times 3 \times [(273 + 0)^4 - (273 - 100)^4]\\ &= 39.623\ \text{W}\end{aligned}$$

因为模拟舱向外界辐射能量，故模拟舱内的温度应该有所下降，因为舱内温度高于舱表面的温度，但此时模拟舱内温度保持恒定，故存在热源向模拟舱内供能。而宇航员只是热源中的一部分，因此这份能量不是全由宇航员身上散失的。

1-38 解题过程 (1) 由题意可知，该男子向环境散热的方式包括辐射传热和对流传热两种方式。

(2)(3) 由题意可知，该男子向环境的散热量为一常数。

因此 $$\Phi|_{t=0\text{h}} = \Phi|_{t=1\text{h}}$$

即 $hA(T_1 - T_2) + \varepsilon\sigma A(T_1^4 - T_2^4) = hA(T_1' - T_2') + \varepsilon\sigma A(T_1'^4 - T_2'^4)$

因为环境为无限大区域，所以认为 $T_2' \approx T_2 = 283.15$ K

所以得 $T_1' \approx T_1 = 304.15\ \text{K}$

所以 1 h 内的总辐射量为

$$\Phi_{辐} = \varepsilon\sigma A(T_1^4 - T_2^4)\cdot t$$

$$= 0.9\times 5.67\times 10^{-8}\times 3.14\times \frac{0.318}{100}\times 1.7\times (304.15^4 - 283.15^4)\times 3600$$

$$= 6.645\ \text{kJ}$$

所以 1 h 内的对流总散热量为

$$\Phi_{对} = hA(T_1 - T_2)t$$

$$= 20\times 3.14\times \frac{0.318}{100}\times 1.7\times (304.15 - 283.15)\times 3600$$

$$= 25.679\ \text{kJ}$$

单位换算

1-39 解题过程 $h = 1.163\times 1.04\times(\Delta t/d)^{1/4} \approx 1.21\left(\frac{\Delta t}{d}\right)^{1/4}\ \text{W/(m}^2\cdot\text{K)}$

1-40 解题过程 利用下列换算关系：

$1\ \text{kg/cm}^2 = 9.80665\times 10^4\ \text{N/m}^2 = 9.80665\ \text{N/cm}^2$

可得 $h = 0.8598\times 0.628\times[(9.80665\times 10^4 p)^{0.14} + 9.339\times 10^{-14}\times (9.8066\times 10^4 p^2)^2](1.163q)^{0.7}$

$= 2.9997[p^{0.14} + 1.797\times 10^{-14} p^2]q^{0.7}$

其中 0.8598 是单位为 $\text{W/(m}^2\cdot\text{K)}$ 的数字，p 的单位是 kg/cm^2，$1.163q$ 表示单位为 $\text{kcal/(m}^2\cdot\text{h)}$ 的 q 值乘以 1.163，即为用 W/m^2 作单位的q 值。

采用工具软件的题目

1-41 略

1-42 略

第二章 稳态热传导的规律及计算

知识点归纳

1. 温度场

温度场指各个时刻物体内各点温度组成的集合，又称为温度分布。一般地，物体的温度场是时间和空间的函数，其表达式为 $t = f(x, y, z, \tau)$。

2. 稳态温度场

稳态温度场指在稳态工作条件下，物体各点的温度不随时间而变化，其表达式为 $t = f(x, y, z)$。

3. 非稳态温度场

非稳态温度场指在工作条件变动时，物体各点的温度分布随时间变化，其表达式为 $t = f(x, y, z, \tau)$。

4. 等温面

等温面指温度场中同一瞬间相同温度各点连成的面的集合。

5. 等温线

等温面与任一平面的交线便是等温线，等温线不能相交。

6. 热流线

热流线指与等温线垂直的一组曲线，可以相交。

7. 温度梯度

在温度场中，温度在空间上改变的大小程度称为温度梯度，用 grad t 表示。

8. 导热基本定律

热流量
$$\Phi = -\lambda A \frac{\partial t}{\partial x}$$

热流密度
$$q = -\lambda \frac{\partial t}{\partial x} = -\lambda \mathrm{grad}t = -\lambda \frac{\partial t}{\partial n}\boldsymbol{n}$$

式中　$\boldsymbol{n}$—— 通过某点等温线上的法向单位矢量，指向温度升高的方向。

9. 导热系数

导热系数数值上等于在单位温度梯度作用下，物体内热流密度的矢量模，其表达式为

$$\lambda = \frac{|\boldsymbol{q}|}{\left|\frac{\partial t}{\partial n}\boldsymbol{n}\right|}$$

10. 导热系数的物理意义

导热系数表明物体导热能力的程度，是每单位温度梯度所传导的热流密度值。

11. 肋效率

肋效率指实际散热量与假设整个肋表面处于肋基温度下的散热量之比。

12. 接触热阻

两个名义上互相接触的固体表面，实际上接触仅发生在一些离散的面积元上，在未接触的界面之间的间隙中常常充满了空气或其他介质，从而使整个传热过程的热阻增大，称这部分因为接触元之间的缝隙而产生的热阻为接触热阻。

13. 导温系数

导温系数是指导热能力与吸热能力的比值，为物性参数，其表达式为 $a = \lambda/\rho c$。

难点解析

1. 导热微分方程

(1) 导热系数 λ 为常数：

$$\frac{\partial t}{\partial \tau} = a\left(\frac{\partial^2 t}{\partial x^2} + \frac{\partial^2 t}{\partial y^2} + \frac{\partial^2 t}{\partial z^2}\right) + \frac{\dot{\Phi}}{\rho c}$$

(2) 无内热源、导热系数 λ 为常数，简化为傅里叶方程：

$$\frac{\partial t}{\partial \tau} = a\left(\frac{\partial^2 t}{\partial x^2} + \frac{\partial^2 t}{\partial y^2} + \frac{\partial^2 t}{\partial z^2}\right)$$

(3) 常物性、稳态，简化为泊松方程：

$$\left(\frac{\partial^2 t}{\partial x^2}+\frac{\partial^2 t}{\partial y^2}+\frac{\partial^2 t}{\partial z^2}\right)+\frac{\dot{\Phi}}{\lambda}=0$$

(4) 常物性、无内热源、稳态，简化为拉普拉斯方程：

$$\frac{\partial^2 t}{\partial x^2}+\frac{\partial^2 t}{\partial y^2}+\frac{\partial^2 t}{\partial z^2}=0$$

2. 定解条件

定解条件指使微分方程获得适合某一特定问题的解的特定条件。

一般说来，单值性条件有以下 4 项：

(1) 几何条件 —— 表征导热体的几何形状和尺度。

(2) 物理条件 —— 表征导热物理量的值，如材料的特性参数等。

(3) 时间条件 —— 表征在时间上导热过程进行的特点。稳态过程不需要时间条件，对于非稳态过程，则应给出导热体初始瞬间的温度分布。

(4) 边界条件 —— 表征导热体的边界上与导热现象有关的特点。也就是系统与外界相接触的边界情况。

边界条件一般分为 3 类：

① 第一类边界条件：给定边界上的温度值 t_w。

② 第二类边界条件：给定边界上的热流密度值 q_w。

③ 第三类边界条件：给定边界上物体与周围流体间的换热系数 h 及周围流体的温度 t_f。

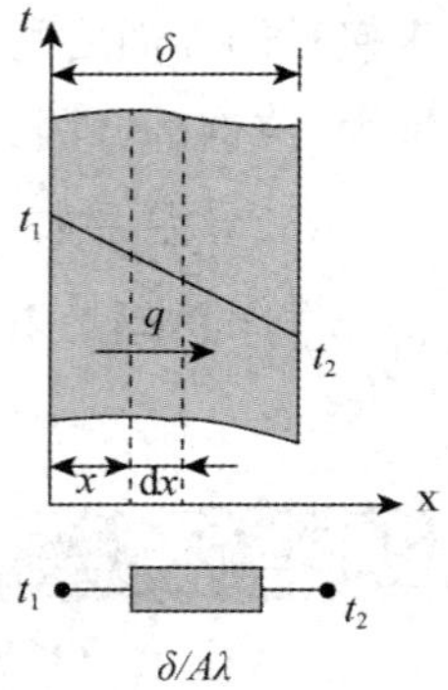

图 2-1　单层平壁导热

3. 典型一维稳态导热问题的分析解

(1) 单层平壁导热(图 2-1)

$$q=\lambda\frac{t_1-t_2}{\delta}=\frac{\lambda}{\delta}\Delta t$$

$$\Phi=A\frac{\lambda}{\delta}\Delta t$$

$$\Phi=\frac{\Delta t}{\dfrac{\delta}{A\lambda}}=\frac{\Delta t}{R}$$

(2) 多层平壁(多层材料不同的平壁) 导热(图 2-2)

假设没有接触面上的附加热阻，则

$$q_1 = \frac{\lambda_1(t_1 - t_2)}{\delta_1}$$

$$q_2 = \frac{\lambda_2(t_2 - t_3)}{\delta_2}$$

$$q_3 = \frac{\lambda_3(t_3 - t_4)}{\delta_3}$$

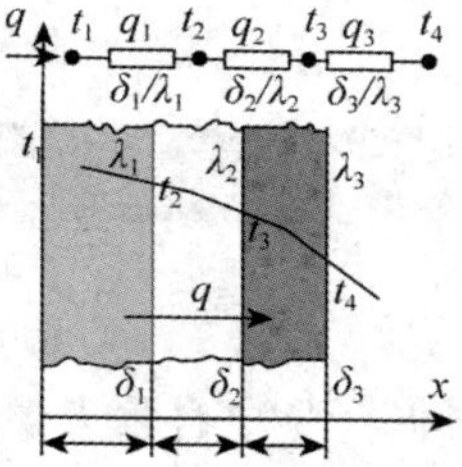

图 2-2　多层平壁导热

稳态：$q_1 = q_2 = q_3$

$$q = \frac{t_1 - t_4}{\frac{\delta_1}{\lambda_1} + \frac{\delta_2}{\lambda_2} + \frac{\delta_3}{\lambda_3}} = \frac{\Delta t}{\frac{\delta_1}{\lambda_1} + \frac{\delta_2}{\lambda_2} + \frac{\delta_3}{\lambda_3}}$$

(3) 单层筒壁导热(图 2-3)

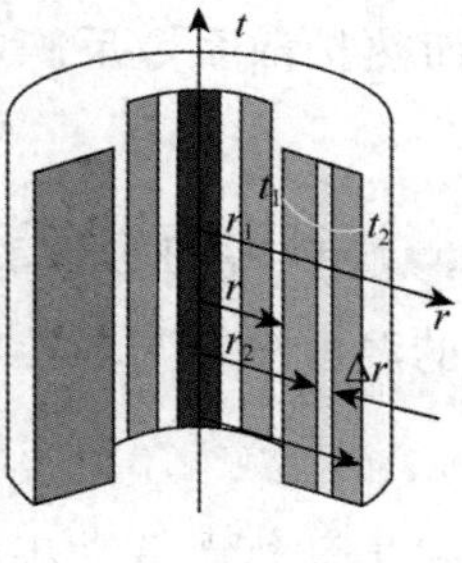

图 2-3　单层筒壁导热

$$q = \frac{\lambda}{r} \frac{t_1 - t_2}{\ln(r_2/r_1)}$$

$$\Phi = \frac{2\pi\lambda l(t_1 - t_2)}{\ln(r_2/r_1)}$$

$$R = \frac{\ln(d_2 - d_1)}{2\pi\lambda l}$$

(4) 多层筒壁导热(图 2-4)

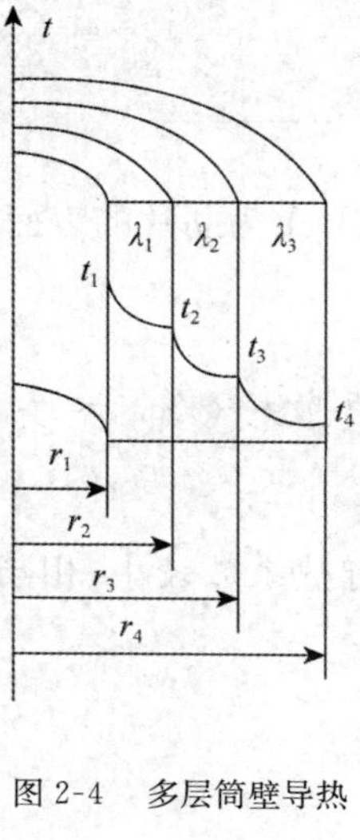

图 2-4　多层筒壁导热

$$\Phi = \frac{2\pi l(t_1 - t_4)}{\ln(d_2/d_1)/\lambda_1 + \ln(d_3/d_2)/\lambda_2 + \ln(d_4/d_3)/\lambda_3}$$

考研真题及期末考试试题

1.（华中科技大学2005年考研试题）导热系数和热扩散系数各自从什么公式产生？它们各自反映了物质的什么特性？指出它们的差异。

答：导热系数是从傅里叶定律定义出来的一个物理量，反映了物质的导热性能；热扩散系数是从导热微分方程式定义出来的一个物理量，它反映了物质的热量扩散性能，也就是热流在物体内的扩散的快慢程度。两者的差异在于前者是导热过程的静态特征量，而后者是导热过程的动态特征量，因而热扩散系数反映的是非稳态导热过程的特征。

2.（西安交通大学2005年考研试题）常物性、无内热源的稳态导热方程$\nabla^2 t = 0$中不包含任何物理量，这是否说明导热物体中的温度分布与导热物体的物性无关？为什么？

答：常物性、无内热源的导热微分方程公式是导热微分方程的一般形式的简化结果，公式中只有物体的导热率为常数时，才能简化为$\nabla^2 t = 0$。若导热系数不为常数，则上式不成立。

3.（浙江大学2006年考研试题）肋面总效率的数学表达式为__________。

答：$\eta_0 = \dfrac{A_r + \eta_f A_f}{A_r + A_f}$，其中$A_r$为两个肋片之间的根部表面积，$A_f$为肋片的表面积，$\eta_f$为肋效率。

4.（哈尔滨工程大学2003—2004学年期末考试试题）冬天在阳光照射的中午晒棉被，试从传热的角度解释晚上睡觉时还会暖和的原因。

答：棉被经日晒变得蓬松，空气进入到棉被中，而空气的导热系数较小，相当于增加了导热热阻，因而睡觉时还觉得暖和。

习题全解

平板

2-1 解题过程 由题意得

$$q = \frac{t_w - 111}{\frac{0.003}{1}} = 42400 \ \text{W/m}^2$$

$$t_w = 238.2℃$$

2-2 解题过程 由题意得

$$\begin{aligned} \Phi &= A \times \frac{t_1 - t_2}{\frac{1}{h_1} + \frac{1}{h_2} + \frac{\delta_1}{\lambda_1} + \frac{\delta_2}{\lambda_2} + \frac{\delta_3}{\lambda_3}} \\ &= \frac{30 - (-2)}{\frac{1}{1.5} + \frac{1}{2.5} + \frac{0.000794}{45} + \frac{0.152}{0.07} + \frac{0.0095}{0.1}} \times 37.2 \\ &= \frac{32}{3.333} \times 37.2 \\ &= 357.14 \ \text{W} \end{aligned}$$

$$Q = 357.14 \times 3600 = 1285.6 \ \text{kJ}$$

2-3 解题过程 由题意得

$$q = \frac{t_1 - t_2}{\frac{\delta_1}{\lambda_1} + \frac{\delta_2}{\lambda_2}} = \frac{750 - 55}{\frac{0.020}{1.3} + \frac{\delta_2}{0.08}} = \frac{695}{\frac{0.02}{1.3} + \frac{\delta_2}{0.08}} \leqslant 1500$$

$$\delta_2 \geqslant 0.03584 \ \text{m}$$

2-4 解题过程 由题意得

$$\begin{cases} \delta_A = 2\delta_B \\ q = \dfrac{t_{f1} - t_w}{\dfrac{1}{h_1} + \dfrac{\delta_A}{\lambda_A} + \dfrac{\delta_B}{\lambda_B}} = h_2(t_w - t_{f2}) \end{cases}$$

$$\text{即}\begin{cases}\delta_A = 2\delta_B \\ \dfrac{400-50}{\dfrac{1}{50}+\dfrac{\delta_A}{0.08}+\dfrac{\delta_B}{0.05}} = 9.5\times(50-25)\end{cases}$$

得 $\delta_A = 0.064\ \text{m}, \delta_B = 0.032\ \text{m}$

2-5 解题过程

第一类边界条件：给定边界上的温度值 t_w。

第二类边界条件：给定边界上的热流密度值 q_w。

第三类边界条件：给定边界上的物体与周围流体间的换热系数 h 及周围流体的温度 t_f，因此平板中的温度场能获得确定的解。

两侧面的第一类边界条件；一侧面的第一类边界条件和第二类边界条件；一侧面的第一类边界条件和另一侧面的第三类边界条件；一侧面的第二类边界条件和另一侧面的第三类边界条件。

平壁导热

2-6 解题过程 由题意可知，内径 $d_{内} = d_{外} - 2\delta = 130 - 2\times2.1 = 125.8\ \text{mm}$

由教材式(2-29)可知 $q = \dfrac{\lambda}{r}\dfrac{t_{内}-t_{外}}{\ln(d_{外}/d_{内})}$

$$\Rightarrow t_{内} = \frac{qr}{\lambda}\ln\frac{d_{外}}{d_{内}} + t_{外}$$

又由于 $62.9\ \text{mm} \leqslant r \leqslant 65\ \text{mm}$

可得 $667.387℃ \leqslant t_{内} = \dfrac{qr}{\lambda}\ln\dfrac{d_{外}}{d_{内}} + t_{外} \leqslant 681.656\ ℃ < 700\ ℃$

所以该燃烧室壁面处于安全温度范围内。

2-7 解题过程 由题意，将该换热过程简化成解 2-7 图所示的模型，该换热过程为稳态过程，因此有

$$\Phi = \frac{\lambda A}{\delta}(t_{w1}-t_{w2}) = hA(t_{w2}-t_f)$$

$$= \frac{A(t_{w1}-t_f)}{\dfrac{\delta}{\lambda}+\dfrac{1}{h}}$$

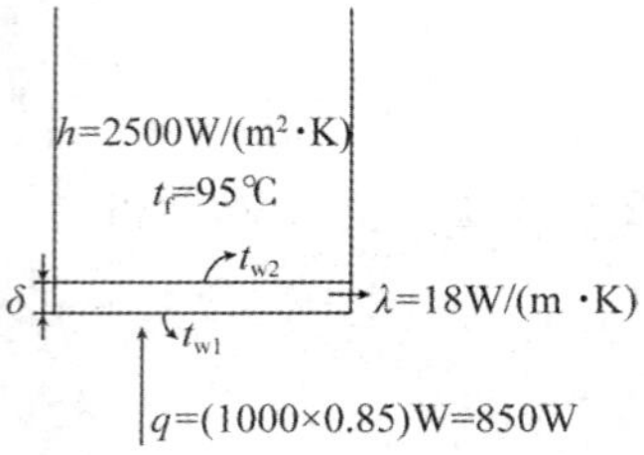

解 2-7 图

$$A=\frac{\pi}{4}d^2=\frac{\pi}{4}\times 0.2^2=0.0314\ \mathrm{m}^2$$

所以 $t_{w2}=t_f+\frac{\Phi}{hA}=95+\frac{850}{2500\times 0.0314}=105.83\ ℃$

$$t_{w1}=t_f+\frac{q}{hA}+\frac{q\delta}{\lambda A}$$

$$=95+\frac{850}{2500\times 0.0314}+\frac{850\times 3\times 10^{-3}}{18\times 0.0314}=110.34\ ℃$$

2-8 解题过程 由题意可知 $A_1=A_r=A_2$，$\delta_1=\delta_r=\delta_2$，$\Phi_1=\Phi_r=\Phi_2$

$$\Phi_1=\frac{\lambda_1}{\delta_1}A_1\Delta t_{t,1},\Phi_2=\frac{\lambda_2}{\delta_2}A_2\Delta t_{t,2},\Phi_r=\frac{\lambda_r}{\delta_r}A_r\Delta t_r$$

因为 $q_1=q_2=q_r$，所以 $\lambda_r=\frac{\Delta t_{t,1}}{\Delta t_r}\lambda_1=\frac{\Delta t_{t,2}}{\Delta t_r}\lambda_2$

即 $\lambda_r=1.43\lambda_1=1.446\lambda_2$

影响 $\Delta t_{t,1}$ 与 $\Delta t_{t,2}$ 不相等的因素有：

① 材料 1 与材料 2 的导热系数不等。

② 材料 1 与材料 2 的截面不等。

③ 材料 1 与材料 2 的导热距离不等。

④ 其他条件如题所述，必须存在温差，若 $t_h=t_c$，则 $\Delta t_{t,1}=\Delta t_{t,2}=0$ 相等。

多层平壁

2-9 解题过程 取空气的导热系数为 $\lambda_2=0.026\ \mathrm{W/(m\cdot K)}$，$\lambda_1=\lambda_3=0.78\ \mathrm{W/(m\cdot K)}$

采用双层玻璃时：

$$q_1=\frac{t_1-t_2}{\frac{\delta_1}{\lambda_1}+\frac{\delta_2}{\lambda_2}+\frac{\delta_3}{\lambda_3}}=\frac{20-(-20)}{\frac{6\times 10^{-3}}{0.78}+\frac{8\times 10^{-3}}{0.026}+\frac{6\times 10^{-3}}{0.78}}=116.53\ \mathrm{W/m^2}$$

$$\Phi_1=q_1A=116.53\times 0.6\times 0.6=41.95\ \mathrm{W}$$

采用单层玻璃时：

$$q_2=\frac{t_1-t_2}{\frac{\delta_1}{\lambda_1}}=\frac{20-(-20)}{\frac{6\times 10^{-3}}{0.78}}=5200\ \mathrm{W/m^2}$$

$$\Phi_2 = q_2 A = 5200 \times 0.6 \times 0.6 = 1872\ \text{W}$$

所以
$$\frac{q_2}{q_1} = \frac{5200}{116.53} = 44.62$$

即热损失是双层玻璃的 44.62 倍。

2-10 解题过程 由题意可知，其导热热阻图如解 2-10 图所示，查 $\lambda_{air} = 0.026\ \text{W/(m·K)}$

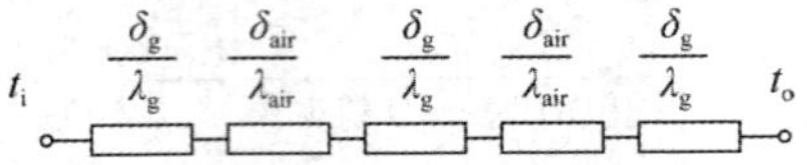

解 2-10 图

热流密度
$$q = \frac{t_i - t_o}{3 \times \dfrac{\delta_g}{\lambda_g} + 2 \times \dfrac{\delta_{air}}{\lambda_{air}}} = \frac{15 - (-10)}{3 \times \dfrac{3 \times 10^{-3}}{0.8} + 2 \times \dfrac{6 \times 10^{-3}}{0.026}}$$
$$= 52.878\ \text{W/m}^2$$

2-11 解题过程 此题未给出叶片金属部分与陶瓷层的厚度，假设叶片金属部分厚3 mm，陶瓷层厚度 1mm

假设：① 稳态；② 一维导热；③ 辐射散热忽略不计；④ 常物性。

分析：按热阻串联叠加原理建立传热方程式

$$q = \frac{1700 - 400}{\dfrac{1}{1000} + \dfrac{0.001}{1.3} + 10^{-4} + \dfrac{0.003}{25} + \dfrac{1}{500}} = 325877.4\ \text{W/m}^2$$

对高温燃气到黏结层与金属耐高温合金交界面处传热过程列算式

$$q = \frac{1700 - T_w}{\dfrac{1}{1000} + \dfrac{0.001}{1.3} + 10^{-4}} = 325877.4$$

求得 $T_w = 1091\text{K} < 1250\text{K}$

在此情况下耐高温合金可以安全工作。

2-12 解题过程
$$q = \frac{t_0 - t_1}{\dfrac{\delta_s}{\lambda_s}} = \frac{60 - 30}{\dfrac{0.001}{0.06}} = 60 \times 30 = 1800\ \text{W/m}^2$$

$$q' = \frac{t_0 - t_f}{\dfrac{1}{h} + \dfrac{\delta_f}{\lambda_f}} = \frac{60 - 20}{\dfrac{1}{40} + \dfrac{0.2 \times 10^{-3}}{0.02}} = 1142.8\ \text{W/m}^2$$

$$q_z = q + q' = 2942.8\ \text{W/m}^2$$

2-13 解题过程 查教材附录得

$$t_1 = 180\ ℃, \lambda_1 = 3.72 \times 10^{-2}\ \mathrm{W/(m \cdot K)}$$

$$t_2 = 30℃, \lambda_2 = 2.67 \times 10^{-2}\mathrm{W/(m \cdot K)}$$

无空气时：

$$\Phi = \frac{t_1 - t_2}{\dfrac{\delta}{\lambda_f}}A = \frac{180 - 30}{\dfrac{\delta}{\lambda_f}} \times \frac{\pi d^2}{4} = \frac{150}{\dfrac{\delta}{\lambda_f}} \times \frac{\pi d^2}{4} = 58.2\ \mathrm{W}$$

$$\lambda_f = 34.32\ \delta$$

有空气隙时：

$$\Phi = \frac{t_1 - t_2}{\dfrac{\delta_1}{\lambda_1} + \dfrac{\delta_2}{\lambda_2} + \dfrac{\delta}{\lambda'_f}}A = \frac{180 - 30}{\dfrac{0.1 \times 10^{-3}}{3.72 \times 10^{-2}} + \dfrac{0.1 \times 10^{-3}}{2.67 \times 10^{-2}} + \dfrac{\delta}{\lambda'_f}} \times \frac{\pi d^2}{4} = 58.2\ \mathrm{W}$$

$$\lambda'_f = 43.98\ \delta$$

所以相对误差为

$$\frac{\lambda'_f - \lambda_f}{\lambda_f} \times 100\% = 28.1\ \%$$

圆筒

2-14 解题过程 保温材料的平均温度为

$$\bar{t} = \frac{t_1 + t_2}{2} = \frac{400 + 50}{2} = 225\ ℃$$

查教材附录得导热系数为 $\bar{\lambda} = 0.033 + 0.0023\bar{t} = 0.08475\ \mathrm{W/(m \cdot K)}$

因为 $\ln\dfrac{d_1}{d_2} = \dfrac{2\pi\lambda}{\Phi/l}(t_1 - t_2)$

代入数据得到 $d_2 = 0.314\ \mathrm{mm}$

所以 $\delta = \dfrac{d_2 - d_1}{2} = 107\ \mathrm{mm}$

2-15 解题过程 由题意知，多层蒸汽管总热流量为

$$\Phi_Z = \frac{2\pi l(t_1 - t_2)}{\ln(d_2/d_1)/\lambda_1 + \ln(d_3/d_2)/\lambda_2}$$

$$= \frac{2\pi l \times (400 - 50)}{\dfrac{\ln\left(\dfrac{50 + 2 \times 40}{50}\right)}{0.11} + \dfrac{\ln\left(\dfrac{50 + 2 \times 40 + 2 \times 45}{50 + 2 \times 40}\right)}{0.12}}$$

$= 168.25l\ \text{W}$

由教材附录知，粉煤灰泡沫砖材料最高允许温度为 300℃。

由此设在 300℃ 时

$$\Phi_1' = \frac{2\pi l(t_1' - t_2')}{\ln(d_2/d_1)/\lambda_1} = \frac{2\pi l \times (400 - 300)}{\ln\left(\frac{50 + 2\times 40}{50}\right)/0.11} = 72.33\ l\ \text{W}$$

$$\Phi_2' = \frac{2\pi l(t''_1 - t''_2)}{\ln(d_3/d_2)/\lambda_2} = \frac{2\pi l \times (300 - 50)}{\ln\left(\frac{50 + 2\times 40 + 2\times 45}{50 + 2\times 40}\right)/0.12} = 358.29\ l\ \text{W}$$

因为 $\Phi_1' + \Phi_2' > \Phi_z$

所以不会超过允许温度。增加煤灰泡沫砖的厚度会使热损失增加，从而边界面处温度下降。

2-16 解题过程

$$\Phi = 2\pi l\lambda rq = \frac{2\pi\lambda l(t_1 - t_2)}{\ln(r_2/r_1)} = \frac{2\pi \times 1 \times 0.15 \times (65 - 0)}{\ln(2.5/1.5)}$$

$$= \frac{2\pi \times 0.15 \times 65}{\ln(2.5/1.5)} = 119.86\ \text{W}$$

$$119.86 = I^2 R$$

解得 $I = 232.36\ A$

2-17 解题过程 设问题为单层或双层圆筒壁导热，因此得

$$(1)\ \Phi = \frac{2\pi l(t_1 - t_2)}{\frac{1}{r_1 h_1} + \frac{\ln(r_2/r_1)}{\lambda_1} + \frac{1}{h_2 r_2}} = \frac{2\pi \times 1 \times (1000 - 200)}{\frac{1}{5000 \times 0.02} + \frac{\ln(52/40)}{42} + \frac{1}{0.026 \times 100}}$$

$$= \frac{2\pi \times 800}{0.40086} = 12532.98\ \text{W}$$

$$(2)\ \Phi = \frac{2\pi l(t_1 - t_2)}{\frac{1}{h_1 r_0} + \frac{\ln(r_0/r_2)}{\lambda_0} + \frac{\ln(r_2/r_1)}{\lambda_1} + \frac{1}{h_2 r_2}}$$

$$= \frac{2\pi \times 1 \times (1000 - 200)}{\frac{1}{0.02 \times 5000} + \frac{\ln(54/52)}{0.08} + \frac{\ln(52/40)}{42} + \frac{1}{0.027 \times 100}}$$

$$= \frac{2\pi \times 800}{0.8582} = 5852.94\ \text{W}$$

$$(3)\ \Phi = \frac{2\pi l(t_1 - t_2)}{\frac{1}{h_1 r_0} + \frac{\ln(r_0/r_2)}{\lambda_0} + \frac{\ln(r_2/r_1)}{\lambda_1} + \frac{\ln(r_1/r_i)}{\lambda_i} + \frac{1}{h_2 r_i}}$$

$$= \frac{2\pi \times 1 \times (1000 - 200)}{\frac{1}{5000 \times 0.018} + \frac{\ln(54/52)}{0.08} + \frac{\ln(52/40)}{42} + \frac{\ln(40/36)}{1} + \frac{1}{100 \times 0.027}}$$

$$= \frac{2\pi \times 800}{0.96483} = 5207.06\ \text{W}$$

2-18 解题过程 将导热系数小的材料紧贴壁管，则有

$$\Phi = \frac{t_1 - t_2}{\frac{\ln\left(\frac{50+75}{50}\right)}{2\pi l \lambda_1} + \frac{\ln\left(\frac{50+75+75}{50+75}\right)}{2\pi \lambda_2 l}}$$

$$= \frac{2\pi l(t_1 - t_2)}{\frac{\ln\left(\frac{50+75}{50}\right)}{0.05} + \frac{\ln\left(\frac{50+75+75}{50+75}\right)}{0.08}} = \frac{2\pi l(t_1 - t_2)}{19.19}$$

将导热系数大的材料紧贴壁管，则有

$$\Phi' = \frac{2\pi l(t_1 - t_2)}{\frac{\ln 2.5}{\lambda_2} + \frac{\ln 1.6}{\lambda_1}} = \frac{2\pi l(t_1 - t_2)}{\frac{\ln 2.5}{0.08} + \frac{\ln 1.6}{0.05}} = \frac{2\pi l(t_1 - t_2)}{20.9}$$

故导热系数大的材料紧贴管壁其保温效果好。

若为平壁，则平壁的热流密度为 $q = \frac{t_1 - t_2}{\frac{\delta_1}{\lambda_1} + \frac{\delta_2}{\lambda_2}}$

因为 $\delta_1 = \delta_2 = \delta = 75$ mm，所以对于平壁不存在此问题。

2-19 解题过程 根据题意有

$$\Phi = 2\pi r l h (t_1 - t_2) = 0.03\pi \times 1 \times h(100 - 20) = 100\ \text{W}$$

$$h = \frac{100}{0.03\pi \times 80} = 13.2696\ \text{W/(m}^2 \cdot \text{K)}$$

按题意有：① 将导热系数大的放在内侧

$$\pi(r_1^2 - 0.015^2) = 3.14 \times 10^{-3}\,\text{m}^2,\ r_1 = 0.035\ \text{m},$$

$$\pi(r_2^2 - r_1^2) = 4 \times 10^{-3}\,\text{m}^2,\ r_2 = 0.049\ \text{m}$$

$$\Phi' = \frac{2\pi l(t_1 - t_2)}{\frac{\ln(r_1/r_0)}{\lambda_1} + \frac{\ln(r_2/r_1)}{\lambda_2} + \frac{1}{h r_2}}$$

$$= \frac{2\pi(100 - 20)}{\frac{\ln(0.035/0.015)}{0.5} + \frac{\ln(0.049/0.035)}{0.1} + \frac{1}{13.2696 \times 0.049}}$$

$$= \frac{2\pi \times 80}{6.5984} = 76.1\ \text{W} > 50\ \text{W}$$

② 将导热系数小的放在内侧

$\pi(r_1^2 - 0.015^2) = 4 \times 10^{-3}\,\text{m}^2, r_1 = 0.03871\ \text{m},$

$\pi(r_2^2 - r_1^2) = 3.14 \times 10^{-3}\,\text{m}^2, r_2 = 0.049\ \text{m}$

$$\Phi' = \frac{2\pi l(t_1 - t_2)}{\dfrac{\ln(r_1/r_0)}{\lambda_1} + \dfrac{\ln(r_2/r_1)}{\lambda_2} + \dfrac{1}{hr_2}}$$

$$= \frac{2\pi(100-20)}{\dfrac{\ln(0.03871/0.015)}{0.1} + \dfrac{\ln(0.049/0.03871)}{0.5} + \dfrac{1}{13.2696 \times 0.049}}$$

$$= \frac{2\pi \times 80}{11.491} = 43.72\ \text{W} < 50\ \text{W}$$

结论：经计算可知，将导热系数小的放在内测能满足条件。

2-20 解题过程 ① 设流入的能量为 $\Phi_1 = -\lambda \dfrac{\partial t}{\partial x}\dfrac{\pi d^2}{4}$

设流出的能量为 $\Phi_2 = -\lambda \dfrac{\partial\left(t + \dfrac{\partial t}{\partial x}\text{d}x\right)}{\partial x}\dfrac{\pi d^2}{4}$

当侧面绝热时，有 $\Phi_1 = \Phi_2$

方程为 $\dfrac{\partial^2 t}{\partial x^2} = 0$

边界条件为 $x = 0, t = t_1; x = l, t = t_2$

解微分方程得 $t = \dfrac{t_2 - t_1}{l}x + t_1$

② 设流出的能量为 $\Phi_3 = \pi d^2 xh(t - t_f)$

根据能量守恒有 $\Phi_1 = \Phi_2 + \Phi_3$

得微分方程为 $\dfrac{\partial^2 t}{\partial x^2} - \dfrac{4h}{d\lambda}(t - t_f) = 0$，边界条件为 $x = 0, t = t_1 \quad x = l,$

$t = t_2$

解微分方程得 $t - t_f = C_1 e^{\left(2\sqrt{\frac{h}{d\lambda}}\right)x} + C_2 e^{-\left(2\sqrt{\frac{h}{d\lambda}}\right)x}$

代入边界条件得

$$t-t_f=\frac{(t_2-t_f)-(t_1-t_f)e^{-2\sqrt{\frac{h}{\lambda d}}l}}{e^{2\sqrt{\frac{h}{\lambda d}}l}-e^{-2\sqrt{\frac{h}{\lambda d}}l}}e^{2\sqrt{\frac{h}{\lambda d}}x}+\frac{e^{2\sqrt{\frac{h}{\lambda d}}l}(t_1-t_f)-(t_2-t_f)}{e^{2\sqrt{\frac{h}{\lambda d}}l}-e^{-2\sqrt{\frac{h}{\lambda d}}l}}e^{-2\sqrt{\frac{h}{\lambda d}}x}$$

2-21 解题过程 根据上题结果得

$$\frac{\partial t}{\partial x}=m\left[\frac{(t_2-t_f)-(t_1-t_f)e^{-ml}}{e^{ml}-e^{-ml}}e^{mx}-\frac{e^{ml}(t_1-t_f)-(t_2-t_f)}{e^{ml}-e^{-ml}}e^{-mx}\right]$$

其中：

$$m=2\sqrt{\frac{h}{\lambda d}}=2\sqrt{\frac{10}{40\times 0.02}}=7.07$$

$$ml=2.12\ \text{m}$$

$$\left.\frac{\partial t}{\partial x}\right|_{x=0}=7.07\times\left[\frac{(60-30)-(250-30)\times e^{-2.12}}{e^{2.12}-e^{-2.12}}-\frac{e^{2.12}(250-30)-(60-30)}{e^{2.12}-e^{-2.12}}\right]$$

$$=7.07\times(-219.1089)$$

$$=-1549.1$$

$$Q_0=-\lambda\frac{\partial t}{dx}\frac{\pi d^2}{4}=-40\times(-1549.1)\frac{\pi d^2}{4}=19.46\ \text{W}$$

$$\left.\frac{\partial t}{\partial x}\right|_{x=l}=m\left[\frac{(t_2-t_f)-(t_1-t_f)e^{-ml}}{e^{ml}-e^{-ml}}e^{ml}-\frac{e^{ml}(t_1-t_f)-(t_2-t_f)}{e^{ml}-e^{-ml}}e^{-ml}\right]$$

$$\left.\frac{\partial t}{\partial x}\right|_{x=l}=7.07\times\left[\frac{(60-30)-(250-30)\times e^{-2.12}}{e^{2.12}-e^{-2.12}}e^{2.12}-\frac{e^{2.12}(250-30)-(60-30)}{e^{2.12}-e^{-2.12}}e^{-2.12}\right]$$

$$=7.07\times(-23.0396)$$

$$=-162.89$$

$$Q_{x=l}=-40\times(-162.89)\frac{\pi d^2}{4}=2.05\ \text{W}$$

球壳

2-22 解题过程

$$\Phi=1.8\times 10^{-4}\times\frac{[25-(-195.6)]}{\frac{1}{0.15}-\frac{1}{0.165}}\times 4\times\pi$$

$$=1.8\times 10^{-4}\times\frac{220.6}{0.6061}\times 4\times\pi=0.822\ \text{W}$$

$$m=\frac{0.822\times 24\times 3600}{199.6\times 1000}=0.3562\ \text{kg}$$

2-23 解题过程 一个球罐热流量为

$$\Phi = \frac{(t_1 - t_2)}{R}$$

热阻 $R = \frac{1}{4\pi\lambda}\left(\frac{1}{r_1} - \frac{1}{r_2}\right) + \frac{1}{h \times 4\pi r_2^2}$

$$= \frac{1}{4\pi \times 0.08}\left(\frac{1}{1.01} - \frac{1}{1.3}\right) + \frac{1}{30 \times 4\pi \times 2.62^2}$$

$$= 0.21981 + 0.00039 = 0.2202 \text{ K/W}$$

$$\Phi = \frac{40 - (-40)}{0.2202} = \frac{80}{0.2202} = 363.3 \text{ W}$$

所以 10 个球罐热流量为 $\Phi' = 10\Phi = 3633$ W

2-24 解题过程 根据题意有

$$\Phi = \lambda \times \frac{(200 - 40)}{\frac{1}{0.15} - \frac{1}{0.25}} \times 4 \times \pi$$

$$= \lambda \times \frac{160}{2.667} \times 4 \times \pi = 56.5 \text{ W}$$

解得 $\lambda = 0.07$ W/(m·K)

如果电偶损坏，可近似测量水的出入口温度，取其平均值代替球外壳温度计算。

2-25 解题过程 球罐的体积为

$$V = \frac{4}{3}\pi r^3 = \frac{4}{3} \times 3.14 \times 0.25^3 = 0.065416 \text{ m}^3$$

总发热热流为 $\Phi = 0.065416 \times 10^5 = 6541.67$ W

球的外表温度为 $\Phi = 4\pi r^2 h(t_{外} - 25) = 6541.67$ W

$$t_{外} = \frac{6541.67}{4\pi \times 0.25^2 \times 1000} + 25 = 30.78 \text{ ℃}$$

查教材附录取铬镍钢钢板的导热系数为 15.2 W/(m·K)，因此有

$$\Phi = 15.2 \times \frac{(t_{内} - 30.78)}{\frac{1}{0.25} - \frac{1}{0.3}} \times 4 \times \pi = 6541.67 \text{ W}$$

$$t_{内} = 30.78 + \frac{6541.67}{4 \times \pi \times 15.2} \times \left(\frac{1}{0.25} - \frac{1}{0.3}\right) = 53.62 \text{℃}$$

2-26 解题过程 $\Phi=\Phi_1+\Phi_2=\dfrac{t_{si}-t_f}{\dfrac{\ln(D_o/D_i)}{2\pi l\lambda}+\dfrac{1}{\pi D_o lh}}+\dfrac{t_{si}-t_f}{\dfrac{1}{2\pi\lambda}\left[\dfrac{1}{D_i}-\dfrac{1}{D_o}\right]+\dfrac{1}{\pi D_o^2 h}}$

$$=\frac{400-298}{\dfrac{\ln 1.04}{2\pi\times2\times1.5}+\dfrac{1}{\pi\times1.04\times2\times10}}+$$

$$\frac{400-298}{\dfrac{1}{2\pi\times1.5}(1-\dfrac{1}{1.04})+\dfrac{1}{\pi 1.04^2\times10}}$$

$$\approx 8668\ \text{W}$$

2-27 解题过程 (1) 不戴镜片

$$R=\frac{1}{h_iA_i}+\frac{1}{h_oA_o}+\frac{1}{4\pi\lambda_1}\left(\frac{1}{r_1}-\frac{1}{r_2}\right)$$

$$=\frac{1}{h_1\times4\pi r_1^2}+\frac{1}{h_o\times4\pi r_2^2}+\frac{1}{4\pi\lambda_1}\left(\frac{1}{r_1}-\frac{1}{r_2}\right)$$

$$=\frac{1}{12\times4\pi\times0.01^2}+\frac{1}{6\times4\pi\times0.0125^2}+\frac{1}{4\pi\times0.35}\left(\frac{1}{0.01}-\frac{1}{0.0125}\right)$$

$$=155.8235\ \text{K/W}$$

所以 $$\Phi_0=\frac{\Delta t}{R}=0.109\ \text{W}$$

有效热量 $$\Phi=\frac{1}{3}\Phi_0=0.0363\ \text{W}$$

(2) 戴镜片

$$R'=\frac{1}{h_iA_1'}+\frac{1}{h_0A_0'}+\frac{1}{4\pi\lambda_1}\left(\frac{1}{r_1}-\frac{1}{r_2}\right)+\frac{1}{4\pi\lambda_2}\left(\frac{1}{r_2}-\frac{1}{r_3}\right)$$

$$=\frac{1}{h_i\times4\pi r_1^2}+\frac{1}{h_0\times4\pi r_3^2}+\frac{1}{4\pi\lambda_1}\left(\frac{1}{r_1}-\frac{1}{r_2}\right)+\frac{1}{4\pi\lambda_2}\left(\frac{1}{r_2}-\frac{1}{r_3}\right)$$

$$=\frac{1}{12\times4\pi\times0.01^2}+\frac{1}{6\times4\pi\times0.0125^2}+\frac{1}{4\pi\times0.35}\left(\frac{1}{0.01}-\frac{1}{0.0125}\right)$$

$$+\frac{1}{4\pi\times0.8}\left(\frac{1}{0.0125}-\frac{1}{0.163}\right)$$

$$=157.4075\ \text{K/W}$$

所以 $$\Phi_0=\frac{\Delta t}{R}=0.108\ \text{W}$$

即散热量为 $$\Phi = \frac{1}{3}\Phi_0 = 0.036\ \text{W}$$

2-28 解题过程 设冰层的深度为 δ，则在该球面上温度 $t_1 = 0℃ = 273\ \text{K}$

由 $$\Phi = \frac{t_{f1} - t_{f2}}{\dfrac{1}{4\pi(r+0.45)^2 h_1} + \dfrac{1}{4\pi\lambda}\left(\dfrac{1}{r} - \dfrac{1}{r+0.45}\right) + \dfrac{1}{4\pi r^2 h_2}}$$

$$= \frac{t_{f1} - t_1}{\dfrac{1}{4\pi(r+0.45)^2 h_1} + \dfrac{1}{4\pi\lambda}\left(\dfrac{1}{r+\delta} - \dfrac{1}{r+0.45}\right)}$$

求得 $$\delta = 0.12\ \text{m}$$

若实际运行中保温层中出现水和冰，则球形罐的保温性能有所下降。

2-29 解题过程 由球壳导热温度场分布可知 $t = t_\infty + (t_2 - t_\infty)\dfrac{1/r - 1/r_2}{1/r_1 - 1/r_2}$

$$\Phi = \frac{4\pi\lambda(t - t_\infty)}{1/r_0 - 1/r_\infty} = 4\pi\lambda r_0 (t - t_\infty)$$

$$\Rightarrow t = t_\infty + \frac{\Phi}{4\pi\lambda r_0} = 51.526\ ℃$$

变截面、变导热系数问题

2-30 解题过程 根据傅里叶导热公式得

$$\Phi = -A(x)\lambda\frac{\mathrm{d}t}{\mathrm{d}x}$$

$$A(x) = \pi r^2(x) = \pi(0.041 + 0.08x)^2 \quad x \in [0, 0.3]$$

即 $$\Phi = -\lambda\pi(0.041 + 0.08x)^2\frac{\mathrm{d}t}{\mathrm{d}x} = -\lambda\pi\frac{t_1 - t_2}{\displaystyle\int_{x_0}^{x_1}\frac{\mathrm{d}x}{0.041 + 0.08x^2}}$$

得 $$\Phi = 1397\ \text{W}$$

2-31 解题过程 对于变截面导热

$$\Phi = \frac{\lambda(t_1 - t_2)}{\displaystyle\int_{x_1}^{x_2}\frac{\mathrm{d}x}{A_x}}$$

凸面圆台 $A_1 = \displaystyle\int_{x_1}^{x_2}\frac{\mathrm{d}x}{A_x} = \frac{4}{\pi \cdot 0.506^2}\int_{0.025}^{0.125}\frac{1}{x}\mathrm{d}x = 8\ \text{m}^2$

柱体 $A_2=\int_{x_1}^{x_2}\frac{\mathrm{d}x}{A_x}=\frac{4}{\pi\cdot 0.08^2}\int_{0.025}^{0.125}\mathrm{d}x=19.89\ \mathrm{m}^2$

凹面圆台 $A_3=\int_{x_1}^{x_2}\frac{\mathrm{d}x}{A_x}=\frac{4}{20.24^2\cdot\pi}\int_{0.025}^{0.125}\frac{1}{x^3}\mathrm{d}x=2.39\ \mathrm{m}^2$

因为 $A_3<A_1<A_2$，所以 $\varphi_3>\varphi_1>\varphi_2$，即凹面圆台热流最大，凸面圆台次之，柱体最小。

2-32 解题过程 由

$$\Phi=-A\lambda\frac{\mathrm{d}t}{\mathrm{d}x}=0.2\lambda\times\frac{85-40}{0.025}$$

$$\Rightarrow\lambda=\frac{1.82\times10^3\times0.025}{0.2\times(85-40)}=5\ \mathrm{W/(m\cdot K)}$$

需补充测定中心位置的温度为 t_0

$$\Phi=A\lambda\frac{\mathrm{d}t}{\mathrm{d}x}$$

又 $$\lambda=\lambda_0(1+bt)$$

所以 $$\frac{\Phi}{A}(x_2-x_1)=\lambda_0(t_1-t_2)\left(1+b\frac{t_1+t_2}{2}\right)\tag{1}$$

由补充条件可得

$$\frac{\Phi}{A}\left(\frac{x_1+x_2}{2}-x_1\right)=\lambda_0(t_1-t_0)\left(1+b\frac{t_1+t_0}{2}\right)\tag{2}$$

由式(1)、式(2) 得 $$b=\frac{4t_0-2t_2-2t_1}{t_1^2-2t_0+t_2^2}\tag{3}$$

将式(3) 代入式(1) 得到

$$\lambda_0=\frac{\Phi(x_2-x_1)}{A(t_1-t_2)(1+\frac{(t_1+t_2)(4t_0-2t_2-2t_1)}{2(t_1^2-2\,t_0+t_2^2)}}$$

2-33 解题过程 导热微分方程式简化为$\frac{\mathrm{d}}{\mathrm{d}r}\left(\lambda r\frac{\mathrm{d}t}{\mathrm{d}r}\right)=0$，得 $\lambda r\frac{\mathrm{d}t}{\mathrm{d}r}=C_1$

所以 $\lambda_0(1+bt)\mathrm{d}t=C_1\frac{\mathrm{d}r}{r}$，即 $\lambda_0 t+\frac{b\lambda_0}{2}t^2=C_1\ln r+C_2$

当在 $r=r_1$ 处时，$t=t_1$，即 $\lambda_0 t_1+\frac{b\lambda_0}{2}t_1^2=C_1\ln r_1+C_2$ (1)

当在 $r=r_2$ 处时，$t=t_2$，即 $\lambda_0 t_2+\frac{b\lambda_0}{2}t_2^2=C_1\ln r+C_2$ (2)

两式联立得

$$C_1 = \frac{\lambda_0(t_1 - t_2)\left[1 + \frac{b}{2}\lambda_0(t_1 + t_2)\right]}{\ln r_1/r_2}$$

$$C_2 = \frac{\lambda_0(t_1 - t_2)\left[1 + \frac{b}{2}\lambda_0(t_1 + t_2)\right]\ln r_1}{\ln r_1/r_2}$$

(1)－(2) 得

$$\lambda_0(t_1 - t_2) + \frac{b}{2}\lambda_0(t_1^2 - t_2^2) = C_1 \ln(r_1/r_2) \tag{3}$$

将 C_1 和 C_2 代入式(3) 得温度表达式

$$\lambda_0 t + \frac{b}{2}\lambda_0 t^2 = \lambda_0(t_1 - t_2)\left[1 + \frac{b}{2}\lambda_0(t_1 + t_2)\right]\frac{\ln(r \cdot r_1)}{\ln r_1/r_2}$$

由傅里叶公式得

$$q = -\lambda \frac{dt}{dx}, C_1 = \lambda r \frac{dt}{dx}$$

得
$$q = -\frac{C_1}{r} = \frac{\lambda_0(t_1 - t_2)\left[1 + \frac{b}{2}\lambda_0(t_1 + t_2)\right]}{r \cdot \ln(r_1/r_2)}$$

2-34 解题过程

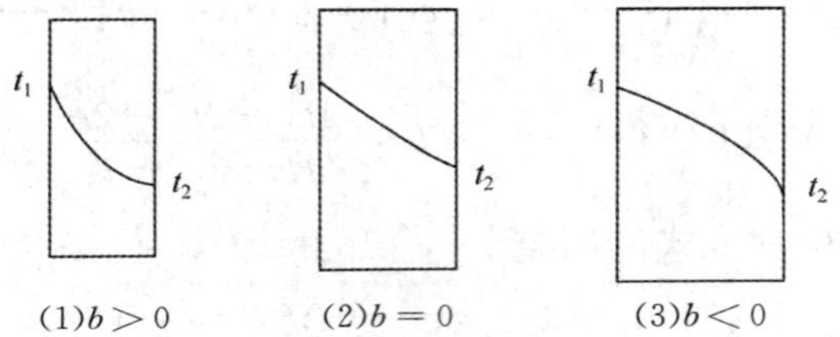

解 2-34 图

2-35 解题过程 导热微分方程式简化为$\frac{d}{dr}\left(\lambda r \frac{dt}{dr}\right) = 0$，即 $\lambda r \frac{dt}{dr} = C_1$

$$\lambda_0(1 + bt)dt = \frac{C_1}{r}dr \quad 即\ \lambda_0\left(t + \frac{bt^2}{2}\right) = C_1 \ln r + C_2$$

$$r = r_i, t = t_i; r = r_o, t = t_o$$

求得
$$C_1 = \frac{\lambda_0(t_i - t_o)\left[1 + \frac{b}{2}\lambda_0(t_i + t_o)\right]}{\ln(r_i/r_o)}$$

$$C_2=\frac{\lambda_0(t_i-t_o)\left[1+\frac{b}{2}\lambda_0(t_i+t_o)\right]\ln r_i}{\ln(r_i/r_o)}$$

因此 $$\lambda_0\left(t+\frac{bt^2}{2}\right)=\frac{\lambda_0(t_i-t_o)\left[1+\frac{b}{2}\lambda_0(t_i+t_o)\right]}{\ln(r_i/r_o)}\ln(r\cdot r_i)$$

由 $q=-\lambda\frac{\mathrm{d}t}{\mathrm{d}x}$ 得

$$q=-\frac{\lambda_0(t_i-t_o)\left[1+\frac{b}{2}\lambda_0(t_i+t_o)\right]}{r\ln(r_i/r_o)}$$

导热热阻 $$R=\frac{r\ln(r_i/r_o)}{\lambda_0\left[1+\frac{b}{2}\lambda_0(t_i+t_o)\right]}$$

2-36 解题过程 $x=0$ mm, $x=10$ mm 处的平均温度 $\bar{t}=\frac{100+60}{2}=80$ ℃

又 $\bar{\lambda}=\lambda_0(1+b\bar{t})$

即热流 $$q=\frac{\bar{\lambda}}{\delta}(t_1-t_2)=\frac{\lambda_0(1+b\bar{t})}{\delta}(t_1-t_2)$$

即 $$1000=\frac{\lambda_0(1+80b)}{0.02}(100-60) \tag{1}$$

同理 $x=10$ mm, $x=20$ mm 处得

$$1000=\frac{\lambda_0(1+50b)}{0.02}(60-40) \tag{2}$$

由式(1)、式(2)可得 $b=-0.009$ m, $\lambda_0=0.687$ W/(m·K)

2-37 解题过程 (1) 由 $q=-\lambda\frac{\mathrm{d}t}{\mathrm{d}x}$ 可知

$$\int_0^\delta q\mathrm{d}x=-\int_{t_1}^{t_2}\lambda(t)\mathrm{d}t=-\lambda_0\int_{t_1}^{t_2}(1+bt)\mathrm{d}t$$

$$q=\frac{\lambda_0(t_1-t_2)}{\delta}\left[1+\frac{b}{2}(t_1+t_2)\right]$$

(2) $$\lambda_1=\lambda_0(1+bt_1)\quad \lambda_2=\lambda_0(1+bt_2)$$

当 $x=0$ 时，$\frac{\lambda^2-\lambda_1^2}{\lambda_2^2-\lambda_1^2}=\frac{\lambda_1^2-\lambda_1^2}{\lambda_2^2-\lambda_1^2}=\frac{0}{\delta}=0$ 成立

当 $x=\delta$ 时，$\frac{\lambda^2-\lambda_1^2}{\lambda_2^2-\lambda_1^2}=\frac{\lambda_2^2-\lambda_1^2}{\lambda_2^2-\lambda_1^2}=\frac{\delta}{\delta}=1$ 成立

(3) 在 $q=-\lambda_0(1+bt)\dfrac{\mathrm{d}t}{\mathrm{d}x}$ 两边同时对 x 求导得

$$b\left(\frac{\mathrm{d}t}{\mathrm{d}x}\right)^2+bt\frac{\mathrm{d}^2t}{\mathrm{d}x^2}=0$$

即
$$t\frac{\mathrm{d}^2t}{\mathrm{d}x^2}+\left(\frac{\mathrm{d}t}{\mathrm{d}x}\right)^2=0$$

边界条件为：$x=0,t=t_1;x=\delta,t=t_2$。

求解得

$$t(x)=\frac{1}{\lambda_0 b}\left[\lambda_1^2+\frac{x}{8}(\lambda_2^2-\lambda_1^2)^{1/2}\right]-\frac{1}{b}\text{ 或 }t(x)=\sqrt{\left(\frac{1}{b}+t_1\right)^2-\frac{2qx}{\lambda_0 b}}-\frac{1}{b}$$

因此，当 $0<x<\delta$ 时，$\dfrac{\lambda^2-\lambda_1^2}{\lambda_2^2-\lambda_1^2}=\dfrac{(1+bt)^2-(1+bt_1)^2}{(1+bt_2)^2-(1+bt_1)^2}=\dfrac{x}{\delta}$

2-38 解题过程 由傅里叶定律可知 $q=-\lambda\dfrac{\mathrm{d}t}{\mathrm{d}x}$，假设 $t_1>t_2$

$$\Rightarrow q\mathrm{d}x=-\lambda\mathrm{d}t$$

$$\int_0^\delta q\mathrm{d}x=\int_{t_1}^{t_2}-\lambda(t)\mathrm{d}t=-\int_{t_1}^{t_2}(\lambda_0+\lambda_0\beta t^2)\mathrm{d}t$$

$$\Rightarrow q\delta=-\lambda_0(t_2-t_1)-\frac{\lambda_0\beta}{3}(t_2^3-t_1^3)$$

$$\Rightarrow q=\frac{\lambda_0}{\delta}(t_1-t_2)+\frac{\lambda_0\beta}{3\delta}(t_1^3-t_2^3)$$

一维有内热源的导热

2-39 解题过程 一维代入微分方程式为

$$\frac{\mathrm{d}}{\mathrm{d}x}\left[A(x)\lambda(x)\frac{\mathrm{d}t}{\mathrm{d}x}\right]+\dot{\Phi}(x)=0$$

2-40 解题过程 有内热源空心圆柱体导热系数为常数的导热微分方程式为

$$\frac{1}{r}\frac{\partial}{\partial r}\left(\lambda r\frac{\partial t}{\partial r}\right)+\dot{\Phi}=0$$

经过积分得

$$t=C_1\ln r+C_2-r^2\frac{\dot{\Phi}r}{\lambda}$$

边界条件为：$r=r_0,t=t_w;r=0,t=t_0$。

得其温度分布为

$$t=\frac{t_0-t_w-\dot{\Phi}r_0^3/\lambda}{\ln r_0-1}\ln r+t_0-\frac{t_0-t_w-\dot{\Phi}r_0^3/\lambda}{\ln r_0-1}-\frac{\dot{\Phi}r^3}{\lambda}$$

对其求导得

$$\frac{\partial t}{\partial r}=\frac{t_0-t_w-\dot{\Phi}r_0^3}{\lambda r(\ln r_0-1)}-\frac{3\dot{\Phi}r^2}{\lambda}$$

得

$$\dot{\Phi}=-\frac{1}{r}\left[\frac{t_0-t_w-\dot{\Phi}r_0^3}{r(\ln r_0-1)}-3\dot{\Phi}r^2\right]^2+\frac{r}{\lambda}\left[\frac{t_0-t_w-\dot{\Phi}r_0^3}{r(\ln r_0-1)}-3\dot{\Phi}r^2\right]^2$$

2-41 解题过程 由题意可知，设氧化铀燃料棒的最大热功率为Φ，为确定最大热功率，氧化铀燃料棒的最高温度取为 1600 ℃。

$$\left.\begin{aligned}&T_{max}=T_u+\frac{1}{4}\frac{\dot{\Phi}r_1^2}{\lambda_1}\\&\dot{\Phi}=\frac{\Phi}{Al}=\frac{\Phi}{\pi r_1^2 l}\\&\text{取 } l=1\text{ m}\\&\Phi=\frac{T_u-T_\infty}{\frac{1}{2\pi r_2 l}\cdot\frac{1}{h_0}+\frac{\ln(r_2/r_1)}{2\pi\lambda_2 l}+\frac{1}{2\pi r_1 l}R}\end{aligned}\right\}\Rightarrow\Phi=80031.771\text{ W}$$

2-42 解题过程 利用题 2-33 的结果，可得温度场应满足的微分方程为

$$\lambda\frac{d}{dr}\left(\frac{dt}{dr}\right)+r\dot{\Phi}(r)=0(\text{设 }\lambda\text{ 为常数}),$$

其边界条件为：$r=0,\frac{dt}{dr}=0;r=r_0,-\lambda\frac{dt}{dr}=h(t-t_f)$。

得温度分布为 $t=C_1\ln r-\frac{r^2}{4}\frac{\dot{\Phi}}{\lambda}+C_2$。由 $r=0,\frac{dt}{dr}=0$，得 $C_1=0$；

由 $r=r_0,-\lambda\frac{dt}{dr}=h(t-t_f)$，得$\frac{r_0}{2}\frac{\dot{\Phi}}{\lambda}=h\left[-\frac{r^2}{4}\frac{\dot{\Phi}}{\lambda}+c_2-t_f\right]$。

由此得
$$c_2=\frac{r_0\dot{\Phi}}{2h\lambda}+\frac{r_0^2}{4}\frac{\dot{\Phi}}{\lambda}+t_f$$

因此得
$$t=\frac{r_0\dot{\Phi}}{2h\lambda}+t_f$$

2-43 解题过程 因为对称性，所以只研究 $\delta = b$ 的金属薄片

$$\frac{d^2 t}{dx^2} + \frac{\dot{\Phi}}{\lambda} = 0$$

$$x = 0, \frac{dt}{dx} = 0$$

$$x = \delta = b; -\lambda \frac{dt}{dx} = h(t - t_f)$$

求得 $t = \frac{\dot{\Phi}}{2\lambda}(\delta^2 - x^2) + \frac{\dot{\Phi}\delta}{h} + t_f = \frac{\dot{\Phi}}{2\lambda}(b^2 - x^2) + \frac{\dot{\Phi}b}{h} + t_f$

因此，表面温度 $t_{表} = \frac{\dot{\Phi}}{2\lambda}(b^2 - b^2) + \frac{\dot{\Phi}b}{h} + t_f = \frac{\dot{\Phi}b}{h} + t_f$

截面温度 $t_{截} = \frac{\dot{\Phi}}{2\lambda}(b^2 - 0) + \frac{\dot{\Phi}b}{h} + t_f = \frac{\dot{\Phi}}{2\lambda}b^2 + \frac{\dot{\Phi}b}{h} + t_f$

所以 $t_{截} - t_{表} = \frac{\dot{\Phi}}{2\lambda}b^2 = \frac{I^2 \rho b^2}{3\lambda A_c^2}$

2-44 解题过程 导热微分方程为

$$\frac{1}{r}\frac{\partial}{\partial r}\left(\lambda r \frac{\partial t}{\partial r}\right) + \dot{\Phi} = 0 \tag{1}$$

边界条件

$$r = 0, \frac{dt}{dx} = 0 \tag{2}$$

$$r = r_0, t = t_0 \tag{3}$$

三式联立，最终可解得

$$t = \frac{\dot{\Phi}_0}{36}[q(r_0^2 - r^2) + 4A(r_0^3 - r^3)] + t_0$$

2-45 解题过程

$$\frac{d^2 t}{dx^2} + \frac{\dot{\Phi}}{\lambda} = 0$$

边界条件为：$x = 0, -\lambda \frac{dt}{dx} = h_1(t - t_{f1})$；$x = l, \frac{dt}{dx} = 0$；

$$x = \delta, -\lambda \frac{dt}{dx} = h_2(t - t_{f2})。$$

求得 $t = -\frac{\dot{\Phi}}{2\lambda}x^2 + C_1 x + C_2$。

当 $x \in (0,l)$ 时，$t = -\dfrac{\dot{\Phi}}{2\lambda}x^2 + \dfrac{\dot{\Phi}}{2\lambda}lx + \dfrac{\dot{\Phi}}{h_1}l + t_{f1}$。

当 $x \in (l,\delta)$ 时，$t = -\dfrac{\dot{\Phi}}{2\lambda}x^2 + \dfrac{\dot{\Phi}}{2\lambda}lx - \dfrac{\dot{\Phi}}{h_2}(\delta - l) + t_{f2}$。

当 $x = l$ 时，$t = \dfrac{\dot{\Phi}}{h_1}l + t_{f1} = t_{f2} - \dfrac{\dot{\Phi}}{h_2}(\delta - l)$。

求得
$$l = \frac{t_{f2} - t_{f1} - \dfrac{\dot{\Phi}}{h_2}\delta}{\left(\dfrac{1}{h_1} - \dfrac{1}{h_2}\right)\dot{\Phi}}$$

当 $h_1 = h_2, t_{f1} = t_{f2}$ 时，其温度分布如解 2-45 图(a) 所示；当 $h_1 = h_2$，$t_{f2} < t_{f1}$ 时，其温度分布曲线如解 2-45 图(b) 所示。

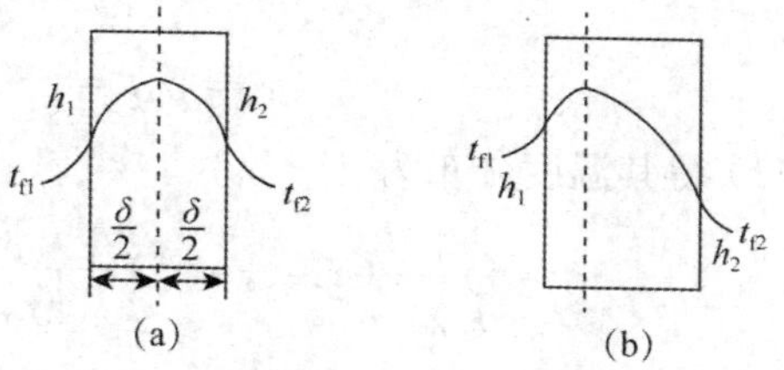

解 2-45 图

2-46 解题过程 由教材式(2－47) 可得

$$\left.\begin{aligned} &\frac{d^2 t}{dx^2} + \frac{\dot{\Phi}}{\lambda} = 0 \\ &x = 0, \frac{dt}{dx} = 0 \\ &x = \delta, -\lambda\frac{dt}{dx} = h(t - t_f) \end{aligned}\right\} \Rightarrow t = \frac{\dot{\Phi}}{2\lambda}(\delta^2 - x^2) + \frac{\dot{\Phi}\delta}{h} + t_f$$

由一侧绝热可知，该平壁的最高温度就位于该位置，即 $x = 0$。

所以 $t_{max} = t\,|_{x=0} = \dfrac{\dot{\Phi}}{2\lambda}\delta^2 + \dfrac{\dot{\Phi}\delta}{h} + t_f = 117.5$ ℃。

2-47 解题过程 由题意有导热微分方程

$$\lambda\frac{d^2 t}{dx^2} + \dot{\Phi}_0 e^{-ax} = 0$$

又 $x = 0$ 处 $t = t_1$，$x = \delta$ 处 $t = t_2$。

积分并结合边界条件可得

$$t=\frac{\dot{\Phi}_0 e^{-ax}}{a\lambda}-\frac{t_1-t_2+\frac{\dot{\Phi}_0}{a^2\lambda}-\frac{\dot{\Phi}_0 e^{-a\delta}}{a^2\lambda}}{\delta}x+t_1+\frac{\dot{\Phi}_0}{a^2\lambda}$$

令 $$\frac{dt}{dx}=0$$

所以，当 $x=-\frac{1}{a}\ln\left[\frac{a\lambda(t_1-t_2)}{\delta\dot{\Phi}_0}+\frac{1-e^{-a\delta}}{a\delta}\right]$ 时，t 最大。

2-48 解题过程

$$\frac{d^2t}{dx^2}+\frac{\dot{\Phi}}{\lambda}=0 \tag{1}$$

边界条件为

$$\begin{cases}x=0,\frac{dt}{dx}=0\\ x=\delta,t=t_2\end{cases}$$

(1) 得其温度分布为

$$t=\frac{1}{\dot{\Phi}_0\lambda a^2}(e^{-a\delta}-e^{-ax})+\frac{\delta}{\dot{\Phi}_0 a\lambda}(\delta-x)+t_2$$

(2) 当 $x=0$ 时，$t=\frac{1}{\dot{\Phi}_0\lambda a^2}(e^{-a\delta}-1)+\frac{\delta}{\dot{\Phi}_0 a\lambda}+t_2$。

(3) 当 $x=\delta$ 时，$t=t_2$。

所以 $q=-\lambda\frac{dt}{dx}=-\frac{1}{a\dot{\Phi}_0}(e^{-ax}-1)$。

2-49 解题过程 (1) 导线中温度场的微分方程为 $\frac{1}{r}\frac{d}{dr}\left(r\frac{dt_1}{dr}+\frac{\dot{\Phi}}{\lambda_1}\right)=0$。

环形绝缘层中温度场的微分方程为 $\frac{1}{r}\frac{d}{dr}\left(r\frac{dt_2}{dr}\right)=0$。

边界条件：t_1，$r=0$ 时，t_1 为有限；

$$r=r_1\text{ 时},t_1=t_2,-\lambda_1\frac{dt_1}{dr}=-\lambda_2\frac{dt_2}{dr}。$$

$$t_2,r=r_1\text{ 时},t_1=t_2,-\lambda_1\frac{dt_1}{dr}=-\lambda_2\frac{dt_2}{dr};$$

$$r=r_1\text{ 时},-\lambda_2\frac{dt_2}{dr}=h(t_2-t_1)。$$

(2) 第一式的通解为 $t_1 = \dfrac{\dot{\Phi}r^2}{r\lambda_1} + C_1\ln r + C_2$；

第二式的通解为 $t_2 = C_1'\ln r + C_2'$。

常数 C_1、C_2、C_1'、C_2' 由边界条件确定。

据 $r = 0$ 时，t_1 为有限的条件，得 $C_1 = 0$。其余 3 个条件的表达式为

$$r = r_1, -\frac{\dot{\Phi}r_1^2}{4\lambda_1} + C_2 = C_1'\ln r_1 + C_2'; -\lambda_1\left(-\frac{\dot{\Phi}r_1}{2\lambda_1}\right) = -\lambda_2\left(\frac{C_1'}{t_1}\right);$$

$$r = r_2, -\lambda_2\left(\frac{C_1'}{r_2}\right) = h[(C_1'\ln r_2 + C_2') - t_f]$$

由此 3 式解得

$$C_1' = -\frac{\dot{\Phi}r_1^2}{2\lambda_2}, C_2' = t_f + \frac{\dot{\Phi}r_1^2}{2\lambda_2}\left(\frac{\lambda_2}{hr_2} + \ln r_2\right)$$

$$C_2 = \frac{\dot{\Phi}r_1^2}{4\lambda_1} + \frac{\dot{\Phi}r_1^2}{2hr_2} + \frac{\dot{\Phi}r_1^2}{2\lambda_2}\ln\left(\frac{r_2}{r_1}\right) + t_f$$

所以
$$t_1 = -\frac{\dot{\Phi}r_1^2}{r\lambda_1} + \frac{\dot{\Phi}r_1^2}{4\lambda_1} + \frac{\dot{\Phi}r_1^2}{2hr_2} + \frac{\dot{\Phi}r_1^2}{2\lambda_2}\ln\left(\frac{r_2}{r_1}\right) + t_f$$

$$t_2 = t_f + \frac{\dot{\Phi}r_1^2}{2\lambda_2}\left(\frac{\lambda_2}{hr_2} + \ln r_2\right) - \frac{\dot{\Phi}r_1^2}{2\lambda_2}\ln r$$

肋片导热

2-50 解题过程 (1) 铝肋

由 $$mH = \sqrt{\frac{2h}{\lambda\delta}}H = \sqrt{\frac{2\times 284}{208\times 2.54\times 10^{-3}}}\times 15.24\times 10^{-3} = 0.4997$$

得 $$\eta_f = \frac{\text{th}(mH)}{mH} = \frac{\text{th}0.4997}{0.4997} = 91.3\%$$

(2) 钢肋

由 $$mH = \sqrt{\frac{2h}{\lambda\delta}}H = \sqrt{\frac{2\times 511}{41.5\times 2.54\times 10^{-3}}}\times 15.24\times 10^{-3} = 1.501$$

得 $$\eta_f = \frac{\text{th}(mH)}{mH} = \frac{\text{th}1.501}{1.501} = 56.9\%$$

2-51 解题过程 $$\frac{d^2t}{dx^2} + \frac{\dot{\Phi}}{\lambda} = 0 \quad (1)$$

又 $$\dot{\Phi}=-\frac{\dot{\Phi}_s}{A_c\mathrm{d}x}=\frac{hP(t-t_\infty)}{A_c} \tag{2}$$

将式(2) 代入式(1) 得$\dot{\Phi}=-\lambda A_c Q_0 m\mathrm{th}(mH)$

$$\dot{\Phi}=40.1\ \mathrm{W}$$

当其他条件不变时，$H'=2H$，$\dot{\Phi}'=66.9\ \mathrm{W}\neq 2\dot{\Phi}=80.2\ \mathrm{W}$

由上述结果可知当长度增加一倍时，散热量并没有增加一倍，因此从充分利用金属的观点来看，采用两个长度为其一半的较短的肋较好。

2-52 解题过程 $H'=H+\delta/2=12.9\ \mathrm{mm}$；$A_2=A'\delta=1.03\times10^{-5}\mathrm{m}^2$

查教材附录得 $\lambda=238\ \mathrm{W/(m\cdot K)}$

$$(H')^{3/2}\left[h\Big/(\lambda A_2)\right]^{1/2}=(12.9\times10^{-3})^{3/2}\left[\frac{110}{238\times1.03\times10^{-5}}\right]^{1/2}=0.31$$

$$r_1=12.5\ \mathrm{mm};r_2'=r_1+H'=12.5+12.9=25.4\ \mathrm{mm}$$

从教材附录查得 $\eta_f=0.88$。

肋片散热量为

$$\Phi_0=2\pi(r_2'-r_1)h(t_w-t_f)$$
$$=2\pi\times(25.4-12.5)\times110\times(200-90)\times10^{-3}=37.15\ \mathrm{W}$$

肋片的实际散热量为 $\Phi=\Phi_0\eta_f=37.15\times0.88=32.7\ \mathrm{W}$

两肋片间基管散热量：$\Phi'=h(t_w-t_f)2\pi r_1 s=9.021\ W$；$n=\frac{1}{s}=105$

总散热量为 $\Phi_Z=n(\Phi+\Phi')=4382.8\ \mathrm{W}$

2-53 解题过程 按题意应使 $\theta_h/\theta_0\leqslant0.6\ \%$，$\theta_h/\theta_0=1/\mathrm{ch}(mH)=0.6/100$

$\mathrm{ch}(mH)=166.7$，查教材附录得 $mH=\mathrm{arc}[\mathrm{ch}(166.7)]=5.81$

$$m=\sqrt{\frac{hP}{\lambda A_c}}=\sqrt{\frac{105}{49.1\times0.9\times10^{-3}}}=48.75$$

所以 $H=\frac{5.81}{48.75}=0.119\ \mathrm{m}$

2-54 解题过程 $$\theta_h=\theta_0/\mathrm{ch}(mH),m=\sqrt{\frac{hP}{\lambda A_c}}=\sqrt{\frac{h\pi d}{\lambda\pi d\delta}}=\sqrt{\frac{h}{\lambda\delta}}$$

$$m_1=\sqrt{\frac{25}{390\times0.001}}=8.006$$

$$m_2 = \sqrt{\frac{25}{50 \times 0.001}} = 22.361$$

$$m_1 H = 8.006 \times 0.12 = 0.961, m_2 H = 22.361 \times 0.12 = 2.683$$

$$\mathrm{ch}(m_1 H) = 1.498,\quad \mathrm{ch}(m_2 H) = 7.349, \theta_{k1} = \frac{25-70}{1.498} = -30.04\ ℃$$

$$\theta_{k2} = \frac{25-70}{7.349} = -6.123\ ℃, \theta_{k2} - \theta_{k1} = -6.123 + 30.04 = 23.917\ ℃$$

置于两管套中的温度计读数相差 23.6 ℃。

2-55 解题过程 (1)$m = \sqrt{hP/(\lambda A_c)} = \sqrt{\frac{28 \times 7.6 \times 10^{-2}}{55 \times 1.95 \times 10^{-4}}} = 14.09$

$$\theta = \theta_0 \frac{\mathrm{ch}[m(x-H)]}{\mathrm{ch}(mH)}$$

又肋片中的温度分布

$$\theta_0 = t_0 - t_\infty = 305 - 815 = -510\ ℃$$

因肋片截面温度沿高度方向逐步降低

所以当 $x = H$ 时，θ 最大

因此得 $\theta_{max} = \frac{\theta_0}{\mathrm{ch}(mH)} = \frac{-510}{\mathrm{ch}(14.09 \times 9 \times 10^{-2})} = 265.6℃$

(2) 热量由冷却介质带走

$$\Phi_{x=0} = \frac{hP}{m}\theta_0 \mathrm{th}(mH)$$

$$= \frac{28 \times 7.6 \times 10^{-2}}{14.09} \times (-510) \times \mathrm{th}(14.09 \times 9 \times 10^{-2}) = 65.7\ \mathrm{W}$$

2-56 解题过程 由题意可知，手柄中的最低温度处于半圆形圆柱的对称面上，将手柄模型在此截面切开，并视手柄为简单的直圆柱直肋，简化后的模型如解 2-56 图所示，形成两个直圆柱肋。

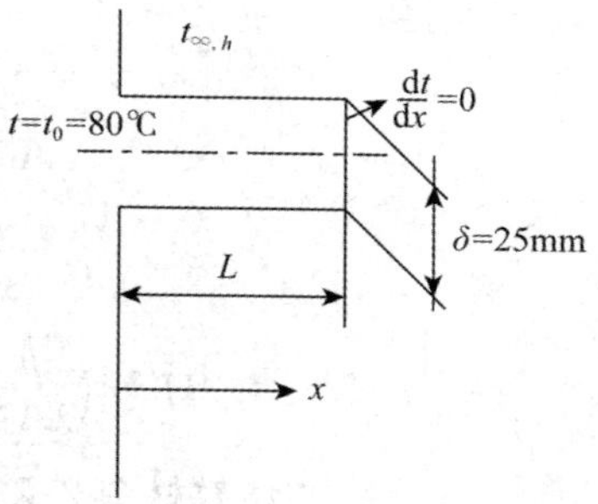

解 2-56 图

$$H' = L + \frac{\delta}{2} = \frac{1}{4} \times 2\pi\left(75 - \frac{25}{2}\right) + \frac{25}{2}$$

$$= 110.675\ \mathrm{mm}$$

$$A_L = \delta H' = 25 \times 110.675 \times 10^{-6} = 2.767 \times 10^{-3}\ \mathrm{m^2}$$

$$H'^{3/2}\left(\frac{h}{\lambda A_L}\right)^{1/2} = 0.110675^{3/2}\times\left(\frac{10}{1.5\times 2.767\times 10^{-3}}\right)^{1/2} = 1.807$$

假设 $r_2'/r_1 = 1$，查教材图 2-22 得 $\eta_f = 0.395$。

所以通过手柄的散热量 $\Phi = 2\pi dL\cdot h(t_0 - t_\infty)\eta_f = 9.253\ \mathrm{W}$

$$\begin{cases}\dfrac{d^2t}{dx^2}+\dfrac{\dot{\Phi}}{\lambda}=0\\ x=0,t=t_0;x=L,\dfrac{dt}{dx}=0\\ \dot{\Phi}=-\dfrac{hP(t-t_\infty)}{A_c}\\ \theta=t-t_\infty\end{cases}\Rightarrow\begin{cases}\dfrac{d^2\theta}{dx^2}=\dfrac{hP}{\lambda A_c}\theta\\ x=0,\theta=t_0-t_\infty=\theta_0;x=L,\dfrac{d\theta}{dx}=0\end{cases}$$

解得

$$\theta_L=\frac{\theta_0}{\mathrm{ch}\left(\sqrt{\dfrac{hP}{\lambda A_c}}L\right)}=\frac{80-20}{\mathrm{ch}\left(\sqrt{\dfrac{10\times\pi\times 25\times 10^{-3}}{1.5\times 25\times\pi\times 25\times 10^{-6}}}\times 98.175\times 10^{-3}\right)}$$

$$=\frac{60}{\mathrm{ch}(1.603)}=\frac{60}{2.585}=23.2\ ℃$$

所以求得最低温度 $t_{\min} = t_\infty + \theta_L = 43.2\ ℃$

手柄的导热系数越大，则 $1/h \geqslant \delta/\lambda$ 越容易满足，从而保证手柄每一截面上的温度更趋于一致，同时，手柄散热量越大；反之，则温度分布不均且散热量较小。

2-57 解题过程 由题意可知 $H' = H + \dfrac{\delta}{2} = 25 + \dfrac{3}{2} = 26.5\ \mathrm{mm}$

$$r_2' = r_1 + H' = \frac{60}{2} + 26.5 = 56.5\ \mathrm{mm}$$

$$A_L = \delta H' = 3\times 26.5\times 10^{-6} = 7.95\times 10^{-5}\ \mathrm{m}^2$$

$$\frac{r_2'}{r_1} = \frac{56.5}{30} = 1.88$$

$$H'^{3/2}\left(\frac{h}{\lambda A_L}\right)^{1/2} = 0.0265^{3/2}\times\left(\frac{50}{180\times 7.95\times 10^{-5}}\right)^{1/2} = 0.255$$

从教材图 2-22 查得 $\eta_f \approx 0.932$

$$\eta_0 = (A_r + \eta_f A_f)/A_0$$

$$=\frac{\pi\times 0.06\times(170-10\times 3)\times 10^{-3}+0.932\times 10\times 2\times\pi(0.0565^2-0.03^2)}{\pi\times 0.06\times 0.14+20\times\pi\times(0.0565^2-0.03^2)}$$

$$= \frac{0.051\pi}{0.054\pi} = 0.943$$

所以加环肋后的总换热量为

$$\Phi = A_0 \eta_0 h(t_0 - t_f)$$
$$= 0.17 \times 0.943 \times 50 \times (220 - 28) = 1542.739 \text{ W}$$

而未加环肋的换热量为

$$\Phi' = Ah(t_0 - t_f)$$
$$= \pi dLh(t_0 - t_f) = 3.14 \times 60 \times 170 \times 50 \times (220 - 28) \times 10^{-6}$$
$$= 307.625 \text{ W}$$

$$\frac{\Phi}{\Phi'} = \frac{1542.739}{307.625} = 5.015$$

2-58 解题过程 由题意可知，吸热板背面绝热良好，因而背面相当于对称面，相邻两加热水管间吸热板的温度分布显然关于中间截面对称，因而中间截面也是一个绝热面，故将问题简化成为如解 2-58 图所示的等截面直肋的导热问题。

$$\frac{d^2 t}{dx^2} + \frac{\dot{\Phi}}{\lambda} = 0$$

$$x = 0, t = t_0 = 60℃$$

$$x = L/2, \frac{dt}{dx} = 0, \dot{\Phi} = \frac{q''_{rad} P}{A_c} = \frac{q''_{rad}}{\delta}$$

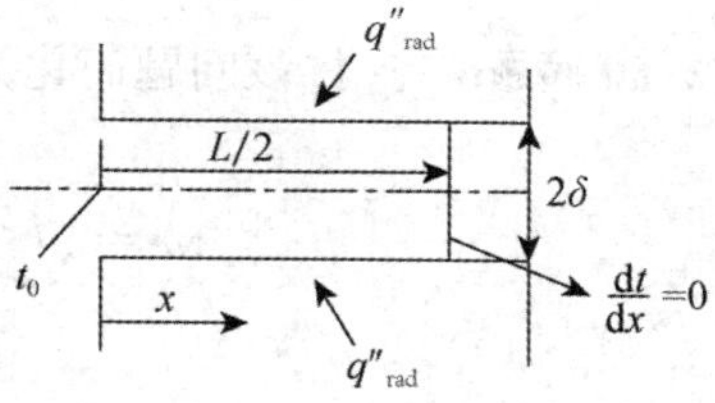

解 2-58 图

所以 $$\left.\begin{aligned} \frac{dt}{dx} &= -\frac{q''_{rad}}{\lambda\delta}x + C_1 \\ x = L/2 \quad \frac{dt}{dx} &= 0 \end{aligned}\right\} \Rightarrow C_1 = \frac{q''_{rad}}{\lambda\delta} \cdot \frac{1}{2}$$

$$\left.\begin{aligned} t &= -\frac{q''_{rad}}{2\lambda\delta}x^2 + \frac{q''_{rad}}{\lambda\delta}\frac{L}{2}x + C_2 \\ x &= 0 \quad t = t_0 = 60\ ℃ \end{aligned}\right\} \Rightarrow C_2 = 60$$

所以 $$t = -\frac{q''_{rad}}{2\lambda\delta}x^2 + \frac{q''_{rad}}{\lambda\delta}\frac{L}{2}x + 60$$

当 $x = L/2$ 时，吸热板的温度最高

$$t_{max} = -\frac{q''_{rad}}{2\lambda\delta} \cdot \frac{L^2}{4} + \frac{q''_{rad}}{\lambda\delta} \cdot \frac{L^2}{4} + 60$$

$$= 60 + \frac{800 \times 0.2^2}{2 \times 4 \times 177 \times 6 \times 10^{-3}} = 63.8\ ℃$$

2-59 解题过程 由题意可知，散热量

$$\Phi = \frac{t_i - t_o}{\frac{\ln(d_o/d_i)}{4\pi\delta\lambda} + \frac{\ln(d_f/d_o)}{4\pi\delta\lambda} + \frac{1}{h}\frac{1}{\pi d_f 2\delta}}$$

$$= \frac{2\pi\delta(t_i - t_o)}{\frac{1}{2\lambda}\ln\frac{d_f}{d_i} + \frac{1}{hd_f}} = \frac{2\pi \times 0.015 \times (300 - 20)}{\frac{1}{2\times 45}\times \ln\frac{250}{120} + \frac{1}{10\times 0.25}} = 64.655\ \text{W}$$

$$H' = \frac{d_f - d_o}{2} + \delta = 70\ \text{mm}, r'_2 = r_1 + H' = 70 + 70 = 140\ \text{mm}$$

$$\frac{r'_2}{r_1} = 2, A_L = \delta H' = 15 \times 70 \times 10^{-6}\text{m}^2 = 1.05 \times 10^{-3}\text{m}^2$$

$$H'^{3/2}\left(\frac{h}{\lambda A_L}\right)^{1/2} = 0.07^{3/2} \times \left(\frac{10}{45 \times 1.05 \times 10^{-3}}\right)^{1/2} = 0.269$$

从教材图 2-22 查得 $\eta_f = 0.95$

所以通过一对法兰损失的热量 $\Phi_{法} = \eta_f\Phi = 0.95 \times 64.655 = 61.42\ \text{W}$

2-60 解题过程 将该问题简化为等截面直肋，因此 $H' = H + \frac{\delta}{2} \times 2 = 9\ \text{mm}$

$$m = \sqrt{\frac{2h}{\lambda\delta}} = \sqrt{\frac{2 \times 100}{200 \times 1 \times 10^{-3}}} = 31.623, mH' = 0.2846$$

$$\eta_f = \frac{\text{th}(mH')}{mH'} = 0.277$$

因此肋片面积热阻 $R = \frac{1}{A\eta_f H} = \frac{1}{2H'L\eta_f H}$

由于习题 2-60 附图(b) 所示 $L = 14 - 2\delta = 12\ \text{mm}$

所以 $R = 2.09 \times 10^6 (\text{m}^2 \cdot \text{K})/\text{W}$

2-61 解题过程 此问题的通解为 $\theta = C_1 e^{mx} + C_2 e^{-mx}$，$C_1$、$C_2$ 由边界条件确定：

$$x = 0, \theta_0 = C_1 + C_2; x = H,$$

$$-\lambda(C_1 m e^{mH} + C_2 m e^{-mH}) = h(C_1 e^{mH} + C_2 e^{-mH})$$

由此得

$$C_1 = \frac{\theta_0 e^{-mH}(\lambda m - h_2)}{e^{mH}(\lambda m - h_2) + e^{mH}(\lambda m + h_2)}$$

$$C_2 = \frac{\theta_0 e^{mH}(\lambda m + h_2)}{e^{-mH}(\lambda m - h_2) + e^{mH}(\lambda m + h_2)}$$

所以 $\theta=\dfrac{\theta_0 e^{-mH}(\lambda m-h_2)e^{mx}+\theta_0 e^{mH}(\lambda m+h_2)e^{-mx}}{e^{-mH}(\lambda m-h_2)+e^{mH}(\lambda m+h_2)}$

$$=\theta_0\frac{\mathrm{ch}[m(H-x)]+[h_2/(\lambda m)]\mathrm{sh}[m(H-x)]}{\mathrm{ch}(mH)+[h_2/(\lambda m)]\mathrm{sh}(mH)}$$

散热量

$$\Phi=-\lambda A\left(\frac{\mathrm{d}}{\mathrm{d}x}\right)_{x=0}$$

$$=-\lambda A\theta_0\frac{\mathrm{sh}[m(H-x)](-m)+[h_2/(\lambda m)]\mathrm{ch}[m(H-x)](-m)}{\mathrm{ch}(mH)+[h_2/(\lambda m)]\mathrm{sh}(mH)}\Big|_{x=0}$$

$$=\lambda A\theta_0 m\frac{\mathrm{sh}(mH)+[h_2/(\lambda m)\mathrm{ch}(mH)]}{\mathrm{ch}(mH)+[h_2/(\lambda m)]\mathrm{sh}(mH)}$$

多维导热

2-62 解题过程

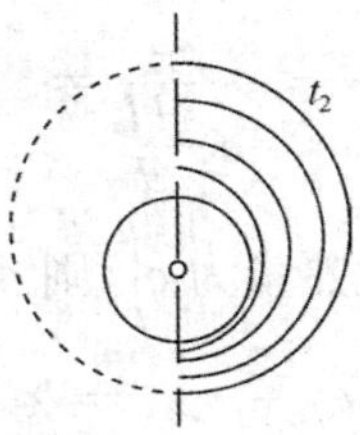

解 2-62 图

2-63 解题过程 采用形状因子法计算，据已知条件得形状因子

$$S=\frac{2\pi l}{\ln(1.08\dfrac{b}{d})}=\frac{2\pi\times 1}{\ln(1.08\times\dfrac{1}{0.5})}=8.156\ \mathrm{m}$$

所以 $\Phi=S\lambda(t_1-t_2)=8.156\times 1.5\times(80-25)=672.87\ \mathrm{W/m}$

2-64 解题过程 (1) 由题意可知，上凹面、下表面的温度为 t_1 及 t_2，其余表面绝热，假设 $t_2>t_1$，则有

$$\begin{cases}\dfrac{\mathrm{d}^2t}{\mathrm{d}x^2}+\dfrac{\mathrm{d}^2t}{\mathrm{d}y^2}=0\\ y=0,t=t_2\\ x=0,\dfrac{\mathrm{d}t}{\mathrm{d}x}=0\\ x=l,\dfrac{\mathrm{d}t}{\mathrm{d}x}=0\end{cases}$$

因此其等温线分布如解 2-64 图所示，关于凹点左右对称。

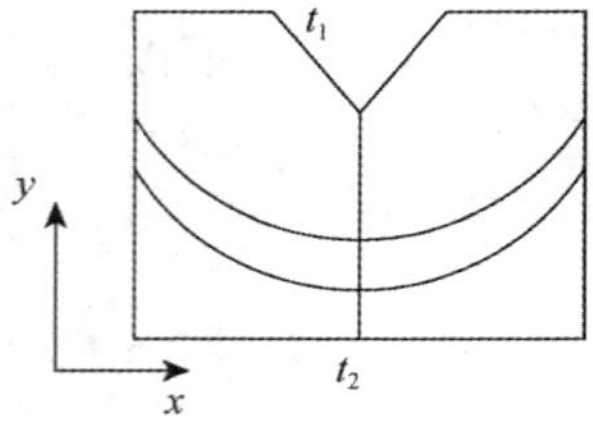

解 2-64 图

(2) 有影响，由导温系数 $a=\frac{\lambda}{\rho c}$ 可知，λ 越大，a 越大，则物体内温度趋于一致，较导热系数 λ 小的要快。因此，材料的导热系数对温度分布有影响。

2-65 解题过程 $\Phi=\lambda S\Delta t=0.8\times0.15\Delta x(400-50)$

$=0.8\times0.15\times0.30\times350=12.6\ \text{W}$。

若三面墙内壁温度 t_{l1}、t_{l2}、t_{l3} 不相等，那么作为估算，可以取 $\frac{1}{3}(t_{l1}+t_{l2}+t_{l3})$ 作为内侧等效温度。

2-66 解题过程 $H_1=3\ \text{m}>2d=1\ \text{m}$

查教材表 2-2 可得 $\frac{S}{l}=\frac{2\pi}{\ln\frac{4H_1}{d}}\Rightarrow S=\frac{2\pi l}{\ln\frac{4H_1}{d}}$

设此时每米管道的散热量为 q_1，则

$$q_1=\lambda S(t_{w1}-t_{w2})=\lambda(t_{w1}-t_{w2})\cdot\frac{2\pi l}{\ln\frac{4H_1}{d}}$$

$$=1\times(4-0)\times\frac{2\pi\times1}{\ln\frac{4\times3}{0.5}}=7.908\ \text{W}$$

查附录得，冰的导热系数 $\lambda_{冰}=2.22\ \text{W/(m}\cdot\text{K)}$。

由于该问题为稳态问题，因此散热量 $\Phi_2=\Phi_1=7.908\ \text{W}$。

2-67 解题过程 (1) 一样，因为两种情况下的数学描写中不出现材料物性值。

(2) 一样，因为在给定的条件下，得到的温度分布与材料无关。

(3) 不一样，在给定热流的边上，边界条件中出现固体导热系数，所以不一样。

(4) 不一样，在第三类边界条件的表达式中出现固体导热系数，因此也不一样。

2-68 解题过程 设发泡塑料的厚度为 Δx，采用形状因子法计算。

其中

$$S = 2 \times \frac{(0.75 - \Delta x)^2}{\Delta x} + \frac{(0.75 - 2\Delta x)(0.5 - 2x)}{\Delta x} + 0.54 \times (0.75 - 2\Delta x) + 2 \times \frac{(0.75 - 2x)(0.5 - 2x)}{\Delta x} + \frac{(0.75 - 2x)^2}{\Delta x} + 0.54 \times (0.5 - 2\Delta x) + 4 \times 0.15\Delta x - 2 \times (0.75 - 2\Delta x) \times (0.5 - 2\Delta x) - 2 \times (0.75 - 2\Delta x)^2$$

又

$$\Phi = S\lambda(t_1 - t_2)$$

代入数据解得

$$\Delta x = 0.03\ \text{m}$$

热阻分析

2-69 解题过程 球壳导热热流流量为

$$\Phi = \frac{4\pi\lambda(t_1 - t_2)}{1/r_1 - 1/r_2} \Rightarrow R = \frac{\Delta t}{\Phi} = \frac{1/r_1 - 1/r_2}{4\pi\lambda}$$

2-70 解题过程

$$R = \frac{\Delta t}{\Phi} = \frac{\Delta t}{S\lambda\Delta t} = \frac{1}{S\lambda}$$

第 6 栏：

$$R_1 = \ln \frac{\sqrt{(d_1 + d_2)^2 - 4w^2} + \sqrt{(d_1 - d_2)^2 - 4w^2}}{\sqrt{(d_1 + d_2)^2 - 4w^2} - \sqrt{(d_1 - d_2)^2 - 4w^2}} / 2\pi\lambda l$$

第 7 栏：

$$R_2 = \ln\left(1.08\frac{b}{d}\right)/2\pi\lambda l$$

2-71 解题过程

$$R_1 = \delta/A_1\lambda_1; R_2 = \delta/A_2\lambda_2$$

热阻是并联的，因此总热阻为

$$R = \frac{R_1 \cdot R_2}{R_1 + R_2} = \frac{\frac{\delta}{A_1\lambda_1} \cdot \frac{\delta}{A_2\lambda_2}}{\frac{\delta}{A_1\lambda_1} + \frac{\delta}{A_2\lambda_2}} = \frac{\delta}{A_1\lambda_1 + A_2\lambda_2}$$

导热总热量

$$\Phi = \frac{\Delta t}{R} = \frac{(t_2 - t_1)(A_1\lambda_1 + A_2\lambda_2)}{\delta}$$

2-72 解题过程 取 $l=1\ \text{m}$, $R_1=\dfrac{1}{h_iA_i}=\dfrac{1}{h_i2\pi r_1 l}$

$$=\frac{1}{2\pi r_1 h_i}$$

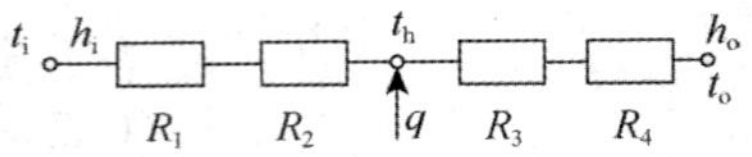

解 2-72 图

$$R_2=\frac{\ln(r_2/r_1)}{2\pi\lambda_i},R_3=\frac{\ln(r_3/r_2)}{2\pi\lambda_o}$$

$$R_4=\frac{1}{h_oA_o}=\frac{1}{2\pi r_3 h_o}$$

2-73 解题过程 设芯片的工作温度为 t。

芯片上侧面热流密度 $q_1=h(t-t_\infty)$ (1)

芯片下侧面热流密度 $q_2=\dfrac{t-t_\infty}{\dfrac{\delta_1}{\lambda_1}+\dfrac{\delta_2}{\lambda_2}+\dfrac{1}{h}}$ (2)

$$q=q_1+q_2=1.5\times10^4\ \text{W/m}^2 \quad (3)$$

$$\Phi_2=A\frac{t-t_\infty}{\dfrac{\delta_1}{\lambda_1}+\dfrac{\delta_2}{\lambda_2}+\dfrac{1}{h}}$$

联立式(1) ~ 式(3),得 $t=74.28$ ℃

2-74 解题过程 由题意可知,该墙体的热阻网络图如解 2-74 图所示

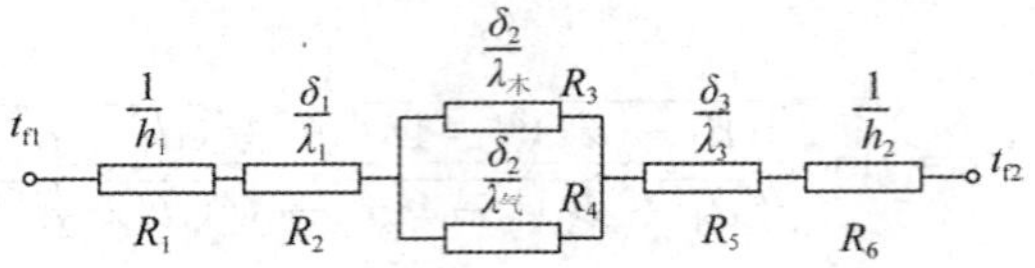

解 2-74 图

$$R_1=\frac{1}{h_1}=\frac{1}{7}(\text{m}^2\cdot\text{K})/\text{W}$$

$$R_2=\frac{\delta_1}{\lambda_1}=\frac{12\times10^{-3}}{0.16}=0.075(\text{m}^2\cdot\text{K})/\text{W}$$

$$R_3=\frac{\delta_2}{\lambda_木}=\frac{25\times10^{-3}}{0.141}=0.177\ (\text{m}^2\cdot\text{K})/\text{W}$$

$$R_4=\frac{\delta_2}{\lambda_气}=\frac{25\times10^{-3}}{0.026}=0.962(\text{m}^2\cdot\text{K})/\text{W}$$

$$R_5=\frac{\delta_3}{\lambda_3}=\frac{200\times10^{-3}}{0.72}=0.278(\text{m}^2\cdot\text{K})/\text{W}$$

$$R_6=\frac{1}{h_2}=\frac{1}{28}(\mathrm{m^2\cdot K})/\mathrm{W}$$

所以总热阻 $R=R_1+R_2+\dfrac{1}{\dfrac{1}{R_3}+\dfrac{1}{R_4}}+R_5+R_6=0.681\ (\mathrm{m^2\cdot K})/\mathrm{W}$

所以单位长度的热量损失

$$\Phi=\frac{(t_{f1}-t_{f2})H}{R}=\frac{(20-5)\times(330+75)\times10^{-3}}{0.681}=8.921\ \mathrm{W/m}$$

综合分析

2-75 解题过程 (1) 管子内壁面的热流量为 $\Phi=\pi d_1 l q_r$，稳态条件下有

$$\Phi=\frac{2\pi\lambda l(t_{s1}-t_{s2})}{\ln(r_1/r_2)}=\pi d_1 l q_r$$

设在任一直径 r 处温度为 t，则有

$$\frac{2\lambda(t-t_{s2})}{\ln(r_3/r)}=d_1q_r,t=\frac{d_1q_r\ln(r_3/r)}{2\lambda}+t_{s2}$$

(2) 每米长度上热负荷

$$q_r=\frac{2\pi\lambda(t_{s1}-t_{s2})}{\ln(r_3/r_2)}=\frac{2\times3.14\times15\times(150-25)}{\ln(48/35)}=3.7\times10^4\ \mathrm{W/m}$$

2-76 解题过程 利用有内热源的一维球坐标方程

$$\lambda\frac{1}{r^2}\frac{\partial}{\partial r}\left(r^2\frac{\partial t}{\partial r}\right)+\dot{\Phi}=0$$

$$\frac{\mathrm{d}}{\mathrm{d}r}\left(r^2\frac{\mathrm{d}t}{\mathrm{d}r}\right)=-r^2\dot{\Phi}/\lambda,r^2\frac{\mathrm{d}t}{\mathrm{d}r}=-\frac{r^3}{3}\dot{\Phi}/\lambda+C_1,\frac{\mathrm{d}t}{\mathrm{d}r}=\frac{r}{3}\dot{\Phi}/\lambda+\frac{C_1}{r^2},$$

$$t=-\frac{r^2}{6}\dot{\Phi}/\lambda+\frac{-C_1}{r}+C_2$$

边界条件为

$$r=0,\frac{\partial t}{\partial r}=0;r=R,-\lambda\frac{\mathrm{d}t}{\mathrm{d}r}=h(t-t_\infty)$$

由 $r=0,\dfrac{\partial t}{\partial r}=0$，可知 $C_1=0$。

由 $r=R,-\lambda\dfrac{\mathrm{d}t}{\mathrm{d}r}=h(t-t_\infty)$ 得

$$\lambda\left(-\frac{r}{3}\dot{\Phi}/\lambda\right)=h\left[\left(-\frac{r^2}{6}\dot{\Phi}/\lambda+C_2\right)-t_\infty\right]$$

即

$$-\frac{r\dot{\Phi}}{3}=h\left[\left(-\frac{r^2}{6}\dot{\Phi}/\lambda+C_2\right)-t_\infty\right]$$

$$C_2=\frac{\dot{\Phi}R}{3h}+\frac{\dot{\Phi}R^2}{6\lambda}+t_\infty$$

得其温度分布为 $t(r)=\dfrac{\dot{\Phi}R}{3h}+\dfrac{\dot{\Phi}}{6\lambda}(R^2-r^2)+t_\infty$。

当 $r=0$ 时，$t_0=\dfrac{\dot{\Phi}R}{3h}+\dfrac{\dot{\Phi}R^2}{6\lambda}+t$；当 $r=R$ 时，$t_s=\dfrac{\dot{\Phi}R}{3h}+t_\infty$。

$$\dot{\Phi}=\frac{4000}{\dfrac{4}{3}\pi\times\left(\dfrac{0.08}{2}\right)^3\times24\times3600}=\frac{4000}{102.8}=38.9\ \mathrm{W/m^3}$$

$$t_s=5+\frac{\dot{\Phi}R}{3h}=5+\frac{38.9\times0.04}{3\times6}=5+0.086=5.09℃$$

$$t_0=5℃+\frac{\Phi R}{3h}+\frac{\dot{\Phi}R^2}{6\lambda}=5.09+\frac{38.9\times0.04^2}{6\times0.5}=5.09+0.02=5.11\ ℃$$

2-77 解题过程 导热系数为常数有内热源的导热微分方程为

$$\frac{d^2t}{dx^2}+\frac{\dot{\Phi}}{\lambda}=0$$

平板内温度分布为 $(t-t_1)/(t_2-t_1)=C_1+C_2x^2+C_3x^3$。

又 $x=0,t=t_1;x=\delta,t=t_2;x=0$ 处的内热源强度为 $\dot{\Phi}_0$。

由已知条件得

$$-\frac{\dot{\Phi}_0}{\lambda}+6x^2\left(\frac{t_2-t_1}{\delta^3}+\frac{\dot{\Phi}_0}{\lambda\delta^2}\right)+\frac{\dot{\Phi}(x)}{\lambda}=0$$

即 $\dot{\Phi}(x)=\dot{\Phi}_0-6x^2\left[\dfrac{\lambda(t_2-t_1)}{\delta^3}+\dfrac{\dot{\Phi}_0}{\delta^2}\right]$。

2-78 解题过程 一维稳态导热方程

$$\frac{1}{r}\frac{d}{dr}\left(r\lambda\frac{dt}{dr}\right)+\dot{\Phi}=0,\frac{d}{dr}\left(r\lambda\frac{dt}{dr}\right)=-\dot{\Phi}r$$

$$r\lambda\frac{dt}{dr}=-\frac{\dot{\Phi}r^2}{2}+C_1,\frac{dt}{dr}=-\frac{\dot{\Phi}r}{2\lambda}+\frac{C_1}{\lambda r},t=-\frac{\dot{\Phi}r^2}{4\lambda}+\frac{C_1}{\lambda}\ln r+C_2$$

$$r=0,\frac{dt}{dr}=0$$

所以 $C_1 = 0$;$r = R, t = t_w, t_w = -\frac{\dot{\Phi}R^2}{4\lambda} + C_2, C_2 = \frac{\dot{\Phi}R^2}{4\lambda} + t_w$

所以 $t = -\frac{\dot{\Phi}r^2}{4\lambda} + t_\infty + \frac{\dot{\Phi}R^2}{4\lambda} = \frac{\dot{\Phi}(R^2 - r^2)}{4\lambda} + t_w$

因此得当 $r = 0$ 时,t 取最大值,$t_{max} = \frac{\dot{\Phi}R^2}{4\lambda} + t_w$

$$t_{max} - t_w = \Delta t_{max} = \frac{\dot{\Phi}R^2}{4\lambda} = \frac{5650 \times 0.02^2}{4 \times 0.42} = 1.35\ ℃。$$

2-79 解题过程 由题意,将题中的模型简化为如解 2-79 图所示的模型,并假设手柄端面为绝热面,并且沿 x 方向的每个截面温度相同。

对于截面 x 可知其进入的热量 $\Phi_{in} = -\lambda A \frac{dT}{dx}$

出去的热量

$$\Phi_{out} = \Phi_{in} + \frac{\partial}{\partial x}(\Phi_{in})dx + \Phi_1 + \Phi_2$$

$$\Phi_1 = h_o A_o (t_x - t_f)$$

$$\Phi_2 = h_i A_i (t_x - t_f)$$

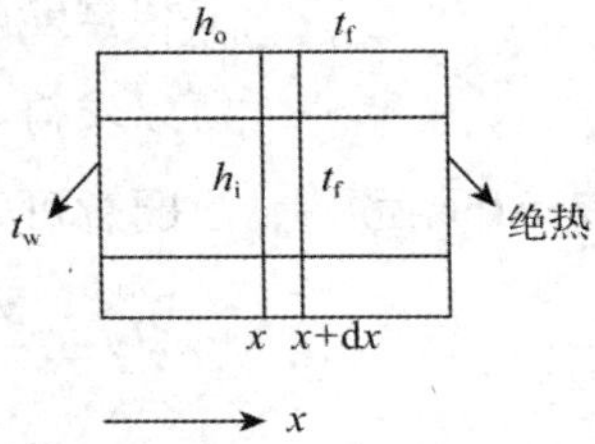

解 2-79 图

由能量守恒可得 $\Phi_{in} = \Phi_{out}$

化简后得 $$\frac{\partial^2 t}{\partial x^2} = \frac{\pi(dh_i + Dh_o)(t_x - t_f)}{\lambda A}$$

取 $$\Phi_x = t_x - t_f$$

则有 $$\frac{\partial^2 \theta_x}{\partial t} = \frac{\pi(dh_i + Dh_o)\theta_x}{\lambda A}$$

边界条件为 $$\begin{cases} x = 0 \text{ 时}, \theta = t_w - t_f = 55\ ℃ \\ x = 0.09\ \text{m 时}, \left.\frac{\partial \theta_x}{\partial x}\right|_{x=0.09} = 0 \end{cases}$$

因此求得 $$\theta = \theta_0 \frac{\text{ch}[m(x - H)]}{\text{ch}(mH)}$$

其中 $$m = \sqrt{\frac{\pi(dh_i + Dh_o)}{\lambda A}}$$

由于题中未提到 λ 的值,因而该题无法进行计算。

2-80 解题过程 假设小屋内的空气平均温度为 t_f,其热阻网络图如解 2-80 图所示

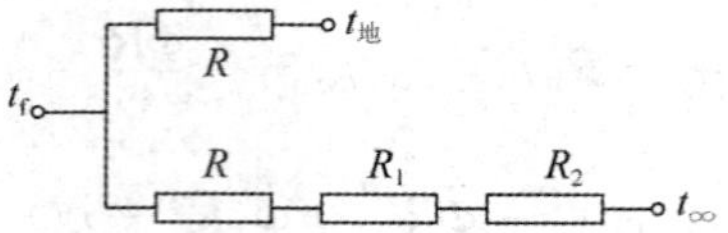

解 2-80 图

空气与冰地面之间的换热量为 Φ_1

$$\Phi_1=\frac{(t_f-t_{地})A_1}{R}=\frac{(t_f-t_{地})\pi r_1^2}{\dfrac{1}{h}}=h\pi r_1^2(t_f-t_{地})$$

屋内空气与室外空气之间的换热量为 Φ_2

$$\Phi_2=\frac{t_f-t_\infty}{\dfrac{R}{A_2}+R_1+\dfrac{R_2}{A_3}}=\frac{t_f-t_\infty}{\dfrac{1}{2h\pi r_1^2}+\dfrac{1}{4\pi\lambda}\left(\dfrac{1}{r_1}-\dfrac{1}{r_1+\delta}\right)+\dfrac{1}{2h'\pi(r_1+\delta)^2}}$$

又根据能量守恒，有 $\Phi_1+\Phi_2=\Phi=950$ W。

所以求得 $t_f=-10.86$ ℃。

2-81 解题过程 由题意可知，其热阻网络图如解 2-81 图所示。

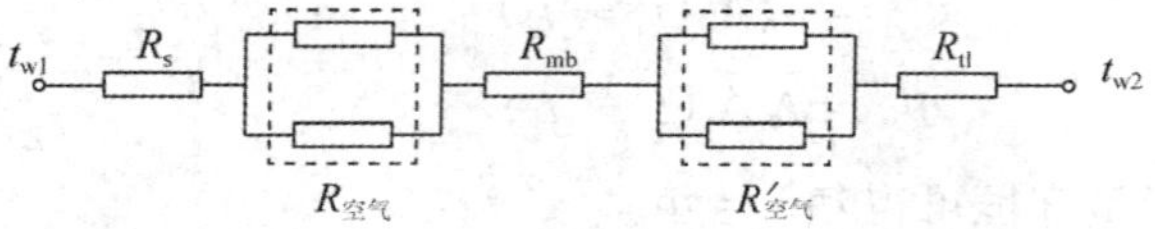

解 2-81 图

由题可得 $R_s=\dfrac{\delta_s}{\lambda_s}=\dfrac{0.8\times10^{-3}}{0.047}=0.017\ (m^2\cdot K)/W$

$$R_{空气}=R'_{空气}=\frac{1}{\dfrac{\lambda_气}{\delta_气}+h_{rad}}=\frac{1}{\dfrac{\lambda_气}{\delta_气}+4\sigma T_{av}^3}$$

$$=\frac{1}{\dfrac{0.026}{1\times10^{-3}}+4\times5.67\times10^{-8}\times470^3}$$

$$=0.02\ (m^2\cdot K)/W$$

$$R_{mb}=\frac{\delta_{mb}}{\lambda_{mb}}=\frac{0.55\times10^{-3}}{0.012}=0.0458\ (m^2\cdot K)/W$$

$$R_{tl}=\frac{\delta_{tl}}{\lambda_{tl}}=\frac{3.5\times10^{-3}}{0.038}=0.0921\ (m^2\cdot K)/W$$

当 $\dot{\Phi}=2500\ W/m^2$，$t_{w2}=65$ ℃ 时

则有 $$\dot{\Phi}=\frac{t_{w1}-t_{w2}}{R_s+R_{空气}+R_{mb}+R'_{空气}+R_{tl}}$$

求得 $$t_{w1}\approx 502.25\ ℃$$

2-82 解题过程 由题意可知，设肋片高度为 H，则

$$H=\frac{d_o-d_i}{2}+\delta_1+\delta=\frac{36-12}{2}+2+1=15\ \text{mm}$$

实际肋长为

$$H'=H+\frac{3.14\times 12-8}{8}=15+\frac{3.14\times 12-8}{8}=18.71\ \text{mm}$$

$$A_L=\delta H'=0.001\times 0.01871=1.871\times 10^{-5}\ \text{m}^2$$

$$mH'=\sqrt{\frac{2h}{\lambda A_c}}H'^{3/2}=\sqrt{\frac{2\times 50}{390\times 1.871\times 10^{-5}}}\times 0.01871^{3/2}=0.3$$

效率 $\eta_f=\dfrac{\text{th}(mH')}{mH'}=\dfrac{0.291}{0.3}=0.97$，取长度 l 为 1 m

则单位长度的 $A_o=3.14\times 10^{-3}\times 36=0.113\ \text{m}^2$

$$\begin{aligned}A_i&=[\pi(d_o-2\delta_1)+\eta_f(8\times 2\times H'+\pi d_i-8\delta)]\\&=[\pi(36-2\times 2)+0.97\times(8\times 2\times 18.71+\pi\times 12-8\times 1)]\times 10^{-3}\\&=0.4098\text{m}^2\end{aligned}$$

$$A_m=3.14\times 10^{-3}\times 34=0.107\ \text{m}^2$$

所以

$$\begin{aligned}\phi_l&=\frac{t-t_o}{\dfrac{1}{h_oA_o}+\dfrac{\delta_1}{\lambda A_m}+\dfrac{1}{h_iA_i}}\\&=\frac{100-35}{\dfrac{1}{2500\times 0.113}+\dfrac{1\times 2\times 10^{-3}}{390\times 0.107}+\dfrac{1}{50\times 0.4098}}\\&=1240\ \text{W/m}\end{aligned}$$

2-83 解题过程 设一维、稳态、无内热源、常物性导热问题，$b>0$，在平壁中任一 x 处，有

$$q=-\lambda_0(1+bt)\frac{\mathrm{d}t}{\mathrm{d}x}=\text{const},\int_0^b q\mathrm{d}x=-\int_{t_1}^{t_2}\lambda_0(1+bt)\mathrm{d}t,$$

$$q=-\frac{\lambda_0}{\delta}\left[\left(t_2+\frac{bt_2^2}{2}\right)-\left(t_1+\frac{bt_1^2}{2}\right)\right]$$

以 $\delta/2$ 为积分上限积分后得

$$q=-\frac{2\lambda_0}{\delta}\left[\left(t_c+\frac{bt_c^2}{2}\right)-\left(t_1+\frac{bt_1^2}{2}\right)\right]$$

联立两式得

$$\frac{1}{2}\left[\left(t_2+\frac{bt_2^2}{2}\right)-\left(t_1+\frac{bt_1^2}{2}\right)\right]=\left[\left(t_c+\frac{bt_c^2}{2}\right)-\left(t_1+\frac{bt_1^2}{2}\right)\right]$$

$$b=\frac{t_1+t_2-2t_c}{t_c^2-\dfrac{t_1^2+t_2^2}{2}}$$

2-84 解题过程 设圆棒可作为无限长情形处理,即 $x\to 0,\dfrac{d\theta}{dx}=0$。则有

$$\frac{\theta}{\theta_0}=\frac{t-t_\infty}{t_s-t_\infty}=e^{-mx}$$

即
$$\ln\left(\frac{t-t_\infty}{t_s-t_\infty}\right)=-mx=-\sqrt{\frac{hP}{\lambda A_c}}x$$

因而对两个圆棒有

$$\frac{\ln\left(\dfrac{t_A-t_\infty}{t_s-t_\infty}\right)}{\ln\left(\dfrac{t_B-t_\infty}{t_s-t_\infty}\right)}=\sqrt{\frac{\lambda_B}{\lambda_A}},\sqrt{\lambda_B}=\sqrt{\lambda_A}\frac{\ln\left(\dfrac{t_A-t_\infty}{t_s-t_\infty}\right)}{\ln\left(\dfrac{t_B-t_\infty}{t_s-t_\infty}\right)}$$

$$\sqrt{\lambda_B}=\sqrt{200}\times\frac{\ln\left(\dfrac{75-25}{100-25}\right)}{\ln\left(\dfrac{65-25}{100-25}\right)}=14.14\times\frac{\ln(0.6666)}{\ln(0.5333)}=14.14\times\frac{0.4056}{0.6286}$$

$$=9.123$$

$$\lambda_B=83.2\ \mathrm{W/(m\cdot K)}$$

2-85 解题过程 设稳态,无接触热阻。

(1) 肋根附近的等温线分布如解 2-85 图所示。

(2)h 越大,肋根处温度下降越明显;导热系数越大,肋跟处温度下降越明显。

(3) 热电偶热节点测定的温度值偏离了未接触热电偶时刻处的温度值,因此存在着测温误差,要减少测温误差,应尽量减小沿热电偶导线的热量传递,即选择导热系数较小的材料做热电偶材料。

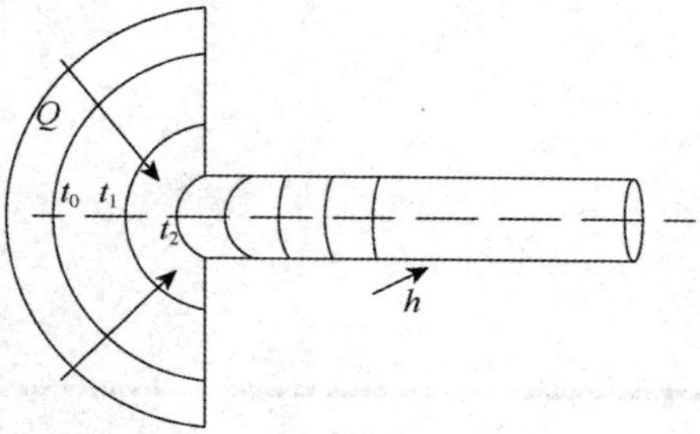

解 2-85 图

2-86 解题过程 差条件,无法计算。略。

2-87 解题过程 由题意可知

$$H' = H + d/4 = (3 + 4.2/4) = 4.05\ \text{cm}$$

$$m = \sqrt{\frac{4h}{\lambda d}} = \sqrt{\frac{4 \times 70}{15 \times 4.2 \times 10^{-2}}} = 21.082$$

单个针肋的效率 $\eta_f = \frac{\text{th}(mH')}{mH'} = 0.812$

假设 $\Phi = 80\ \text{W}$ 时需要 n 个针肋,则有

$$\Phi = hA_o(t_w - t_f)\eta_o = h(t_w - t_f)(A_r + \eta_f A_f)$$

$$= h(t_w - t_f)(A - \frac{n\pi d^2}{4} + \eta_f n\pi dH)$$

求得 $n = 3.6$,所以当散热量为 80 W 时需要 4 个针肋。

小论文题目

2-88 略

2-89 略

2-90 略

采用工具软件的题目

2-91 略

2-92 略

2-93 略

第三章
非稳态热传导的计算

知识点归纳

1. 非稳态导热

物体的温度随时间而变化的导热过程，称为非稳态导热。

2. 非正规状况阶段

温度分布显现出部分为非稳态导热规律控制区和部分为初始温度区的混合分布，即在此阶段物体温度分布受初始温度分布的影响较大，此阶段称为非正规状况阶段。

3. 正规状况阶段

当物体两侧面参与换热后，物体中的温度分布不受初始温度的影响，主要取决于边界条件，此时，非稳态导热过程进入到正规状况阶段。

4. 毕渥数（Bi）

$Bi=(\delta/\lambda)/(1/h)=h\delta/\lambda$，表示固体导热热阻与流体对流热阻之比，或者表示为内部热阻与外部热阻之比。

5. 集中参数法

当固体内的 $\delta/\lambda << 1/h$ 时，即 Bi 数趋近于 0 时，固体内的温度趋于一致，此时可认为整个固体在同一瞬间均处于同一温度下，这时需求解的温度仅是时间的一元函数，而与坐标无关。这种忽略物体内部导热热阻的简化分析方法称为集中参数法。

6. 傅里叶数（ Fo ）

傅里叶数表征非稳态过程进行深度的无量纲时间，其表达式为 $Fo=\frac{a\tau}{l_c^2}$。

7. Bi 的物理意义

Bi 的大小反映了物体在非稳态导热条件下,物体内温度场的分布规律。

8. Fo 的物理意义

Fo 表示非稳态导热进行的程度,Fo 越大,热扰动就越深入地传播到物体内部,因而物体内各点的温度越接近周围介质的温度。

9. 时间常数

如果时间 $\tau = \rho c V/(hA)$,则有

$$\frac{\theta}{\theta_0} = \frac{t - t_\infty}{t_0 - t_\infty} = \exp(-1) = 0.368 = 36.8\%$$

$\rho c V/(hA)$ 称为时间常数,记为τ_c。当时间 $\tau = \tau_c$ 时,物体的过余温度已经降低到了初始过余温度值的 36.8%。

10. 时间常数的物理意义

时间常数表示物体对外界温度变化的响应程度。

难点解析

1. 第三类边界条件下 Bi 对平板中温度分布的影响(图 3-1)

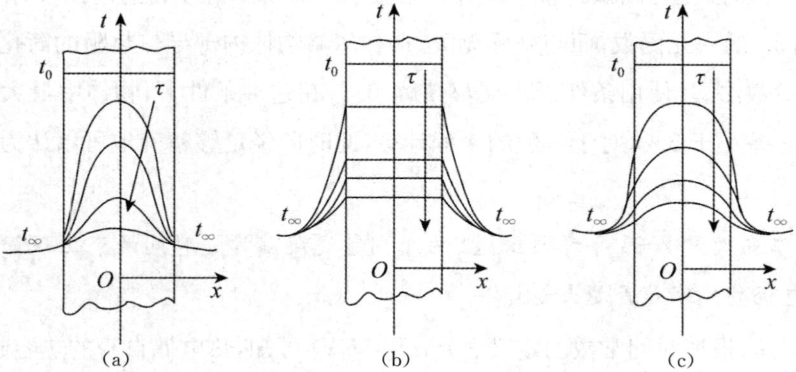

图 3-1 Bi 对平板中温度分布的影响

(1) $\delta/\lambda >> 1/h(Bi \rightarrow \infty)$ 时,即表示平板内部各点的温度逐渐下降而趋近于t_∞,即壁面的温度等于流体的温度,如图 3-1(a) 所示。

(2)$\delta/\lambda << 1/h(Bi \rightarrow 0)$ 时，即表示平板内部各点的温度接近均匀，即温度分布与几何位置无关，如图 3-1(b) 所示。

(3)$\delta/\lambda \sim 1/h(Bi$ 为有限大) 时，即表示平板中不同时刻的温度分布介于上述两种极端情况之间，如图 3-1(c) 所示。

2. 集中参数法的适用范围

对于平板、圆柱和球中的一维非稳态第三类边界条件下的导热问题，特征长度：$l = \delta$，即厚度为 2δ 的平板；$l = R$，即圆柱；$l = R$，即球。当满足 $Bi = hl/\lambda \leqslant 0.1$ 时，适用集中参数法。特征长度 l 按 V/A 计算时，对于圆柱体与球分别是半径的 1/2 和 1/3，则此时 Bi 对平板、圆柱与球应该分别小于 0.1、0.05 和 0.033。而在工程应用中，集中参数法的适用范围也可以放宽至 $Bi \leqslant 0.1$。

考研真题及期末考试试题

1. (浙江大学 2005 年考研真题) 请解释非稳态导热分析中的集中参数法，其适用条件是什么？为何可以在这种条件下使用？

答：当固体内部的导热热阻远小于其表面的换热热阻时，任何时刻固体内部的温度都趋于一致，以至可以认为整个固体的温度在同一瞬间相同。这时所要求的解的温度仅是时间 τ 的一元函数，而与坐标无关。这种忽略物体内部导热热阻的简化分析方法就是集中参数法。其使用条件：$Bi = hl/\lambda \leqslant 0.1$。在这种条件下，物体中最大与最小的过余温度之差小于 5%，对于一般的工程计算，此时已经足够精确地可以认为整个物体温度均匀。

2. (西北工业大学 2001 年考研试题) 为了测量气流温度随时间的变化规律，所采用的热电偶的热容是否越大越好？

答：不是。根据时间常数的定义 $\tau = \rho c V/(hA)$ 可知，热电偶自身的热容越大，其温度变化就越慢。

3. (北京航空航天大学 2006—2007 学年第二学期期末考试试题) 判断题：只要物体的导热系数为常数，一般无限大平板内的温度沿热流的流向分布就是线性分布。

答：错。

习题全解

基本概念及定性分析

3-1 解题过程 一维非稳态无限大平板内的温度分布满足如下函数关系式

$$\frac{\theta}{\theta_0}=\frac{t-t_0}{t_\infty-t_0}=f\left(Bi,Fo,\frac{x}{\delta}\right)$$

不同材料的无限大平板均处于第一类边界条件(即 $Bi\to\infty$)。由题意知，材料达到同样工况时 Bi 和 x/δ 相同，要使温度分布相同，则只需 Fo 相同。因此，$(Fo)_1=(Fo)_2$，即 $\left(\frac{a\tau}{\delta^2}\right)_1=\left(\frac{a\tau}{\delta^2}\right)_2$，$\delta$ 相等。而 $a_{铜}>a_{银}>a_{钢}>a_{玻璃}>a_{软木}$，所以 $\tau_{铜}<\tau_{银}<\tau_{钢}<\tau_{玻璃}<\tau_{软木}$，故"随着热扩散系数的依次减小，所需时间越长"验证了扩散系数的物理意义，即热扩散系数的大小反映物体内温度趋于一致的快慢程度。

3-2 解题过程 由于棒的四周保持绝热，因而此棒中的温度分布相当于厚为 l 的无限大平板中的分布，随时间而变化的情形定性地示于解 3-2 图中。

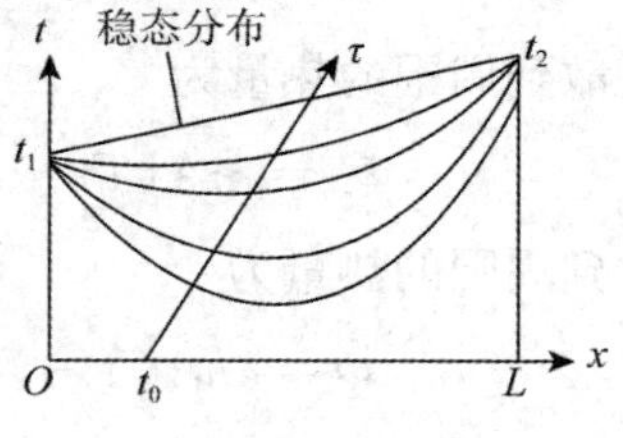

解 3-2 图

3-3 解题过程

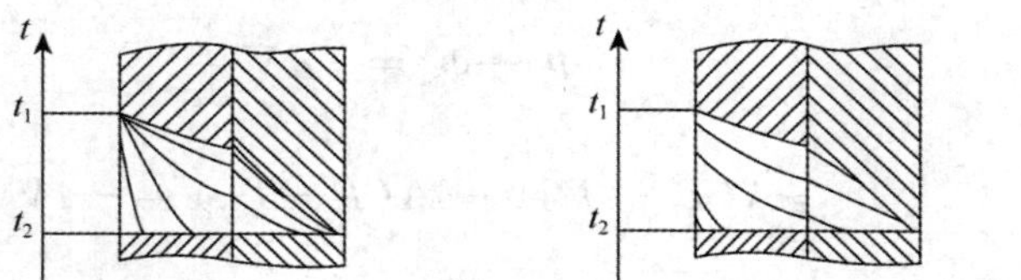

(a) 设内壁一下子达到额定温度 t_1　(b) 内壁温度逐渐上升的情况

解 3-3 图

3-4 解题过程

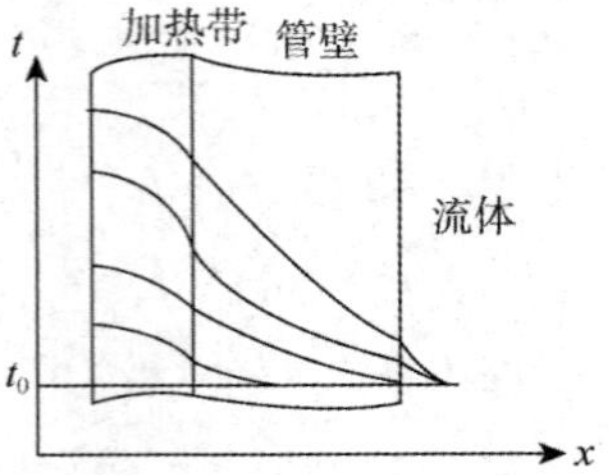

解 3-4 图

3-5 解题过程 假设：辐射加热时表面热源均匀；散热略而不计。

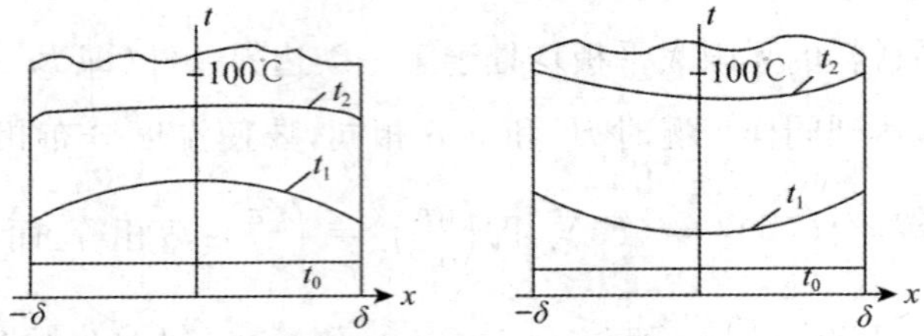

(a) 微波炉加热　　(b) 烘箱加热

解 3-5 图

集中参数法分析

3-6 解题过程 设物体温度为 T

固体通过热辐射散到周围的热量为

$$\Phi_1 = \varepsilon\sigma A(T^4 - T_\infty^4)$$

固体通过对流散到周围的热量为

$$\Phi_2 = hA(T - T_\infty)$$

由能量守恒可知，固体散出的总热量等于其焓的减小

$$\Phi_1 + \Phi_2 = -\rho cV\frac{\mathrm{d}t}{\mathrm{d}\tau}$$

即

$$\varepsilon\sigma A(T^4 - T_\infty^4) + hA(T - T_\infty) = -\rho cV\frac{\mathrm{d}t}{\mathrm{d}\tau}$$

3-7 解题过程 由题意可知，采用集中参数法，其温度满足微分方程

$$kA(t - t_1) = -\rho cV\frac{\mathrm{d}t}{\mathrm{d}\tau}\text{（}t\text{ 为物体的温度）}$$

此方程的解为(参考教材公式 3-6)

$$\frac{t-t_1}{t_0-t_1}=\exp\left(-\frac{kA}{\rho cV}\tau\right)$$

3-8 解题过程 集中参数法的导热微分方程可以利用能量守恒的方法得到

$$\rho cV\frac{\mathrm{d}t}{\mathrm{d}\tau}=-hA(t-t_\infty)+\dot{\Phi}$$

引入过余温度 $\theta=t-t_\infty$,则其数学描写如下:

$$\begin{cases}\rho cV\dfrac{\mathrm{d}\theta}{\mathrm{d}\tau}=-hA\theta+\dot{\Phi}\\ \theta(0)=t_0-t_\infty=\theta_0\end{cases}$$

故其温度分布为

$$\theta=t-t_\infty=\theta_0\mathrm{e}^{-\frac{hA}{\rho cV}\tau}+\frac{\dot{\Phi}}{hA}(1-\mathrm{e}^{-\frac{hA}{\rho cV}\tau})$$

3-9 解题过程 由 $\tau_c=\dfrac{\rho cV}{hA}$,有

(1) 当 $h=58\ \mathrm{W/(m^2\cdot K)}$ 时,$\tau_c=36\ \mathrm{s}$

(2) 当 $h=116\ \mathrm{W/(m^2\cdot K)}$ 时,$\tau_c=18\ \mathrm{s}$

两种情形下热电偶读数的过余温度随时间变化的曲线如解 3-9 图所示。

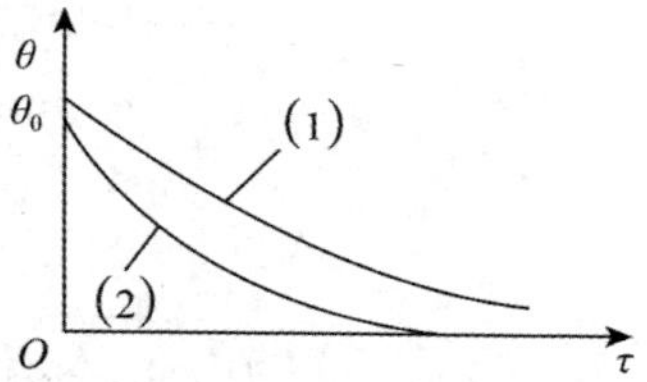

解 3-9 图

3-10 解题过程 由于热电偶的直径很小,一般满足集中参数法,时间常数为 $\tau_c=\dfrac{\rho cV}{hA}$

$$V/A=R/3=\frac{\tau_c h}{\rho c}=\frac{1\times 350}{8500\times 400}=10.29\times 10^{-5}\,\mathrm{m}$$

热电偶的直径 $d=2R=2\times 3\times 10.29\times 10^{-5}=0.617\ \mathrm{m}$

验证 Bi 是否满足集中参数法

$$Bi=\frac{h(V/A)}{\lambda}=\frac{350\times 10.29\times 10^{-5}}{20}=0.0018<0.0333$$

故满足集中参数法条件。

若热接点与气流间存在辐射换热,则总表面传热系数 h(包括对流和辐射)增加,由 $\tau_c=\dfrac{\rho cV}{hA}$ 知,在保持 τ_c 不变且不变换材料的情况下,可使 V/A 增加,即热接点直径增加。

3-11 解题过程 对导线的任意段长度 dx 作热平衡，可得当导线通以恒定电流 I 后导线温度变化的微分方程式为 $A_c dx\rho c\ \dfrac{dt}{d\tau} + hP\,dx(t - t_\infty) = I_2\left(\dfrac{r dx}{A_c}\right)$。

令 $\theta = t - t_\infty$，可得 $\dfrac{d\theta}{d\tau} = \dfrac{I^2 r}{A_c^2 \rho c} - \dfrac{hP\theta}{A_c \rho c}$。

在通电的初始瞬间，即 $\tau = 0, \theta = t - t_\infty = 0$。

所以 $\dfrac{d\theta}{d\tau} = \dfrac{I^2 r}{A_c^2 \rho c} - \dfrac{hP\theta}{A_c \rho c} = \dfrac{I^2 r}{A_c^2 \rho c} = I^2 \cdot \dfrac{r}{A_c} \cdot \dfrac{1}{A_c \rho} \cdot \dfrac{1}{c}$

$$= 8 \times 8 \times 3.63 \times 10^{-2} \times \frac{1}{3.45 \times 10^{-3}} \times \frac{1}{460} = 1.46\ \text{K/s}$$

3-12 解题过程 由题意，物体内部热阻可以忽略，温度只是时间的函数，一侧的对流换热和另一侧恒热流加热作为内热源处理，根据热平衡方程可得微分方程为

$$\begin{cases} \rho c V \dfrac{dt}{d\tau} + hA(t - t_\infty) - Aq_0 = 0 \\ t\Big|_{t=0} = t_0 \end{cases}$$

引入过余温度 $\theta = t - t_\infty$ 则

$$\rho c V \frac{d\theta}{d\tau} + hA\theta - Aq_0 = 0$$

$$\theta\Big|_{t=0} = \theta_0 = t_0 - t_\infty$$

上述控制方程的解为 $\theta = Ce^{-\frac{hA}{\rho c V}\tau} + \dfrac{q_0}{h}$。

当 $\tau = 0$ 时，$\theta = \theta_0 = t_0 - t_\infty$ 可得

$$\theta_0 = C + \frac{q_0}{h}$$

所以 $C = \theta_0 - \dfrac{q_0}{h}$，故温度分布为

$$\theta = t - t_\infty = \theta_0 \exp\left(-\frac{hA}{\rho c V}\tau\right) + \frac{q_0}{h}\left[1 - \exp\left(-\frac{hA}{\rho c V}\tau\right)\right]$$

$$= (t_0 - t_\infty)\exp\left(-\frac{hA}{\rho c V}\tau\right) + \frac{q_0}{h}\left[1 - \exp\left(-\frac{hA}{\rho c V}\tau\right)\right]$$

3-13 解题过程 由题意知 $Bi=\dfrac{h\delta}{2\lambda}=\dfrac{35\times 20\times 10^{-3}}{2\times 45}=0.0078<0.1$，故可采用集中参数法。由平板两边对称受热，板内温度分布必以其中心对称，建立微分方程，引入过余温度，则得

$$\begin{cases}\rho cV\dfrac{\mathrm{d}\theta}{\mathrm{d}\tau}+hA\theta=0\\ \theta(0)=t-t_\infty=\theta_0\end{cases}$$

解得

$$\frac{\theta}{\theta_0}=\exp\left(-\frac{hA}{\rho cV}\tau\right)=\exp\left(-\frac{h\lambda}{\rho c(V/A)}\tau\right)=\exp\left(-\frac{2ha}{\lambda\delta}\tau\right)$$

当 $\theta=10$ ℃ 时，将数据代入得 $\tau=3633$ s。

3-14 解题过程 $Bi=\dfrac{h\cdot R}{\lambda\cdot 2}=0.057>0.05$，故不能采用集中参数法。

由 $\dfrac{\theta_m}{\theta_0}=\dfrac{10}{600-20}=0.017$，查教材附录得 $Fo=2$，由

$$Fo=\frac{a\tau^2}{R^2}=\frac{\lambda}{\rho c}\times\frac{\tau}{R^2}=2\Rightarrow\tau=5267\ \text{s}$$

3-15 解题过程 采用集中参数法得

$$\frac{\theta}{\theta_0}=\exp\left(-\frac{hA}{\rho cV}\tau\right)$$

当元件报警时有 $t=500$ ℃，$\tau\leqslant 60$ s。则

$$\frac{500-650}{25-650}=\exp\left(-\frac{hA}{\rho cV}\tau\right)$$

$$\tau=-\frac{\rho cV}{hA}\ln\frac{500-650}{25-650}=-\frac{\rho cD}{4h}\ln\frac{500-650}{25-650}\leqslant 60\ \text{s}$$

所以 $D\leqslant 0.669$ mm。

验证 Bi，有

$$Bi=\frac{h(V/A)}{\lambda}=\frac{hD}{4\lambda}=9.5\times 10^{-6}<0.05$$，故可采用集中参数法。

3-16 解题过程 本题表面传热系数未知，即 Bi 为未知参数，所以无法判断是否满足集中参数法条件。

为此，先假定满足集中参数条件，然后验算。

(1) 对静止水情形,由$\frac{\theta}{\theta_0} = \exp\left(-\frac{hA}{\rho c V}\tau\right)$,代入数据

$$\theta_0 = 650 - 20 = 630℃, \theta = 430℃, V/A = R/3 = 0.00333\ \text{m},$$

$$\tau = 200/180 = 1.115\ \text{s}$$

$$h = \frac{\rho c(V/A)}{\tau}\ln\left(\frac{\theta_0}{\theta}\right)$$

$$= \frac{10500 \times 262 \times 0.00333}{1.115} \times \ln\frac{630}{430} = 3149\ \text{W/(m}^2\cdot\text{K)}$$

验算 Bi,有

$Bi = \frac{h(V/A)}{\lambda} = \frac{h(R/3)}{\lambda} = 0.0291 < 0.0333$,满足集中参数条件。

所以 $h = 3149\ \text{W/(m}^2\cdot\text{K)}$。

(2) 对循环水情形,同理,$\tau = 200/360 = 0.56\ \text{s}$。

按集中参数法时,有

$$h = \frac{\rho c(V/A)}{\tau}\ln\left(\frac{\theta_0}{\theta}\right) = \frac{10500 \times 262 \times 0.00333}{0.56} \times \ln\frac{630}{430}$$

$$= 6299\ \text{W/(m}^2\cdot\text{K)}$$

验算 Bi,$Bi = \frac{h(V/A)}{\lambda} = \frac{h(R/3)}{\lambda} = 0.0583 > 0.0333$,不满足集中参数条件。用诺谟图,有

$$Fo = \frac{a\tau}{R^2} = \frac{\lambda}{\rho c} \times \frac{\tau}{R^2} = 0.727$$

$\frac{\theta}{\theta_0} = \frac{430}{630} = 0.683$,查教材图 3-9 得 $\frac{1}{Bi} = 4.5$,故 $h = Bi\ \frac{\lambda}{R} = 8000\ \text{W/(m}^2\cdot\text{K)}$。

3-17 解题过程 $Bi = \frac{hR}{\lambda} = \frac{1000 \times 25 \times 10^{-6}}{11} = 0.068 < 0.1$,可按集中参数法计算。

$$\frac{\theta}{\theta_0} = \exp\left(-\frac{hA}{\rho c V}\tau\right) = \exp\left(-\frac{3h}{\rho c R}\tau\right) = \exp\left(-\frac{3 \times 10000\tau}{3970 \times 1560 \times 25 \times 10^{-6}}\right)$$

$$= \frac{10000 - 2350}{10000 - 300} = \frac{7650}{9700}$$

$$\frac{7650}{9700} = \exp(-193.76\tau) = 0.7887, \tau = 1.22 \times 10^{-3}\ \text{s}$$

设所需熔化时间为 $\Delta\tau$，则有 $\frac{4\pi R^3}{3}\rho r = 4\pi R^2 h\Delta\tau\Delta t$

$$\Delta\tau = \frac{R\rho r}{3h\Delta t} = \frac{25\times10^{-6}\times3970\times3580\times10^3}{3\times10000\times(10000-2350)} = \frac{355315}{2.295\times10^8}$$

$$= 1.55\times10^{-3}\,\text{s}$$

3-18 解题过程 (1) 稳定过程热平衡，有 $h\pi D(t_w - t_\infty) = I^2R$。

$$t_w = \frac{I^2R}{\pi Dh} + t_\infty = \frac{120^2\times0.01}{\pi\times1\times10^{-3}\times550} + 25 = 108.4\ ℃$$

(2) 可采用集总参数法。令 $\theta = t - t_\infty$，由热平衡

$$\begin{cases}\rho cV\dfrac{\mathrm{d}\theta}{\mathrm{d}\tau} + hA\theta = 0\\ \tau = 0, \theta = 0\end{cases}$$

解齐次方程

$$\rho cV\frac{\mathrm{d}\theta}{\mathrm{d}\tau} + hA\theta = 0 \Rightarrow \theta = C_1\exp\left(-\frac{hA}{\rho cV}\tau\right) + C$$

方程的解为

$$\theta = \frac{\dot{\Theta}}{hA} + C_1\exp\left(\frac{-hA}{\rho cV}\tau\right)$$

由 $\tau = 0, \theta = 0$ 得

$$C_1 = -\frac{\dot{\Theta}}{hA}$$

代入数据得 $\tau = 8.04\text{s}$。

一维非稳态导热

3-19 解题过程 由题意可知，其导热微分方程为

$$\frac{\partial t}{\partial\tau} = a\frac{\partial^2 t}{\partial x^2} \qquad (0 < x < \delta)$$

$$t(x,0) = t_0 \qquad (0 \leqslant x \leqslant \delta)$$

其边界条件为

$$-\lambda\frac{\partial t}{\partial x} = h[t - (t_{f0} + w\tau)], x = \delta$$

$$\frac{\partial t}{\partial x}=0, x=0$$

3-20 解题过程 $\frac{\partial t}{\partial \tau}=a\frac{\partial^2 t}{\partial x^2}$ 的离散形式为$\frac{\Delta t}{\Delta \tau}=\frac{a(t_A-2t_B+t_C)}{\Delta x^2}$

从而得 B 点的瞬时变化率为

$$\frac{\Delta t}{\Delta \tau}=1.1\times 10^{-5}\times \frac{180-2\times 130+90}{0.01^2}=1.1\ \mathrm{K/s}$$

3-21 解题过程 由题意可知：$a_A=a_B,\delta_A=2\delta_B$

$$Bi_A=Bi_B=\infty \Rightarrow \frac{\theta_m}{\theta_0}=f(Fo)$$

$$\left[\frac{\theta_m}{\theta_0}\right]_A=\left[\frac{\theta_m}{\theta_0}\right]_B=0.5\Rightarrow Fo_A=Fo_B$$

$$\Rightarrow \frac{a_A\tau_A}{\delta_A^2}=\frac{a_B\tau_B}{\delta_B^2}$$

$$\Rightarrow \tau_A=\frac{a_B}{a_A}\cdot\left(\frac{\delta_A}{\delta_B}\right)^2\tau_B=4\tau_B=4\times 20=80\ \mathrm{min}$$

3-22 解题过程 $\frac{\mathrm{d}t}{\mathrm{d}x}=2c_1x$

$$(1)q\,|_{x=0}=-\lambda\left.\frac{\mathrm{d}t}{\mathrm{d}x}\right|_{x=0}=0$$

$$(2)q\,|_{x=\delta}=-\lambda\left.\frac{\mathrm{d}t}{\mathrm{d}x}\right|_{x=\delta}=-\lambda 2c_1\delta$$

由能量平衡可知

$$\rho cA\delta\frac{\mathrm{d}t}{\mathrm{d}\tau}=q\,|_{x=\delta}\times A$$

$$\frac{\mathrm{d}t}{\mathrm{d}\tau}=\frac{2c_1\lambda\delta A}{\rho cA\delta}=2c_1a$$

3-23 解题过程 查教材附录得钢棒的物性参数为$\rho=7820\ \mathrm{kg/m^3}$，$c=460\ \mathrm{J/(kg\cdot K)}$，$\lambda=15.2\ \mathrm{W/(m\cdot K)}$。按题意可进行半壁厚为$\delta=0.05$ m的对称半无限大平板处理

$$a=\frac{\lambda}{\rho c}=4.2255\times 10^{-6}\mathrm{m^2/s}$$

$$Fo=\frac{a\tau}{\delta^2}=\frac{4.2255\times 10^{-6}\times 6\times 60}{0.05^2}=0.60847$$

$$Bi = \frac{h\delta}{\lambda} = \frac{125 \times 0.05}{15.2} = 0.4118$$

解超越方程得 $\mu_1 = 0.61584$。

由式(3-21) 计算$\dfrac{\theta_m}{\theta_0} = \dfrac{2\sin\mu_1}{\mu_1 + \sin\mu_1\cos\mu_1}\exp(-\mu_1^2 Fo) = 0.84352$

$t_m = 0.84352(t_0 - t_f) + t_f = 0.84352 \times (20 - 200) + 200 = 48.17$ ℃

3-24 解题过程 由题意可知，可将该问题简化为一个厚为 $2\delta = 0.4$ m 的无限大平壁的非稳态导热问题，故有

$$\frac{\theta_m}{\theta_0} = 0.5, Bi = \frac{h\delta}{\lambda} = \frac{50 \times 0.2}{20} = 0.5$$

由教材图 3-8 查得

$$Fo = 1.7$$

故有 $\tau = Fo\dfrac{\delta^2}{a} = 1.7 \times \dfrac{0.2^2}{5.6 \times 10^{-6}} = 12142 \text{ s} \approx 3.37 \text{ h}$

3-25 解题过程

$$\frac{1}{Bi} = \frac{\lambda}{h\delta} = \frac{56.8}{1135 \times 0.05} = 1.0$$

$$Fo = \frac{a\tau}{\delta^2} = \frac{4.13 \times 10^{-6} \times 300}{0.05^2} = 0.496$$

由教材图 3-8 查得$\dfrac{\theta_m}{\theta_0} = 0.8$，由教材图 3-9 查得$\dfrac{\theta}{\theta_m} = 0.65$，故有

$$\frac{\theta_m}{\theta_0} \times \frac{\theta}{\theta_m} = 0.8 \times 0.65 = 0.52$$

设此航天器落入海洋 5 min 时表面温度为 t_1，则

$$t_1 = 5 + 0.52 \times (1000 - 5) = 522 \text{ ℃}$$

设壳体壁面中最高温度为 t_{max}，t_{max} 处于航天器中心，因而有

$$t_{max} = 5 + 0.8 \times (1000 - 5) = 801 \text{ ℃}$$

3-26 解题过程 由题意可知

$$\theta_m = 10 - 25 = -15 \text{℃}$$

$$\theta_0 = -15 - 25 = -40 \text{℃}$$

$$\frac{\theta_m}{\theta_0} = 0.375$$

$$\frac{1}{Bi}=\frac{\lambda}{h\delta}=\frac{1.1}{4.4\times0.004}=62.5$$

由教材图 3-8 查得 $Fo=60$，故有

$$\tau=Fo\frac{\delta^2}{a}=60\times\frac{0.004^2}{7.5\times10^{-7}}=1280\ \text{s}\approx21.3\ \text{min}$$

厚度加倍后，即 $\delta'=2\delta$

$$\frac{1}{Bi'}=\frac{\lambda}{h\delta'}=\frac{1}{2}\cdot\frac{1}{Bi}=31.25\text{，查教材图 3-8 得 }Fo=31$$

所以 $\tau'=Fo\dfrac{\delta^2}{a}=31\times\dfrac{0.008^2}{7.5\times10^{-7}}=2645\ \text{s}\approx44\ \text{min}$

3-27 解题过程 由题意进行如下简化：

① 把气缸壁作为平壁处理；② 假定其外表面绝热；③ 最大温差是 $x=0$ 及 $x=\delta$ 处的壁温差，设其为 $\Delta t_{\max}$。

如解 3-27 图所示，则准稳态工况时气缸壁中温度分布可用下列数学式描写

$$\frac{d^2t}{d\tau^2}=\frac{w}{a}$$

边界条件为：$x=0,\dfrac{dt}{dx}=0$；$x=\delta,t=t_{w2}$。

式中，w 为气缸壁的升温速度，K/s。

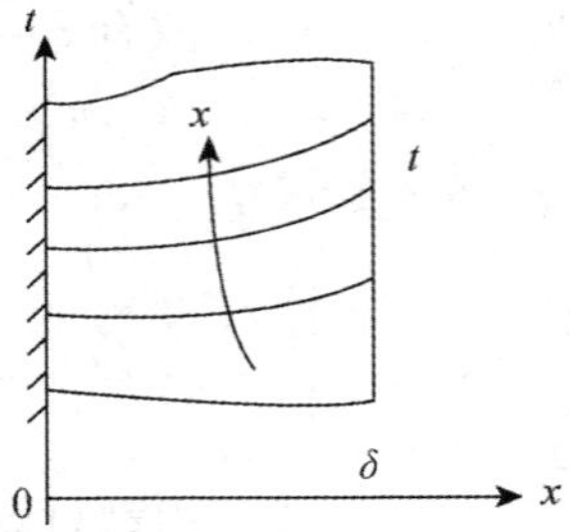

解 3-27 图

上式的通解为

$$t=\frac{1}{2}\frac{wx^2}{a}+C_1x+C_2$$

由边界条件得，$C_1=0,C_2=t_{w2}-\dfrac{1}{2}\dfrac{w\delta^2}{a}$。

将 C_1、C_2 代入 $t=\dfrac{1}{2}\dfrac{wx^2}{a}+C_1x+C_2$ 得

$$t=\frac{1}{2}\frac{w(x^2-\delta^2)}{a}+t_{w2}$$

$$\Delta t_{\max}=t\,|_{x=\delta}-t\,|_{x=0}=t_{w2}-\left(-\frac{w\delta^2}{2a}+t_{w2}\right)=\frac{w\delta^2}{2a}$$

3-28 解题过程 由题意，查教材附录得 600 ℃ 时钢板的导热系数为

$$\lambda = 34\ \text{W/(m} \cdot \text{K)}$$

故 $$Bi = \frac{h\delta}{\lambda} = \frac{290 \times 0.3}{34} = 2.5588$$

解超越方程 $\tan\mu_1 = \frac{Bi}{\mu_1}$，得 $\mu_1 = 1.1461$。

所以 $$Fo = \frac{\ln\left[\frac{\theta_s}{\delta_0} \times \frac{\mu_1 + \sin\mu_1\cos\mu_1}{2\sin\mu_1\cos\mu_1}\right]}{-\mu_1^2} = 2.78545$$

则所需的时间 $\tau = \frac{\delta^2}{a}Fo = \frac{0.3^2}{5.55 \times 10^{-6}} \times 2.78545 = 45169\ \text{s} \approx 12.55\ \text{h}$

$$\frac{\theta_s}{\theta_m} = \cos\mu_1 \Rightarrow \theta_m = \frac{\theta_s}{\cos\mu_1} = \frac{-15}{\cos 1.1461} = -36.4\ ℃$$

则两表面间的温差 $\Delta t = \theta_s - \theta_m = -15 - (-36.4) = 21.4\ ℃$

3-29 解题过程 对于板的中心，$\frac{\pi x}{2\delta} = \frac{\pi}{2}$，故有

$$\left(\frac{\pi}{2\delta}\right)^2 a\tau = \left(\frac{\pi}{0.03}\right)^2 \times (2 \times 10^{-6}) \times 60 = 1.31595$$

故得 $\frac{\theta_m}{\theta_0} = \frac{4}{\pi} \cdot e^{-131995} = 0.3415$，$\frac{a\tau}{\delta^2} = \frac{2 \times 10^{-4} \times 60}{0.015^2} = 0.5333$。

由教材图 3-8 查得 $\frac{\theta_m}{\theta_0} = 0.34$。

由此可看出，仅取无穷级数的第一项所得到的 $\frac{\theta_m}{\theta_0}$ 与海斯勒图差别不大。

如取前四项，得

$$\frac{\theta_m}{\theta_0} = \frac{4}{\pi}\left(e^{-1.31995} - \frac{1}{3}e^{-15.8435} + \frac{1}{7}e^{-64.481}\right)$$

$$= \frac{4}{\pi}(0.2682 - 4.3866 \times 10^{-8} + 1.0310 \times 10^{-15} - 1.4155 \times 10^{-29})$$

$$= 0.3415$$

在四位有效数字内与取级数一项的结果毫无差别。故有

$$t_m = 30 + 120 \times 0.3415 = 70.98\ ℃$$

3-30 解题过程 一种保守的估计方法是假定喷管壁面是绝热的，则相当于厚为 $2\delta_1$ 的平板

$$\frac{\theta_m}{\theta_0}=\frac{1500-2300}{300-2300}=\frac{-800}{-2000}=0.4, Bi=\frac{h\delta_2}{\lambda}=\frac{2500\times0.01}{10}=2.5$$

$$\frac{\theta_m}{\theta_0}=Ae^{-\mu_1^2 Fo}f(\mu_1\eta)=Ae^{-\mu_1^2 Fo}$$

$$\mu_1^2=\left(a+\frac{b}{Bi}\right)^{-1}=\left(0.4022+\frac{0.9188}{2.5}\right)^{-1}=1.2992$$

$$\mu_1=1.1398$$

$$\begin{aligned}A&=a+b(1-e^{-CBi})\\&=1.0101+0.2575(1-e^{-0.4271\times2.5})\\&=1.0101+0.2575(1-0.3438)=1.10595\end{aligned}$$

$\dfrac{\theta_m}{\theta_0}=Ae^{-\mu_1^2 Fo}$，即 $0.4=1.10595\ e^{-1.2992Fo}$

$$Fo=\frac{1.017}{1.6879}=0.6025$$

$$Fo=\frac{a\tau}{\delta_2}=\frac{6\times10^{-6}\tau}{0.01^2}=0.6025, \tau=0.01^2\times\frac{0.6025}{6\times10^{-6}}=10.05\ \text{s}$$

3-31 解题过程 $Bi=\dfrac{h\delta}{\lambda}=\dfrac{1950\times9\times10^{-3}}{24.6}=0.7134$

解超越方程得 $\mu_1=0.76921$。

(1) $\dfrac{\theta_s}{\theta_m}=\dfrac{1000-1750}{30-1750}=0.43605$

$$Fo=\frac{\ln\left[\dfrac{\theta_s}{\theta_0}\times\dfrac{\mu_1+\sin\mu_1\cos\mu_1}{2\sin\mu_1\cos\mu_1}\right]}{-\mu_1^2}=0.9993$$

$$\tau=\frac{\delta^2}{a}Fo=\frac{\rho c\delta^2}{\lambda}Fo=\frac{8400\times560\times9^2\times10^{-6}}{24.6}\times0.9993=15.5\ \text{s}$$

(2) $\Delta\tau_{max}=\tau_s-\tau_m=\theta_s-\theta_m=\theta_s\left(1-\dfrac{1}{\cos\mu_1}\right)$

$$=(1000-1750)\left(1-\frac{1}{\cos 0.76921}\right)=293.9\ ℃$$

(3) $\left.\dfrac{\partial t}{\partial x}\right|_{max}=\left.\dfrac{\partial t}{\partial x}\right|_{x=\delta}=-\dfrac{h}{\delta}\theta_s=59451\ ℃/\text{m}$

平均温度梯度

$$\frac{\partial t}{\partial x}=\frac{1}{\delta}\int_0^{\delta}\frac{\partial \theta}{\partial x}\mathrm{d}x=\frac{1}{\delta}\theta(x)\Big|_0^{\delta}=\frac{\theta_{\mathrm{m}}}{\delta}\cos\left(\mu_1\frac{x}{\delta}\right)\Big|_0^{\delta}$$

$$=\frac{\theta_{\mathrm{m}}}{\delta}(\cos\mu_1-1)=\frac{1000-293.9-1750}{0.009}\times(\cos 0.76921-1)$$

$$=32655\ ℃/\mathrm{m}$$

一维圆柱

3-32 解题过程 无内热源常物性一维非稳态方程式为

$$\frac{\partial t}{\partial r}=\frac{a}{r}\frac{\partial}{\partial \varepsilon}\left(r\frac{\partial t}{\partial \tau}\right)\Rightarrow\frac{\partial t}{\partial r}=-0.5\times\frac{r}{a}$$

$$\dot{\Phi}=-\lambda 2\pi r\frac{\partial t}{\partial r}$$

$$\frac{\partial \Phi}{\partial r}=2\pi\lambda\frac{\partial}{\partial \tau}\left(r\frac{\partial t}{\partial \tau}\right)=-2\pi\lambda\left(-0.5\frac{r}{a}\right)=\frac{\pi r\lambda}{a}=\frac{3.14\times 43\times 0.02}{1.2\times 10^{-5}}$$

$$=225\ \mathrm{W/m}$$

热流密度矢量指向圆柱的中心。

3-33 解题过程

$$\frac{\theta_{\mathrm{m}}}{\theta_0}=\frac{80-100}{20-100}=0.25$$

查教材附录得 $a=\frac{\lambda}{\rho c}=\frac{109}{8440\times 377}=3.43\times 10^{-5}\mathrm{m^2/s}$,故有

$$Fo=\frac{a\tau}{R^2}=\frac{3.43\times 10^{-5}\times 600}{0.1^2}=2.06$$

由教材附录查得 $Bi=0.4$,故有

$$h=\frac{\lambda Bi}{R}=\frac{109\times 0.4}{0.1}=436\ \mathrm{W/(m^2\cdot K)}$$

3-34 解题过程 $Bi=\frac{hR}{\lambda}=\frac{141\times 0.085}{30}=0.40,\frac{\theta_{\mathrm{m}}}{\theta_0}=\frac{850-800}{850-17}=0.060$

由教材附录查得 $Fo=\frac{a\tau}{R^2}=4$,故有

$$\tau=Fo\frac{R^2}{a}=4\times\frac{0.085^2}{6.2\times 10^{-6}}=4661\ \mathrm{s}$$

由 $\frac{r}{R}=1$ 及 $Bi=0.4$,查教材附录得 $\frac{\theta_1}{\theta_{\mathrm{m}}}=\frac{t_{\mathrm{w}}-850}{800-850}=0.83$,故有

$$t_w = 850 - 0.83 \times 50 = 808.5\ ℃$$

3-35 解题过程 $\frac{1}{Bi} = \frac{\lambda}{hR} = \frac{22.3}{18.5 \times 0.2} = 6.03$，且$\frac{r}{R} = 1$，由教材附录查得$\frac{\theta_m}{\theta_0} = 0.923$。

已知$\frac{\theta_s}{\theta_0} = \frac{420}{570} = 0.737$，所以$\frac{\theta_s}{\theta_m} = \frac{\theta_s}{\theta_0} / \frac{\theta_m}{\theta_0} = \frac{0.737}{0.923} = 0.798$。

由教材附录查得 $Fo = 0.7$，故有

$$\tau = Fo\frac{R^2}{a} = 0.7 \times \frac{0.2^2}{8.8 \times 10^{-6}} = 3181.8\ \text{s} \approx 53\ \text{min}$$

3-36 解题过程 装炉后 2h，$Bi = \frac{hR}{\lambda} = \frac{290 \times 0.3}{43.5} = 2$，$Fo = \frac{a\tau}{R^2} = \frac{7.5 \times 10^{-6} \times 7200}{0.3^2}$

$= 0.6$，$\frac{\theta_s}{\theta_m} = 0.46$，$\frac{\theta_m}{\theta_0} = 0.3$，$t_m = 1400 - 0.3 \times (1400 - 30) = 989\ ℃$，

$t_s = 1400 - 0.138 \times (1400 - 30) = 1211\ ℃$。同理可算出其他时间的数据，结果列于解 3-36 表中。

解 3-36 表

τ	Bi	Fo	θ_s/θ_m	θ_m/θ_0	t_m/℃	t_s/℃
2h	2	0.6	0.46	0.3	989	1211
3h	2	0.9	0.46	0.14	1208	1312
3h	2	1.2	0.46	0.063	1314	1360
5h	2	1.5	0.46	0.03	1359	1381

3-37 解题过程 所求之点位于平板的中心截面与无限长圆柱 $r = 0.13$ m 的柱面相交处。

对平板：$Bi = \frac{hR}{\lambda} = \frac{180 \times 0.4}{40} = 1.8$

$$Fo = \frac{a\tau}{R^2} = \frac{0.8 \times 10^{-6} \times 3 \times 3600}{0.4^2} = 0.54$$

由教材图 3-8 查得$\frac{\theta_m}{\theta_0} = 0.66$。

对圆柱：$Bi = \frac{hR}{\lambda} = \frac{180 \times 0.25}{40} = 1.125$

$$Fo = \frac{a\tau}{R^2} = \frac{0.8 \times 10^{-6} \times 3 \times 3600}{0.25^2} = 1.38$$

由教材附录查得$\dfrac{\theta_m}{\theta_0}=0.12$，又据$\dfrac{r}{R}=\dfrac{0.13}{0.25}=0.52$，$\dfrac{1}{Bi}=0.889$。

由教材附录查得$\dfrac{\theta}{\theta_m}=0.885$，故有

$$\frac{\theta}{\theta_0}=\frac{\theta_m}{\theta_0}\frac{\theta}{\theta_m}=0.12\times0.885=0.1062$$

所求点处的无量纲温度为$\dfrac{\theta}{\theta_0}=\left(\dfrac{\theta_m}{\theta_0}\right)_\rho\left(\dfrac{\theta}{\theta_m}\right)_c=0.66\times0.1062=0.0701$

$$t=0.0701\theta_0+1200=-0.0701\times1170+1200=1118\ ℃$$

3-38 解题过程 $Bi=\dfrac{hR}{\lambda}=\dfrac{8.5\times0.015}{0.3}=0.425$

$$a=\frac{\lambda}{\rho c}=\frac{0.3}{1050\times10^3}=2.86\times10^{-7}\,\mathrm{m^2/s}$$

$$Fo=\frac{a\tau}{R^2}=\frac{2.86\times10^{-7}\times60}{0.015^2}=0.229,\Theta_w=\frac{t_w-t_\infty}{t_0-t_\infty}=Ae^{-\mu_1^2Fo}J(\mu_1\eta)$$

$$A=a+b(1-e^{-cBi})=1.0042+0.5877(1-e^{-0.403\times0.425})=1.0969$$

$$\mu_1=\left(a+\frac{b}{Bi}\right)^{-1/2}=\left(0.1700+\frac{0.4349}{0.425}\right)^{-1/2}=0.9154,\eta=1$$

$$\begin{aligned}J_\eta(\mu_1\eta)&=J_0(\mu_1)=a+b\mu_1+c\mu_1^2+d\mu_1^3\\&=0.9967+0.0354\times0.9154+(-0.3259)\times0.9154^2+0.0577\\&\quad\times0.9154^3\\&=0.8003\end{aligned}$$

$$\frac{t_w-t_\infty}{t_0-t_\infty}=\frac{200-150}{t_0-150}=1.0969e^{-0.9154^2\times0.229}\times0.8003=0.7246$$

$$50=0.7246(t_0-150),t_0=\frac{150\times0.7246+50}{0.7246}=219\ ℃$$

因此塑料棒应在加热炉内加热到 219 ℃ 才能满足压制成形的要求。

3-39 解题过程 设当量表面传热系数为h'

$$h'=\frac{1}{\dfrac{1}{h}+R_c\pi d}=\frac{1}{\dfrac{1}{120}+0.1\times\pi\times25\times10^{-3}}=61.78\ \mathrm{W/(m^2\cdot K)}$$

$$Bi=\frac{h'R}{\lambda}=\frac{61.78\times0.0125}{3.98}=0.19402\Rightarrow\mu_1=0.64396,A=1.04849。$$

$$\frac{\theta_m}{\theta_0}=\frac{500-300}{800-300}=0.4\Rightarrow Fo=\frac{\ln\left(\frac{\theta_m}{A\theta_0}\right)}{-\mu_1^2}=\frac{\ln\left(\frac{0.4}{1.04849}\right)}{-0.64396^2}=2.3238$$

$$\tau=\frac{R^2}{a}Fo=\frac{\rho c R^2}{\lambda}Fo=\frac{2600\times 808\times 12.5^2\times 10^{-6}}{3.98}\times 2.3238=191.75\ \mathrm{s}$$

一维球

3-40 解题过程 由教材附录查得 $\lambda=0.648\ \mathrm{W/(m\cdot K)}$，$a=15.7\times10^{-6}\mathrm{m^2/s}$。

$$\frac{1}{Bi}=\frac{\lambda}{hR}=\frac{0.648}{20\times 0.025}=1.296$$

$$Fo=\frac{a\tau}{R^2}=\frac{15.7\times10^{-6}\times 1200}{0.025^2}=0.301$$

由教材附录查得 $\frac{\theta_m}{\theta_0}=0.7$，故有

$$t=t_\infty+0.7\theta_0=250-0.7\times(250-20)=89\ ℃$$

3-41 解题过程 $Bi=\frac{hR}{\lambda}=\frac{200\times 0.05}{44.8}=0.2232$。

由近似计算：$\mu_1=0.86265$，$A=1.0683$。

$$\frac{\theta_m}{\theta_0}=\frac{150-10}{250-10}=0.5833\Rightarrow Fo=\frac{\ln\left(\frac{\theta_m}{A\theta}\right)}{-\mu_1^2}=\frac{\ln\left(\frac{0.5833}{1.0683}\right)}{-0.86265^2}=0.81283$$

$$\tau=\frac{R^2}{a}Fo=\frac{0.05^2}{1.229\times10^{-5}}\times 0.81283=165.3\mathrm{s}$$

又 $\frac{\sin\mu_1}{\mu_1}=0.8805$

所以 $\theta_R=\theta_m\times 0.8805=140\times 0.8805=123.3\ ℃$

$$t_R=\theta_R+t_f=123.3+10=133.3\ ℃$$

3-42 解题过程 $\frac{1}{Bi}=\frac{\lambda}{hR}=\frac{50}{5000\times 0.01}=1$，$\frac{r}{R}=\frac{0.009}{0.01}=0.9$，查教材附录得 $\frac{\theta_t}{\theta_m}=0.705$。

按题意 $\frac{\theta_s}{\theta_0}=\frac{1000-1300}{300-1300}=0.3$，$\frac{\theta_m}{\theta_0}=\frac{\theta_s}{\theta_0}\Big/\frac{\theta_s}{\theta_m}=\frac{0.3}{0.705}=0.426$。

查教材附录得 $Fo=\frac{a\tau}{R^2}=0.449$，

$$a=\frac{\lambda}{\rho c}=\frac{50}{7800\times500}=1.28\times10^{-3}\,\mathrm{m^2/s}。$$

所以 $\tau=\frac{FoR^2}{a}=\frac{0.449\times0.01^2}{1.28\times10^{-3}}=3.51\ \mathrm{s}$

3-43 解题过程

$$a=\frac{\lambda}{\rho c}=\frac{0.8}{2750\times840}=3.463\times10^{-7}\,\mathrm{m^2/s}$$

$$\frac{1}{Bi}=\frac{\lambda}{hR}=\frac{0.8}{10.5\times0.15}=0.508$$

$Fo=\frac{a\tau}{R^2}=\frac{3.463\times10^{-7}\times3600\times8}{0.15^2}=0.443$,查教材附录得

$$\frac{\theta_m}{\theta_0}=0.28,\frac{\theta_s}{\theta_m}=0.45$$

所以 $\frac{\theta_s}{\theta_m}=0.45\times0.28=0.126$

由题意得,8h 后半球内的最高温度为表面温度

$$t_\infty=410-0.126\times(410-30)=410-0.126\times380=362\ ℃$$

3-44 解题过程 由题意,按 $\frac{10+0}{2}=5℃$,查取橘子的物性为

$$\lambda=0.563\ \mathrm{W/(m\cdot K)},a=13.4\times10^{-8}\,\mathrm{m^2/s}$$

$$\frac{1}{Bi}=\frac{\lambda}{hR}=\frac{0.563}{7\times0.03}=2.68$$

查教材附录得 $\frac{\theta_s}{\theta_m}=0.84$,按已知 $\frac{\theta_s}{\theta_0}=\frac{t_s-t_\infty}{t_0-t_\infty}=\frac{0-(-5)}{10-(-5)}=\frac{5}{15}$

$=0.333$

$\frac{\theta_m}{\theta_0}=\frac{\theta_s}{\theta_0}\Big/\frac{\theta_s}{\theta_m}=\frac{0.333}{0.84}=0.3964$,查教材附录得 $Fo=\frac{a\tau}{R^2}=1$

所以 $\tau=\frac{FoR^2}{a}=\frac{1\times0.03^2}{13.4\times10^{-8}}=6716.4\ \mathrm{s}\approx1.87\ \mathrm{h}$

3-45 解题过程 (1)0.5 h 后,$Fo=\frac{a\tau}{R^2}=0.8136,\frac{1}{Bi}=\frac{\lambda}{hR}=\frac{2.2}{35\times0.05}=1.26$

查教材附录得 $\frac{\theta_m}{\theta_0}=0.24,t_\infty=80-0.24\times(80-20)=65.6\ ℃$

查教材附录得 $\frac{\theta_s}{\theta_m}=0.685$

所以$\frac{\theta_s}{\theta_0}=\frac{\theta_s}{\theta_m}\frac{\theta_m}{\theta_0}=0.685\times 0.24=0.1644$

$$t_s=80-0.1644\times(80-20)=70.1\ ℃$$

球体平均温度可近似地取为两者间的平均值，则

$$\bar{t}=\frac{70.1+65.6}{2}=67.9\ ℃$$

故这半小时中的储热量为

$$Q=1000\times\frac{4\pi R^3}{3}\times\rho\times c\times(\bar{t}-t_0)$$

$$=1000\times\frac{4\pi\times 0.1^3}{3\times 8}\times 780\times 2496\times(67.9-20)$$

$$=4.88\times 10^7\ \mathrm{J}$$

(2)2 h 后，$F'_O=\frac{a\tau}{R^2}=3.254$，查教材附录得$\frac{\theta_m}{\theta_0}=0.0017$

所以$\frac{\theta_s}{\theta_0}=0.0017\times 0.685=0.00116$，$t'_\infty=80-0.0017\times 60=79.90\ ℃$

$t'_s=80-0.00116\times 60=79.93\ ℃$，平均温度为

$$\overline{t'}=\frac{79.9+79.93}{2}=79.915\ ℃$$

故 2 h 后的储热量

$$Q'=1000\times\frac{4\pi\times 0.05^3}{3}\times 780\times 2496\times(79.915-20)$$

$$=6.11\times 10^7\ \mathrm{J}$$

3-46 解题过程 对于 A 球，$Bi_A=\frac{hR}{\lambda_A}=\frac{5\times 0.1}{170}=0.00294<0.1$，可用集中参数法。

$$\frac{\theta}{\theta_0}=\frac{415-300}{600-300}=\frac{115}{300}=e^{-\frac{hA}{\rho cV}\tau}$$

即 $$\frac{\theta}{\theta_0}=e^{-\frac{3\times 5}{1600\times 400\times 0.1}\tau}=\frac{115}{300}$$

解得 $\tau=4091$ s。

对于 B 球，$Bi_B=\frac{hR}{\lambda_B}=\frac{50\times 0.01}{1.7}=0.294>0.1$，不可采用集中参数法，而应采用图线法或 Campo 拟合公式。

$$\frac{\theta}{\theta_0} = A e^{-\mu_1^2 Fo} f(\mu_1 \eta) = A e^{-\mu_1^2 Fo}$$

$$\mu_1^2 = \left(a + \frac{b}{Bi}\right)^{-1} = \left(0.0988 + \frac{0.2779}{0.294}\right)^{-1} = 0.9578$$

$\mu_1 = 0.9787, A = a + b(1 - e^{-cBi}) = 1.0003 + 0.9858(1 - e^{-0.0191 \times 0.294})$

$= 1.0886$

(1) 球中心达到 415 K 时，有

$$\eta = 0, f(\mu_1 \eta) = \frac{\sin(0)}{0} = 1$$

$\frac{\theta_m}{\theta_0} = 1.0886 e^{-0.9787^2 Fo} = 1.0886\ e^{-0.9579Fo} = \frac{115}{300} = 0.3833$

解得 $Fo = 1.0897$

$$Fo = \frac{a\tau}{R^2} = \frac{\lambda}{\rho c} \cdot \frac{\tau}{R^2}$$

所以 $\tau = R^2 \frac{\rho c}{\lambda} Fo = \frac{0.01^2 \times 400 \times 1600 \times 1.0897}{1.7} = 41.03\ s$

(2) 球面上达到 415 K 时，有

$$\eta = 1, f(\mu_1 \eta) = f(\mu_1) = \frac{\sin \mu_1}{\mu_1} = \frac{\sin 0.9897}{0.9897} = 0.8478$$

$$\frac{\theta}{\theta_0} = \frac{115}{300} = 0.8478 e^{-0.9579Fo}$$

解得 $Fo = 0.9137$

所以 $\tau = \frac{FoR^2 \rho c}{\lambda} = 34.54\ s$

A 球中心或表面达 415 K，需 4091 s；B 球中心达到 415 K，需 41.03 s，表面需 34.54 s。温度与时间定性分析图如解 3-46 图所示。

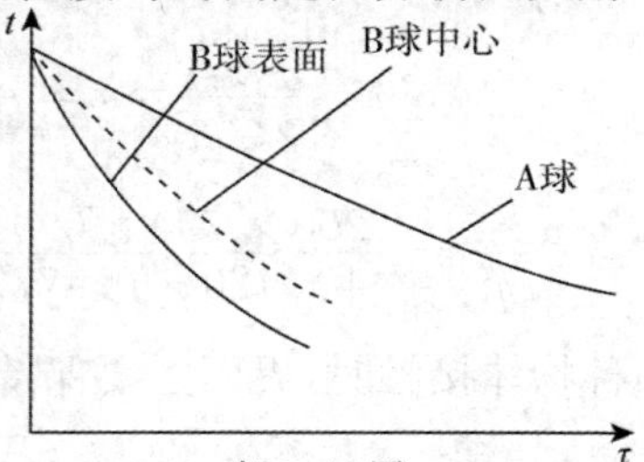

解 3-46 图

3-47 解题过程 $$Bi=\frac{hR}{\lambda}=\frac{240\times 2.5\times 10^{-3}}{2.56}=0.23$$

$$\frac{r}{R}=1$$

从教材附录查得，在表面上 $\theta_w/\theta_m=0.88$。

由题意可知，表面上的无量纲过余温度为

$$\frac{\theta_w}{\theta_0}=\frac{t_w-t_\infty}{t_0-t_\infty}=\frac{0-5}{-30-5}=0.143$$

故得 $$\frac{\theta_m}{\theta_0}=\frac{\theta_m}{\theta_w}\frac{\theta_w}{\theta_0}=\frac{\theta_w}{\theta_0}\bigg/\frac{\theta_w}{\theta_m}=0.143/0.88=0.162$$

所以 $$\frac{t-t_\infty}{t_0-t_\infty}=0.162$$

$$t=t_\infty+0.162(t_0-t_\infty)$$

$$=5+0.162\times(-30-5)℃=-0.67℃$$

据 $Bi=0.27,\dfrac{\theta_m}{\theta_0}=0.162$，查教材附录得 $Fo=2.52$。

所以 $\tau=Fo\dfrac{R^2}{a}=Fo\dfrac{R^2\rho_1 c}{\lambda}=2.52\times\dfrac{2.5^2\times 921\times 2040\times 10^{-6}}{2.56}\text{s}$

$=11.559\text{ s}$

半无限大物体

3-48 解题过程 $t_w=100\ ℃, t_0=30\ ℃, x=0.01\text{ m}, t=65\ ℃$

$\tau=2\times 60=120\text{ s}, \rho=2200\text{ kg/m}^3, c=700\text{ J/kg}\cdot\text{K}$

$$\frac{\theta}{\theta_0}=\frac{65-100}{30-100}=0.5=\text{erf}\,(\eta)$$

由教材附录查得，$\eta=0.477$。

$$\eta=\frac{x}{2\sqrt{at}}\Rightarrow a=\frac{x^2}{4\tau\eta^2}$$

$$\lambda=\rho ca=\frac{\rho cx^2}{4\tau\eta^2}=\frac{2200\times 700\times 0.01^2}{4\times 120\times 0.477^2}=1.41\text{ W/(m}\cdot\text{K)}$$

3-49 解题过程 温度不同的两种物体接触时，界面上要保持热流连续及温度连续，如解3-49图所示。

$-\lambda_1\left(\frac{dt_1}{dx_1}\right)=-\lambda_2\left(\frac{dt_2}{dx_2}\right)$，近似地以$\frac{\Delta t_1}{x_1}$和$\frac{\Delta t_2}{x_2}$代替导数，则有$-\lambda_1\frac{\Delta t_2}{x_1}=-\lambda_2\frac{\Delta t_2}{x_2}$，另一方面，在$x_1$中物体1放出之热应等于$x_2$中物体吸收之热，则有$\rho_1 c_1 x_1\frac{\Delta t_1}{2}=\rho_2 c_2 x_2\frac{\Delta t_2}{2}$，其中$\frac{\Delta t_1}{2}$和$\frac{\Delta t_2}{2}$为平均温升或温降。

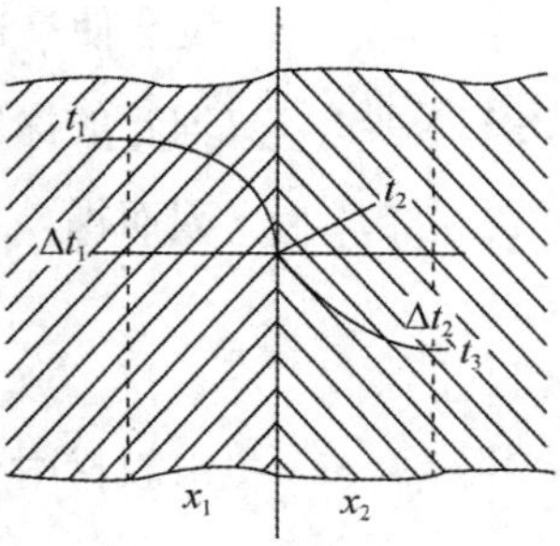

解 3-49 图

结合以上二式得

$$\rho_1 c_1 \lambda_1 (\Delta t_1)^2 = \rho_2 c_2 \lambda_2 (\Delta t_2)^2$$

即$\frac{\Delta t_1}{\Delta t_2}=\frac{\sqrt{\rho_2 c_2 \lambda_2}}{\sqrt{\rho_1 c_1 \lambda_1}}$

由解 3-49 图可看出，如果接触处温度 t_0 接近 t_1，则人体感觉不是很凉；如果接触处温度 t_0 接近 t_2，则人体感觉就凉。

对于木材$\sqrt{\rho_2 c_2 \lambda_2}=\sqrt{545\times2385\times0.17}=470.0$

对于人体$\sqrt{\rho_1 c_1 \lambda_1}=\sqrt{1000\times0.618\times4174}=1606$

对于不锈钢$\sqrt{\rho_2 c_2 \lambda_2}=\sqrt{7820\times460\times18}=8047$

所以对木材

$$\frac{\Delta t_1}{\Delta t_2}=\frac{470.0}{1606}=0.293$$

对不锈钢

$$\frac{\Delta T_1}{\Delta T_2}=\frac{8047}{1606}=5.01$$

由于 $5.01 >> 0.293$，因此当人用手去触摸木材及不锈钢时，感觉不锈钢要冷一些。

3-50 解题过程 $q=2\sqrt{\frac{\tau}{\pi}}(\sqrt{\rho c\lambda})(t_w-t_0)=2\sqrt{\frac{10\times60}{3.14}}\times\sqrt{2300\times880\times1.4}\times(50-20)$

$$=2\times\sqrt{191.08}\times\sqrt{2833600}\times30=139.6\ \text{kJ}$$

夏天路面以下温度实际上不可能高于高速公路初温 50 ℃，因而这一假设会使高速公路初温略有上升，从而使计算的放热量偏高。

3-51 解题过程 埋管的深度应使 50 天后该处的温度仍大于或等于 0 ℃。

因而得

$$\frac{t(x,\tau)-t_x}{t_0-t_x}=\frac{0-(20)}{15-(-20)}=0.5714$$

由教材附录查得

$$\frac{x}{2\sqrt{a\tau}}=0.56$$

即 $x=2\times 0.56\sqrt{a\tau}=2\times 0.56\times\sqrt{1.65\times 10^{-7}\times 50\times 24\times 3600}$

$=0.946\ \mathrm{m}$

3-52 解题过程 按半无限大物体处理，37 ℃ 时，$a=15.18\times 10^{-8}\mathrm{m}^2/\mathrm{s}$。利用教材式(3-37)，可得 $\mathrm{erf}\left(\frac{x}{2\sqrt{a\tau}}\right)$之值，由教材附录可查得相应的 $\frac{x}{2\sqrt{a\tau}}$ 的数值，从而确定不同 τ(单位：s) 下温度为 48 ℃ 的地点的 x 值，即皮下烧伤深度。对于 $t_x=60$℃ 及 70 ℃ 两种情形给出计算结果，见解 3-52 表。

解 3-52 表

t_x/℃	$\frac{t(x,\tau)-t_x}{t_0-t_x}$	$\frac{x}{2\sqrt{a\tau}}$	烧伤深度 /mm					
			0.5 min	1 min	2 min	3 min	4 min	5 min
60	0.52174	0.5014	2.14	3.03	4.28	5.24	6.05	6.77
70	0.66666	0.6852	2.92	4.14	5.85	7.16	8.27	9.25

3-53 解题过程 由题意可知$\frac{t(x,\tau)-t_w}{t_0-t_w}=\frac{30-70}{25-70}=0.889$。

查教材附录并插值可得 $\mathrm{erf}(0.889)=1.1268$，由此得$\frac{x}{2\sqrt{a\tau}}=1.1268$。

即 $\tau=\frac{x^2}{2.2536^2 a}=\frac{4\times 10^{-6}}{2.2536^2\times 4\times 10^{-7}}=1.969\ \mathrm{s}$

多维非稳态导热

3-54 解题过程 由题意可知，木块温度最高处位在角顶，即三块无限大平板相交处。

$$a=\frac{\lambda}{\rho c}=\frac{0.65}{810\times 2550}=3.147\times 10^{-7}\,\mathrm{m^2/s}$$

$Bi=\dfrac{h\delta}{\lambda}=\dfrac{6.5\times 0.05}{0.65}=0.5>0.1$,因而不能采用集中参数法。

查教材图 3-9 得$\dfrac{\theta}{\theta_m}=0.8$,故有

$$Fo=\frac{a\tau}{R^2}=\frac{3.147\times 10^{-7}\times 17424}{0.05^2}=2.19$$

查教材图 3-8 得$\dfrac{\theta_m}{\theta_0}=0.4$,$\dfrac{\theta_s}{\theta_0}=\dfrac{\theta_s}{\theta_m}\dfrac{\theta_m}{\theta_0}=0.8\times 0.41=0.328$

角顶处无量纲温度 $\Theta=\left(\dfrac{\theta_s}{\theta_0}\right)_0^3=0.328^3=0.0353$

所以角顶温度:$t=t_\infty+0.0353(t_0-t_\infty)=425+0.0353\times(25-425)$

$=411℃$

3-55 解题过程 按$\dfrac{30+10}{2}=20$ ℃,查教材附录得

$$\lambda=0.599\ \mathrm{W/(m\cdot K)},a=14.3\times 10^{-8}\,\mathrm{m^2/s}$$

$$Bi=\frac{h\delta}{\lambda}=\frac{10\times 0.06}{0.599}=1.002,Bi^{-1}=1.0,$$

$$Bi_c=\frac{hR}{\lambda}=\frac{10\times 0.025}{0.599}=0.417,Bi_c^{-1}=2.4$$

$$\theta_0=30-5=25\ ℃,\theta=10-5=5\ ℃,\frac{\theta}{\theta_0}=\frac{5}{25}=0.2,$$

$$\frac{\theta}{\theta_0}=Ae^{-\mu_1^2 Fo}$$

对平板:$\mu_1^2=\left(0.4022+\dfrac{0.9188}{1.002}\right)^{-1}=0.7580$

$$A=1.0101+0.2575\times(1-e^{-0.4271\times 1.002})=1.0998$$

对柱体:$\mu_1^2=\left(0.1700+\dfrac{0.4349}{0.417}\right)^{-1}=0.8245$

$$A=1.0042+0.5877\times(1-e^{-0.4238\times 0.417})=1.0953$$

$Fo_p=\dfrac{a\tau}{\delta^2}$,$Fo_c=\dfrac{a\tau}{R^2}$,$\delta^2=0.06^2=0.0036$,$R^2=0.025^2=0.000625$

$$Fo_c = Fo_p \times \frac{0.0036}{0.000625} = 5.76\ Fo_p$$

$$\frac{\theta_m}{\theta_0} = \left(\frac{\theta_m}{\theta_0}\right)_p \left(\frac{\theta_m}{\theta_0}\right)_c$$

$$= 1.0998e^{-0.758Fo_p} \times 1.0953e^{-0.8245Fo_c} = 1.2046e^{-5.50712Fo_p}$$

所以 $$Fo_p = 0.324$$

$$\tau = 0.324 \times 0.06^2/(14.3\times10^{-8}) = 8162.65\ s \approx 2.27\ h$$

3-56 解题过程 由题意可知，平板玻璃盘在几何上是直径为 0.15 m 的圆柱与厚为 0.05 m 的无限大平板相交而成。

对平板：$\frac{1}{Bi} = \frac{\lambda}{hR} = \frac{0.78}{9.5\times0.025} = 3.284$

对圆柱：$\frac{1}{Bi} = \frac{\lambda}{h\delta} = \frac{0.78}{9.5\times0.075} = 1.095$

按题意：$\frac{\theta_m}{\theta_0} = \frac{400-450}{30-450} = 0.119$

采用试凑法求解，取一组 τ 值，计算每个 τ 值下 θ_m/θ_0 值，由此确定所需的时间其中 $Fo_p = \frac{a\tau}{\delta^2}$，$Fo_c = \frac{a\tau}{R^2}$，$\frac{\theta_m}{\theta_0} = \left[\frac{\theta_m}{\theta_0}\right]_p \left[\frac{\theta_m}{\theta_0}\right]_c$，结果见解 3-56 表。

解 3-56 表

t/min	Fo_p	Fo_c	$\left[\frac{\theta_m}{\theta_0}\right]_p$	$\left[\frac{\theta_m}{\theta_0}\right]_c$	$\frac{\theta_m}{\theta_0}$
150	4.982	0.554	0.30	0.57	0.171
160	5.314	0.590	0.28	0.50	0.140
170	5.646	0.627	0.25	0.46	0.115

由此可见，大约 170 min(2.8 h) 后可达到要求。

3-57 解题过程 这是三块平板相交的问题，要计算使中心温度达到 80 ℃ 所需的时间，牛肉按物性温度$\frac{5+80}{2} = 42.5$ ℃ 计算，查教材附录得物性：

$$\lambda = 0.638\ W/(m\cdot K),\ a = 15.0\times10^{-8} m^2/s$$

$$Bi_x = \frac{h\delta_x}{\lambda} = \frac{20\times0.02}{0.638} = 0.62696$$

$$Bi_y = \frac{h\delta_y}{\lambda} = \frac{20\times0.03}{0.638} = 0.94044$$

$$Bi_z = \frac{h\delta_z}{\lambda} = \frac{20 \times 0.05}{0.638} = 1.5674$$

$$\theta_0 = 175\ ℃, \theta = 100\ ℃, \frac{\theta}{\theta_0} = \frac{100}{175} = 0.5714286, \frac{\theta_m}{\theta_0} = Ae^{-\mu_1^2 Fo}$$

对平板 x(轴向):$\mu_1^2 = \left(0.4022 + \frac{0.9188}{0.62696}\right)^{-1} = 0.53542$

$$A_1 = 1.0101 + 0.2575 \times (1 - e^{-0.42718 \times 0.62696}) = 1.070592$$

对平板 y:$\mu_2^2 = \left(0.4022 + \frac{0.9188}{0.94044}\right)^{-1} = 0.725064$

$$A_2 = 1.0101 + 0.2575 \times (1 - e^{-0.42718 \times 0.94044}) = 1.09528$$

对平板 z:$\mu_3^2 = \left(0.4022 + \frac{0.9188}{1.5674}\right)^{-1} = 1.01174$

$$A_3 = 1.0101 + 0.2575 \times (1 - e^{-0.42718 \times 1.5674}) = 1.13576$$

$$Fo_x = \frac{a\tau}{\delta_x^2}, Fo_y = \frac{a\tau}{\delta_y^2}, Fo_z = 0.4444 Fo_x, Fo_z = 0.16\ Fo_x$$

$$\frac{\theta_m}{\theta_0} = \left(\frac{\theta_m}{\theta_0}\right)_x \left(\frac{\theta_m}{\theta_0}\right)_y \left(\frac{\theta_m}{\theta_0}\right)_z = 0.83$$

$$\tau = 0.83 \times 0.0004 / (15 \times 10^{-8}) = 2213\ s \approx 37\ min$$

3-58 解题过程 对无限长圆柱体:$\frac{1}{Bi} = \frac{\lambda}{hR} = \frac{47.5}{250 \times 0.05} = 3.8$

$$Fo = \frac{a\tau}{\delta^2} = \frac{9.55 \times 10^{-6} \times 180}{0.05^2} = 0.688$$

查教材附录得$\frac{\theta_m}{\theta_0} = 0.71, \frac{\theta_s}{\theta_m} = 0.88$,所以有

$$\frac{\theta_s}{\theta_0} = 0.88 \times 0.71 = 0.625$$

对无限长平板:$\delta = 0.05, \frac{1}{Bi} = \frac{\lambda}{h\delta} = \frac{47.5}{250 \times 0.05} = 3.8$

$$Fo = \frac{a\tau}{\delta^2} = \frac{9.55 \times 10^{-6} \times 180}{0.05^2} = 0.688$$

查教材图 3-8 得$\frac{\theta_m}{\theta_0} = 0.9, \frac{\theta_s}{\theta_m} = 0.88$,所以有

$$\frac{\theta_s}{\theta_0} = 0.88 \times 0.9 = 0.792$$

$$\frac{\theta_s}{\theta_0}=\left(\frac{\theta_s}{\theta_0}\right)_p\left(\frac{\theta_s}{\theta_0}\right)_c=0.625\times 0.792=0.495$$

短圆柱体中最低温度 $t_{min}=t_f+0.495\times(t_0-t_f)=143.9\ ℃$

$$\frac{\theta_m}{\theta_0}=\left(\frac{\theta_m}{\theta_0}\right)_p\left(\frac{\theta_m}{\theta_0}\right)_c=0.71\times 0.9=0.639$$

最高温度 $t_{max}=t_f+0.639\times(t_0-t_f)=177\ ℃$

因此最大温差 $\Delta t_{max}=t_{max}-t_{min}=177-143.9=33.1\ ℃$

3-59 解题过程 对一维问题有

$$\frac{\theta}{\theta_0}=1-\frac{1}{V}\int\left(\frac{t-t_\infty}{t_0-t_\infty}\right)dV=1-\frac{2}{2\delta_1\cdot 1}\int_0^{\delta_1}\Theta_{p1}\,dx=1-\frac{1}{\delta_1}\int_0^{\delta_1}\Theta_{p1}\,dx$$

$$=1-\frac{4}{2\delta_1\times 2\delta_2}\int_0^{\delta_1}\Theta_{p1}\,dx\int_0^{\delta_2}\Theta_{p2}\,dy=1-\frac{1}{\delta_1\delta_2}\int_0^{\delta_1}\Theta_{p1}\,dx\int_0^{\delta_2}\Theta_{p2}\,dy$$

$$=1-\left(\frac{1}{\delta_1}\int_0^{\delta_1}\Theta_{p1}\,dx\right)\left(\frac{1}{\delta_2}\int_0^{\delta_2}\Theta_{p2}\,dy\right)$$

$$=\left[1-\frac{1}{\delta_1}\int_0^{\delta_1}\Theta_{p1}\,dx\right]+\left[1-\frac{1}{\delta_2}\int_0^{\delta_2}\Theta_{p2}\,dy\right]-\left[1-\frac{1}{\delta_1}\int_0^{\delta_1}\Theta_{p1}\,dx\right]$$

$$\left[1-\frac{1}{\delta_2}\int_0^{\delta_2}\Theta_{p2}\,dy\right]$$

$$=\left(\frac{\theta}{\theta_0}\right)_{p1}+\left(\frac{\theta}{\theta_0}\right)_{p2}-\left(\frac{\theta}{\theta_0}\right)_{p1}\left(\frac{\theta}{\theta_0}\right)_{p2}$$

综合分析

3-60 解题过程 近似地认为炉底外表面是绝热的,则这是一厚为 $2\delta=2\times 0.05$ m 的无限大平板的非稳态导热问题。

$$\frac{1}{Bi}=\frac{\lambda}{h\delta}=\frac{4}{40\times 0.05}=2.0$$

查教材图 3-9 得$\dfrac{\theta}{\theta_m}=0.8$

$$t_m=1600-100/0.8=1475\ ℃,\frac{\theta_m}{\theta_0}=\frac{1475-1600}{25-1600}=0.0794$$

查教材图 3-8 得 $Fo\approx 6.1$,即 $\tau=\dfrac{6.1\times 0.05}{5\times 10^{-6}}=30500\ s\approx 8.47\ h$

3-61 解题过程

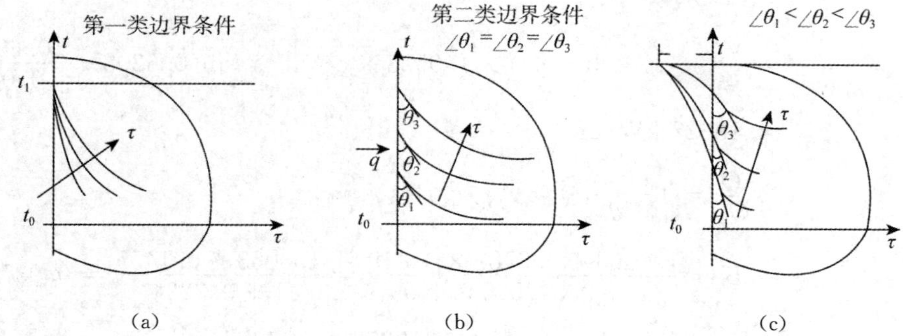

解 3-61 图

3-62 解题过程 假设按无限大平板处理，如解 3-62 图所示。

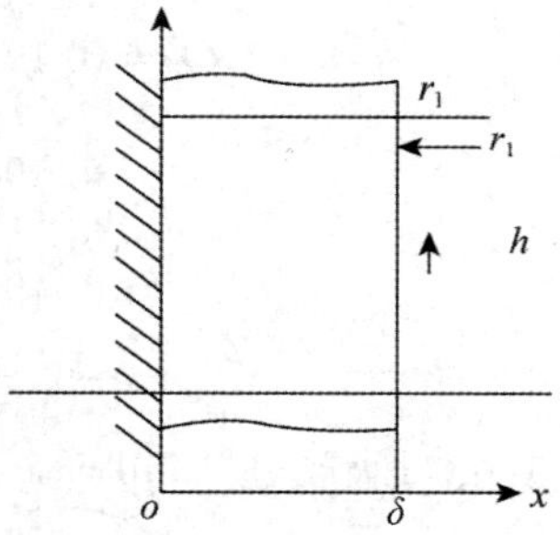

解 3-62 图

$$\delta = 45\ \text{mm}$$

$$Fo = \frac{a\tau}{\delta^2} = \frac{1.17\times10^{-5}\times5\times60}{0.045^2} = 1.733$$

$$Bi = \frac{h\delta}{\lambda} = \frac{400\times0.045}{43} = 0.419$$

油管外表面处 $\eta = \dfrac{x}{\delta} = 0$。采用拟合公式

$$\frac{\theta_m}{\theta_0} = A e^{-\mu_1^2 Fo} f(\mu_1\eta)$$

$$\mu_1^2 = \left(0.4022 + \frac{0.9188}{0.419}\right)^{-1} = 0.38535$$

$$\mu_1 = 0.6208,$$

$$A = 1.0101 + 0.2575\times(1 - e^{-0.4271\times0.419}) = 1.0523$$

$$f(\mu_1\eta) = \theta\cos(\mu_1\eta) = \cos 0 = 1$$

(1) $\dfrac{\theta_m}{\theta_0} = A e^{-\mu_1^2 Fo}\cos\left(\mu_1\dfrac{x}{\delta}\right)$

$$\frac{\theta_m}{\theta_0} = 1.0523\times e^{-0.6208^2\times1.733} = 1.0523\times e^{-0.6679} = 0.5396$$

即
$$\frac{t_m - 80}{-20-80} = 0.5396$$

$$t_m = 80 - 0.5396\times(20+80) = 80 - 53.96 = 26.04\ ℃$$

(2) $\left.\dfrac{\partial\theta_x}{\partial x}\right|_{x=\delta} = -A\theta_0 e^{-\mu_1^2 Fo}\sin\left(\mu_1\dfrac{x}{\delta}\right)\cdot\dfrac{\mu_1}{\delta} = -A\theta_0 e^{-\mu_1^2 Fo}\sin(\mu_1)\cdot\dfrac{\mu_1}{\delta}$

$$q=-\lambda\frac{\partial t}{\partial x}=-\lambda\frac{\partial\theta}{\partial x}=-\lambda\left(-A\theta_0 e^{-\mu_1^2 Fo}\sin(\mu_1)\cdot\frac{\mu_1}{\delta}\right)$$

$$=-43\times(-20-80)\times1.0523\times e^{-0.6679}\times\sin(0.6208)\times\frac{0.6208}{0.045}$$

$$=18627\ \text{kW/m}^2$$

(3) $\dfrac{Q}{Q_0}=1-\dfrac{\bar{\theta}}{\theta_0},\bar{\Theta}=Ae^{-\mu_1^2 Fo}B$

$$B=\frac{1.0063+0.3483\times0.419}{1+0.5475\times0.419}=\frac{1.0063+0.1459}{1+0.2294}=0.9372$$

所以$\bar{\Theta}=1.0523\times0.5128\times0.9372=0.5057$

$$\frac{Q}{Q_0}=1-0.5057=0.4943$$

$$Q=0.4943\Phi_0=0.4943\rho cV(t_0-t_\infty)=0.4943\rho c\pi\delta\cdot1\cdot(-20-80)$$

$$=0.4943\times\left(\frac{\lambda}{a}\right)\times0.045\times1\times(-100)\times3.14$$

$$=0.4943\times3.675\times10^6\times0.045\times(-100)\times3.14$$

$$=-2.565\times10^7\text{J}$$

3-63 解题过程

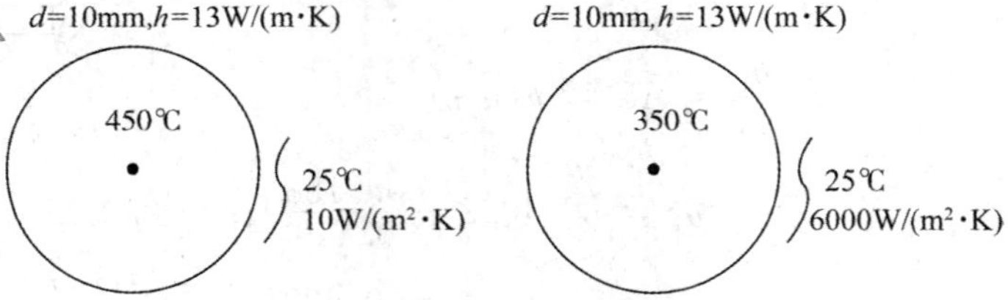

解 3-63 图

第一步：$\theta=\theta_0 e^{\frac{hA\tau}{\rho cV}}$

$$\frac{hA}{\rho cV}=\frac{h}{\rho c}\cdot\frac{1}{V/A}=\frac{h}{\rho c}\cdot\frac{1}{V/A}=\frac{h}{\rho c}\cdot\frac{6}{d}=\frac{10}{1200\times3200}\times\frac{6}{0.01}$$

$$=1.5625\times10^{-3}$$

$$\frac{\theta_m}{\theta_0}=\frac{t_m-25}{450-25}=0.7647,\text{所以 }0.7647=e^{-1.5625\times10^{-3}\tau}$$

$$\tau=\frac{0.2683}{1.5625}\times10^3=0.1717\times10^3=171.7\text{s}$$

换热量 $Q_1=\dfrac{4\pi d^3}{3\cdot8}\rho c(t_0-t)$

$$= \frac{3.14 \times 0.01^3}{6} \times 3200 \times 1200 \times (450 - 350) = 201\ \text{J}$$

第二步：$\dfrac{\theta_m}{\theta_0} = \dfrac{t_m - 25}{450 - 25} = \dfrac{50 - 25}{450 - 25} = 0.07692$

$$Bi = \frac{hR}{\lambda} = \frac{6000 \times 0.005}{18} = 1.667, \frac{\theta_m}{\theta_0} = A e^{-\mu_1^2 Fo} f(\mu_1 \eta)$$

$$A = 1.0003 + 0.9858 \times (1 - e^{-0.3191 \times 1.667}) = 1.4069$$

$$\mu_1^2 = \left(0.0988 + \frac{0.2779}{1.667}\right)^{-1} = 3.7663$$

$$\mu_1 = 1.9407, \eta = 0, f(\mu_1 \eta) = 1$$

$$\frac{\theta_m}{\theta_0} = 0.07692 = 1.4069 \times e^{-3.7663 Fo} \Rightarrow Fo = 0.7717$$

$$Fo = \frac{a\tau}{R^2} = \frac{18/(3200 \times 1200)\tau}{0.005^2} = 0.7717$$

$$\tau = \frac{0.005^2 \times 0.7717}{4.6875 \times 10^{-6}} = 4.12\ \text{s}$$

$$\frac{Q_2}{Q_0} = 1 - \bar{\Theta}, \bar{\Theta} = A e^{-\mu_1^2 Fo} B$$

$$B = \frac{1.0295 + 0.1953 \times 1.667}{1 + 0.6841 \times 1.667} = \frac{1.0295 + 0.3256}{1 + 1.0804} = 0.6514$$

$$\bar{\Theta} = 1.4096 \times e^{-3.7663 Fo} \times 0.6514 = 0.04968$$

$$Q_2 = Q_0 \times (1 - 0.04968) = 0.9503 \times Q_0 = 0.9503 \times \frac{\pi d^3}{6} \rho c (350 - 25)$$

$$= 0.9503 \times \frac{3.14 \times 0.01^3}{6} \times 3200 \times 1200 \times 325 = 0.9503 \times 653.12$$

$$= 621\ \text{J}$$

3-64 解题过程 直角坐标系下二维非稳态的导热微分方程为

$$\frac{\partial t}{\partial \tau} = a\left(\frac{\partial^2 t}{\partial x^2} + \frac{\partial^2 t}{\partial y^2}\right) \tag{1}$$

由已知条件可知 $\tau = 0$ 时，$t = t_0, 0 \leqslant x \leqslant x_L, 0 \leqslant y \leqslant y_L$

$$\tau > 0 \text{ 时}, \left.\frac{\partial t}{\partial x}\right|_{x=0} = \left.\frac{\partial t}{\partial y}\right|_{y=0} = 0$$

$$-k \left.\frac{\partial t}{\partial x}\right|_{x=x_L} = q, -k \left.\frac{\partial t}{\partial y}\right|_{y=y_L} = q$$

过余温度 $t(x,y,\tau)-t_0=[u(x,\tau)-t_0]+[\nu(y,\tau)-t_0]$ (2)

将式(2) 代入式(1) 得 $\dfrac{\partial u(x,\tau)}{\partial\tau}+\dfrac{\partial\nu(y,\tau)}{\partial\tau}=a\left[\dfrac{\partial^2u(x,\tau)}{\partial x^2}+\dfrac{\partial^2\nu(y,\tau)}{\partial y^2}\right]$

即
$$\left(\frac{\partial u}{\partial\tau}-a\frac{\partial^2u}{\partial x^2}\right)+\left(\frac{\partial\nu}{\partial\tau}-a\frac{\partial^2\nu}{\partial y^2}\right)=0 \tag{3}$$

除了 $u=\nu=0$ 之外,式(3) 要等于 0,必须满足每一个括号内恒为 0,

即
$$\frac{\partial u}{\partial\tau}=a\frac{\partial^2u}{\partial x^2},\frac{\partial\nu}{\partial\tau}=a\frac{\partial^2\nu}{\partial y^2}$$

相应的初始条件则为

$$t=0,u=t_0,\nu=t_0,0\leqslant x\leqslant x_L,0\leqslant y\leqslant y_L$$

$$t>0,\left.\frac{\partial u}{\partial x}\right|_{x=0}=0,\left.\frac{\partial\nu}{\partial y}\right|_{y=0}=0$$

$$-k\left.\frac{\partial t}{\partial x}\right|_{x=x_L}=q,-k\left.\frac{\partial t}{\partial y}\right|_{y=y_L}=q$$

因此二维矩形区域中非稳态导热的余温度场可用两个相应的一维非稳态导热叠加。

3-65 解题过程 差已知条件,无法求解。

3-66 解题过程 对无限大平板,在进入充分发展阶段后有

$$\frac{\theta(x,\tau)}{\theta_0}=\frac{2\sin(\beta_1\delta)}{(\beta_1\delta)+\sin(\beta_1\delta)\cos(\beta_1\delta)}e^{-(\beta_1\delta)^2Fo}\cos\left[(\beta_1\delta)\frac{x}{\delta}\right]$$

记 $\beta_1\delta=\mu_1,A=\dfrac{2\sin(\beta_1\delta)}{(\beta_1\delta)+\sin(\beta_1\delta)\cos(\beta_1\delta)},B=\cos\left[(\beta_1\delta)\dfrac{x}{\delta}\right]$,则可见以上表达式中 A、B 两部分仅与 Bi 数及位置有关,对平板中的固定位置,A、B 为常数(在一定 Bi 下),记 $C=A\cdot B$,则有

$$\frac{\theta(x,\tau)}{\theta_0}=Ce^{-\mu_1^2\frac{a\tau}{\delta^2}}=Ce^{-\left(\frac{\mu_1^2a}{\delta^2}\right)\tau}$$

两边取对数

$$\ln\theta(x,\tau)=\ln\theta_0+\ln C-\left(\frac{\mu_1^2a}{\delta^2}\right)\tau_1$$

在同一位置 x,在两个时刻 τ_1、τ_2 进行温度测定

$$\ln\theta(x,\tau_1)=\ln\theta_1=\ln\theta_0+\ln C-\left(\frac{\mu_1^2a}{\delta^2}\right)$$

$$\ln\theta(x,\tau_2)=\ln\theta_2=\ln\theta_0+\ln C-\left(\frac{\mu_1^2a}{\delta^2}\right)\tau_2$$

所以 $$\ln\theta_1-\ln\theta_2=\left(\frac{\mu_1^2 a}{\delta^2}\right)(\tau_2-\tau_1)$$

由题意得 $$m=\frac{\mu_1^2 a}{\delta^2},a=\frac{\delta^2}{\mu_1^2}\cdot\frac{\ln\theta_1-\ln\theta_2}{\tau_2-\tau_1}=\frac{\delta^2}{\mu_1^2}\cdot m$$

μ_1 与 $Bi=\dfrac{h\delta}{\lambda}$ 有关,对非金属固体,λ 一般在 10 以下。

设法使流体发生对流换热,则可获得较大 Bi,此时$(\mu_1)_\infty=1.5707=\dfrac{\pi}{2}$

则 $$a=\frac{\ln\theta_1-\ln\theta_2}{\tau_2-\tau_1}\delta^2\left(\frac{2}{\pi}\right)^2=\frac{\ln\theta_1-\ln\theta_2}{\tau_2-\tau_1}\left(\frac{2\delta}{\pi}\right)^2$$

通过实验测定的简易方法如下:

将试件制成一块大平板。先将试件在恒温炉中加热到一定温度,随后放入恒温槽中,如解 3-66 图所示。为强化换热用搅拌器对流进行搅拌,同时也有利于建立一个均匀的温度场。在试件中固定位置装入一个热电偶的终点,另一个结点用于测量环境温度,由温差热电偶的读数即可得被测点处的过余温度。测定两个不同时刻的 θ 值后即可据上式计算 a 之值。

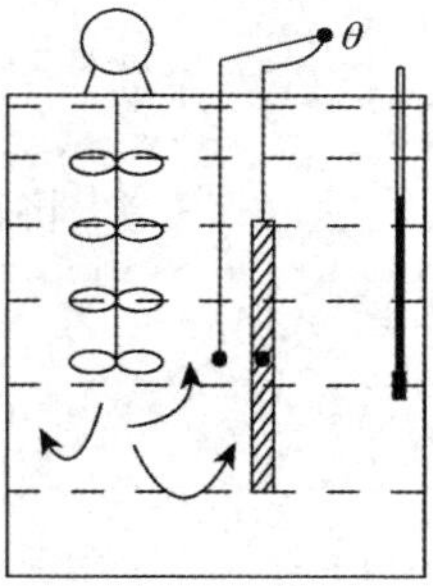

解 3-66 图

3-67 解题过程 假设容器的外壁绝热良好,而且可按集中参数法处理。记钢球和液体的温度分别为 t_s 及 t_f,则可列出下列两个微分方程:

钢球:$\dfrac{dt_s}{d\tau}=\dfrac{hA_s}{\rho_s V_s c_s}(t_f-t_s)$

液体:$\dfrac{dt_f}{d\tau}=\dfrac{hA_f}{\rho_f V_f c_f}(t_s-t_f)$

式中下标 s、f 分别表示钢球及液体。

记 $$A=\frac{hA_s}{\rho_s V_s c_s},B=\frac{hA_f}{\rho_f V_f c_f}$$

则 $$\frac{dt_s}{d\tau}+At_s=At_f \tag{1}$$

$$\frac{dt_f}{d\tau}+Bt_f=At_s \tag{2}$$

初始条件为 $\tau=0,t_s=t_{s0},t_f=t_{f0}$。

由式(1) 得 $t_f = \frac{1}{A} \cdot \frac{dt_s}{d\tau} + t_s$，代入式(2) 得下列二阶微分方程

$$\frac{d^2 t_s}{d\tau^2} + (A+B)\frac{dt_s}{d\tau} = 0, \tau = 0, t_s = t_{s0}, \frac{dt_f}{d\tau} = A(t_{f0} - t_{s0})$$

解此二阶常微分方程得 $t_s = C_1 + C_2 e^{-(A+B)\tau}$。

由两个初始条件可得

$$C_1 = t_{s0} + \frac{A}{A+B}(t_{f0} - t_{s0}), C_2 = -\frac{A}{A+B}(t_{f0} - t_{s0})$$

最后得

$$t_s = t_{s0} + \frac{A}{A+B}(t_{f0} - t_{s0})[1 - e^{-(A+B)\tau}]$$

$$t_f = t_{s0} + \frac{B}{A+B}(t_{f0} - t_{s0})[A + Be^{-(A+B)\tau}]$$

将 A、B 代入后得

$$t_s = t_{s0} + \frac{\frac{A_s}{\rho_s V_s c_s}}{\frac{A_s}{\rho_s V_s c_s} + \frac{A_f}{\rho_f V_f c_f}}(t_{f0} - t'_{s0})\left[1 - e^{-\left(\frac{hA_s}{\rho_s V_s c_s} + \frac{hA_f}{\rho_f V_f c_f}\right)\tau}\right]$$

$$t_f = t_{s0} + \frac{\frac{A_f}{\rho_f V_f c_f}}{\frac{A_s}{\rho_s V_s c_s} + \frac{A_f}{\rho_f V_f c_f}}(t_{f0} - t_{s0})\left[\frac{hA_s}{\rho_s V_s c_s} + \frac{hA_f}{\rho_f V_f c_f} e^{-\left(\frac{hA_s}{\rho_s V_s c_s} + \frac{hA_f}{\rho_f V_f c_f}\right)\tau}\right]$$

小论文题目

3-68 略

3-69 略

3-70 略

采用工具软件的题目

3-71 略

3-72 略

第四章

热传导问题的数值解法

知识点归纳

数值解法:把原来在时间、空间坐标系中连续的物理量的场(如温度场等),用有限个离散点上的值集合来代替,通过求解按一定方法建立的关于这些值的代数方程,来获得离散点上被求物理量的值的方法。这些离散点上被求物理量的值的集合称为该物理量的数值解。

难点解析

1. 导热问题数值求解的基本思想(图 4-1)

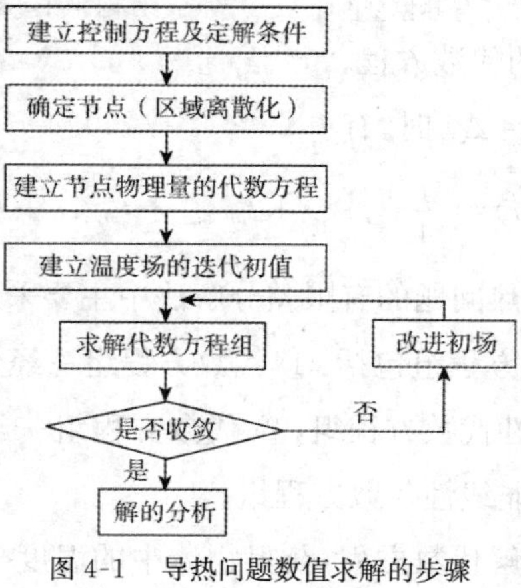

图 4-1　导热问题数值求解的步骤

下面以二维、常物性、无内热源、稳态的导热问题（图 4-2）为例对上述步骤进行简要说明。

(1) 建立控制方程及定解条件

微分方程：$\frac{\partial^2 t}{\partial x^2}+\frac{\partial^2 t}{\partial y^2}=0$

边界条件：$x=0$ 时，$t=t_0$。

$$x=H\text{ 时},-\lambda\left.\frac{\partial t}{\partial x}\right|_{x=H}=h_2[t(H,y)-t_f]。$$

$$y=0\text{ 时},-\lambda\left.\frac{\partial t}{\partial y}\right|_{y=0}=h_1[t(x,0)-t_f]。$$

$$y=W\text{ 时},-\lambda\left.\frac{\partial t}{\partial y}\right|_{y=W}=h_3[t(x,W)-t_f]。$$

(2) 区域离散化。用一系列与坐标轴平行的网格线把求解区域划分成许多子区域，如图 4-3 所示。用网格线的交点作为需要确定温度值的空间位置，这些交点称为节点。m、n 表示节点的两个方向。相邻两节点间的距离称为步长，记为 Δx、Δy。

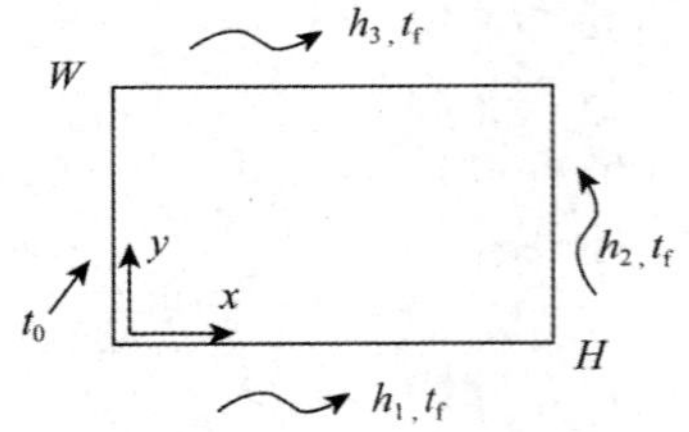

图 4-2　二维导热模型图

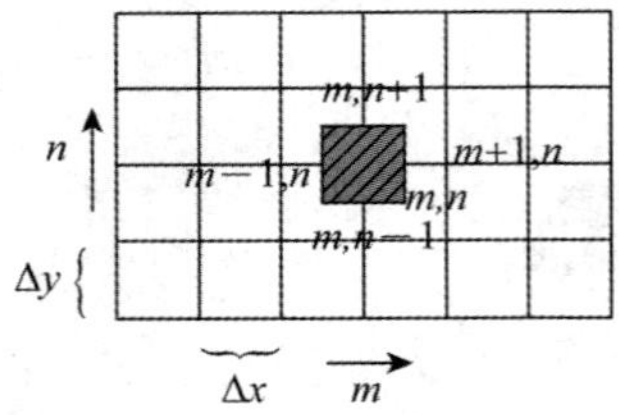

图 4-3　模型区域离散化

(3) 建立节点物理量的代数方程。

节点为(m,n)，当 $\Delta x=\Delta y$ 时。有

$$t(m,n)=\frac{1}{4}(t_{m+1,n}+t_{m-1,n}+t_{m,n+1}+t_{m,n-1})$$

(4) 设立迭代初场。传热问题的有限差分解法中主要采用迭代法。

(5) 求解代数方程组。方程组包括：① 代数方程组一经建立，其中各项系数在整个求解过程中不再变化的线性代数方程组；② 代数方程组一经建立，其中各项系数在整个求解过程中不断更新的非线性代数方程组。

(6) 解的分析。通过求解代数方程，获得物体中的温度分布，根据温度场进一步计算通过的热流量、热应力及热变形等。

2. 热平衡法

采用热平衡法时，对每个节点所代表的元体用傅里叶导热定律直接写出其能量守恒的表达式。例如从节点$(m-1,n)$通过界面w传导到节点(m,n)的热流量可表示为$\Phi_w = \lambda \Delta y \dfrac{t_{m-1,n} - t_{m,n}}{\Delta x}$。

对于所研究的问题，元体(m,n)的能量守恒方程为

$$\Phi_e + \Phi_w + \Phi_n + \Phi_s = 0$$

所以有$\lambda \dfrac{t_{m-1,n} - t_{m,n}}{\Delta x}\Delta y + \lambda \dfrac{t_{m+1,n} - t_{m,n}}{\Delta x}\Delta y + \lambda \dfrac{t_{m,n-1} - t_{m,n}}{\Delta y}\Delta x + \lambda \dfrac{t_{m,n+1} - t_{m,n}}{\Delta y}\Delta x = 0$

考研真题及期末考试试题

1. (西安交通大学 2005 年考研真题) 图 4-4 所示为常物性、有均匀内热源 Φ 的二维稳态导热问题局部边界区域的网格配置，试用热平衡法建立节点 0 的离散方程。

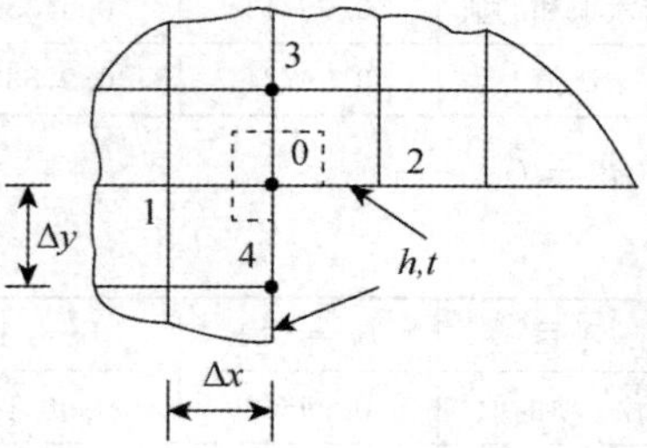

图 4-4

解：这是一个二维、稳态、有均匀内热源的常物性导热问题，利用热平衡法建立节点 0 的离散方程：

$$\lambda \frac{t_1 - t_0}{\Delta x}\Delta y + \lambda \frac{t_3 - t_0}{\Delta y}\Delta x + \lambda \frac{t_2 - t_0}{\Delta x}\frac{\Delta y}{2} + \lambda \frac{t_1 - t_0}{\Delta y}\frac{\Delta x}{2} + h\frac{(\Delta x + \Delta y)}{2}(t - t_0) + \frac{3}{4}\Delta x \Delta y \Phi = 0$$

习题全解

一般性数值计算

4-1 解题过程 $\mu_n \tan\mu_n = Bi$，不同 Bi 下的前六个根见解 4-1(a) 表。

解 4-1 表

(a)

Bi	μ_1	μ_2	μ_3	μ_4	μ_5	μ_6
0.1	0.3111	3.1731	6.2991	9.4354	12.5743	15.7143
1.0	0.8603	3.4256	6.4373	9.5293	12.6453	15.7713
10	1.4289	4.3058	7.2281	10.2003	13.2142	16.2594

$Fo = 0.2$ 及 0.24 时，计算结果的对比列于解 4-1(b) 表 ～ 解 4-1(e) 表中。

(1) $Fo = 0.2, x = \delta$。

(b)

项目	$Bi = 0.1$	$Bi = 1$	$Bi = 10$
第一项的值	0.94879	0.62945	0.11866
前六项和的值	0.95142	0.64339	0.12248
比值	0.99724	0.97833	0.96881

(2) $Fo = 0.2, x = 0$。

(c)

项目	$Bi = 0.1$	$Bi = 1$	$Bi = 10$
第一项的值	0.99662	0.96514	0.83889
前六项和的值	0.99400	0.95064	0.82925
比值	1.00200	1.01525	1.01163

(3) $Fo = 0.24, x = \delta$。

(d)

项目	$Bi = 0.1$	$Bi = 1$	$Bi = 10$
第一项的值	0.94513	0.61108	0.10935
前六项和的值	0.94688	0.61980	0.11117
比值	0.99814	0.98694	0.98364

(4) $Fo = 0.24, x = 0$。

(e)

项目	$Bi = 0.1$	$Bi = 1$	$Bi = 10$
第一项的值	0.99277	0.93698	0.77311
前六项和的值	0.99101	0.92791	0.76851
比值	1.00177	1.00978	1.00598

4-2 解题过程 将题中方程组写成下列迭代形式

$$\begin{cases} x_1 = 1/2(5 - 2x_2 - x_3) \\ x_2 = 1/2(1 + 2x_3 - x_1) \\ x_3 = 3 - x_1 - x_2 \end{cases}$$

假设 x_2, x_3 初值为 0，迭代结果见解 4-2 表。

解 4-2 表

迭代次数	0	1	2	3	4
x_1	0	2.50	2.6250	2.093750	2.63281250
x_2	0	−0.75	0.4375	1.171875	1.26171825
x_3	0	1.25	−0.0625	2.078125	−0.89453125

显然，方程迭代过程发散。

原因：迭代公式的选择应使每一个迭代变量的系数总大于或等于式中其他变量的系数绝对值代数和。

4-3 解题过程 温度关系式为

$$\begin{cases} t_1 = 1/4(t_2 + t_3 + 40 + 30) \\ t_2 = 1/4(t_1 + t_4 + 20 + 30) \\ t_3 = 1/4(t_1 + t_4 + 30 + 15) \\ t_4 = 1/4(t_2 + t_3 + 10 + 5) \end{cases}$$

开始时假设取 $t_1^{(0)} = t_2^{(0)} = 20$ ℃，$t_2^{(0)} = t_4^{(0)} = 15$ ℃。

迭代值汇总于解 4-3 表。

解 4-3 表

迭代次数	t_1/℃	t_2/℃	t_3/℃	t_4/℃
1	26.25000000	22.81250000	21.562500000	14.84375000
2	28.59375000	23.35937500	22.109375000	15.11718750
3	28.86718750	23.49609375	22.246075650	15.18554258
4	28.93554258	23.53027129	22.280271290	15.20263565
5	28.95263565	23.53881782	22.288817820	15.20690891
6	28.95690890	23.54095446	22.290955445	15.20797723

其中第五次与第六次的相对偏差已小于 10^{-4}，迭代终止。

4-4 解题过程 对于两点可以列出以下方程

节点 2：$\lambda\delta\dfrac{t_1-t_2}{\Delta x}+\lambda\delta\dfrac{t_3-t_2}{\Delta x}+2h\Delta x(t_1-t_2)=0$

节点 3：$\lambda\delta\dfrac{t_2-t_3}{\Delta x/2}+\delta h(t_f-t_1)+2h\dfrac{\Delta x}{2}(t_f-t_3)=0$

由此得

$$t_1-t_2+t_3-t_2+\frac{2h\Delta x^2}{\lambda\delta}(t_1-t_2)=0$$

$$t_2-t_3+\frac{\delta h}{\lambda\delta}(t_f-t_3)+\frac{\Delta x^2h/2}{\lambda\delta}(t_f-t_3)=0$$

$$t_2=\left[t_1+t_3+\left(\frac{2h\Delta x^2}{\lambda\delta}\right)t_f\right]\Big/\left(2+\frac{2h\Delta x^2}{\lambda\delta}\right)$$

$$t_3=\left[t_2+\frac{h}{\lambda}t_f+\left(\frac{h\Delta x^2}{2\lambda\delta}\right)t_f\right]\Big/\left(1+\frac{h}{\lambda}+\frac{h\Delta x^2}{2\lambda\delta}\right)$$

$\dfrac{h\Delta x^2}{\lambda\delta}=\dfrac{30\times0.02^2}{20\times0.01}=0.06$，于是有 $t_2=\dfrac{t_1+t_2+0.12t_f}{2+0.12}$，

$t_3=\dfrac{t_2+(30/20)t_f+0.03t_f}{1+30/20+0.03}=\dfrac{t_2+1.5t_f+0.03t_f}{2.53}=\dfrac{t_2+1.53t_f}{2.53}$。代入得

$$\begin{cases}2.12t_2=t_1+\dfrac{t_2+1.53t_f}{2.53}0.12t_f\\5.3636t_2=2.53t_1+t_2+1.53t_f+0.3036t_f\\4.3636t_2=2.53t_1+1.8336t_f\end{cases}$$

$$t_2=\frac{2.53t_f+1.8336t_f}{4.3636}$$

$$t_2=\frac{2.53\times 85+1.8336\times 25}{4.3636}=\frac{215.05+45.84}{4.3636}=59.79℃$$

$$t_3=\frac{59.8+1.53\times 25}{2.53}=38.75℃$$

离散方程的建立

4-5 解题过程 常物性、无内热源二维非稳态方程微分方程为

$$\frac{\partial t}{\partial \tau}=a\left(\frac{\partial^2 t}{\partial x^2}+\frac{\partial^2 t}{\partial y^2}\right)$$

扩散项取中心差分，非稳态项取向前差分

$$\frac{t_n^{(i+1)}-t_n^{(i)}}{\Delta\tau}=a\left(\frac{t_{n+1}^i-2t_n^i+t_{n-1}^i}{\Delta x^2}+\frac{t_{n+1}^i-2t_n^i+t_{n-1}^i}{\Delta y^2}\right)$$

所以有

$$t_n^{i+1}=a\Delta\tau\left(\frac{1}{\Delta x^2}+\frac{1}{\Delta y^2}\right)(t_{n+1}^i+t_{n-1}^i)+\left[1+2a\Delta\tau\left(\frac{1}{\Delta x^2}+\frac{1}{\Delta y^2}\right)\right]t_n^i$$

稳定性条件为

$$Fo_{\Delta x}+Fo_{\Delta y}\leqslant 1/2$$

4-6 解题过程 将控制方程中的各阶导数用相应的差分表示式代替，可得

$$\frac{t_{1,j}^{k+i}-t_{t,j}^k}{\Delta\tau}$$

$$=a\left(\frac{t_{t,j+1}^k-2t_{t,j}^k+t_{j-1}^k}{\Delta r^2}+\frac{1}{r_j}\cdot\frac{t_{t,j+1}^k-t_{1,j-1}^k}{2\Delta r}+\frac{1}{r_j^2}\cdot\frac{t_{i-1,j}^k-2t_{i,j}^k+r_{i-1,j}^k}{\Delta\varphi^2}\right)$$

也可采用热平衡法，对于教材图中打阴影线的控制容积，写出热平衡式

$$(r_j\Delta\varphi\Delta r)(\rho c)\quad\frac{t_{i,j}^{k+1}-t_{i,j}^k}{\Delta\tau}\quad=\quad\lambda\quad\frac{t_{i-1,j}^k-t_{i,j}^k}{r_j\Delta\varphi}\Delta r\quad+\quad\lambda\quad\frac{t_{i+1,j}^k-t_{i,j}^k}{r_j\Delta\varphi}\Delta r\quad+$$

$$\lambda\frac{t_{i,j+1}^k-t_{i,j}^k}{\Delta r}\left(r_j+\frac{\Delta r}{2}\right)\Delta\varphi+\lambda\frac{t_{i,j-1}^k-t_{i,j}^k}{\Delta r}\left(r_j-\frac{\Delta r}{2}\right)\Delta\varphi$$

对等式两边同除以 $r_j\Delta\varphi\Delta r$ 并简化，可以得出与第一个式子完全一样的结果。

4-7 解题过程 应用热平衡法来建立 4 个节点的离散方程。

节点(1,1)：

$$\lambda\frac{t_{1,2}^{k}-t_{1,1}^{k}}{\Delta z}\left[\frac{1}{2}\left(\frac{\Delta r}{2}\right)^{2}\right]+\lambda\frac{t_{2,1}^{k}-t_{1,1}^{k}}{\Delta r}\left(\frac{\Delta r}{2}\cdot\frac{\Delta z}{2}\right)=\rho c\left(\frac{\Delta r^{2}}{8}\cdot\frac{\Delta z}{2}\right)\frac{t_{1,1}^{k+1}-t_{1,1}^{k}}{\Delta\tau}$$

节点$(m,1)$：

$$\lambda\frac{t_{m-1,1}^{k}-t_{m,1}^{k}}{\Delta r}\left(r_m-\frac{\Delta z}{2}\right)\left(\frac{\Delta z}{2}\right)+\lambda\frac{t_{m+1,1}^{k}-t_{m,1}^{k}}{\Delta r}\left(r_m+\frac{\Delta z}{2}\right)\left(\frac{\Delta z}{2}\right)+$$

$$\lambda\frac{t_{m,2}^{k}-t_{m,1}^{k}}{\Delta z}(r_m\cdot\Delta r)=\rho c\left(r_m\cdot\Delta r\cdot\frac{\Delta z}{2}\right)\frac{t_{m,1}^{k}-t_{m,1}^{k}}{\Delta\tau}$$

节点(M,N)：

$$\lambda\frac{t_{M-1,N}^{k}-t_{M,N}^{k}}{\Delta r}\left(r_M-\frac{\Delta r}{2}\right)\left(\frac{\Delta z}{2}\right)+\lambda\frac{t_{M,N-1}^{k}-t_{M,N}^{k}}{\Delta z}\left(\frac{r_{M-1}+3r_M}{4}\right)\left(\frac{\Delta r}{2}\right)+$$

$$\left[r_M\left(\frac{\Delta z}{2}\right)+\left(\frac{r_{M-1}-3r_M}{4}\right)\left(\frac{\Delta r}{2}\right)\right]\times\left[h(t_M-t_{M,N})+\varepsilon\sigma_0(T_0^4-T_{M,N}^4)\right]$$

$$=\rho c\left(\frac{r_{M-1}+3r_M}{4}\right)\left(\frac{\Delta r}{2}\right)\left(\frac{\Delta z}{2}\right)\frac{t_{M,N}^{k-1}-t_{M,N}^{k}}{\Delta r}$$

节点(M,n)：略

4-8 解题过程 利用热平衡法，有

$$h=c(t_{M,n}-t_{\mathrm{f}})(t_{M,n}-t_{\mathrm{f}})^{0.25}$$

将h写为$h=c(t_{M,n}-t_{\mathrm{f}})(t_{M,n}-t_{\mathrm{f}})^{0.25}$，其中$t_{M,n}$为上一次迭代值，则方程即可线性化。

4-9 解题过程 节点1：

$$\lambda\frac{t_5-t_1}{\Delta y}\left(\frac{\Delta x}{2}\right)+\lambda\frac{t_2-t_1}{\Delta x}\left(\frac{\Delta y}{2}\right)+\frac{1}{4}\Delta x\Delta y\Phi-\frac{1}{2}\Delta yh(t_1-t_{\mathrm{f}})=0$$

节点2：

$$\lambda\frac{t_1-t_2}{\Delta x}\left(\frac{\Delta y}{2}\right)+\lambda\frac{t_3-t_2}{\Delta x}\left(\frac{\Delta y}{2}\right)+\lambda\frac{t_6-t_2}{\Delta y}(\Delta x)+\frac{1}{2}\Delta x\Delta y\Phi=0$$

节点5：

$$\lambda\frac{t_1-t_5}{\Delta y}\left(\frac{\Delta y}{2}\right)+\lambda\frac{t_9-t_5}{\Delta y}\left(\frac{\Delta x}{2}\right)+\lambda\frac{t_6-t_5}{\Delta x}(\Delta y)+\frac{1}{2}\Delta x\Delta y\Phi-\Delta yh(t_5-t_{\mathrm{f}})=0$$

节点6：

$$\lambda\frac{t_2-t_6}{\Delta y}(\Delta x)+\lambda\frac{t_7-t_6}{\Delta x}(\Delta y)+\lambda\frac{t_{10}-t_6}{\Delta y}(\Delta x)+\lambda\frac{t_5-t_6}{\Delta x}(\Delta y)+\Delta x\Delta y\Phi=0$$

节点9：

$$\lambda\frac{t_5-t_9}{\Delta y}\left(\frac{\Delta x}{2}\right)+\lambda\frac{t_{10}-t_9}{\Delta x}\left(\frac{\Delta y}{2}\right)+\frac{1}{4}\Delta x\Delta y\Phi-\left(\frac{\Delta x}{2}+\frac{\Delta y}{2}\right)h(t_9-t_f)=0$$

节点 10：

$$\lambda\frac{t_9-t_{10}}{\Delta x}\left(\frac{\Delta y}{2}\right)+\lambda\frac{t_{11}-t_{10}}{\Delta x}\left(\frac{\Delta y}{2}\right)+\lambda\frac{t_6-t_{10}}{\Delta y}(\Delta x)+\frac{1}{2}\Delta x\Delta y\Phi-\Delta xh(t_{10}-t_f)=0$$

当 $\Delta x=\Delta y$ 时，以上诸式可简化为

节点 1：

$$t_5+t_2+\left(\frac{h\Delta y}{\lambda}\right)t_f-2\left(2+\frac{h\Delta y}{\lambda}\right)t_1+\frac{1}{2}\Delta y^2\left(\frac{\Phi}{\lambda}\right)=0$$

节点 2：

$$2t_6+t_1+t_3-4t_2+\Delta y^2\left(\frac{\Phi}{\lambda}\right)=0$$

节点 5：

$$2t_6+t_1+t_9+2\left(\frac{h\Delta y}{\lambda}\right)t_f-2\left(2+\frac{h\Delta y}{\lambda}\right)t_5+\Delta y^2\left(\frac{\Phi}{\lambda}\right)=0$$

节点 6：

$$t_7+t_{10}+t_5+t_7-4t_6+\Delta y^2\left(\frac{\Phi}{\lambda}\right)=0$$

节点 9：

$$t_5+t_{10}+2\left[\frac{h\Delta y}{\lambda}\right]t_f-2\left(1+\frac{h\Delta y}{\lambda}\right)t_9+\frac{1}{2}\Delta y^2\left(\frac{\Phi}{\lambda}\right)=0$$

节点 10：

$$2t_6+t_9+t_{11}+2\left(\frac{h\Delta y}{\lambda}\right)t_f-2\left(2+\frac{h\Delta y}{\lambda}\right)t_{10}+\Delta y^2\left(\frac{\Phi}{\lambda}\right)=0$$

一维稳态导热计算

4-10 解题过程 采用热平衡法可列出节点 2、3、4 的离散方程为

节点 2：$\dfrac{\lambda(t_1-t_2)\delta}{\Delta x}+\dfrac{\lambda(t_3-t_2)\delta}{\Delta x}-2h\Delta x(t_2-t_f)=0$

节点 3：$\dfrac{\lambda(t_2-t_3)\delta}{\Delta x}+\dfrac{\lambda(t_4-t_3)\delta}{\Delta x}-2h\Delta x(t_3-t_f)=0$

节点 4：肋端绝热，$\dfrac{\lambda(t_3-t_4)\delta}{\Delta x}-h\Delta x(t_4-t_f)=0$

肋端对流，$\dfrac{\lambda(t_3-t_4)\delta}{\Delta x}-h\Delta x(t_4-t_f)-h\delta(t_4-t_f)=0$

其中，$\Delta x=\dfrac{H}{3}$。将已知条件代入可得下列两个方程组

肋端绝热

$$\begin{cases} t_3-2.045t_2+100.9=0 \\ t_2-2.045t_3+t_4+0.9=0 \\ t_3-1.0225t_4+0.45=0 \end{cases}$$

肋端对流

$$\begin{cases} t_3-2.045t_2+100.9=0 \\ t_2-2.045t_3+t_4+0.9=0 \\ t_3-1.0375t_4+0.8=0 \end{cases}$$

由此解得：

肋端绝热

$t_2=92.2$ ℃，$t_3=87.7$ ℃，$t_4=86.2$ ℃

肋端对流

$t_2=91.5$ ℃，$t_3=86.2$ ℃，$t_4=83.8$ ℃

肋端对流换热的条件是肋端温度更接近于流体温度。

4-11 解题过程 采用计算机求解，答案略。

采用热平衡法对两层管子的各离散区域写出能量方程，并进行求解；如果采用泰勒展开法列出方程，则需对两层管子单独进行，并引入界面上温度连续及热流密度连续的条件，数值计算也需分两区进行界面耦合。截面的温度分布定性地示于解 4-11 图中。

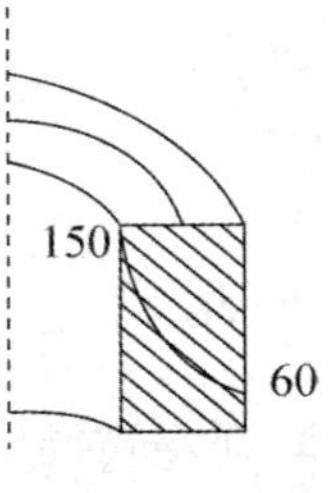

解 4-11 图

4-12 解题过程 数值求解过程略，$Q=2.234$ W。

4-13 解题过程 数值求解过程略，$Q=3.320$ W。

4-14 解题过程 无量纲温度方程为 $\mathrm{d}^2\Theta/\mathrm{d}^2\xi+0.01-2\Theta/[5+5(1-\xi)^2]=0$。数值计算

结果示于解 4-14 图中,无量纲温度从肋根的 1 变化到肋端的 0.852。

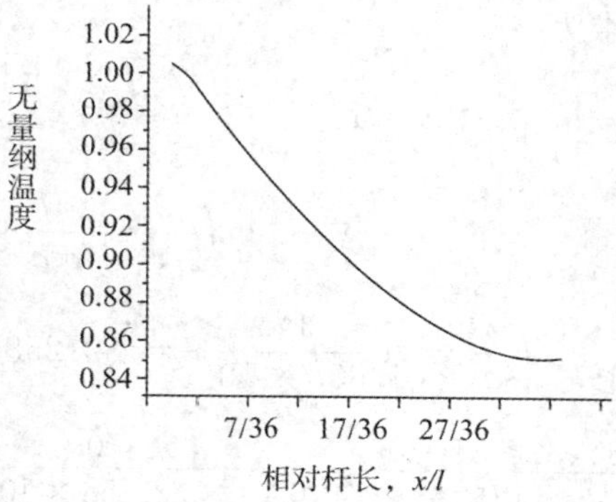

解 4-14 图

一维非稳态导热计算

4-15 解题过程 3 个节点的离散方程为

节点 2：

$$\lambda \frac{t_1^k - t_2^k}{\Delta x/2}\left(\frac{\pi d^2}{4}\right)+\lambda \frac{t_3^k - t_2^k}{\Delta x}\left(\frac{\pi d^2}{4}\right)+(\pi d\Delta x)h(t_f - t_2^k)$$
$$=\rho c\left(\frac{\pi d^2}{4}\cdot\Delta x\right)\left(\frac{t_2^{k+1}-t_2^k}{\Delta\tau}\right)$$

节点 3：

$$\lambda \frac{t_4^k - t_3^k}{\Delta x/2}\left(\frac{\pi d^2}{4}\right)+\lambda \frac{t_2^k - t_3^k}{\Delta x}\left(\frac{\pi d^2}{4}\right)+(\pi d\Delta x)h(t_f - t_3^k)$$
$$=\rho c\left(\frac{\pi d^2}{4}\cdot\Delta x\right)\left(\frac{t_3^{k+1}-t_3^k}{\Delta\tau}\right)$$

节点 4：

$$\lambda \frac{t_3^k - t_4^k}{\Delta x/2}\left(\frac{\pi d^2}{4}\right)=\left(\frac{\pi d^2}{4}\right)h(t_4^k - t_f)$$

以上三式可化简为

$$t_2^{k+1}=2\left(\frac{a\Delta\tau}{\Delta x^2}\right)t_1+\left(\frac{a\Delta\tau}{\Delta x^2}\right)t_3+\left(\frac{4h\Delta\tau}{\rho cd}\right)t_f+\left(1-\frac{3a\Delta\tau}{\Delta x^2}-\frac{4h\Delta\tau}{\rho cd}\right)t_2^k$$

$$t_3^{k+1}=\left(\frac{a\Delta\tau}{\Delta x^2}\right)t_2+2\left(\frac{a\Delta\tau}{\Delta x^2}\right)t_4+\left(\frac{4h\Delta\tau}{\rho cd}\right)t_f+\left(1-\frac{3a\Delta\tau}{\Delta x^2}-\frac{4h\Delta\tau}{\rho cd}\right)t_3^k$$

$$(2\lambda + \Delta x h)t_4^k = 2\lambda t_3^k + \Delta x h t_f$$

稳定性要求为

$$1 - \frac{3a\Delta\tau}{\Delta x^2} - \frac{4h\Delta\tau}{\rho c d} \geqslant 0$$

即
$$\Delta\tau \leqslant 1/\left(\frac{3a}{\Delta x^2} + \frac{4h}{\rho c d}\right)$$

$$\rho c = \frac{\lambda}{a} = \frac{43}{1.333 \times 10^{-5}} = 32.258 \times 10^5$$，代入得

$$\Delta\tau \leqslant 1/\left(\frac{3 \times 1.333 \times 10^{-5}}{0.02^2} + \frac{4 \times 100}{0.01 \times 32.258 \times 10^5}\right) = \frac{1}{0.099975 + 0.0124}$$

$$= 8.89877 \text{ s}$$

如取此值为计算步长，则

$$\frac{a\Delta\tau}{\Delta x^2} = \frac{1.333 \times 10^{-5} \times 8.89877}{0.02^2} = 0.2966$$

$$\frac{4h\Delta\tau}{\rho c d} = \frac{4 \times 100 \times 8.89877}{32.258 \times 10^5 \times 0.01} = 0.1103$$

于是以上三式化为

$$2 \times 0.2966 t_1 + 0.2966 t_3^k + 0.1103 t_f = t_2^{k+1}$$

$$0.2966 t_2^k + 0.2966 \times 2 t_4^k + 0.1103 t_f = t_3^{k+1}$$

$$0.9773 t_3^k + 0.0227 t_f = t_4^k$$

$$(\Delta\tau = 8.89877 \text{ s})$$

结果见解 4-15 表。

解 4-15 表

(a)

时间点	t_1/℃	t_2/℃	t_3/℃	t_4/℃
0	200	25	25	25
$\Delta\tau$	200	128.81	25	25
$2\Delta\tau$	200	128.81	55.80	55.09
$3\Delta\tau$	200	137.95	73.64	72.54
$4\Delta\tau$	200	143.04	86.70	85.30

在上述计算中，由于 $\Delta\tau$ 之值正好使

$$1-\frac{3a\Delta\tau}{\Delta x^2}-\frac{4h\Delta\tau}{\rho cd}=0$$

因而对节点 2 出现了在 $\Delta\tau$ 及 $2\Delta\tau$ 时刻温度相等这一情况。如取 $\Delta\tau$ 为上值之一半，则 $\frac{a\Delta\tau}{\Delta x^2}=0.1483$，$\frac{4h\Delta\tau}{\rho cd}=0.0551$，$1-\frac{3a\Delta\tau}{\Delta x^2}-\frac{4h\Delta\tau}{\rho cd}=0.5$，于是有

$$2\times 0.1483t_1+0.1483t_3^k+0.5t_2^k+0.0551t_f=t_2^{k+1}$$

$$0.1483t_2^k+0.1483\times 2t_4^k+0.5t_3^k+0.0551t_f=t_3^{k+1}$$

$$0.9773t_3^k+0.0227t_f=t_4^k$$

相邻四个时间点的计算结果见解 4-5 表(b)($\Delta\tau=4.4485$ s)。

(b)

时间点	t_1/℃	t_2/℃	t_3/℃	t_4/℃
0	200	25.00	25.00	25.00
$\Delta\tau$	200	76.91	25.00	25.00
$2\Delta\tau$	200	102.86	32.70	32.53
$3\Delta\tau$	200	116.98	42.63	42.23
$4\Delta\tau$	200	125.51	52.57	51.94

4-16 解题过程 数值求解结果示于解 4-16 图中。随着时间步长的缩小，计算结果逐渐趋向于一个恒定值，当 $\Delta\tau=0.00001$ s 时，得所需时间为 3.92 s。

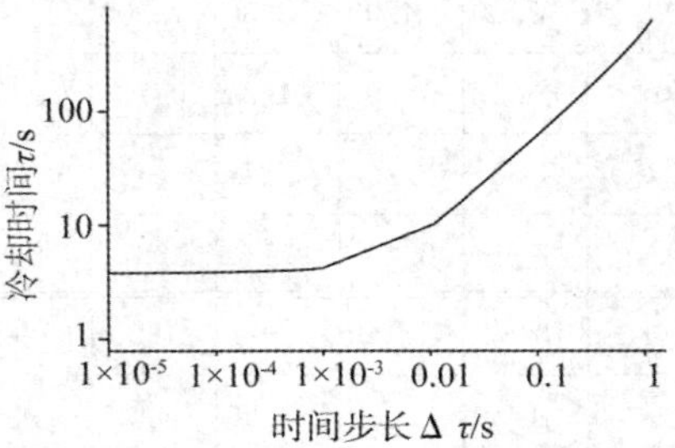

解 4-16 图

如图所示，横轴表示时间步长 1 s、0.1 s、0.01 s、0.001 s、0.0001 s、0.00001 s 的变化；纵轴表示所需的冷却时间(用对数坐标表示)。

4-17 解题过程 采用数值方法解得 $\tau=420$ s。

4-18 解题过程 数值方法部分结果见解 4-18 表。

解 4-18 表

启动后时间 /min	温升速率 /(K · min^{-1})	
	1	3
10	7.136	21.41
20	9.463	28.39
30	10.190	30.57

4-19 解题过程 采用数值解法得 $t = 7900$ s。

4-20 解题过程 取保温材料的 $\rho c = 1 \times 10^4$ J/(m^3 · K)，用数值计算方法得冷量损失为 5.97×10^4 J。

4-21 解题过程 采用数值解法得出的结果见解 4-21 表。

解 4-21 表

时刻 /h	0	1	2	3	4	5	6	7	8
环境温度 /℃	−5.90	−6.20	−6.60	−6.70	−6.80	−6.90	−7.20	−7.70	−7.60
外墙温度 /℃	−1.70	−2.19	−2.44	−2.76	−2.85	−2.93	−3.01	−3.26	−3.67
墙壁中心温度 /℃	3.65	3.32	3.15	2.92	2.87	2.81	2.75	2.59	2.31
内墙温度 /℃	8.99	8.82	8.73	8.61	8.58	8.55	8.52	8.43	8.28
时刻 /h	9.00	10.00	11.00	12.00	13.00	14.00	15.00	16.00	17.00
环境温度 /℃	−7.00	−4.90	−2.30	−1.00	2.40	1.80	1.80	1.60	0.50
外墙温度 /℃	−3.58	−3.07	−1.34	0.78	1.87	4.63	4.15	4.14	3.97
墙壁中心温度 /℃	2.36	2.70	3.87	5.32	6.05	7.95	7.62	7.62	7.51
内墙温度 /℃	8.31	8.49	9.11	9.87	10.26	11.26	11.10	11.10	11.10
时刻 /h	18.00	19.00	20.00	21.00	22.00	23.00			
环境温度 /℃	−1.60	−2.80	−3.50	−4.30	−4.80	−5.30			
外墙温度 /℃	3.06	1.34	0.36	−0.22	−0.87	−1.29			
墙壁中心温度 /℃	6.09	5.73	5.05	4.66	4.21	3.93			
内墙温度 /℃	10.71	10.10	9.73	9.53	9.30	9.14			

多维稳态导热问题

4-22 解题过程 (1) 计算区域如解 4-22 图阴影部分所示。

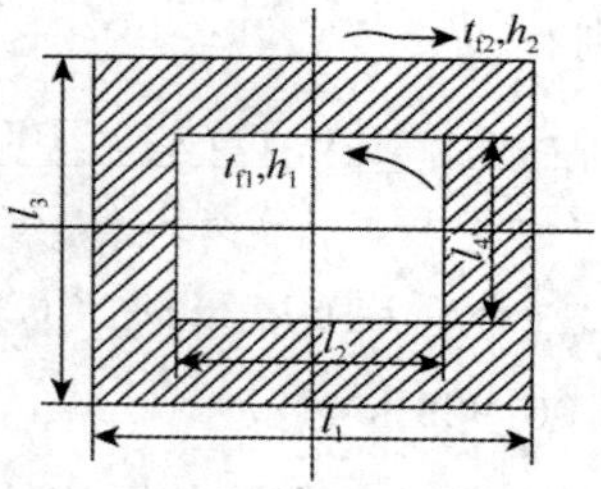

解 4-22 图

(2) 微分方程 $$\frac{d^2t}{dx^2}+\frac{d^2t}{dy^2}+\frac{\dot{\Phi}}{\lambda}=0$$

对于 l_1 边界 $$-\lambda\frac{dt}{dx}=h_2(t-t_{f2})$$

对于 l_3 边界 $$-\lambda\frac{dt}{dx}=h_2(t-t_{f2})$$

对于 l_2 边界 $$-\lambda\frac{dt}{dx}=h_1(t-t_{f1})$$

对于 l_4 边界 $$-\lambda\frac{dt}{dx}=h_1(t-t_{f1})$$

(3) 对于内角顶点 A 有离散方程

$$\lambda\frac{t_{m-1,n}-t_{m,n}}{\Delta x}\cdot\Delta y+\lambda\frac{t_{m,n-1}-t_{m,n}}{\Delta y}\Delta x+\lambda\frac{t_{m,n-1}-t_{m,n}}{\Delta y}\cdot\frac{\Delta x}{2}+\lambda\frac{t-t_{m,n}}{\Delta x}\cdot$$
$$\frac{\Delta y}{2}+\frac{3\Delta x\Delta y}{4}\cdot\dot{\Phi}_{m,n}+\frac{\Delta x\Delta y}{2}\cdot h_1(t_{m,n}-t_{f_1})=0$$

对于任一内部节点的离散方程

$$\lambda\frac{t_{m-1,n}-t_{m,n}}{\Delta x}\cdot\Delta y+\lambda\frac{t_{m,n-1}-t_{m,n}}{\Delta y}\cdot\Delta x+\lambda\frac{t_{m,n-1}-t_{m,n}}{\Delta y}\cdot\Delta x+$$
$$\lambda\frac{t_{m+1,n}-t_{m,n}}{\Delta x}\cdot\Delta y+\Delta x\cdot\Delta y\cdot\dot{\Phi}_{m,n}=0$$

$$A=12\times(9\times3+9\times2.5)\times2=1188\ \text{m}^2$$

切应力 $\tau_w=\frac{140}{A}=\frac{140}{1188}=0.11785\ \text{Pa}$

取空气的物性温度 $t=\frac{35+20}{2}=27.5\ ℃$

查教材附录得空气在 27.5℃ 时的物性参数：$C_p=1.005\ \text{kJ/(kg}\cdot\text{k)}$，

$Pr = 0.7015$。则有

$$h = \frac{\tau_w C_p}{u_\infty Pr^{\frac{2}{3}}} = \frac{0.11785 \times 1005}{25 \times 0.7015^{\frac{2}{3}}} = 6\ \text{W/(m}^2 \cdot \text{k)}$$

所以 $Q_2 = hA(t_f - t_w) = 6 \times 1188 \times (35 - 20) = 106.929\ \text{kW}$

即 $Q_1 = Q_2 = 106.929\ \text{kW}$

4-23 解题过程 此题应采用计算机求解。如有墙角导热的热点模拟实验设备，则计算参数（如 h、Δt 及网格等）可以取得与实验设备的参数相一致，以把计算结果与实测值进行比较。

节点离散方程：

$$t_1 = \frac{1}{4}(30 + 10 + 2t_2)$$

$$t_2 = \frac{1}{4}(30 + 10 + t_1 + t_3)$$

$$t_3 = \frac{1}{4}(30 + 10 + t_2 + t_4)$$

$$t_4 = \frac{1}{4}(30 + 10 + t_3 + t_5)$$

$$t_5 = \frac{1}{4}(30 + 10 + t_4 + t_6)$$

$$t_6 = \frac{1}{4}(30 + 30 + t_5 + t_7)$$

$$t_7 = \frac{1}{4}(30 + 10 + t_5 + t_6)$$

$$t_8 = \frac{1}{4}(30 + 10 + t_7 + t_9)$$

$$t_9 = \frac{1}{4}(30 + 10 + 2t_8)$$

求得各节点温度（温度场求解过程应列表表示，此处略）后，可得冷量损失

$$\Phi_{内} = 4\lambda[\frac{1}{2}(t_1 + t_9) + t_2 + t_3 + t_4 + t_5 + t_7 + t_8 - 7 \times 10]$$

$$\Phi_{外} = 4\lambda[9 \times 30 - \frac{1}{2}(t_1 + t_9) - (t_2 + t_3 + t_4 + t_5 + 2t_6 + t_7 + t_8)]$$

$$\Phi = \frac{1}{2}(\Phi_{内} + \Phi_{外}) = 2\lambda(9 \times 30 - 7 \times 10 - 2t_6) = 4\lambda(100 - t_6)$$

根据对称性，取 1/4 区域为计算区域。数值计算解出，对于给定壁温的情形，每米长通道的冷损失为 39.84 W，对于第三类边界条件为 30.97 W（取壁面导热系数 $\lambda = 0.53\ \text{W/(m} \cdot \text{K)}$）。内外表面为给定壁温时等温线分布如解 4-23 图所示。第三类边界条件的结果定性上类似。

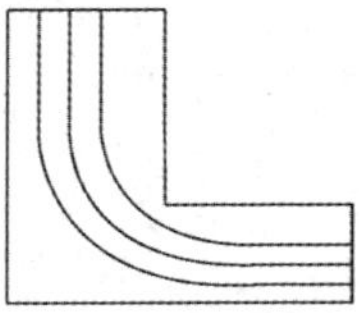

解 4-23 图

4-24 解题过程 根据对称性选择，1/4 区域为计算区域，采用 60×70 网格，取壁面 $\lambda = 15\ \text{W/(m·K)}$ 时得单位长度的传热量为 987.8 W，等温线分布如解 4-24 图所示。截面中最高温度发生在左上角，该处温度为 1419.9 ℃。

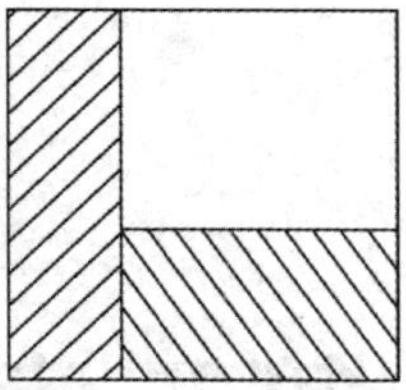

解 4-24 图

综合分析与设计、论述题

4-25 解题过程 采用数值计算方法，详细过程从略。

4-26 解题过程 假设壁温为常数，则不同 a/b 下换热充分发展时的 fRe 及 Nu 数的分析解见解 4-26 表。

解 4-26 表

a/b	Nu	fRe
1	2.98	57
0.5	3.39	62

4-27 解题过程 需采用数值方法求解，过程从略。

小论文题目

4-28 略

4-29 略

4-30 略

4-31 略

4-32 略

4-33 略

采用工具软件的题目

4-34 略

4-35 略

4-36 略

4-37 略

第五章

对流传热的理论分析与实验研究基础

知识点归纳

1. 对流传热

流体流过固体表面时流体与固体间的热量交换称为对流传热。

2. 牛顿冷却公式

$$q = h\Delta t$$

$$\Phi = hA\Delta t$$

3. 对流换热系数

$$h = \frac{q}{\Delta t}$$

式中　q—— 热流密度，约定恒取正值；

Δt—— 固体壁面温度与流体温度之间温差的绝对值；

h—— 对流换热系数，简称换热系数，W/(m^2 · K)。

4. 对流换热的影响因素

(1) 流体流动的起因

强迫对流 —— 由外力引起的流体流动，宏观运动。

自然对流 —— 由温差引起的流体运动。

当其他条件相同时，强制对流换热强度大于自然对流。

(2) 流体有无相变

$\begin{cases}\text{有相变 —— 壁温高于流体饱和温度,发生凝结、汽化、沸腾现象。}\\ \text{无相变}\end{cases}$

在其他条件相同时,无相变时比有相变时换热小得多。

(3) 流体的流动状态

$\begin{cases}\text{层流 —— 无流体微团的横向脉动,法线方向为导热。}\\ \text{过渡状态}\\ \text{湍流 —— 有流体微团的横向脉动。}\end{cases}$

其他条件相同时,湍流换热强度强于层流换热强度。

(4) 换热表面的几何因素

换热壁面的形状、大小以及相对于流动方向的位置都会引起换热系数的变化。如:

水平板热面朝上时,$h = 1.076\,\dfrac{\lambda}{l}(Gr \times Pr)^m$

水平板热面朝下时,$h = 0.747\,\dfrac{\lambda}{l}(Gr \times Pr)^m$

式中　λ—— 导热系数;

l—— 特征长度;

Gr—— 格拉晓夫数;

Pr—— 普朗特数。

(5) 流体的物理性质

导热系数 λ、比定压热容 c_p、动力黏度 μ、密度 ρ 等都不同程度影响着流体的对流传热。

综上所述,表面传热系数可表示为 $h = f(u, l, \rho, \mu, c_p, \lambda)$,式中 l 是换热表面的一个特征长度。

5. 流动边界层

在固体表面附近流体速度发生剧烈变化的薄层,称为流动边界层或速度边界层。

6. 热边界层

固体表面附近流体温度发生剧烈变化的薄层,称为热边界层或者温度边界层。

7. 流动边界层的厚度

通常规定达到主流速度的 99% 处的距离为流动边界层的厚度,记为 δ。

8. 热边界层的厚度

当壁面与流体之间的温差达到壁面与来流流体之间的温差的0.99倍时，此位置就是热边界层的外边缘，而该点到壁面之间的距离则是热边界层的厚度，记为δ_t。

9. 临界雷诺数

在一般的情况下，将$Re = 5 \times 10^5$作为边界层流进入湍流的标志，记为Re_c。

10. 比拟理论

利用两个不同物理现象之间在控制方程方面的类似性，通过测定其中一种现象的规律而获得另一种现象基本关系的方法，称为比拟理论。

难点解析

对流传热问题的数学描述

1. 运动流体能量方程

流场中的温度分布反映了流场能量分布的状态，受能量守恒定律的约束。因而，在推导时进行如下假设：① 二维流动；② 流体为常物性；③ 无内热源；④ 不可压缩流体；⑤ 忽略黏性耗散产生的耗散能。由此得到二维、常物性、无内热源、不可压缩流体的能量微分方程为

$$\frac{\partial t}{\partial \tau} + u\frac{\partial t}{\partial x} + v\frac{\partial t}{\partial y} = \frac{\lambda}{\rho c_p}\left(\frac{\partial^2 t}{\partial x^2} + \frac{\partial^2 t}{\partial y^2}\right)$$

几点讨论：

(1) 当流体静止时，即$u = v = 0$，能量微分方程为导热微分方程式，即

$$\rho c_p \frac{\partial t}{\partial \tau} = \left(\frac{\partial^2 t}{\partial x^2} + \frac{\partial^2 t}{\partial y^2}\right)\lambda$$

(2) 如果流体中有内热源，假设其强度为$\dot{\Phi}$，则在能量微分方程右侧加上$\dot{\Phi}(x,y)$就可得到有内热源的能量微分方程。

2. 对流传热问题完整的数学描写

(1) 对于不可压缩、常物性、无内热源的二维问题，对流传热的微分方程组为

1) 质量守恒方程 $\quad \dfrac{\partial u}{\partial x} + \dfrac{\partial \nu}{\partial y} = 0$

2）动量守恒方程

$$\rho\left(\frac{\partial u}{\partial \tau}+u\frac{\partial u}{\partial x}+\nu\frac{\partial u}{\partial y}\right)=F_x-\frac{\partial p}{\partial x}+\eta\left(\frac{\partial^2 u}{\partial x^2}+\frac{\partial^2 u}{\partial y^2}\right)$$

$$\rho\left(\frac{\partial \nu}{\partial \tau}+u\frac{\partial \nu}{\partial x}+\nu\frac{\partial \nu}{\partial y}\right)=F_y-\frac{\partial p}{\partial y}+\eta\left(\frac{\partial^2 \nu}{\partial x^2}+\frac{\partial^2 \nu}{\partial y^2}\right)$$

3）能量守恒方程 $\frac{\partial t}{\partial \tau}+u\frac{\partial t}{\partial x}+\nu\frac{\partial t}{\partial y}=\frac{\lambda}{\rho c_p}\left(\frac{\partial^2 t}{\partial x^2}+\frac{\partial^2 t}{\partial y^2}\right)$

其中，F_x、F_y 是体积力在 x、y 方向的分量。

（2）二维、稳态边界层型对流传热微分方程

对于边界层类型问题，如流体外掠平板的对流传热，流体外掠圆柱前半部分流体中没有漩涡产生部分的对流传热，流场与温度场的控制方程式为

$$\frac{\partial u}{\partial x}+\frac{\partial \nu}{\partial y}=0$$

$$u\frac{\partial u}{\partial x}+\nu\frac{\partial u}{\partial y}=-\frac{1}{\rho}\frac{\partial p}{\partial x}+\nu\frac{\partial^2 u}{\partial y^2}$$

$$u\frac{\partial t}{\partial x}+\nu\frac{\partial t}{\partial y}=a\frac{\partial^2 t}{\partial y^2}$$

上述 3 个方程分别为质量守恒方程、动量守恒方程和能量守恒方程。

（3）普朗特数的物理意义，由 $Pr=\nu/a$ 可知，普朗特数即速度边界层厚度与热边界层厚度的相对大小。① 当 $Pr>1$ 时，$\nu>a$，即动量扩散大于热量扩散，可知速度边界层厚度大于热边界层厚度；② 当 $Pr<1$ 时，$\nu<a$，即动量扩散小于热量扩散，即速度边界层厚度小于热边界层厚度。

考研真题及期末考试试题

1.（华中科技大学　2006 年考研真题）边界层动量方程的形式为教材式(5—12)，试指出各项反映出的物理过程的实质。这是什么类型的偏微分方程？其物理特征如何？

解：等式左边表示流体运动而产生的惯性力；右边第一项表示由于静压产生的静

压力，第二项表示因流体运动而产生的黏性力。

偏微分方程类型：抛物线型非线性微分方程。物理特征：流体流动时，上游影响下游，而下游不影响上游。

2.（西安交通大学　2005年考研真题）从传热观点看，为什么暖气片一般都放在窗户的下面？

答：暖气片放在窗户的下面有以下优点：

(1) 提高换热效率。在室内，靠近窗户处的空气温度较低，若暖气片的温度一定，当暖气片置于窗户下面时，暖气片与周围空气之间的温差最大，从而使换热量增加，提高换热效率。

(2) 使室内温度分布均匀。因为在室内，靠近窗户处的空气温度较低，其靠暖气片近，首先受热，从而使其温度有所上升，从而实现温度分布较均匀。

3.（浙江大学　2006年考研真题）*Pr*（普朗特）准则反映________的准则，它表征了________的相对大小。

答案：流体中动量扩散能力与热扩散能力　流动边界层与热边界层

4.（北京航空航天大学　2005—2006学年第二学期期末考试试题）温度同为20℃的空气和水，假设流动速度相同，当你把两只手分别放到水和空气中，为什么感觉却不一样？

答：尽管水和空气的流速和温度相同，由于水的密度约为空气的1000倍，而动力黏度则相差不多，所以在相同的特征尺度下，将手放入水中的雷诺数 *Re* 要远大于放入空气中的雷诺数 *Re*，因此，放入水中的努塞尔数 *Nu* 大；又由于水的导热系数大于空气的导热系数，因此将手放入水中时，对流换热系数远大于放入空气中的对流换热系数，因此感觉不一样。

5.（上海海洋大学　2009—2010学年第1学期期末考试试题）为强化一台冷油器的传热，有人用提高冷却水流速的办法，但发现效果并不明显，试分析原因。

答：冷油器中由于油的黏度较大，对流传热表面传热系数较小，占整个传热过程中热阻的主要部分，而冷却水的对流热阻较小，因而用提高水速的方法，不能很有效地降低换热热阻，从而导致效果不明显。

习题全解

基本概念与定性分析

5-1 解题过程 对于流体外掠平板的流动，其动量方程为

$$u\frac{\partial y}{\partial x}+\nu\frac{\partial u}{\partial y}=-\frac{1}{\rho}\frac{\mathrm{d}\rho}{\mathrm{d}x}+\nu\frac{\partial^2 u}{xy^2}$$

根据数量级的关系，主流方的数量级为 1，y 方向的数量级为 δ，则有

$$1\times\frac{1}{1}+\delta\times\frac{1}{\delta}=-\frac{1}{\rho}\times\frac{1}{1}+\nu\frac{1^2}{\delta^2}$$

从上式可以看出，等式左侧的数量级为 1 级，那么，等式右侧也是数量级为 1 级，为使等式数量级为 1，则 ν 必须是 δ^2 量级。

$\frac{\delta}{x}$ 从量级看为$\frac{\delta}{1}$ 级，$\frac{1}{\sqrt{Re_x}}=\frac{1}{\sqrt{\frac{u_\infty x}{\nu}}}\sim\frac{1}{\sqrt{\frac{1\times 1}{\delta^2}}}\sim\frac{1}{\frac{1}{\delta}}\sim\frac{\delta}{1}$，量级两侧的数量级相同，所以$\frac{\delta}{x}$ 与$\frac{1}{\sqrt{Re_x}}$ 成比例。

5-2 解题过程

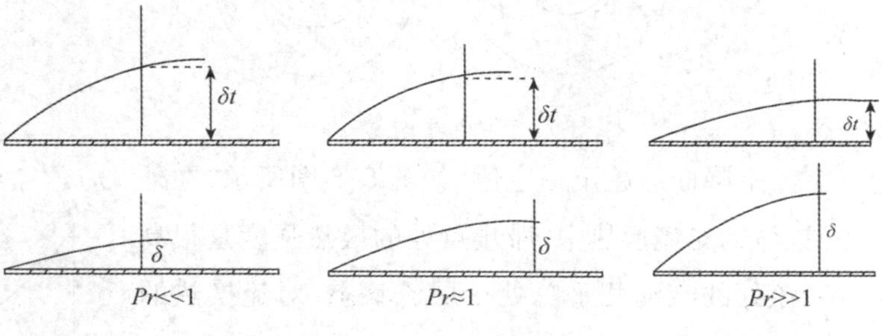

解 5-2 图

5-3 解题过程

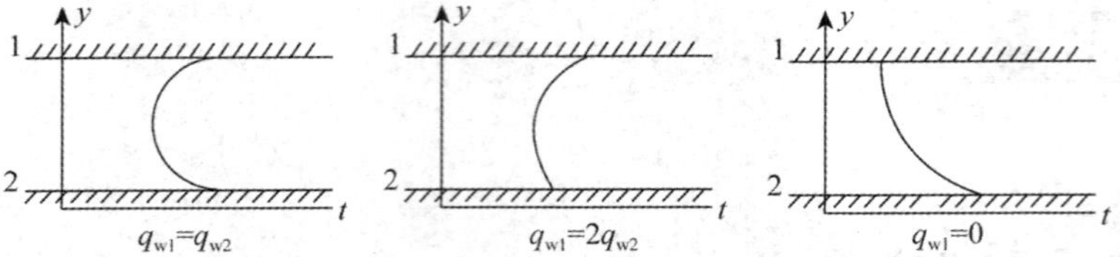

解 5-3 图

5-4 解题过程

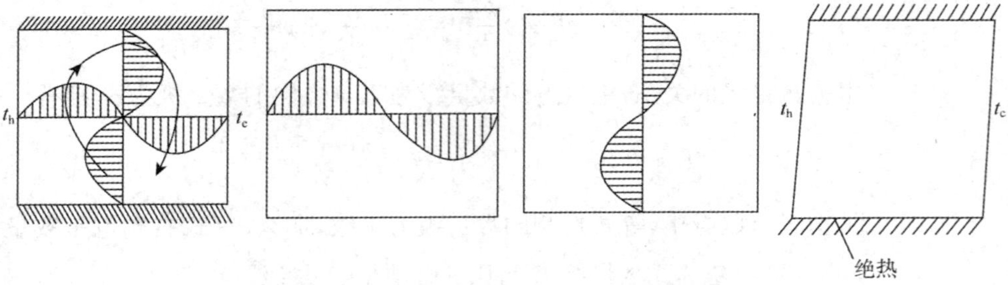

解 5-4 图

5-5 解题过程 散热方式：① 环形空间中的空气自然对流；② 内环与外环表面间的辐射换热。

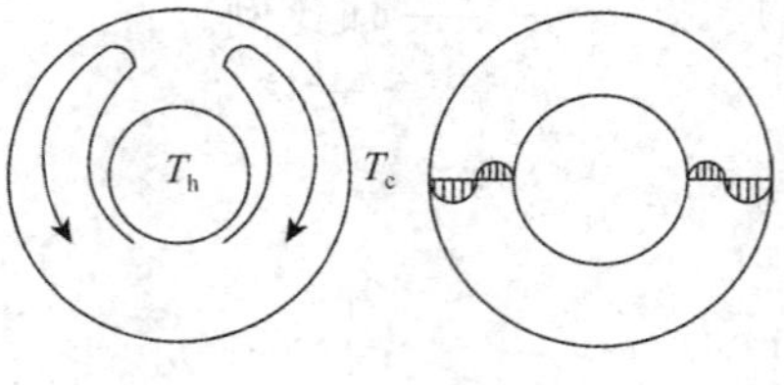

解 5-5 图

5-6 解题过程 趋势：下降而后趋于一定值，如解 5-6 图所示，在外掠钝体的对流换热中，滞止点处的换热强度是很高的。该处的流动几乎总处于层流状态，对流换热的强烈程度随离开滞止点距离的增加而下降。

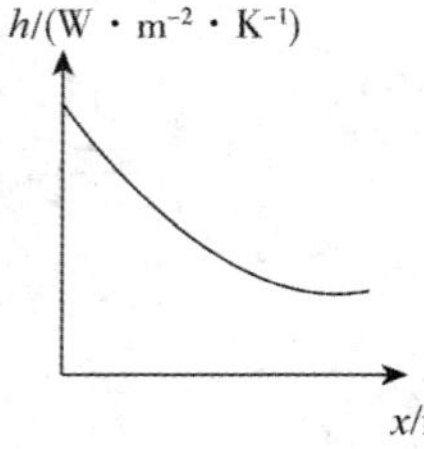

解 5-6 图

5-7 解题过程 由题意取 $t_{f参考}=\dfrac{80+20}{2}=50\ ℃$。

查教材附录得 50℃ 时空气的物性参数为

$$\rho = 1.093 \text{ kg/m}^3$$

$$c_p = 1.005 \text{ kJ/(kg·K)}$$

$$a = 2.57 \times 10^{-5} \text{m}^2/\text{s}$$

所以所求热流密度

$$q = -\rho c_p a \frac{\mathrm{d}t}{\mathrm{d}y} = -1.093 \times 1.005 \times 2.57 \times 10^{-5} \times (-40 \times 10^3)$$

$$= 1.13 \text{ kW/m}^2$$

边界层概念及分析

5-8 解题过程 (1)25℃ 的空气

$$\nu = 15.53 \times 10^{-6} \text{m}^2/\text{s}$$

$$Re_x = \frac{u_\infty x}{\nu} = \frac{1 \times x}{15.53 \times 10^{-6}} = 5 \times 10^5 \Rightarrow x = 7.765\text{m}$$

(2)25℃ 的水

$$\nu = 0.9055 \times 10^{-6} \text{m}^2/\text{s}$$

$$Re_x = \frac{u_\infty x}{\nu} = \frac{1 \times x}{0.9055 \times 10^{-6}} = 5 \times 10^5 \Rightarrow x = 0.45275 \text{ m}$$

(3)14 号润滑油

$\nu = 313.7 \times 10^{-6} \text{m}^2/\text{s}$,同理得 $x = 156.85$ m。

5-9 解题过程 20℃ 的水

$$\nu = 1.006 \times 10^{-6} \text{ m}^2/\text{s}, u = 2 \text{ m/s}$$

(1)$x = 10 \text{ cm} = 0.1 \text{ m}$

$$Re_x = \frac{u_\infty x}{\nu} = \frac{2 \times 0.01}{1.00 \times 10^{-6}} = 19880.72 < 5 \times 10^5$$

所以,边界层厚度

$$\delta_1 = 4.64\sqrt{\frac{\nu x}{u_\infty}} = 4.64 \times \sqrt{\frac{1.006 \times 10^{-6} \times 0.1}{2}} = 1.0406 \times 10^{-3}\text{m}$$

设 $\dfrac{u_y}{u_\infty} = \dfrac{3}{2} \times \dfrac{y}{\delta} - \dfrac{1}{2} \times \left(\dfrac{y}{\delta}\right)^3 \Rightarrow u_y = \left[\dfrac{3}{2} \times \dfrac{y}{\delta} - \dfrac{1}{2} \times \left(\dfrac{y}{\delta}\right)^3\right] u_\infty$

$$m_1 = \int_0^\delta \rho u \,\mathrm{d}y = \int_0^\delta \rho \frac{u}{u_\infty} u_\infty \,\mathrm{d}y = \rho u_\infty \int_0^\delta \frac{u}{u_\infty} \mathrm{d}y$$

$$=\rho u_\infty\int_0^\delta\left[\frac{3}{2}\times\frac{y}{\delta}-\frac{1}{2}\times\left(\frac{y}{\delta}\right)^3\right]dy$$

$$=\rho u_\infty\left[\frac{3}{4}\times\frac{y^2}{\delta}-\frac{1}{8}\left(\frac{y^4}{\delta^3}\right)\right]_0^\delta=\rho u_\infty\left[\frac{3\delta}{4}-\frac{\delta}{8}\right]=998.2\times2\times\frac{5}{8}\delta$$

$$=1.298\ \text{kg/s}$$

所以 $m_1=1247.75\times1.0406\times10^{-3}=1.298\ \text{kg/s}$。

(2)$x=20\ \text{cm}=0.2\ \text{m}, Re_x=\dfrac{2\times0.02}{1.006\times10^{-6}}=39761.43$ （为层流）

$$\delta_2=4.64\sqrt{\frac{\nu x}{u_\infty}}=4.64\times\sqrt{\frac{1.006\times10^{-6}\times0.02}{2}}=1.47\times10^{-3}\ \text{m}$$

$$m_2=\int_0^\delta\rho u_x dy=998.2\times2\times\frac{5}{8}\delta=1.834\ \text{kg/s}$$

5-10 解题过程 (1) 动量方程式简化为 $-\dfrac{dp}{dx}+\mu\dfrac{d^2u}{dy^2}=0, y=0, u=0, y=H$, $u(y)=\sigma$,σ 为上板速度。平行平板间的流动 $\dfrac{dp}{dx}=0$。积分两次并代入边界条件得 $u(y)=\left(\dfrac{y}{H}\right)\sigma$。

(2) 不计由于黏性而引起的机械能向热能的转换，能量方程为 $\rho c_p\left(u\dfrac{\partial t}{\partial x}+\nu\dfrac{\partial t}{\partial y}\right)=k\nabla^2t$,对于所研究的情形,$\nu=0,\dfrac{\partial t}{\partial x}=0$,因而得 $\dfrac{d^2t}{dy^2}=0, y=0, t=t_{w1}, y=H, t=t_{w2}$,由此得 $t=t_{w1}+\left(\dfrac{y}{H}\right)(t_{w2}-t_{w1})$。

5-11 解题过程 任一截面做 $y=0$ 到 $y\to\infty$ 的积分

$$\int_0^\infty u\frac{\partial u}{\partial x}dy+\int_0^\infty \nu\frac{\partial u}{\partial y}dy=\int_0^\infty \nu\frac{\partial^2u}{\partial y^2}dy$$

根据边界层概念 $y>\delta, u\approx u_\infty$

故在该处

$$\frac{\partial u}{\partial x}\approx0,\frac{\partial u}{\partial y}\approx0,\frac{\partial^2u}{\partial y^2}\approx0$$

则有

$$\int_0^\delta u\frac{\partial u}{\partial x}dy+\int_0^\delta \nu\frac{\partial u}{\partial y}dy=\int_0^\infty \nu\frac{\partial^2u}{\partial y^2}dy \tag{1}$$

由连续性方程可得

$$\int_0^\delta \frac{\partial \nu}{\partial y}\mathrm{d}y = -\int_0^\delta \frac{\partial u}{\partial y}\mathrm{d}y ; \nu_\delta = -\int_0^\delta \frac{\partial u}{\partial x}\mathrm{d}y$$

所以

$$\int_0^\delta \nu \frac{\partial u}{\partial y}\mathrm{d}y = -\int_0^\delta u_\infty \frac{\partial u}{\partial x}\mathrm{d}y + \int_0^\delta u \frac{\partial u}{\partial x}\mathrm{d}y \quad (2)$$

又因为

$$\int_0^\delta \nu \frac{\partial^2 u}{\partial y^2}\mathrm{d}y = -\nu\left(\frac{\partial u}{\partial y}\right)_{y=0} \quad (3)$$

联立式(1) ~ 式(3) 得

$$\frac{\mathrm{d}}{\mathrm{d}x}\int_0^\delta u(u - u_\infty)\mathrm{d}y = \nu\left(\frac{\partial u}{\partial y}\right)_{y=0}$$

即

$$\rho\frac{\mathrm{d}}{\mathrm{d}x}\int_0^\delta u(u_\infty - u)\mathrm{d}y = \eta\left(\frac{\partial u}{\partial y}\right)_{y=0}$$

5-12 解题过程 定性温度 $t_m = \frac{100 + 30}{2} = 65$ ℃。

查教材附录得

$\lambda = 0.0293$ W/(m · K), $Pr = 0.695$, $\nu = 19.5 \times 10^{-6}$ m^2/s,

$\rho = 1.045$ kg/m^3

(1) $x = 3$ cm 处, $Re_x = \frac{u_\infty x}{\nu} = \frac{0.03 \times 100}{19.5 \times 10^{-6}} = 1.538 \times 10^5$

$$\nu' = 100 \times 0.87/(1.538 \times 10^5)^{1/2} = 0.2218 \text{ m/s}$$

动量边界层厚度 $\delta = 4.64 \times 0.03 \times (1.538 \times 10^5)^{1/2} = 0.355$ mm

温度边界层厚度 $\delta_t = Pr^{-1/3}\delta = 0.695^{-1/3} \times 0.355 = 0.398$ mm

平均阻力系数

$$\tau_w = \frac{0.323\rho u_\infty^2}{\sqrt{Re_x}} = \frac{0.323 \times 1.045 \times 100^2}{\sqrt{1.538 \times 10^5}} = 8.61 \text{ kg/(m} \cdot \text{s}^2)$$

平均表面传热系数

$$h_x = 0.332\frac{\lambda}{x}Re_x^{1/2}Pr^{1/3}$$

$$= 0.332 \times \frac{0.0293}{0.03} \times \sqrt{1.538 \times 10^5} \times 0.695^{1/3} = 112.6 \text{ W/(m}^2 \cdot \text{K)}$$

(2) 同理可得 $x = 6$ cm 处的值，得

$$\nu = 0.15687\ \text{m/s}, \delta = 0.502\ \text{mm}, \delta_t = 0.567\ \text{mm}$$

$$\tau_w = 6.088\ \text{kg/(m}\cdot\text{s}^2), h_x = 79.648\ \text{W/(m}^2\cdot\text{K)}$$

比拟理论

5-13 解题过程 由题意取物性参考温度 $t = \frac{t_w + t_\infty}{2} = \frac{50+20}{2} = 35\ ℃$。

查教材附录得 35℃ 时空气的物性参数

$\rho = 1.1465\ \text{kg/m}^2, c_p = 1.005\ \text{kJ/(kg}\cdot\text{K)}$

$$Pr = 0.7, \nu = 1.648 \times 10^{-5}\text{m}^2/\text{s}$$

$$x = 2\ \text{m 处的 } Re_x = \frac{u_\infty l}{\nu} = \frac{2.5 \times 2}{1.648 \times 10^{-5}} = 3.034 \times 10^5$$

$$\frac{\tau'_w}{\frac{1}{2}\rho u_\infty^2} = \frac{0.664}{\sqrt{Re_x}} \Rightarrow \tau'_w = \frac{0.332\rho u_\infty^2}{\sqrt{Re_x}} = \frac{0.332 \times 1.1465 \times 2.5^2}{\sqrt{3.034 \times 10^5}}$$

$$= 4.32 \times 10^{-3}\ \text{N}$$

由此可知单位面积上的切应力 $\tau_w = 4.32 \times 10^{-3}$ Pa。

根据 Chilton-Colburn 公式可得

$$h = \frac{\tau_w c_p}{u_\infty Pr^{2/3}} = \frac{4.32 \times 10^{-3} \times 1.005 \times 10^3}{2.5 \times 0.7^{2/3}} = 2.203\text{W/(m}^2\cdot\text{K)}$$

5-14 解题过程 差已知条件，无法求解。

5-15 解题过程 由题意取空气的定性温度为 $\frac{160+30}{2} = 95\ ℃$。

查教材附录得 95℃ 时空气的物性参数为 $\rho = 0.959\ \text{kg/m}^3, \lambda = 3.17 \times 10^{-2}\ \text{W/(m}\cdot\text{K)}, c_p = 1.009\ \text{kJ/(kg}\cdot\text{K)}, \nu = 2.2615 \times 10^{-5}\text{m}^2/\text{s}, Pr = 0.689$

所以 $$Re_x = \frac{u_\infty l}{\nu} = \frac{4 \times 2}{2.2615 \times 10^{-5}} = 3.537 \times 10^5$$

由 $$Nu_x = \frac{h_x l}{\lambda} \text{ 可得 } Nu_x = \frac{149 \times 2}{3.17 \times 10^{-2}} = 9400.631$$

$$St_x = \frac{Nu_x}{Re_x Pr} = \frac{9400.631}{3.537 \times 10^5 \times 0.689} = 0.039$$

$$j = St_x Pr^{2/3} = 0.039 \times 0.689^{2/3} = 0.03$$

$$c_f = 2j = 2 \times 0.03 = 0.06$$

5-16 解题过程 $\tau = \dfrac{0.075/2}{0.2 \times 0.2} = 0.9375\ \text{N/m}^2 = 0.9375\ \text{Pa}$。

查定性温度为 70 ℃ 时空气的物性得

$\rho = 1.029\ \text{kg/m}^3, c_p = 1009\ \text{J/(kg·K)}, \nu = 20.02 \times 10^{-6}\ \text{m}^2/\text{s}$,

$Pr = 0.694$

利用 Chilton－Colburn 比拟

$$j_b = \frac{c_f}{2} = StPr^{2/3} \cdot \frac{c_f}{2} = \frac{1}{2}\frac{\tau}{\rho u_\infty /2} = \frac{1}{2} \times \frac{0.9375}{1.029 \times 40/2} = 5.69 \times 10^{-4}$$

$$j_h = \frac{c_f}{2} = \frac{h}{\rho u_\infty c_p} Pr^{2/3}$$

所以 $h = \dfrac{c_f}{2}\rho u_\infty c_p Pr^{-2/3} = 5.69 \times 10^{-4} \times 1.029 \times 40 \times 1009 \times 0.694^{-2/3}$

$= 23.6 \times 1.276 = 30.1\ \text{W/(m}^2\text{·K)}$

$\Phi = 2hA(t_w - t_\infty) = 2 \times 3.01 \times 0.2^2 \times (120 - 20) = 240.9\ \text{W}$

相似原理与量纲分析

5-17 解题过程 根据相似理论，模型与实物中的 Re 应相等，空气在 20℃ 和 200℃ 时的物性参数分别为

20℃：$\nu_1 = 15.06 \times 10^{-6}\ \text{m}^2/\text{s}, \lambda_1 = 2.59 \times 10^{-2}\ \text{W/(m·K)}, Pr_1 = 0.703$

200℃：$\nu_2 = 34.85 \times 10^{-6}\ \text{m}^2/\text{s}, \lambda_2 = 3.93 \times 10^{-2}\ \text{W/(m·K)}$,

$Pr_2 = 0.680$

由
$$\frac{u_1 l_1}{\nu_1} = \frac{u_2 l_2}{\nu_2}$$

$$\Rightarrow u_1 = \left(\frac{\nu_1}{\nu_2}\right)\left(\frac{l_2}{l_1}\right)u_2 = \frac{15.06}{34.85} \times 8 \times 6.03 = 20.85\ \text{m/s}$$

又
$$Nu_1 = Nu_2$$

得 $h_2 = h_1\left(\dfrac{l_1}{l_2}\right)\left(\dfrac{\lambda_2}{\lambda_1}\right) = 195 \times \dfrac{1}{8} \times \dfrac{3.93 \times 10^{-2}}{2.59 \times 10^{-2}} = 36.99\ \text{W/(m}^2\text{·K)}$

上述模化试验，虽然模型与流体的 Pr 数并不严格相等，但十分相近。这样的模化试验是有实用价值的。

5-18 解题过程 $h \quad (g\alpha\Delta t) \quad \lambda \quad \rho \quad c \quad \eta \quad L$

$$[M\theta^{-1}T^{-3}][LT^{-2}][W\theta LT^{-3}][ML^{-3}][L^2\theta^{-1}T^{-2}][ML^{-1}T^{-1}][L]$$

$$n-r=7-4=3\Rightarrow\phi(\pi_1,\pi_2,\pi_3)=0$$

则各无量纲量如下

$$\pi_1=hL^{a_1}\lambda^{b_1}\eta^{c_1}(g\alpha\Delta t)^{d_1}$$
$$\pi_2=\rho L^{a_2}\lambda^{b_2}\eta^{c_2}(g\alpha\Delta t)^{d_2}$$
$$\pi_3=cL^{a_3}\lambda^{b_3}\eta^{c_3}(g\alpha\Delta t)^{d_3}$$

展开得

$$\pi_1=M\theta^{-1}T^{-3}L^{a_1}M^{b_1}\theta^{b_1}T^{b_1}M^{c_1}T^{c_1}T^{c_1}L^{d_1}T^{-2d_1}$$
$$=M^{1+b_1+c_1}\theta^{-1-b_1}T^{-3-3b_1-c_1-2d_1}L^{a_1+b_1-c_1+d_1}$$

解得

$$b_1=-1,c_1=0,d_1=0,a_1=1$$

$$\pi_1=hL^1\lambda^{-1}\eta^0(g\alpha\Delta t)^0=hL/\lambda=Nu$$

$$\pi_2=ML^{-3}L^{a_2}M^{b_2}\theta^{-b_2}L^{b_2}T^{-3b_2}M^{c_2}L^{-c_2}T^{-c_2}L^{d_2}T^{-2d_2}$$
$$=M^{1+b_2+c_2}L^{-3+a_2+b_2-c_2+d_2}\theta^{-b_2}T^{-3b_2-c_2-d_2}$$
$$\Rightarrow b_2=0,c_2=-1,d_2=1/2,a_2=3/2$$

各系数乘以 2 得

$$\pi_2=\rho^2L^3\lambda^0\eta^{-2}(g\alpha\Delta t)^1=g\alpha\Delta tL^3/\nu^2=Gr$$

$$\pi_3=L^2\theta^{-1}T^{-2}L^{a_3}M^{b_3}\theta^{-b_3}L^{b_3}T^{-3b_3}M^{c_3}L^{-c_3}T^{d_3}T^{2d_3}$$
$$=L^{2+a_3+b_3-c_3+d_3}\theta^{-1-b_3}T^{-2-3b_3-c_3-3b_3}M^{b_3+c_3}$$
$$\Rightarrow b_3=-1,c_3=1,d_3=0,a_3=0$$
$$\pi_3=cL^0\lambda^{-1}\eta^1(g\alpha\Delta t)^0=c\eta/\lambda=Pr$$

即原理性准则方程为

$$Nu=f(Gr,Pr)$$

5-19 解题过程 在习题5-18的分析中以q代替Δt（因为此时热流密度已知，而Δt中的壁温未知），则有$h=f(g\alpha q,l,\lambda,\mu_1,c_p,\rho)$，仍以$\lambda,\rho,\mu,l$为基本变量，则有

$$\pi_1=\lambda^{a_1}\rho^{h_1}\mu^{c_1}l^{d_1}h\rightarrow\pi_1=\frac{hl}{\lambda}$$

$$\pi_2=\lambda^{a_2}p^{h_2}\mu^{c_1}l^{d_2}(g\alpha q)$$
$$=(LMT^{-5}\theta^{-1})^{a_2}(ML^{-3})^{h_2}(ML^{-1}T^{-1})^{c_2}L^{d_2}(LMT^{-5}\theta^{-1})$$
$$=(L^{1+a_2-3h_2-c_2+d_2})(M^{1+a_2+b_2+c_2})(T^{-5-5a_2-c_2})(\theta^{-1-a_2})$$

所以 $$a_2=-1,c_2=-2,h_2=2,d_2=4$$

得 $$\pi_2 = g\alpha q\lambda^{-1}\rho^2\mu^{-2}l^4 = \frac{g\alpha q l^4}{\lambda\nu^2} = Gr$$

$$\pi_3 = \lambda^{a_3}\rho^{b_3}\mu^{c_3}l^{d_3}c_p \rightarrow \pi_3 = \frac{\mu c_p}{\lambda}$$

所以 $$Nu = f(Gr \cdot Pr)$$

5-20 解题过程 基本物理量有 h、u、ρ、η、λ、c_p、d、s_1、s_2，共 9 个，基本量纲有 4 个（时间 T、长度 L、质量 M、温度 Q），$n = 9$，$\gamma = 7$。

方程有五组，选取 u，d，λ，h 为基本物理量，得

$$\pi_1 = hu^{a_1} \times d^{b_1} \times \lambda^{c_1} \times \eta^{d1}$$

$$\pi_2 = \rho u^{a_2} \times d^{b_2} \times \lambda^{c_2} \times \eta^{d_2}$$

$$\pi_3 = c_p u^{a_3} \times d^{b_3} \times \lambda^{c_3} \times \eta^{d_3}$$

$$\pi_4 = s_1 u^{a_4} \times d^{b_4} \times \lambda^{c_4} \times \eta^{d4}$$

$$\pi_5 = s_2 u^{a_5} \times d^{b_5} \times \lambda^{c_5} \times \eta^{d_5}$$

$$\dim h = MQ^{-1}T^{-3} \qquad \dim d = L \qquad \dim\eta = ML^{-1}T^{-1}$$

$$\dim\lambda = MLQ^{-1}T^{-3} \qquad \dim u = LT^{-1}$$

$$\pi_1 = M^{1+c_1+d_1}Q^{-1-c_1}T^{-3-a_1-3c_1-d_1}L^{a_1+b_1+c_1-d_1}$$

$$\pi_2 = M^{1+c_2+d_2}Q^{-1-c_2}T^{-a_2-3c_2-d_2}L^{-3+a_2+b_2+c_2-d_2}$$

$$\pi_3 = M^{c_3+d_3}Q^{-1-c_3}T^{-2-a_3-3c_3-d_3}L^{2+a_3+b_3+c_3-d_3}$$

$$\pi_4 = M^{c_4+d_4}Q^{-c_4}T^{-a_4-3c_4-d_4}L^{1+a_4+b_4+c_4-d_4}$$

$$\pi_5 = M^{c_5+d_5}Q^{-c_5}T^{-a_5-3c_5-d_5}L^{1+a_5+b_5+c_5-d_5}$$

上式等号左边为无量纲量，因此等号右边各量纲的指数必为 0（量纲和谐原理），故得

$$\begin{cases} 1 + c_1 + d_1 = 0 \\ -c_1 - 1 = 0 \\ -3 - a_1 - 3c_1 - d_1 = 0 \\ a_1 + b_1 + c_1 - d_1 = 0 \end{cases} \Rightarrow \begin{cases} c_1 = -1 \\ d_1 = 0 \\ a_1 = 0 \\ b_1 = 1 \end{cases}$$

$$\begin{cases} 1 + c_2 + d_2 = 0 \\ -1 - c_2 = 0 \\ -a_2 - 3c_2 - d_2 = 0 \\ -3 + a_2 + b_2 + c_2 - d_2 = 0 \end{cases} \Rightarrow \begin{cases} c_2 = 0 \\ d_2 = -1 \\ a_2 = 1 \\ b_2 = 1 \end{cases}$$

$$\begin{cases} c_3 + d_3 = 0 \\ -1 - c_3 = 0 \\ -2 - a_3 - 3c_3 - d_3 = 0 \\ 2 + a_3 + b_3 + c_3 - d_3 = 0 \end{cases} \Rightarrow \begin{cases} c_3 = -1 \\ d_3 = 1 \\ a_3 = 0 \\ b_3 = 0 \end{cases}$$

$$\begin{cases} c_4 + d_4 = 0 \\ -c_4 = 0 \\ -a_4 - 3c_4 - d_4 = 0 \\ 1 + a_4 + b_4 + c_4 - d_4 = 0 \end{cases} \Rightarrow \begin{cases} c_4 = 0 \\ d_4 = 0 \\ a_4 = 0 \\ b_4 = -1 \end{cases}$$

$$\begin{cases} c_5 + d_5 = 0 \\ -c_5 = 0 \\ -a_5 - 3c_5 - d_5 = 0 \\ 1 + a_5 + b_5 + c_5 - d_5 = 0 \end{cases} \Rightarrow \begin{cases} c_5 = 0 \\ d_5 = 0 \\ a_5 = 0 \\ b_5 = -1 \end{cases}$$

因而得

$$\pi_1 = h \cdot u^0 \cdot d^1 \cdot \lambda^{-1} \cdot \eta^0 = \frac{hd}{\lambda} = Nu$$

$$\pi_2 = \rho \cdot u^1 \cdot d^1 \cdot \lambda^0 \cdot \eta^{-1} = \frac{ud}{\eta/l} = Re$$

$$\pi_3 = c_p \cdot u^0 \cdot d_0 \cdot \lambda^{-1} \cdot \eta^1 = \frac{c_p\eta}{\lambda} = Pr$$

$$\pi_4 = s_1 \cdot u^0 \cdot d^{-1} \cdot \lambda^0 \cdot \eta^0 = \frac{s_1}{d}$$

$$\pi_5 = s_2 \cdot u^0 \cdot d^{-1} \cdot \lambda^0 \cdot \eta^0 = \frac{s_2}{d}$$

因此，$h = f(u,d,\lambda,\eta,c_p,\rho,s_1,s_2)$ 的关系式可转化为

$$Nu = f\left(Re, Pr, \frac{s_1}{d}, \frac{s_2}{d}\right)$$

5-21 解题过程 由 $Nu = CRe^n Pr^m$ 有

$$\lg Nu = \lg C + n\lg Re + m\lg Pr$$

根据实验数据有：$\lg Nu - \frac{1}{m}\lg Pr$ 与 $\lg Re$ 成线性关系

$\lg Nu$	$\lg Re$	$\frac{1}{m}\lg Pr$	$\lg Nu - \frac{1}{3}\lg Pr$	$\lg Re$
1.6200	3.6990	0.1141	1.5059	3.6990

2.0969	4.3010	0.1970	1.8999	4.3010
2.0681	4.6128	−0.0520	2.1201	4.6128
2.3054	4.9542	−0.0520	2.3574	4.9542

$$n = \frac{2.3574 - 1.5059}{4.9542 - 3.699} = 0.678$$

lg$C$ 为直线在纵坐标上的截距。

不能将上述关联式用于截面对角线与来流平行的情形，因为两种情形下的流动方向与物体的相对位置不同。

5-22 解题过程 (1) 第一种情形：$l_1 = 0.5\ \text{m}, u_1 = 15\ \text{m/s}$

$$Nu_1 = \frac{40 \times 0.5}{\lambda_f} = \frac{20}{\lambda_f}, Re_1 = \frac{u_1 l_1}{\nu_f} = \frac{15 \times 0.5}{\nu_f} = \frac{7.5}{\nu_f}$$

(2) 第二种情形：$l_2 = 0.5\ \text{m}, u_2 = 20\ \text{m/s}$

$$Nu_2 = \frac{50 \times 0.5}{\lambda_f} = \frac{25}{\lambda_f}, Re_2 = \frac{u_2 l_2}{\nu_f} = \frac{20 \times 0.5}{\nu_f} = \frac{10}{\nu_f}$$

(3) 第三种情形：$l_3 = 1\ \text{m}, u_4 = 20\ \text{m/s}$

$$Nu_4 = \frac{h_3 l}{\lambda_f}, Re_3 = \frac{15 \times 1}{\nu_f} = \frac{15}{\nu_f}$$

(4) 第四种情形：$l_4 = 1\ \text{m}, u_4 = 20\ \text{m/s}$

$$Nu_4 = \frac{h_4 l}{\lambda_f}, Re_4 = \frac{20}{\nu_f}$$

$Nu = CRe^m Pr^n$，对四种情况，C、Pr^n、m 均相同，由 1、2 两种情形得

$$\left.\begin{aligned} \frac{20}{\lambda_f} &= C\left(\frac{7.5}{\nu_f}\right)^m \quad Pr^n \\ \frac{25}{\lambda_f} &= C\left(\frac{10}{\nu_f}\right)^m \quad Pr^n \end{aligned}\right\}$$

由此可得$\frac{20}{25} = \left(\frac{7.5}{10}\right)^m$，$m = 0.776$。

由(3) 得$\frac{h_3}{\lambda_f} = C\left(\frac{15}{\nu_f}\right)^{0.706} Pr^n$，与(1) 相除得

$$\frac{h_3/\lambda_f}{20/\lambda_f} = \frac{(15/\nu_f)^{0.766}}{(7.5/\nu_f)^{0.766}}, \frac{h_3}{20} = \left(\frac{15}{7.5}\right)^{0.766}$$

$$h_3 = 20 \times 2^{0.766} = 34.25\ \text{W/(m}^2 \cdot \text{K)}$$

由(4) 得$\frac{h_4}{\lambda_f} = C\left(\frac{20}{\nu_f}\right)^{0.766} Pr^n$，与(1) 相除得

$$\frac{h_4/\lambda_f}{20/\lambda_f}=\frac{(20/\nu_f)^{0.766}}{(7.5/\nu_f)^{0.766}},\frac{h_4}{20}=\left(\frac{20}{7.5}\right)^{0.766}$$

$$h_4=20\times 2.141^{0.766}=42.8\ \mathrm{W/(m^2\cdot K)}。$$

工程应用

5-23 解题过程 查教材附录得-40℃时空气的物性参数为$\nu=1.004\times10^{-5}\ \mathrm{m^2/s}$，设离开机翼前沿点 x m远的位置上，空气的流动为充分发展的湍流。即 $Re=10^5$

由 $Re=\dfrac{u_\infty x}{\nu}$ 可知 $\Rightarrow x=\dfrac{Re\nu}{u_\infty}=\dfrac{10^5\times1.004\times10^{-5}}{\frac{600}{3.6}}\mathrm{m}=6.024\times10^{-3}\ \mathrm{m}$

5-24 解题过程 为了确定试验时最大风速，必须满足风洞中航行的 $Re_{风}$ 等于水下航行体的 $Re_{水}$，$L_{实}=4L_{模}$

即
$$\frac{u_{水}L_{实}}{\nu_{水}}=\frac{u_{风}L_{模}}{\nu_{风}}$$

所以
$$u_{风}=\frac{u_{水}L_{实}\nu_{风}}{L_{模}\nu_{水}}=\frac{64\nu_{风}}{\nu_{水}}\mathrm{m/s}$$

潜水艇在水下工作，风洞中的阻力试验结果不能用于水下工作的潜水艇，因为气体具有可压缩性。

5-25 解题过程 火车所需的制冷负荷 Q_1 约等于外界向车厢传递的热量 Q_2，即

$$Q_1=Q_2$$

$$A=12\times(9\times3+9\times2.5)\times2=1188\ \mathrm{m^2}$$

切应力
$$\tau_w=\frac{140}{A}=\frac{140}{1188}=0.11785\ \mathrm{Pa}$$

取空气的物性温度 $t=\dfrac{35+20}{2}=27.5$ ℃

查教材附录得空气在27.5 ℃时的物性参数为$c_p=1.005\ \mathrm{kJ/(kg\cdot K)}$，$Pr=0.7015$。

$$h=\frac{\tau_w c_p}{u_\infty Pr^{2/3}}=\frac{0.11785\times1005}{25\times0.7015^{2/3}}=6\ \mathrm{W/(m^2\cdot K)}$$

所以 $Q_2=hA(t_f-t_w)=6\times1188\times(35-20)=106.929\ \mathrm{kW}$

即
$$Q_1=Q_2=106.929\ \mathrm{kW}$$

5-26 解题过程 取空气的定性温度 $t=\dfrac{200+30}{2}=115$℃

查教材附录得空气在115 ℃时的物性参数为$c_p=1.009\ \mathrm{kJ/(kg\cdot K)}$，$Pr=0.6865$。

切应力 $$\tau_w = \frac{0.14}{0.7^2} = 0.286\ \text{Pa}$$

$$h = \frac{\tau_w c_p}{u_\infty Pr^{2/3}} = 308.708\ \text{W/(m}^2\cdot\text{K)}$$

所以该金属板在温度为 200 ℃ 时的散热量为

$$\Phi = 2hA(t_w - t_f) = 2\times 308.708\times 0.7^2\times(200-30) = 51.431\ \text{kW}$$

小论文题目

5-27 略

5-28 略

采用工具软件的题目

5-29 略

5-30 略

第六章

单相对流传热的实验关联式

知识点归纳

1. 相似原理的基本内容(相似性质)

(1) 同名相似特征数相等。例如两个相似的对流传热现象 1 与 2 应有 $Nu_1 = Nu_2$。

(2) 同一类现象中相似特征数的数量及其间的关系由 π 定理来描述，即一个表示 n 个物理量间关系的量纲一致的方程式，一定可以转换成 $(n-r)$ 个独立的无量纲物理量群间的关系式。

(3) 两个同类物理现象相似的充要条件：① 同名的已定特征数相等；② 单值性条件相似。所谓单值性条件，是指使研究的问题能被唯一确定下来的条件，包括初始条件、边界条件、几何条件和物理条件。

2. 相似分析法

在已知物理现象数学描述的基础上，建立两现象之间的一些比例系数、尺寸相似倍数，并导出这些相似系数之间的关系，从而获得无量纲量。

3. 量纲分析法

在已知相关物理量的前提下，采用量纲分析获得无量纲量的方法。其依据为 π 定理。

4. 临界雷诺数

流体在管道内的流动可分为层流和湍流两大类，其分界点即为临界雷诺数，记为 Re_c，大小为 2300。

5. 入口段

从入口到充分发展段之间的区域即为入口段。

6. 均匀热流

轴向与周向热流密度均匀，采用均匀缠绕的电热丝来加热壁面时，可认为是均匀热流。

7. 均匀壁温

轴向与周向壁温均匀，采用蒸汽凝结来加热或液体沸腾来冷却时，可认为是均匀壁温。

8. 横掠单管

流体沿着垂直于管子轴线的方向流过管子表面，称为横掠单管。

9. 当量直径

$d_e = 4A_c/P$，其中 A_c 为槽道的流动截面积，P 为润湿周长。

10. 二次环流

二次环流一般指垂直于主流方向的流动。

11. 大空间自然对流

大空间自然对流指热边界层的发展不受到干扰或阻碍的自然对流，而不拘泥于几何上的很大或无限大。

12. 有限空间自然对流

有限空间自然对流指在自然对流中，边界层受干扰，或者流体的流动受到限制，使其热规律有别于大空间的情形。

难点解析

1. 特征尺寸和特征流速的选择问题

(1) 特征尺寸反映了流场的几何特征，对不同的流场，特征尺寸的选择是不同的。如对于流体平行流过平板，选择沿流动方向上的长度尺寸；管内流动换热，取直径 d；流体在流通截面形状不规则的槽道中流动，取当量直径 d_e 作为特征尺寸；对于流体绕圆柱体流动，选择流动方向上的圆柱体外直径。

(2) 特征流速反映了流体流场的流动特征。不同的流场，其流动特征不同，所选择的特征流速是不同的。如流体流过平板，来流速度即为特征流速；管内流动时，管子截面上的平均流速为特征流速；绕圆柱体流动，特征流速为通道来流速度。

2. 一些常用的无量纲量（表 6-1）

表 6-1

名称	符号	定义	意义
努塞尔数	Nu	$\frac{hl}{\lambda}$	壁面流体的无量纲换热系数
雷诺数	Re	$\frac{ul}{\nu}$	惯性力与黏性力之比
普朗特数	Pr	$\frac{\nu}{a}$	动量扩散率与热量扩散率之比
格拉晓夫数	Gr	$\frac{g\alpha_V \Delta t l^3}{\nu^2}$	浮升力与黏性力之比

3. 流体横掠单管

通常管子有叉排和顺排两种排列方式。叉排较顺排换热强，阻力损失大并难于清洗。

4. 流体在管道内换热

入口段的热边界层较薄，局部换热系数比充分发展段的高，且沿着主流方向逐渐降低，逐渐靠近充分发展段，局部换热系数逐渐趋于稳定。工程技术中常常利用入口段换热效果好这一特点来强化设备的换热。其中入口段长度在层流时用公式 $l/d = 0.05RePr$；而湍流时，只要 $l/d > 60$，则平均表面换热系数就不受入口段的影响。

5. 管内湍流强制对流传热关联式

$$Nu_{\mathrm{f}} = 0.023Re_{\mathrm{f}}^{0.8}Pr_{\mathrm{f}}^{n}$$

适用条件：$10^4 \leqslant Re_{\mathrm{f}} \leqslant 1.2\times10^5$，$l/d \geqslant 60$；$0.7 \leqslant Pr_{\mathrm{f}} \leqslant 120$。加热流体时，$n = 0.4$；冷却流体时，$n = 0.3$。式中采用流体的平均温度 t_{f} 为定性温度，取管道内径 d 为特征长度。

考研真题及期末考试试题

1.（浙江大学　2005 年考研试题）自然对流在________条件下发生自模化现象，此时表面传热系数与________无关。

答：湍流　特征长度

2.（浙江大学　2000 年考研试题）管槽内对流传热的入口效应是指________。

答：入口段的热边界层较薄，局部表面传热系数比充分发展段高。

3. [中国石油大学(华东) 2005—2006学年第2学期期末考试试题] 在气温为10℃的房间内，用细绳吊一段直径均匀的圆柱冰块，过一段时间后，冰块的形状会发生哪些变化？冰块会在绳上完全融化吗？

答：由题意可知，该冰柱的融化过程相当于竖圆柱的自然对流传热。根据竖壁自然对流换热的机理，由于冰柱壁面温度低于周围空气温度，故流体贴壁向下流动，边界上部薄而下部厚。局部对流传热系数上部较大而下部较小。因此，虽然冰柱整体会慢慢融化，但是上部的融化较快，其形状会变得上部细、下部粗，不等在绳上全部融化就会掉在地上。

习题全解

管槽内强制对流换热

6-1 解题过程 (1)$d_e = \dfrac{4ab}{2(a+b)} = \dfrac{2ab}{a+b}$

(2)$d_e = \dfrac{4ab}{2(a+b)} = \dfrac{2ab}{a+b} = 2b$

(3)$d_e = \dfrac{4\pi\left(\dfrac{D}{2}\right)^2 - \left(\dfrac{d}{2}\right)^2}{2D+2d} = D-d$

(4)$d_e = \dfrac{4\left[\pi\left(\dfrac{D}{2}\right)^2 - n\pi\left(\dfrac{d}{2}\right)^2\right]}{2(D+nd)} = \dfrac{D^2-nd^2}{D+nd}$

6-2 解题过程 设流体是被加热的，有 $h = \dfrac{c_p^{0.4}\lambda^{0.6}(\rho u)^{0.4}}{\mu^{0.4}h^{0.2}}$

对第一种情形，$u_1 = u_2, d_1 = 2d_2$，故

$$\frac{h_1}{h_2} = \frac{u_1^{0.8}}{u_2^{0.8}}\frac{d_1^{0.2}}{d_2^{0.2}} = \left(\frac{u_1}{u_2}\right)^{0.8}\left(\frac{d_1}{d_2}\right)^{0.2} = \left(\frac{f_1\rho_1 u_1}{f_2\rho_2 u_2}\right)^{0.8}\left(\frac{d_2}{d_1}\right)^{1.8} = \left(\frac{1}{2}\right)^{1.8}$$
$$= 28.7\%$$

对第二种情形

$$\frac{h_1}{h_2}=\left(\frac{\rho_1 u_1}{\rho_2 u_2}\right)^{0.8}\left(\frac{d_2}{d_1}\right)^{1.8}=\left(\frac{d_2}{d_1}\right)^{2.4}=9.47\%$$

若流体被冷却，因 Pr 数不进入 h 之比的表达式，上述分析仍有效。

6-3 解题过程 $Re=\dfrac{4\dot{m}}{\pi du}=\dfrac{4\times 0.313}{3.1416\times 0.03\times 885\times 3.8\times 10^{-5}}=395<2300$，流动为层流。

由关系式，$0.05\,RePr=0.05\times 395\times 490=9678$，而 $l/d=2/0.03=66.7<<0.05\,RePr$，所以流动与换热处于入口段区域。

6-4 解题过程 查教材附录得，50℃ 时空气的物性参数为

$$\begin{cases}\lambda_{空}=2.83\times 10^{-2}\,\mathrm{W/(m\cdot K)}\\ \nu_{空}=17.95\times 10^{-6}\,\mathrm{m^2/s},Pr_{空}=0.698\end{cases}$$

由题意可知
$$\frac{Re_{空}}{Re_{氢}}=\frac{u_{\infty}d}{\nu_{空}}\cdot\frac{\nu_{氢}}{u_{\infty}d}=\frac{\nu_{氢}}{\nu_{空}}$$

$$\nu_{氢}=\frac{\eta}{\rho}$$

$$Pr_{氢}=\frac{a_{氢}}{\nu_{氢}}=\frac{\lambda}{\rho c_p}\cdot\frac{\rho}{\eta}=\frac{\lambda}{\eta c_p}$$

$$\frac{Pr_{空}}{Pr_{氢}}=\frac{Rr_{空}\cdot\eta c_p}{\lambda}$$

由管道内强制对流传热公式 $Nu_f=0.023Re_f^{0.8}\,Pr_{fr}^{0.4}$ 可知

$$\frac{Nu_{空}}{Nu_{氢}}=\left(\frac{Re_{空}}{Re_{氢}}\right)^{0.8}\left(\frac{Pr_{空}}{Pr_{氢}}\right)^{0.4}=\left(\frac{\eta}{\rho\nu_{空}}\right)^{0.8}\left(\frac{Pr_{空}\cdot\eta c_p}{\lambda}\right)^{0.4}\tag{1}$$

$$\frac{Nu_{空}}{Nu_{氢}}=\frac{h_{空}d}{\lambda_{空}}\cdot\frac{\lambda}{h_{氢}d}=\frac{h_{空}\lambda}{h_{氢}\lambda_{空}}\tag{2}$$

由式(1) 和式(2) 可知

$$\frac{h_{空}}{h_{氢}}=\frac{\lambda_{空}}{\lambda}\left(\frac{Nu_{空}}{Nu_{氢}}\right)=\frac{\lambda_{空}}{\lambda}\left(\frac{\eta}{\rho\nu_{空}}\right)^{0.8}\left(\frac{Pr_{空}\cdot\eta c_p}{\lambda}\right)^{0.4}=0.514$$

所以，在其他条件相同的情况下，空气的冷却效果为氢气的 0.514 倍。

6-5 解题过程 空气密度按理想气体公式计算 $\rho=\dfrac{p}{RT}=\dfrac{120000}{287\times 373}=1.121\,\mathrm{kg/m^3}$

取 100℃ 时空气的物性，得 $\lambda=0.0321\,\mathrm{W/(m\cdot K)}$

$$\mu=21.9\times 10^{-6}\,\mathrm{kg/(m\cdot s)}$$

所以 $Re=\dfrac{1.121\times 1.5}{21.9}\times 0.025\times 10^{6}=1919<2300$

故为层流。按给定条件得

$$h = 4.36 \times \frac{\lambda}{d} = 4.36 \times \frac{0.0321}{0.025} = 5.6\ \text{W/(m}^2 \cdot \text{K)}$$

6-6 解题过程 假使出口水温 $t = 50℃$，则定性温度 $t_f = \frac{1}{2}(t' + t'') = \frac{50 + 30}{2} = 30℃$

查 30℃ 时水的物性参数为 $\lambda = 0.618\ \text{W/(m} \cdot \text{K)}$，$\mu = 801.5 \times 10^{-6}\ \text{kg/(m} \cdot \text{s)}$，$Pr = 5.42$

$$Re = \frac{4\dot{m}}{\pi d\eta} = \frac{4 \times 0.5 \times 10^6}{3.1416 \times 0.025 \times 801.5} = 31771 > 10^4$$

若不考虑温差修正，则 $Nu_f = 0.023 \times 3177^{0.8} \times 5.42^{0.4} = 180.7$

$$h = \frac{Nu_f \lambda}{d} = \frac{180.7 \times 0.618}{0.025} = 4466.9\ \text{W/(m}^2 \cdot \text{K)}$$

$\Phi_1 = h\pi dl(t_w - t_f) = 4466.9 \times 3.1416 \times 0.025 \times 15 \times 15 = 78.94\ \text{kW}$

另一方面，由水的进口焓 $i^1 = 42.04\ \text{kJ/kg}$，出口焓 $i^{11} = 209.3\ \text{kJ/kg}$，得热量

$$\Phi_2 = \dot{m}(i^1 - i^{11}) = 0.5 \times (209.3 - 42.04) = 83.67\ \text{kW}$$

$\Phi_2 > \Phi_1$，需重新假设 t''，直到 Φ_1 和 Φ_2 在允许误差范围内相符为止。经过计算得 $t'' = 47.5℃$，$\Phi_1 = \Phi_2 = 78.4\ \text{kW}$。这是均匀热流的边界条件。

6-7 解题过程 由教材附录查 10℃ 下，水及 R134a 的物性参数分别为

R134a：$\lambda = 0.0888\ \text{W/(m} \cdot \text{K)}$，$Pr = 3.915$，$\nu = 0.2018 \times 10^{-6}\ \text{m}^2/\text{s}$

水：$\lambda = 0.574\ \text{W/(m} \cdot \text{K)}$，$Pr = 9.52$，$\nu = 1.306 \times 10^{-6}\ \text{m}^2/\text{s}$

对 R134a 有

$$Re = \frac{1.5 \times 0.016}{0.2018} \times 10^6 = 1.1893 \times 10^5$$

$$h = 0.023 \times 118930^{0.8} \times 3.915^{0.4} \times \frac{0.0888}{0.016} = 2531.3\ \text{W/(m}^2 \cdot \text{K)}$$

对水有

$$Re = \frac{1.5 \times 0.016}{1.306} \times 10^6 = 18376$$

$$h = 0.023 \times 18376^{0.8} \times 9.52^{0.4} \times \frac{0.0574}{0.016} = 5241\ \text{W/(m}^2 \cdot \text{K)}$$

由上述结果可知，R134a 的对流换热系数仅为水的 38.2%。

6-8 解题过程 定性温度 $t_f = \frac{65 + 115}{2} = 90℃$。

查教材附录得相应的物性值为 $\rho = 0.972\ \mathrm{kg/m^3}$，$c_p = 1.009\ \mathrm{kJ/(kg \cdot K)}$，$\mu = 21.5 \times 10^{-6}\ \mathrm{kg/(m \cdot s)}$，$Pr = 0.690$，$\lambda = 3.13 \times 10^{-2}\ \mathrm{W/(m \cdot K)}$

在入口温度下，$\rho_{入} = 1.0045\ \mathrm{kg/m^3}$，故进口质量流量为

$$\dot{m} = 0.022 \times 1.0045 = 2.298 \times 10^{-2}\ \mathrm{kg/s}$$

$$Re = \frac{4\dot{m}}{\pi d \mu} = \frac{4 \times 2.298 \times 10^{-2} \times 10^6}{3.1416 \times 0.076 \times 21.5} = 17906 > 10^4$$，先按 $l/d > 60$ 计

$$Nu_f = 0.023 \times 17906^{0.8} \times 0.69^{0.4} = 50.08$$

$$h = \frac{50.08 \times 0.0313}{0.076} = 20.62\ \mathrm{W/(m^2 \cdot K)}$$

空气在 115℃ 时，$c''_p = 1.009\ \mathrm{kJ/(kg \cdot K)}$，65℃ 时，$c'_p = 1.007\ \mathrm{kJ/(kg \cdot K)}$

故加热空气所需热量为

$$\Phi = \dot{m}(c''_p t'' - c'_p t')$$
$$= 0.02298 \times (1.009 \times 10^3 \times 115 - 1.007 \times 10^3 \times 65) = 1162.3\mathrm{W}$$

所需管长

$$l = \frac{\Phi}{\pi d h (t_w - t_f)} = \frac{1162.3}{3.1416 \times 0.076 \times 20.62 \times 0.885 \times (180 - 90)}$$
$$= 2.96\ \mathrm{m}$$

$l/d = 2.96/0.076 = 38.6 < 60$，需进行短管修正。

$$c_f = 1 + (d/l)^{0.7} = 1.0775$$

因此所需管长为 $2.96/1.0775 = 2.75\ \mathrm{m}$。

6-9 解题过程 40℃ 时 14 号润滑油的物性参数为

$$\nu = 124.2 \times 10^{-6}\ \mathrm{m^2/s},\ Pr_f = 1522,\ \lambda = 0.1416\ \mathrm{W/(m \cdot K)},$$
$$\rho = 880.7\ \mathrm{kg/m^3},\ Pr_w = 323$$

$$Nu_f = 0.46 \times Re_f^{0.5} \times Pr_f^{0.43} (Rr_f/Pr_f)^{0.25} (d/l)^{0.4}$$

$$Re_f = \frac{4\dot{m}}{\pi d \eta} = \frac{4 \times 800/3600}{3.1416 \times 0.021 \times 880.7 \times 124.2 \times 10^{-6}} = 123.2$$

$0.05RePr = 0.05 \times 123.2 \times 1522 = 9375.5$，$l/d = 1.5/0.0221 = 67.9$

处于入口段状态。

$$Nu_f = 0.46 \times 123.2^{0.5} \times 1522^{0.43} (1522/323)^{0.25} (1/67.9)^{0.4} = 32.5$$

$$h = \frac{32.5 \times 0.1416}{0.0221} = 208.235\ \mathrm{W/(m^2 \cdot K)}$$

$$\Phi = hA\Delta t = 208.235 \times 3.1416 \times 0.0221 \times 1.5 \times (80 - 40) = 867.5\ \mathrm{W}$$

6-10 解题过程 查定性温度 $t_f = \dfrac{30+50}{2} = 40℃$ 时水的物性得

$\lambda = 0.635\ \text{W/(m}\cdot\text{K)}, c_p = 4147\ \text{J/(kg}\cdot\text{K)}, \mu = 653.3\times10^{-6}\ \text{kg/(m}\cdot\text{s)}$,

$Pr = 4.31, d_c = D - d = 60 - 40 = 20\ \text{mm}$

$$Re = \frac{4\dot{m}d_c}{\pi(D^2-d^2)\mu} = \frac{4\times0.875\times0.02}{3.1416\times(0.06^2-0.04^2)\times653.3\times10^{-6}} = 16702$$

查 100℃ 水的物性得 $\mu_w = 282.5\times10^{-6}\ \text{kg/(m}\cdot\text{s)}$

$$Nu_f = 0.027\times Re^{0.8}\times Pr^{1/3}(\mu_f/\mu_w)^{0.11}$$
$$= 0.027\times16702^{0.8}\times4.31^{1/3}(653.3/282.5)^{0.11} = 115.1$$
$$h = \frac{115.1\times0.635}{0.02} = 3654.4\ \text{W/(m}^2\cdot\text{K)}$$

由热平衡 $c_p\dot{m}(t''-t') = Ah(t_w-t_f) = \pi dlh(t_w-t_f)$，得

$$l = \frac{c_p\dot{m}(t''-t')}{\pi dh(t_w-t_f)} = \frac{4174\times0.857\times(50-30)}{3.1416\times0.04\times3654.4\times(100-40)} = 2.596\ \text{m}$$

管子出口处局部热流密度为

$$q = h\Delta t = 3654.4\times(100-50) = 183\ \text{kW/m}^2$$

6-11 解题过程 发电机中的发热量为

$Q = 0.015\times100\times10^6 = 1.5\times10^6\ \text{W}$

这些热量被氢气吸收并从 27℃ 上升到 88℃，由此可确定氢的流量 G：$14.24\times10^3\times(88-27)G = 1.5\times10^6, G = 1.727\ \text{kg/s}$。设正方形管道的边长为 L，则

$$Re = \frac{\rho uL}{\eta} = \frac{G}{\eta L} = 10^5$$

$$L = \frac{G}{10^5\eta} = \frac{1.727}{0.087\times10^{-4}\times10^5} = 1.985\ \text{m}$$

6-12 解题过程 10℃ 水的物性为

$$\rho = 999.7\ \text{kg/m}^3, c_p = 4.191\ \text{kJ/(kg}\cdot\text{K)}, \lambda = 57.4\times10^{-2}\ \text{W/(m}\cdot\text{K)},$$
$$\nu = 1.306\times10^{-6}(\text{m}^2/\text{s}), Pr = 9.52$$
$$P = 42.05\ \text{W}, P_{放} = 42.05\times(1-2\%) = 41.209\ \text{W}$$

(1) 设出口水平均温度为 15℃

20℃ 水的物性为

$\rho = 998.2\ \text{kg/m}^3, c_p = 4.183\ \text{kJ/(kg} \cdot \text{K)}, \lambda = 59.9 \times 10^{-2}\ \text{W/(m} \cdot \text{K)},$

$$\nu = 1.006 \times 10^{-6}(\text{m}^2/\text{s}), Pr = 7.02$$

15℃ 水的物性为

$\rho = 998.7\ \text{kg/m}^3, c_p = 4.187\ \text{kJ/(kg} \cdot \text{K)}, \lambda = 58.65 \times 10^{-2}\ \text{W/(m} \cdot \text{K)},$

$\nu = 1.156 \times 10^{-6}(\text{m}^2/\text{s}), Pr = 8.27$

$$S_1 = \frac{0.028^2 \pi}{4} = 0.00061544\ \text{m}^2$$

$$\dot{V} = 0.00061544 \times 1.6 = 0.000984704\ \text{m}^3/\text{s}$$

$$G = 0.98441\ \text{kg/s}$$

$$P = Gc_p(t_2 - t_1) = 0.98441 \times (c_2 t_2 - c_t t_1) = 41.099\ \text{kW}$$

设出口温度为 20℃

$$P = 0.98342 \times (4.183 \times 20 - 4.183 \times 10) = 41.05\ \text{kW}$$

与 41.099 接近，故出口平均水温为 20℃。

(2) 管内壁的传热面积为

$$S_2 = 0.028 \times \pi \times 1.5 = 0.1388\ \text{m}^2$$

$$t_\text{f} = \frac{10 + 20}{2} = 15℃$$

$$Re_\text{f} = \frac{ud}{\nu} = \frac{1.6 \times 0.028}{1.156 \times 10^{-6}} = 38754.3$$

$$Nu = 0.023 Re^{0.8} Pr^{0.4} = 0.023 \times 38754.3^{0.8} \times 8.27^{0.4} = 250.8$$

$$h_\text{m} = \frac{Nu \times \lambda}{d} = \frac{250.2 \times 58.65 \times 10^{-6}}{0.028} = 5253.4\ \text{W/(m}^2 \cdot \text{K)}$$

$$t_{\text{w}_1} = \frac{41.209 \times 1000}{h \times S_2} + t_\text{f} = 74.5$$

$$\Phi = \frac{2\pi l (t_{\text{w}_2} - t_{\text{w}_1})}{\ln\left(\frac{d_2}{d_1}\right)/\lambda}$$

$$t_{\text{w}_2} = \frac{\Phi \ln\left(\frac{d_2}{d_1}\right)/\lambda}{2\pi l} + t_{\text{w}_1} = \frac{41.209 \times 1000 \times \ln\left(\frac{0.031}{0.028}\right)/18}{2 \times 3.1416 \times 1.5} + 74.5$$

$$= 98.79℃$$

6-13 解题过程 $t_\text{f} = \frac{1}{2} \times (20 + 70) = 45$ ℃，查教材附录得 45℃ 时水的物性为

$$\begin{cases} \nu = 0.675 \times 10^{-6}\ \mathrm{m^2/s} \\ Pr = 3.952 \\ \lambda = 64.15 \times 10^{-2}\ \mathrm{W/(m \cdot K)} \end{cases}$$

$$Re_{\mathrm{f}} = \frac{ud}{\nu} = \frac{1.2 \times 0.02}{0.675 \times 10^{-6}} = 39506.17$$

(1) $Nu_{\mathrm{f}} = 0.023 Re_{\mathrm{f}}^{0.8}\ Pr_{\mathrm{f}}^{0.4} = 0.023 \times 39506.17^{0.8} \times 3.952^{0.4}$

$= 189.05$

$$h_{\mathrm{m}} = \frac{Nu \times \lambda}{d} = \frac{19.05 \times 64.15 \times 10^{-2}}{0.02} = 6063.77\ \mathrm{W/(m^2 \cdot K)}$$

(2) $Nu = 0.023 Re^{0.8}\ Pr^{0.3} = 0.023 \times 39506.17^{0.8} \times 3.952^{0.3} = 165.209$

$$h_{\mathrm{m}} = \frac{165.209 \times 64.15 \times 10^{-2}}{0.02} = 5299.08\ \mathrm{W/(m^2 \cdot K)}$$

因为加热，近壁处温度高，流体黏度减小，对传热有强化作用；冷却时，近壁处温度低，流体黏度增加，对传热有减弱作用。因此，加热时的对流换热系数大于冷却时的对流换热系数。

6-14 解题过程 假设出口温度 $t'' = 63℃$，则

$$t_{\mathrm{f}} = \frac{20 + 60}{2} = 41.5℃$$

查 41.5℃ 时的物性得 $\lambda = 0.6353\ \mathrm{W/(m \cdot K)}$，$\nu = 0.6564 \times 10^{-6}\ \mathrm{m^2/s}$，$c_p = 4147\ \mathrm{J/(kg \cdot K)}$，$\rho = 992.1\ \mathrm{kg/m^3}$，$\mu = 650.7 \times 10^{-6}\mathrm{kg/(m \cdot s)}$，$Pr = 4.195$。

$$Re = \frac{ud}{\nu} = \frac{0.6 \times 0.012 \times 10^6}{0.6564} = 1.097 \times 10^4$$

每根管长 $l = 4\pi D = 4 \times 3.1416 \times 0.15 = 1.885\ \mathrm{m}$

$$l/d = 1.885/0.012 = 157$$

$$c_r = 1 + 10.3(d/R)^3 = 1 + 10.3 \times (0.012/0.075)^3 = 1.0422$$

查 80℃ 时水的物性得 $\mu = 355.1 \times 10^{-6}\ \mathrm{kg/(m \cdot s)}$

$Nu = 0.027 \times (1.097 \times 10^4)^{0.8} \times 4.195^{1/3} \times (650.7/355.1)^{0.14} \times 1.042$

$= 82.75$

$$h = 82.75 \times 0.6353/0.012 = 4381\ \mathrm{W/(m^2 \cdot K)}$$

传热量 $\Phi_1 = Ah\Delta t = 3.1416 \times 0.012 \times 1.885 \times 4381 \times (80 - 41.5)$

$= 11.98\ \mathrm{kW}$

热平衡热度

$$\Phi_2=\frac{\pi d^2}{4}\cdot\rho u c_p(t''-t)=0.785\times0.012^2\times992.1\times0.6\times4147\times(63-20)$$

$$=12.07\ \text{kW}$$

Φ_1 与 Φ_2 相差小于1%，满足工程需要，故可取出口水温度 $t''=63$℃。

6-15 解题过程 假定出口水温为40℃，则水的定性温度为50℃时的物性参数为

$$\lambda=0.648\ \text{W/(m}\cdot\text{K)}$$

$$\eta=549.4\times10^{-6}\text{Pa}\cdot\text{s},\rho=998.1\ \text{kg/m}^3,$$

$$Pr=3.54,c_p=4174\ \text{J/(kg}\cdot\text{K)}$$

$$Re=\frac{4q_m}{\eta\pi d}=\frac{4\times0.15}{549.4\times10^{-6}\times\pi\times25\times10^{-3}}=13905>2300$$

所以流动状态为湍流，又因为水被冷却得

$$Nu=0.023Re^{0.8}Pr^{0.3}=0.023\times13905^{0.8}\times3.54^{0.3}=69.34$$

$$h=\frac{Nu\lambda}{d}=\frac{69.34\times0.648}{25\times10^{-3}}=1797\ \text{W/(m}^2\cdot\text{K)}$$

热平衡方程 $hA(t_f-t_m)=q_mc_p(t'_f-t''_f)$

其中 $t_f=1/2(t'_f+t''_f),A=\pi dl$

所以可得 $t''_f=43.25$℃

与假定 $t_f=40$℃ 相差较大，再假设 $t''_f=51.5$℃，查教材附录得此时水的物性参数为 $\lambda=0.65\ \text{W/(m}\cdot\text{K)},\eta=537.5\times10^{-6}\text{Pa}\cdot\text{s},\rho=987.3\ \text{kg/m}^3,Pr=3.46,c_p=4175\ \text{J/(kg}\cdot\text{K)}$。

$$Re=\frac{4q_m}{\eta\pi d}=\frac{4\times0.15}{537.5\times10^{-6}\times\pi\times25\times10^{-3}}=14213>2300$$

所以流动状态为湍流，又因为水被冷却，得

$$Nu=0.023Re^{0.8}Pr^{0.3}=0.023\times14213^{0.8}\times3.46^{0.3}=70.08$$

$$h=\frac{Nu\lambda}{d}=\frac{70.08\times0.65}{25\times10^{-3}}=1822\ \text{W/(m}^2\cdot\text{K)}$$

热平衡方程 $hA(t_f-t_m)=q_mc_p(t'_f-t''_f)$

其中 $t_f=1/2(t'_f+t''_f),A=\pi dl$

所以可得 $t''_f=43.4$℃

水与石蜡的换热量为

$$\Phi_1=q_mc_p(t'_f-t''_f)=10395.8\ \text{W}$$

而 $$\Phi_2 = hA(t_f - t_w) = 10432\ \text{W}$$

热平衡偏差

$$\Delta = \left|\frac{\Phi_1 - \Phi_2}{(\Phi_1 + \Phi_2)/2}\right| \times 100\% = 0.348\% < 5\%$$

故上述计算有效 $t''_f = 43.4℃$。

为使石蜡熔化，所需热量为

$$Q = r\rho V = 244 \times 10^3 \times 770 \times \left(0.25^2 - \frac{\pi \times 0.025^2}{4}\right) \times 3 = 3.495 \times 10^7\ \text{J}$$

$$\Phi = 1/2(\Phi_1 + \Phi_2) = 10413.9\ \text{W}$$

所需加热时间 $\tau = Q/\Phi = 3356.2\ \text{s} = 56\ \text{min}$

6-16 解题过程 由题意，令 $\theta = \dfrac{t_w - t}{t_w - t_b} = f(r)$

则 $\left.\dfrac{d\theta}{dr}\right|_{r=R} = \dfrac{-\left.\dfrac{\partial t}{\partial r}\right|_{r=R}}{t_w - t_b} f'_{(R)} = \text{const}$（此处 R 为管半径）

由能量守恒得 $h(x)(t_w - t_b) = -\lambda\left(\dfrac{\partial t}{\partial r}\right)_{r=R}$

即 $h(x) = \left[-\lambda\left(\dfrac{\partial t}{\partial r}\right)_{r=R}\right]/(t_w - t_b) = \text{const}$，与 x 无关。

6-17 解题过程 设质量流量为 q_m

由 $\Phi_1 = q_m c_p(t' - t'') = 1000\ \text{W}$，可得

$$q_m = \frac{1000}{c_p(t' - t'')} = \frac{1000}{2427 \times 6} = 0.0687\ \text{kg/s}$$

$Re = \dfrac{4q_m}{\pi d\mu} = \dfrac{4 \times 0.0687}{3.1416 \times 0.02 \times 79.9 \times 10^{-2}} = 5.47 < 2300$，所以流动为层流。

设流动与换热处于层流发展段，因为 $D/d = 300/20 >> 1$，略去弯管作用不计，采用齐德 - 泰特公式，先假设长度，计算出 h，再从传热方程予以校核。

$$Nu = 1.86 \times \left(\frac{5.47 \times 6780}{6000/20}\right)^{1/3} \times \left(\frac{79.9}{20.95}\right)^{0.14} = 11.21$$

设 $L_1 = 6\ \text{m}$

$$h = Nu\lambda/d = 11.21 \times 0.286/0.02 = 160.3\ \text{W/(m}^2 \cdot \text{K)}$$

$$\Phi_2 = \pi d L_1 h \Delta t = 3.1416 \times 0.02 \times 6 \times 160.3 \times (47 - 27)$$

$= 1209\ \text{W} > 1000\ \text{W}$

由 $$\frac{L_1}{L_2} = \left(\frac{\Phi_1}{\Phi_2}\right)^{1.5}$$

得 $$L_2 = L_1\left(\frac{\Phi_2}{\Phi_1}\right)^{1.5} = 6 \times \left(\frac{1000}{1209}\right)^{1.5} = 6 \times 0.7521 = 4.51\ \text{m}$$

所能缠绕的圈数

$$N = \frac{L_2}{\pi(D+d)} = \frac{4.51}{3.1416 \times (0.3+0.02)} = \frac{4.51}{3.1416 \times 0.32} = 4.49\ 圈$$

间距 $$s = \frac{500}{4.49} = 111.4\ \text{mm}$$

外掠平板对流换热

6-18 解题过程 空气物性参数为 $\lambda = 0.0267\ \text{W/(m} \cdot \text{K)}$，$\nu = 16.00 \times 10^{-6}\ \text{m}^2/\text{s}$，$Pr = 0.701$。

离前缘 50 mm 处，$Re_x = \dfrac{u_\infty x}{\nu} = 31250 < 5 \times 10^5$

$$\delta t = 4.53 Pr^{\frac{1}{3}}\sqrt{\frac{\nu x}{u_\infty}} = 1.44 \times 10^{-3}\ \text{m}$$

局部表面传热系数

$$h_x = 0.332\frac{\lambda}{x}Re^{1/2}Pr^{1/3} = 27.84\ \text{W/(m}^2 \cdot \text{K)}$$

$$h_m = 0.664 Re^{1/2}Pr^{1/3}\frac{\lambda}{x} = 55.7\ \text{W/(m}^2 \cdot \text{K)}$$

同理可得：

离前缘 100 mm 处，$\delta t = 2.04 \times 10^{-3}\ \text{m}$；$h_x = 13.92\ \text{W/(m}^2 \cdot \text{K)}$；
$h_{\text{m}} = 39.37\ \text{W/(m}^2 \cdot \text{K)}$。

离前缘 200 mm 处，$\delta t = 2.28 \times 10^{-3}\ \text{m}$；$h_x = 13.92\ \text{W/(m}^2 \cdot \text{K)}$；
$h_{\text{m}} = 27.85\ \text{W/(m}^2 \cdot \text{K)}$。

离前缘 300 mm 处，$\delta t = 3.53 \times 10^{-3}\ \text{m}$；$h_x = 11.36\ \text{W/(m}^2 \cdot \text{K)}$；
$h_{\text{m}} = 22.72\ \text{W/(m}^2 \cdot \text{K)}$。

离前缘 400 mm 处，$\delta t = 4.08 \times 10^{-3}\ \text{m}$；$h_x = 9.84\ \text{W/(m}^2 \cdot \text{K)}$；
$h_{\text{m}} = 19.68\ \text{W/(m}^2 \cdot \text{K)}$。

6-19 解题过程

$$t_f = \frac{0+20}{2} = 10℃$$

查10℃时空气的物性得$\nu = 14.16\times10^{-6}\ m^2/s$，$\lambda = 2.51\times10^{-2}\ W/(m\cdot K)$，$Pr = 0.705$。

$$Re = \frac{ul}{\nu} = \frac{6\times1.0}{14.16\times10^{-6}} = 4.23728\times10^5$$

$$Nu = 0.664Re^{\frac{1}{2}}Pr^{\frac{1}{3}} = 384.68$$

$$h = \frac{384.68\times2.51\times10^{-2}}{1.0} = 9.655\ W/(m^2\cdot K)$$

$$A = 1\times1 = 1.0\ m^2$$

$$\Phi = hA(t_w - t_0) = 9.655\times(20-0) = 193.1\ W$$

6-20 解题过程 定性温度 $t_m = \frac{20+150}{2} = 85℃$

查85℃时空气的物性参数为$Pr = 0.691$，$\lambda = 0.0309\ W/(m\cdot K)$，

$$\nu = 27.6\times10^{-6}\ m^2/s。$$

$Re = \frac{ul}{\nu} = \frac{10.33\times0.12}{21.6}\times10^6 = 57389 < 5\times10^5$，故流动为层流。

$$Nu = 0.664\times57389^{0.5}\times0.691^{0.333} = 140.6$$

$$h = 140.6\times0.0309/0.12 = 36.2\ W/(m^2\cdot K)$$

$$\Phi = 2hA\Delta t = 2\times36.2\times0.12\times(150-20) = 22.6\ W$$

6-21 解题过程

$$t_m = \frac{70+20}{2} = 50℃$$

查教材附录得50 ℃时空气的物性为

$$Pr = 0.698,\ \lambda = 0.0283\ W/(m\cdot K),\ \nu = 17.95\times10^{-6}\ m^2/s$$

$$Re_x = \frac{40x}{17.95\times10^{-6}} = 5\times10^5,\ x = \frac{5\times17.95}{10\times40} = 0.224\ m$$

$$Nu = 0.664Re^{0.5}Pr^{1/3} = 0.664\times(5\times10^5)^{0.5}\times0.698^{1/3} = 416.5$$

$$h = 416.5\times0.0283/0.224 = 52.62\ W/(m^2\cdot K)$$

$$\Phi = 2hA\Delta t = 2\times52.62\times0.2\times0.224\times(70-30) = 188.6\ W$$

在$t = 70℃$时，水蒸气汽化潜热$r = 2334.1\ kJ/kg$，所以凝结水量$G = \frac{188.6\times3600}{2334.1\times10^3} = 0.29\ kg/h$。

6-22 解题过程 (1) 不一样，因为当气流在吸收第一块集成电路块的热量后，自身的温

度也随之上升，导致气流再送到下一块集成电路板所对流换热量变小，使两者间温差减少，电路板表面温度升高，故在气流方向上，集成电路块的表面温度逐渐上升。对温度要求较高的组件应放在气流入口处或尽可能接近气流入口处。

(2) 在充分发展对流换热阶段，除 Re、Pr 数以外，由三个几何参数所组成的两个无量纲参数，如 S/L 及 H/L，影响到对流换热。

6-23 解题过程 假定机翼表面的平均温度为 t_w。设 $t_w=-6.5$℃，则

$$t_m=\frac{-10-6.5}{2}=-8.25℃$$

查教材附录得 $\lambda=0.0239\ \mathrm{W/(m\cdot K)}$，$Pr=0.706$，$\nu=12.73\times10^{-6}\ \mathrm{m^2/s}$

$$Re=\frac{(400000/3600)\times25}{12.73\times10^{-6}}=2.18\times10^{7}>>5\times10^{5}$$

$$Nu=0.037Re^{0.8}Pr^{1/3}=0.037\times(2.18\times10^{7})^{0.8}\times0.706^{1/3}=24467$$

$$h=24467\times0.0239/2.5=234\ \mathrm{W/(m^2\cdot K)},$$

$$q=h\Delta t=234\times3.5=819\ \mathrm{W/m^2}$$

与所吸收的太阳辐射 800 W 相差 2.4 %，可以认为 $t_w=-6.5$℃ 即为所求之解。

若考虑机翼表面的自身辐射，则表面温度将有所下降。

6-24 解题过程 考虑到空气外掠大平板时其平均换热系数

$$h\sim x^{-\frac{1}{2}}\sim n^{-\frac{1}{2}}$$

则

$$Q_1=h_1A_1\Delta t$$

$$Q_{11}=h_nA_n\Delta t$$

所以

$$\frac{Q_n}{Q_1}=\frac{h_n}{h_1}\cdot n\sim n^{\frac{1}{2}}$$

则

$$\dot{Q}_{24}=80\sqrt{24}=391.91\ \mathrm{W}$$

$$\dot{Q}_{23}=80\sqrt{23}=383.67\ \mathrm{W}$$

$$\dot{Q}_{14}=80\sqrt{14}=299.33\ \mathrm{W}$$

$$\dot{Q}_{13}=80\sqrt{13}=288.44\ \mathrm{W}$$

所以第 24 块功率表读数为 8.24 W，第 14 块功率表读数为 10.93 W。

6-25 解题过程 取定性温度 $t_{\mathrm{m}} = \frac{0+10}{2} = 5℃$

查 5℃ 时纯水的物性得 $\lambda = 0.563\ \mathrm{W/(m \cdot K)}$，$Pr = 11.6$，$\nu = 1.5475 \times 10^{-6}\ \mathrm{m^2/s}$。

$$Re_L = \frac{uL}{\nu} = 1.794 \times 10^8$$

对局部 Nusselt 数计算式做$[0,L]$的积分，得

$$Nu_L = 0.037 Re_L^{0.8} Pr^{1/3}$$

$$h = 0.037 \frac{\lambda}{L} Re_L^{0.8} Pr^{1/3} = 0.037 \times \frac{0.563}{1000} \times (1.794 \times 10^8)^{0.8} \times 11.6^{1/3}$$
$$= 192.1\ \mathrm{W/(m^2 \cdot K)}$$

$$\Phi = Ah\Delta t = 1000 \times 500 \times 192.1 \times 10 = 9.605 \times 10^8\ \mathrm{W}$$

在 6000 h 的托运过程中，冰的融解量为

$$G = \frac{9.605 \times 10^8 \times 6000 \times 3600}{3.34 \times 10^5} = 6.21 \times 10^{10}\ \mathrm{kg}$$

外掠单管与管束

6-26 解题过程 $Re = 4000$，$Nu \sim Re^{0.466}$，直径增加一倍，Re 亦增加一倍，$Nu \sim Re^{0.618}$

$$\Phi(\pi dL) \cdot h \sim (\pi dL) \cdot d^{-1-0.618} \sim d^{-0.618}$$

所以 $$\Phi_2 = \Phi_1 \left(\frac{d_2}{d_1}\right)^{0.618} = 69 \times 1.534 = 105.9\ \mathrm{W}$$

6-27 解题过程 由题意可知，定性温度 $t_{\mathrm{m}} = \frac{20+40}{2} = 30℃$，查教材附录得物性为

$$\lambda = 0.0267\ \mathrm{W/(m \cdot K)},\ \nu = 16 \times 10^{-6}\ \mathrm{m^2/s},\ \mathrm{Pr} = 0.701$$

$$q_1 = h\pi d(t_{\mathrm{w}} - t_{\mathrm{f}})$$

$$h = \frac{q_1}{\pi d(t_{\mathrm{w}} - t_{\mathrm{f}})} = \frac{17.8}{\pi \times 0.1 \times 10^{-5} \times (40-20)} = 2833\ \mathrm{W/(m^2 \cdot K)}$$

$$Nu = \frac{2833}{0.0267} \times 0.1 \times 10^{-3} = 10.61$$

$$Re = \left(\frac{Nu}{0.683}\right)^{1/0.466} = \left(\frac{10.61}{0.683}\right)^{2.1459} = 360$$

故得 $$u = \frac{\nu}{d} Re = \frac{16 \times 10^{-6} \times 360}{0.1 \times 10^{-3}} = 57.6\ \mathrm{m/s}$$

6-28 解题过程 定性温度 $t_m = \frac{31+15}{2} = 23℃$，平均速度 $u = \frac{41842.84}{2.5 \times 3600} = 4.649\ \text{m/s}$

物性为 $\lambda = 0.0261\ \text{W/(m·K)}$，$\nu = 15.34 \times 10^{-6}\ \text{m}^2/\text{s}$，$Pr = 0.702$

$$Re = \frac{4.649 \times 0.35}{15.34 \times 10^{-6}} = 106072 >> 4 \times 10^4$$

$$Nu = 0.0266Re^{0.805} = 0.0266 \times 106072^{0.805} = 295.5$$

$$h = 295.5 \times 0.0261/0.35 = 22\ \text{W/(m}^2 \cdot \text{K)}$$

$$\Phi = Ah\Delta t = 3.1416 \times 0.35 \times 1.75 \times 22 \times (31-15) = 677.3\ \text{W}$$

在 2 ~ 5 h 内共散热 $2.5 \times 3600 \times 677.3 = 6095960 = 6.096 \times 10^6\ \text{J}$

6-29 解题过程

$$d = 0.5\ \text{m}, A = 0.5 \times 3.1416 \times 1 = 1.57\ \text{m}^2$$

$$t_f = \frac{150+(-10)}{2} = 70℃$$

查 70℃ 时空气的物性为

$$\nu = 20.02 \times 10^{-6}\ \text{m}^2/\text{s}, \lambda = 2.96 \times 10^{-2}\ \text{W/(m·K)}, Pr = 0.694$$

$$Re_x = \frac{ul}{\nu} = \frac{5 \times 0.5}{20.02 \times 10^{-6}} = 124875$$

$$Nu = 0.0266Re^{0.805}Pr^{\frac{1}{3}} = 298.3$$

$$h_m = \frac{298.3 \times 2.96 \times 10^{-2}}{0.5} = 17.6598\ \text{W/(m}^2 \cdot \text{K)}$$

$$\Phi = h \cdot A(t_w - t_0) = 17.6598 \times 1.57 \times [150-(-10)] = 4436114\ \text{W}$$

6-30 解题过程

$$t_f = \frac{150+185}{2} = 167.5℃$$

167.5℃ 时空气的物性为 $\nu = 30.93 \times 10^{-6}\ \text{m}^2/\text{s}$，$\lambda = 3.689 \times 10^{-2}\ \text{W/(m·K)}$，$Pr_f = 0.68135$。查 185℃ 时空气的物性为 $Pr_w = 0.68025$。

$$Re_x = \frac{ul}{\nu} = \frac{6.03 \times 0.04}{30.93 \times 10^{-6}} = 7798.2$$

$$Nu = 0.35\left(\frac{s_1}{s_2}\right)^{0.2}Re^{0.6}Pr^{0.36}\left(\frac{Pr_f}{Pr_w}\right)^{0.25}$$

$$= 0.35 \times \left(\frac{76}{44}\right)^{0.2} \times 7798.2^{0.6} \times 0.68135^{0.36} \times \left(\frac{0.68135}{0.68025}\right)^{0.25} = 73.6$$

$$h_m = \frac{73.6 \times 3.689 \times 10^{-2}}{0.049} = 67.88\ \text{W/(m}^2 \cdot \text{K)}$$

6-31 解题过程 采用外掠管束的公式来计算肋束与气流间的对流换热，定性温度

$t_m = \frac{35+65}{2} = 50℃$，查教材附录得 50℃ 时空气的物性为 $\lambda = 0.0283\ W/(m \cdot K)$，$\nu = 17.95 \times 10^{-6}\ m^2/s$

$$Re = \frac{3.8 \times 0.01}{17.95 \times 10^{-6}} = 2117$$

由表查得 $C = 0.482$，$m = 0.556$

$Nu = 0.482 \times 2117^{0.556} = 34.05$，$h = \frac{34.05 \times 0.0283}{0.01} = 96.4\ W/(m \cdot K)$

$$m = \sqrt{\frac{4h}{\lambda d}} = \sqrt{\frac{4 \times 96.4}{98 \times 0.01}} = 19.83$$

所以 $H = 1.5/19.83 = 0.0756\ m$

6-32 解题过程 定性温度 $t'' = t_m = \frac{t_w + t_f}{2} = \frac{133+165}{2} = 149℃$，得空气物性值为

$$\nu = 28.8 \times 10^{-6}\ m^2/s, Pr = 0.683, \lambda = 0.0356\ W/(m \cdot K)$$

$$Re = \frac{ud}{\nu} = \frac{6 \times 0.04}{28.8 \times 10^{-6}} = 8333，由\frac{s_1}{d} = 2, \frac{s_2}{d} = 1.25$$

据表得 $C = 0.519$，$m = 0.556$，

所以 $Nu = 0.519 \times 8333^{0.556} = 78.55$

$$h = \frac{Nu\lambda}{d} = \frac{78.55 \times 0.0356}{0.04} = 69.9\ W/(m^2 \cdot K)$$

6-33 解题过程 先以 30℃ 物性估计，$Pr_f = 0.701$，$\lambda = 0.0267\ W/(m \cdot K)$，$\nu = 16 \times 10^{-6}\ m^2/s$，$\rho = 1.165\ kg/m^3$，$c_p = 1005\ J/(kg \cdot K)$。取 67℃ 空气的物性为，$Pr_w = 0.694$

取计算区域的高、宽各为 25，$S = 100\ mm$，则棒束中最大流速为

$$u_{max} = u_\infty \left(\frac{l}{l - 25d}\right) = u_\infty \left(\frac{100}{100 - 50}\right) = 20\ m/s,$$

$$Re_{max} = \frac{u_{max} d}{\nu} = \frac{20 \times 0.002}{16 \times 10^{-6}} = 2500$$

$$Re_f = Re_{max}, Nu_f = 0.27(Re_f)^{0.63} Pr_f^{0.36} (Pr_f/Pr_w)^{0.25}$$

$$= 0.27 \times 2500^{0.63} \times 0.701^{0.36} \times (0.701/0.694)^{0.25} = 32.96$$

$$h = Nu_f \lambda/d = 32.96 \times 0.0267/0.002 = 440\ W/(m^2 \cdot K)$$

从热平衡角度

$\Phi_{hb} = u_\infty A\rho c_p (t'' - t') = 10 \times 0.1 \times 0.1 \times 1.165 \times 1005 \times (t'' - 27)$

从热交换角度

$$\Phi_{hr} = \pi dlNh\left(t_w - \frac{t'' + t'}{2}\right)$$

$$= 3.1416 \times 0.002 \times 0.1 \times 25 \times 25 \times 440 \times \left(67 - \frac{27 + t'}{2}\right)$$

由能量守恒得 $\Phi_{hb} = \Phi_{hr}$，即

$$10 \times 0.1 \times 0.1 \times 1.165 \times 1005 \times (t'' - 27)$$

$$= 3.1416 \times 0.002 \times 0.1 \times 25 \times 25 \times 440 \times \left(67 - \frac{27 + t'}{2}\right)$$

$$116.9(t'' - 27) = 172.7\left(67 - \frac{27 + t'}{2}\right), 203.25t'' = 12395.8$$

解得 $$t'' = 61℃$$

故 $$t_m = \frac{27 + 61}{2} = 44℃$$

空气物性参数为

$$\nu = 17.36 \times 10^{-6}\ \text{m}^2/\text{s}, \lambda = 0.0278\ \text{W/(m·K)}$$

$$c_p = 1005\ \text{J/(kg·K)}, \rho = 1.114\ \text{kg/m}^3, Pr = 0.699$$

$$Re = \frac{20 \times 0.002}{17.36 \times 10^{-6}} = 2304,$$

$$Nu_f = 0.27 \times 2304^{0.63} \times 0.699^{0.36} \times (0.699/0.694)^{0.25} = 31.2$$

$$h = Nu_f\lambda/d = 31.2 \times 0.0279/0.002 = 435.2\ \text{W/(m}^2\text{·K)}$$

$$\Phi_{hb} = 10 \times 0.1 \times 0.1 \times 1.114 \times 1005 \times (t'' - 27)$$

$$\Phi_{hr} = 3.1416 \times 0.002 \times 0.1 \times 25 \times 25 \times 435.2 \times \left(67 - \frac{27 + t''}{2}\right)$$

由 $\Phi_{hb} = \Phi_{hr}$，得 $111.96(t'' - 27) = 170.8 \times \left(67 - \frac{27 + t''}{2}\right), t'' = 61.6℃$

与上一次计算相差小于 1 %，计算有效。

得 $\Phi_{hr} = 3.1416 \times 0.002 \times 0.1 \times 25 \times 25 \times 435.2 \times \left(67 - \frac{27 + 61.6}{2}\right) =$ 3880 W。

大空间自然对流

6-34 解题过程 设水平圆柱外自然对流换热为层流

$$Gr = \frac{g\alpha d^3 \Delta t}{\nu^2}, Nu = C_1 (GrPr)^n = \frac{hd}{\lambda}$$

所以 $$h = \frac{\lambda C_1}{d}(GrPr)^n = 0.48\lambda\left(\frac{g\alpha Pr}{\nu^2}\right)^{\frac{1}{4}}\left(\frac{\Delta t}{d}\right)^{1/4}$$

由题意可得 $h = C\left(\frac{\Delta t}{d}\right)^{1/4}$

所以 $C = 0.48\lambda\left(\frac{g\alpha Pr}{\nu^2}\right)^{1/4}$

(1) 对空气 $t_m = 40℃$

空气物性参数为 $Pr = 0.699, \nu = 16.96 \times 10^{-6}\ m^2/s, \lambda = 0.0276\ W/(m \cdot K)$

$$\begin{aligned} C &= 0.48\lambda\left(\frac{g\alpha Pr}{\nu^2}\right)^{1/4} \\ &= 0.48 \times 0.0276 \times \left[\frac{9.8 \times 0.699}{(16.69 \times 10^{-6})^2 \times (273.15 + 40)}\right]^{\frac{1}{4}} \\ &= 1.237 \end{aligned}$$

(2) 对空气 $t_m = 60℃$

空气物性参数为 $Pr = 0.696, \nu = 18.96 \times 10^{-6}\ m^2/s, \lambda = 0.029\ W/(m \cdot K)$

$$\begin{aligned} C &= 0.48\lambda\left(\frac{g\alpha Pr}{\nu^2}\right)^{1/4} \\ &= 0.48 \times 0.029 \times \left[\frac{9.8 \times 0.696}{(18.96 \times 10^{-6})^2 \times (273.15 + 60)}\right]^{\frac{1}{4}} = 1.209 \end{aligned}$$

(3) 对空气 $t_m = 80℃$

空气物性参数为 $Pr = 0.692, \nu = 21.09 \times 10^{-6}\ m^2/s, \lambda = 0.029\ W/(m \cdot K)$

$$\begin{aligned} C &= 0.48\lambda\left(\frac{g\alpha Pr}{\nu^2}\right)^{1/4} \\ &= 0.48 \times 0.029 \times \left[\frac{9.8 \times 0.696}{(21.09 \times 10^{-6})^2 \times (273.15 + 60)}\right]^{\frac{1}{4}} \\ &= 1.125 \end{aligned}$$

(4) 对水 $t_m = 40℃$

物性参数为

$Pr = 4.31, \nu = 0.659 \times 10^{-6}\ m^2/s, \alpha = 3.86 \times 10^{-4} K^{-1}, \lambda = 0.635\ W/(m^2 \cdot K)$

$$\begin{aligned} C &= 0.48\lambda\left(\frac{g\alpha Pr}{\nu^2}\right)^{1/4} = 0.48 \times 0.635 \times \left[\frac{9.8 \times 4.31 \times 3.86 \times 10^{-4}}{(0.659 \times 10^{-6})^2}\right]^{\frac{1}{4}} \\ &= 134.2 \end{aligned}$$

(5) 对水 $t_m = 60℃$

物性参数为

$Pr = 2.99, \nu = 0.478 \times 10^{-6}\ m^2/s, \alpha = 5.22 \times 10^{-4} K^{-1}, \lambda = 0.659\ W/(m^2 \cdot K)$

$$C = 0.48\lambda\left(\frac{g\alpha Pr}{\nu^2}\right)^{1/4} = 0.48 \times 0.659 \times \left[\frac{9.8 \times 2.99 \times 5.22 \times 10^{-4}}{(0.478 \times 10^{-6})^2}\right]^{\frac{1}{4}}$$

$$= 160.9$$

(6) 对水 $t_m = 80℃$

物性参数为

$Pr = 2.21, \nu = 0.365 \times 10^{-6}\ m^2/s, \alpha = 6.4 \times 10^{-4} K^{-1}, \lambda = 0.674\ W/(m^2 \cdot K)$

$$C = 0.48\lambda\left(\frac{g\alpha Pr}{\nu^2}\right)^{1/4} = 0.48 \times 0.674 \times \left[\frac{9.8 \times 2.21 \times 6.4 \times 10^{-4}}{(0.365 \times 10^{-6})^2}\right]^{\frac{1}{4}}$$

$$= 183.7$$

6-35 解题过程 (1) $t_m = \frac{60 + 15}{2} = 37.5℃$

此时物性参数为 $\nu = 16.07 \times 10^{-6}\ m^2/s, Pr = 0.7, \lambda = 0.02677\ W/(m \cdot K)$

$$Gr = \frac{g\alpha \Delta t H^3}{\nu^2} = 9.8 \times \frac{1}{310.5} \times (60 - 15) \times \frac{1.2^3}{16.07 \times 10^{-6}}$$

$$= 9.5 \times 10^9$$

$GrPr = 9.5 \times 10^9 \times 0.7 = 6.65 \times 10^9, Nu = 0.1 \times (6.65 \times 10^9)^{1/3}$

$= 187.9$

$$h = \frac{Nu\lambda}{d} = \frac{187.9 \times 0.0276}{1.2} = 4.32\ W/(m^2 \cdot K)$$

$\Phi = Ah\Delta t = 3.1416 \times 0.025 \times 1.2 \times 4.32 \times (60 - 15) = 18.3\ W$

(2) 15℃、2.026×10^5 Pa 时，按理想气体定律，有

$$\begin{cases} p_2 = \rho_2 R_g T \\ p_1 = \rho_1 R_g T \end{cases} \Rightarrow \rho_2 = 2\rho_1$$

因为 $\mu_1 = \mu_2$，即 $\nu_1\rho_1 = \nu_2\rho_2$

所以 $\nu_2 = \frac{\nu_1}{2}, Gr_2 = 4Gr_1, h_2 = 4^{1/3}h_1 = 1.59 \times 4.32 = 6.87\ W/(m^2 \cdot K)$

$$\Phi_2 = 4^{1/3}\Phi_1 = 1.59 \times 18.3 = 29.1\ W$$

6-36 解题过程 在开始冷却的瞬间，可设初始温度为壁温，因而两种情形下 t_w 相同。近似地采用稳态工况下获得的准则式来比较，则有

$$h_l=\frac{0.59\lambda}{l}\left(\frac{g\alpha\Delta tL^3}{\nu^2}Pr\right)^{1/4},$$

$$h_d=0.53\,\frac{\lambda}{d}\left(\frac{g\alpha\Delta td^3}{\nu^2}Pr\right)^{1/4},$$

$$\frac{h_l}{h_d}=\frac{0.59}{0.53}\times\frac{d}{l}\left(\frac{l^3}{d^3}\right)^{1/4}=1.113\times\left(\frac{l}{d}\right)^{1/4}$$

$\dfrac{h_l}{h_d}=1.113\times\left(\dfrac{1}{10}\right)^{1/4}=0.626$，对给定情形，水平放置时冷却比较快。

6-37 解题过程 $t_m=\dfrac{35+25}{2}=30$ ℃，查教材附录得 30℃ 时空气的物性为 $\lambda=0.0276$ W/(m·K)，$\nu=16\times10^{-6}$ m²/s，$Pr=0.701$

$$\alpha=\frac{1}{30+270}=\frac{1}{303}\text{K}^{-1},$$

$$Gr=\frac{g\alpha\Delta tH^3}{\nu^2}=9.8\times\frac{1}{303}\times(35-25)\times\frac{1.75^3}{(16\times10^{-6})^2}=6.771\times10^9$$

处于过渡区。

$$Nu=0.0292\times(6.771\times10^9\times0.701)^{0.39}=173.4$$

$$h=\frac{Nu\lambda}{d}=\frac{173.4\times0.0276}{1.75}=2.735\ \text{W/(m}^2\cdot\text{K)}$$

$\Phi=Ah\Delta t=3.1416\times0.3\times1.75\times2.735\times(35-25)=45.11$ W

一昼夜散热 $Q=45.11\times24\times3600=3898$ kJ

此值与每天的平均摄入热量接近，实际上由于人体穿了衣服，自然对流散热量要小于此值。

6-38 解题过程 $t_m=\dfrac{150+35}{2}=92.5$℃，查教材附录得 92.5℃ 时空气的物性为

$$\nu=22.36\times10^{-6}\text{m}^2/\text{s},$$

$$\lambda=0.0315\ \text{W/(m}\cdot\text{K)}$$

$$Pr=0.6895,Gr=\frac{9.8\times(150-35)\times0.3^3}{(273+92.5)\times22.36^2}\times10^{12}=1.66\times10^8$$

$$Nu=0.59\times(1.66\times10^8\times0.6895)^{1/4}=61.07,$$

$$h=\frac{61.07\times0.0315}{0.3}=6.41\ \text{W/(m}^2\cdot\text{K)}$$

$$\Phi_c=Ah\Delta t=0.3^2\times6.41\times(150-35)=66.3\ \text{W}$$

辐射换热量 $\Phi_r=Ah_r(t-t_\infty)=0.3^2\times8.52\times(150-35)=88.2$ W

总散热量 $\Phi = \Phi_c + \Phi_r = 66.3 + 88.2 = 154.5\ \text{W}$

由于平板可以两面同时散热，故允许电加热功率为 $2 \times 154.5 = 309\ \text{W}$。

6-39 解题过程 夏天，$t_m = \dfrac{35+25}{2} = 30℃$，查教材附录得 30℃ 时空气的物性为

$$Pr = 0.701, \lambda = 0.0267\ \text{W/(m·K)}, \nu = 16 \times 10^{-6}\ \text{m}^2/\text{s}$$

$$\alpha_V = \frac{1}{303},$$

$$Gr = \frac{g\alpha \Delta t H^3}{\nu^2} = \frac{9.8 \times 1/303 \times (35-25) \times 2.5^3}{16^2} \times 10^{12} = 1.974 \times 10^{10}$$

$$\begin{aligned} Nu &= 0.0292 \times (1.974 \times 10^{10} \times 0.701)^{0.39} \\ &= 0.0292 \times (1.384 \times 10^{10})^{0.39} \\ &= 263.3 \end{aligned}$$

$$h = \frac{Nu\lambda}{H} = \frac{263.3 \times 0.0267}{2.5} = 2.812\ \text{W/(m}^2\cdot\text{K)}$$

$$q = h\Delta t = 2.812 \times 10 = 28.12\ \text{W/m}^2$$

冬天，$t_m = \dfrac{10+20}{2} = 15℃$，查教材附录得 15℃ 时空气的物性为

$$\nu = 14.61 \times 10^{-6}\ \text{m}^2/\text{s}, Pr = 0.704, \lambda = 0.0255\ \text{W/(m·K)}$$

$$\alpha = \frac{1}{288}\text{K}^{-1}$$

$$Gr = \frac{g\alpha \Delta t H^3}{\nu^2} = \frac{9.8 \times 1/288 \times (20-10) \times 2.5^3}{14.61^2} \times 10^{12} = 2.49 \times 10^{10}$$

$$Nu = 0.10 \times (2.49 \times 10^{10} \times 0.704)^{1/3} = 0.10 \times 2595.7 = 259.6$$

若按过渡区计算

$$Nu = 0.0292 \times (2.49 \times 10^{10} \times 0.704)^{0.39} = 0.0292 \times 9871 = 288.2$$

$$\overline{Nu} = \frac{259.6 + 288.2}{2} = 273.9$$

$$h = \frac{\overline{Nu}\lambda}{H} = \frac{273.9 \times 0.0255}{2.5} = 2.79\ \text{W/(m}^2\cdot\text{K)}$$

$$q = h\Delta t = 2.79 \times 10 = 27.9\ \text{W/m}^2$$

结论：通过计算可知，该说法正确。

6-40 解题过程 $t_m = \dfrac{75+25}{2} = 50℃$，此时空气的物性为 $\lambda = 0.0283\ \text{W/(m·K)}$，

$$Pr = 0.698, \nu = 17.95 \times 10^{-6} \mathrm{m^2/s}$$

$$\alpha_r = \frac{1}{273 + 50} = \frac{1}{323} \mathrm{K^{-1}}$$

$$Gr_x = \frac{9.8 \times 1/323 \times (75 - 25) \times 0.15^3}{17.95^2} \times 10^{12} = 1.589 \times 10^7$$

$$\delta_{\max} = 5 \times 0.15 \times (1.589 \times 10^7)^{-1/4} = 11.9 \text{ mm}$$

最小间距 $s = 2\delta_{\max} = 2 \times 11.9 = 23.8$ mm

按竖直平板处理：$Nu = 0.059 \times (1.589 \times 10^7 \times 0.698)^{1/4} = 34.05$

$$h = \frac{34.05 \times 0.0283}{0.15} = 6.429 \text{ W/(m}^2 \cdot \text{K)}$$

$$\Phi = 2 \times 0.15 \times 0.02 \times 6.429 \times (75 - 25) = 1.93\text{W}$$

6-41 解题过程 $t_m = \dfrac{75 + 25}{2} = 50$℃，查教材附录得 50℃ 时水的物性为

$$\alpha_r = 5.22 \times 10^{-4} \text{ K}^{-1}, \nu = 0.478 \times 10^{-6} \text{ m}^2/\text{s},$$

$$Pr = 2.89, \lambda = 0.659 \text{ W/(m} \cdot \text{K)}$$

$$Gr = \frac{g\alpha \Delta t H^3}{\nu^2} = \frac{9.8 \times 5.22 \times 10^{-4} \times (100 - 20) \times 0.5^3}{(0.478 \times 10^{-6})^2} = 2.239 \times 10^{11}$$

$$Nu = 0.10 \times (GrPr)^{1/3} = 0.10 \times (2.239 \times 10^{11} \times 2.89)^{1/3} = 864.1$$

$$h = \frac{Nu\lambda}{H} = \frac{864.1 \times 0.659}{0.5} = 1139 \text{ W/(m}^2 \cdot \text{K)}$$

$$\Phi = Ah\Delta t = 30 \times 0.5 \times 0.3 \times 2 \times 1139 \times (100 - 20) = 820 \text{ kW}$$

6-42 解题过程 不考虑相交面处的相互影响，$t_\infty = \dfrac{28 + 12}{2} = 20$℃，此时的物性参数为

$$\lambda = 0.0259 \text{ W/(m} \cdot \text{K)}$$

$Pr = 0.703$，$\nu = 15.06 \times 10^{-6} \mathrm{m^2/s}$，对竖壁，特征尺寸 $l = 0.3$，对上下表面，因为管道长度远大于截面尺寸，故 $\dfrac{A}{P} \approx \dfrac{0.3 \times L}{2L} = 0.15$

(1) 竖壁

$$GrPr = \frac{g\alpha \Delta t l^3}{\nu^2} Pr = \frac{9.8 \times 1/293 \times (28 - 12) \times 0.3^3}{15.06^2} \times 10^{12} \times 0.703$$

$$= 4.479 \times 10^6$$

$$Nu = 0.59 \times (4.479 \times 10^6)^{1/4} = 48.3$$

(2) 冷面朝上

$$GrPr=\frac{g\alpha\Delta tl^3}{\nu^2}Pr=\frac{9.8\times 1/293\times(28-12)\times 0.15^3}{15.06^2}\times 10^{12}\times 0.703$$

$$=5.599\times 10^5$$

$$Nu=0.27(GrPr)^{1/4}=0.27\times(5.599\times 10^5)^{1/4}=0.27\times 27.35$$

$$=7.386$$

(3) 下表面

$$Nu=0.54\times(5.599\times 10^5)^{1/4}=14.77$$

$$\Phi_L=\sum h_iA_i\Delta t=\sum\frac{Nu_i\lambda}{L_i}A\Delta t$$

$$=0.3\times 1\times(28-12)\times\left(2\times 48.3\times\frac{1}{0.3}+7.386\times\frac{1}{0.15}+14.77\times\frac{1}{0.15}\right)\times 0.0259$$

$$=58.4\ \text{W/m}$$

6-43 解题过程

$$\frac{A}{P}=\frac{0.33\times 0.33}{4\times 0.33}=0.0825\ \text{m},t_m=\frac{590+430}{2}=510℃$$

查 510℃ 的物性得 $\lambda=0.05788\ \text{W/(m}\cdot\text{K)}$，$Pr=0.688$，$\nu=81.14\times 10^{-6}\ \text{m}^2/\text{s}$，$\alpha=\frac{1}{783}\text{K}^{-1}$。

$$GrPr=\frac{9.8\times 1/783\times(590-430)\times 0.0825^3}{81.14^2}\times 10^{12}\times 0.688$$

$$=1.18\times 10^5$$

对向上的热面有

$$Nu=0.27\times(1.18\times 10^5)^{1/4}=5.0$$

$$h=\frac{Nu\lambda}{L}=\frac{5\times 0.05788}{0.0825}=3.5\ \text{W/(m}^2\cdot\text{K)}$$

对向下的冷面有

$$Nu=0.54\times(1.18\times 10^5)^{1/4}=10$$

$$h=\frac{Nu\lambda}{L}=\frac{10\times 0.05788}{0.0825}=7\ \text{W/(m}^2\cdot\text{K)}$$

$$\Phi=\sum Ah_i\Delta t=0.33\times 0.33\times(3.7+7)\times(590-430)=182.952\ \text{W}$$

6-44 解题过程 由题意得定性温度 $t_m = \dfrac{20+65}{2} = 42.5℃$，查教材附录得 42.5℃ 水的物性为

$$Pr = 4.118, \alpha = 4.04\times10^{-4}\text{K}^{-1},$$

$$\lambda = 0.638\ \text{W/(m}\cdot\text{K)}, \nu = 0.633\times10^{-6}\text{m}^2/\text{s}$$

$$GrPr = \frac{g\alpha\Delta td^3}{\nu^2}Pr = \frac{9.8\times4.04\times10^{-4}\times(65-20)\times0.025^3}{0.633^2}\times10^{12}\times4.118$$

$$= 2.86\times10^7$$

$$Nu = 2+\frac{0.589\times(2.86\times10^7)^{1/4}}{[1+(0.469/4.118)^{9/16}]^{4/9}} = 2+\frac{43.07}{1.122} = 2+38.4 = 40.4$$

$$\Phi = Ah\Delta t = \pi d^2h(t_w-t_\infty)$$

$$= 3.1416\times0.025^2\times1031\times(65-20) = 1.9635\times10^{-3}\times1031\times45$$

$$= 91\ \text{W}$$

6-45 解题过程 这是给定热流密度的情形，按教材式(6-36) 计算。假设 $t_m = 100℃$，查 100℃ 时的物性得

$$\nu = 23.13\times10^{-6}\ \text{m}^2/\text{s}, Pr = 0.688,$$

$$\lambda = 0.0321\ \text{W/(m}\cdot\text{K)}, Nu_x = 0.60(Gr\cdot Pr)^{1/4}$$

$$Gr_x^* = \frac{g\alpha qL^4}{\lambda\nu^2} = \frac{\dfrac{310}{0.3\times0.3\times2}\times\dfrac{1}{273+100}\times9.8\times0.3^4}{0.0321\times23.13^2}\times10^{12}$$

$$= 2.134\times10^{10}$$

$$Nu_x = 0.60\times(2.134\times10^{10}\times0.688)^{1/5} = 64.79$$

$$h = \frac{Nu_x\lambda}{L} = \frac{64.79\times0.0321}{0.3} = 6.933\ \text{W/(m}^2\cdot\text{K)}$$

由 $h(t_{wmax}-35)A = \Phi$ 可得

$$t_{wmax} = 35+\frac{\Phi}{hA} = 35+\frac{310}{6.933\times0.3^2\times2} = 283.4℃$$

自然对流的热流密度 $q' = \dfrac{310\times0.42}{0.09\times2} = 723.3\ \text{W/m}^2$

$$Gr_t^* = \frac{g\alpha q'L^4}{\lambda\nu^2} = \frac{723.3\times\dfrac{1}{273+100}\times9.8\times0.3^4}{0.0321\times23.13^2}\times10^{12} = 8.96\times10^9$$

$$Nu_t = 0.60 \times (8.96 \times 10^9 \times 0.688)^{1/5} = 0.60 \times 90.78 = 54.47$$

$$h = \frac{Nu_t \lambda}{L} = \frac{54.47 \times 0.0321}{0.3} = 5.828\ \text{W/(m}^2 \cdot \text{K)}$$

$$\frac{q}{t_{\text{wmax}} - t_\infty} = \frac{723.3}{t_{\text{wmax}} - 35} = 5.828$$

$$t_{\text{wmax}} = 35 + \frac{723.3}{5.828} = 35 + 124.1 = 159.1℃$$

结果见解 6-45 表。

解 6-45 表

x	0.1 m	0.2 m	0.3 m
Gr_x	1.11×10^8	1.17×10^9	8.96×10^9
Nu_x	22.60	39.38	54.47
h_x	7.25	6.32	5.83
t_w	134.8	149.4	159.1

取 $t_w = \dfrac{134.8 + 149.4 + 159.1}{3} = 147.8$，则 $t_m = 91.4$ ℃

取 90℃ 时的物性得

$$\nu = 22.1 \times 10^{-6}\ \text{m}^2/\text{s}, \lambda = 0.031\ \text{W/(m} \cdot \text{K)}, Pr = 0.690$$

同理得 $Gr_x = \dfrac{9.8 \times 1/363 \times 723.3 \times 0.3^4}{22.1^2 \times 0.0313} \times 10^{12} = 1.035 \times 10^{10}$

$$Nu_x = 0.60 \times (1.035 \times 10^{10} \times 0.690)^{1/5} = 56.09$$

$$h = \frac{Nu_x \lambda}{L} = \frac{56.09 \times 0.313}{0.3} = 5.85\ \text{W/(m}^2 \cdot \text{K)}$$

$$t_{\text{wmax}} = 35 + \frac{723.5}{5.85} = 35 + 123.6 = 158.6℃$$

有限空间自然对流

6-46 解题过程

$$t_m = \frac{30 + 90}{2} = 60℃$$

查教材附录得物性为 $\lambda = 0.029\ \text{W/(m} \cdot \text{K)}$，$Pr = 0.696$，

$$\nu = 18.97 \times 10^{-6}\ \text{m}^2/\text{s}$$

当热面在上，冷面在下时，热量的传递为导热，则单位面积传热量

$$q = \lambda \frac{\Delta t}{\delta} = 0.029 \times \frac{90 - 30}{0.014} = 124\ \text{W/m}^2$$

当热面在下时，夹层中有自然对流

$$GrPr = \frac{9.8 \times 1/333 \times (90 - 30) \times 0.014^3}{18.97^2} \times 10^{12} \times 0.696 = 9371$$

$$Nu = 0.212 \times 9371^{1/4} = 2.09, h = \frac{2.09 \times 0.029}{0.014} = 4.33\ \text{W/(m}^2 \cdot \text{K)}$$

则单位面积传热量 $q' = h\Delta t = 4.33 \times 60 = 260\ \text{W/m}^2$

6-47 解题过程 (1)$t_m = \dfrac{85 + 25}{2} = 60℃$

查教材附录得物性为 $\nu = 18.97 \times 10^{-6}\ \text{m}^2/\text{s}, \lambda = 0.029\ \text{W/(m} \cdot \text{K)}$

$$Pr = 0.696$$

$$Gr_\delta Pr = \frac{9.8 \times 1/333 \times (85 - 35) \times 0.05^3}{18.97^2} \times 10^{12} \times 0.696 = 355743$$

$$Nu = 0.061 \times 355743^{1/3} = 4.30, h = \frac{4.30 \times 0.029}{0.05} = 2.49\ \text{W/(m}^2 \cdot \text{K)}$$

$$q = h\Delta t = 2.49 \times 50 = 125\ \text{W/m}^2$$

(2)$GrPr = \dfrac{g\alpha\Delta t\delta^3}{\nu^2} Pr = \dfrac{9.8}{18.97} \times 10^{12} \times \dfrac{1}{333} \times 50 \times 0.696\delta^3$

$$= 2.8459 \times 10^9 \delta^3 \leqslant 1708$$

$$\delta^3 \leqslant 6.002 \times 10^{-7}\ \text{m}, \delta \leqslant 8.42 \times 10^{-3}\ \text{m}$$

此时导热量

$$q = \frac{\lambda\Delta t}{\delta} = \frac{0.029 \times 50}{0.00842} = 172.2\ \text{W/m}^2$$

6-48 解题过程 此题中盖板温度未知，这一温度由夹层中的散热与盖板向大空间的换热所决定，正确的温度值应使这两份热量相等。在计算中，此温度需假设。

(1) 不加夹层时，$t_m = \dfrac{70 + 27}{2} = 48.5℃$，此时空气的物性值为

$$Pr = 0.698, \lambda = 0.0282\ \text{W/(m} \cdot \text{K)}, \nu = 17.80 \times 10^{-6}\ \text{m}^2/\text{s},$$

特征长度 $L = \dfrac{0.6^2}{4 \times 0.6} = 0.15$

$$GrPr = \frac{9.8 \times 1/321.5 \times (70 - 27) \times 0.15^3}{17.8^2} \times 10^{12} \times 0.698$$

$$= 9.75 \times 10^6$$

$$Nu = 0.54 \times (9.75 \times 10^6)^{1/4} = 30.17$$

$$h = \frac{30.17 \times 0.0282}{0.15} = 5.67 \text{ W/(m}^2 \cdot \text{K)}$$

$$\Phi = Ah\Delta t = 0.6^2 \times 5.67 \times 43 = 87.8 \text{ W}$$

(2) 加夹层时，经几次计算，设 $t_w = 42.5℃$

则大空间自流对流部分 $t_m = \frac{27 + 42.5}{2} = 34.75$ ℃，查空气在 34.75℃ 的物性为

$$Pr = 0.70, \lambda = 0.0271 \text{ W/(m} \cdot \text{K)}, \nu = 16.46 \times 10^{-6} \text{ m}^2/\text{s}$$

$$GrPr = \frac{9.8 \times 1/307.8 \times (42.5 - 27) \times 0.15^3}{16.46^2} \times 10^{12} \times 0.70 = 4.303 \times 10^6$$

$$Nu = 0.54 \times (4.303 \times 10^6)^{1/4} = 24.59$$

$$h = \frac{24.59 \times 0.0271}{0.15} = 4.44 \text{ W/(m}^2 \cdot \text{K)}$$

$$\Phi_1 = Ah\Delta t = 0.6^2 \times 4.44 \times 15.5 = 24.8 \text{ W}$$

封闭腔部分，$t_m = \frac{70 + 42.5}{2} = 56.25℃$，查得 56.25℃ 时空气的物性为

$$\lambda = 0.0287 \text{ W/(m} \cdot \text{K)}, \nu = 18.59 \times 10^{-6} \text{ m}^2/\text{s}, Pr = 0.697$$

$$Gr_\delta Pr = \frac{9.8 \times 1/329.3 \times (70 - 42.5) \times 0.05^3}{18.59^2} \times 10^{12} \times 0.697$$

$$= 2.063 \times 10^5$$

$$Nu = 0.212 \times (2.063 \times 10^5)^{1/4} = 4.518$$

$$h = \frac{4.518 \times 0.0287}{0.05} = 2.593 \text{ W/(m}^2 \cdot \text{K)}$$

$$\Phi_2 = Ah\Delta t = 0.6^2 \times 2.593 \times 27.5 = 25.67 \text{ W}$$

Φ_1 与 Φ_2 相差约 3%，可取 $\frac{\Phi_1 + \Phi_2}{2}$ 作为结果，则 $\Phi = \frac{\Phi_1 + \Phi_2}{2} = 25.24$ W。

所以加夹层后的自然对流散热损失减少为不加夹层时的 $\frac{25.24}{87.8} \times$

$100\% = 28.7\%$。

6-49 解题过程 (1) 定性温度 $t_m = \dfrac{90+30}{2} = 60℃$，查得此时空气的物性为

$$\nu = 18.97 \times 10^{-6}\ m^2/s, \lambda = 0.029\ W/(m \cdot K)$$

$$Pr = 0.696, Gr_{\delta}Pr = \frac{9.8 \times 1/333 \times (90-30) \times 0.1^3}{18.97^2} \times 10^{12} \times 0.696$$

$$= 3.415 \times 10^6$$

$$Nu = 0.061 \times (3.415 \times 10^6)^{1/3} = 9.18$$

$$h = \frac{9.18 \times 0.029}{0.1} = 2.66\ W/(m^2 \cdot K)$$

$$\Phi = Ah\Delta t = 1 \times 2.66 \times 60 = 159\ W$$

(2) 定性温度 $t_m = \dfrac{90+20}{2} = 55℃$，查得此时空气的物性为

$$\lambda = 0.02856\ W/(m \cdot K),$$

$$\nu = 18.46 \times 10^{-6}\ m^2/s$$

$$Pr = 0.679$$

$$Gr_{\delta}Pr = \frac{9.8 \times 1/328 \times (90-20) \times 0.25^3}{18.46^2} \times 10^{12} \times 0.697$$

$$= 6.684 \times 10^7$$

$$Nu = 0.015 \times (6.684 \times 10^7)^{1/3} = 60.51$$

$$h = \frac{60.51 \times 0.02865}{0.25} = 6.934\ W/(m^2 \cdot K),$$

$$\Phi = Ah\Delta t = 1 \times 6.934 \times 70 = 485.4\ W$$

6-50 解题过程 $t_m = \dfrac{40+140}{2} = 90\ ℃$，在 1.013×10^5 Pa 下，空气的物性为

$\rho = 0.927\ kg/m^2, \lambda = 0.0313\ W/(m \cdot K), \mu = 21.5 \times 10^{-6}\ kg/(m \cdot s)$，

$Pr = 0.69$，在 $p = 0.2 \times 10^5$ Pa 时，按理想气体定律

$$\rho' = 0.972 \times \frac{0.2}{1.013} = 0.1919\ kg/m^3$$

$$\nu' = \frac{21.5 \times 10^{-6}}{0.1919} = 1.12 \times 10^{-4}\ m^2/s$$

$$Gr_\delta = \frac{9.8 \times \cos 30 \times 1/363 \times (140 - 40) \times 0.08^3}{1.12^2} \times 10^8 = 9.54 \times 10^4$$

$$Gr_\delta Pr = 9.54 \times 10^4 \times 0.69 = 6.583 \times 10^4$$

$$Nu = 0.212 \times (6.583 \times 10^4)^{1/4} = 3.4$$

$$h = \frac{3.4 \times 0.0313}{0.08} = 1.33 \text{ W/(m}^2 \cdot \text{K)},$$

$$q = h\Delta t = 1.33 \times 100 = 133 \text{ W/m}^2$$

抽真空后，夹层中对流换热减弱，从而使热阻增加，而温差不变，导致传热量下降，因而玻璃窗温度有所下降。

6-51 解题过程 $t_m = \dfrac{20 - 10}{2} = 5℃$

查此时空气的物性为 $\nu = 13.72 \times 10^{-6}\ \text{m}^2/\text{s}, \lambda = 0.0240\ \text{W/(m} \cdot \text{K)}$

$$Pr = 0.706,$$

$$Gr_\delta = \frac{g\alpha \Delta t \delta^3}{\nu^2} = \frac{9.8 \times 1/278 \times (20 + 10) \times 0.1^3}{13.72^2} \times 10^{12}$$

$$= 5.618 \times 10^6$$

$$Gr_\delta Pr = 5.618 \times 10^6 \times 0.706 = 3.966 \times 10^6$$

(1) 未加隔板

$$\frac{H}{\delta} = \frac{3}{0.1} = 30$$

$$Nu = 0.073 \times (3.966 \times 10^6)^{1/3} \times 30^{-1/9} = 7.879$$

$$h = \frac{7.879 \times 0.024}{0.1} = 1.89 \text{ W/(m}^2 \cdot \text{K)}$$

$$q = hA\Delta t = 1.89 \times 1 \times 30 = 56.7 \text{ W/m}^2$$

(2) 加隔板后

$$\frac{H}{\delta} = \frac{1.5}{0.1} = 15$$

$$Nu = 0.073 \times (3.966 \times 10^6)^{1/3} \times 15^{-1/9} = 8.51$$

$$h = \frac{8.51 \times 0.024}{0.1} = 2.04 \text{ W/(m}^2 \cdot \text{K)},$$

$$q = hA\Delta t = 2.04 \times 1 \times 30 = 61.3 \text{ W/m}^2$$

由计算可知，采用加隔板的方法可以增强有限空间的自然对流换热。

射流冲击传热

6-52 解题过程 $\dfrac{\overline{Nu}}{Pr^{0.42}}=G\left(\dfrac{r}{D},\dfrac{l}{D}\right)F_1 Re$，查 20℃ 时空气的物性为 $\nu=15\times10^{-6}\ \mathrm{m^2/s}$，$Pr=0.703$。

$$Re=\frac{u_0 d}{\nu}=\frac{20\times0.01}{15\times10^{-6}}=13333,G=\frac{d}{r}\frac{1-1.1d/r}{1-0.1(l/d-6)d/r},$$

$$\frac{d}{r}=0.1\sim0.1333$$

以$\dfrac{d}{r}=0.1333$ 代入 $r/d=2.5\sim7.5$ 之间的平均 Nu。

$$G=0.1333\frac{1-1.1\times0.1333}{1+0.1\left[\begin{pmatrix}2\\3\\4\\5\\6\end{pmatrix}-6\right]\times0.1333}=\begin{cases}0.1202\\0.1185\\0.1169\\0.1153\\0.1138\end{cases}$$

$$F_1=2Re^{1/2}(1+0.005Re^{0.55})^{1/2}$$
$$=2\times13333^{1/2}\times(1+0.005\times13333^{0.55})^{1/2}=320.8$$

$$Nu=0.703^{0.42}\times\begin{Bmatrix}0.1202\\0.1185\\0.1169\\0.1153\\0.1138\end{Bmatrix}\times320.8=\begin{cases}33.3\\32.8\\32.3\\31.9\\31.5\end{cases}$$

结论：随着 l/d 的逐渐增大，在 $r/d=2.5\sim7.5$ 范围内的平均 Nu 下降。

6-53 解题过程

$$\frac{Nu}{Pr^{0.42}}=\frac{3.06}{x/W+l/W+2.78}Re^m,$$

$$m = 0.695 - \left[\frac{x}{2W} + \left(\frac{l}{2W}\right)^{1.33} + 3.06\right]^{-1}, Re = \frac{\nu_1 2W}{\nu}$$

查 25℃ 时空气的物性为 $Pr = 0.702$，$\nu = 15.53 \times 10^{-6}\ \text{m}^2/\text{s}$，

$$\lambda = 2.63 \times 10^{-2}\ \text{W/(m} \cdot \text{K)}$$

$$Re = \frac{10 \times 2 \times 0.01}{15.53} \times 10^6 = 12878$$

$$m = 0.695 - \left[0 + \begin{pmatrix} 1 \\ 1.5 \\ 2 \\ 2.5 \\ 3 \end{pmatrix}^{1.33} + 3.06\right]^{-1} = 0.695 - \begin{pmatrix} 4.06 \\ 4.775 \\ 5.574 \\ 6.443 \\ 7.371 \end{pmatrix}^{-1}$$

$$= 0.695 - \begin{pmatrix} 0.246 \\ 0.209 \\ 0.179 \\ 0.155 \\ 0.136 \end{pmatrix} = \begin{pmatrix} 0.449 \\ 0.486 \\ 0.516 \\ 0.540 \\ 0.559 \end{pmatrix}$$

$$Nu = 0.702^{0.42} \times \frac{3.06}{0 - \begin{pmatrix} 2 \\ 3 \\ 4 \\ 5 \\ 6 \end{pmatrix} + 2.78} \times 12878^{\begin{pmatrix} 0.449 \\ 0.486 \\ 0.516 \\ 0.540 \\ 0.559 \end{pmatrix}}$$

$$= 0.862 \times \frac{3.06}{\begin{Bmatrix} 4.78 \\ 5.78 \\ 6.78 \\ 7.78 \\ 8.78 \end{Bmatrix}} \times \begin{Bmatrix} 70.0 \\ 99.4 \\ 132.0 \\ 165.7 \\ 198.3 \end{Bmatrix}$$

$$= \begin{cases} 38.63 \\ 45.37 \\ 51.35 \\ 56.17 \\ 59.58 \end{cases}$$

$$h = \frac{Nu\lambda}{D} = \left.\begin{matrix} 38.63 \\ 45.37 \\ 51.35 \\ 56.17 \\ 59.58 \end{matrix}\right\} \times \frac{0.0263}{2 \times 0.01} = \begin{cases} 50.8 \\ 59.7 \\ 67.5 \ \mathrm{W/(m^2 \cdot K)} \\ 73.9 \\ 78.3 \end{cases}$$

强化对流传热机理

6-54 略

6-55 略

6-56 略

综合分析

6-57 解题过程 (1) 材料一定，n_f 不可能无穷大，只有长度趋于无穷时为最大散热量。

$$t_m = \frac{t_w + t_\infty}{2} = \frac{120 + 30}{2} = 75℃\text{，查 75℃ 时空气的物性为}$$

$$\nu = 20.56 \times 10^{-6}\ \mathrm{m^2/s},\ \lambda = 0.301\ \mathrm{W/(m \cdot K)}$$

查教材附录得针肋的物性为 $\lambda = 36.6\ \mathrm{W/(m \cdot K)}$，$Pr = 0.693$。

$$Re = \frac{u_\infty d}{\nu} = \frac{5 \times 0.01}{20.56} \times 10^6 = 2432$$

$$Nu = 0.683 \times Re^{0.466} = 25.84$$

$$h = \frac{25.84 \times 0.0301}{0.01} = 70.8\ \mathrm{W/(m^2 \cdot K)}$$

针肋 → 无穷大，有 $x \to \infty, \theta = 0$ 的条件，则由

$$\left.\begin{aligned} c_1 - c_2 &= \theta_0 \\ c_1 &= 0 \end{aligned}\right\} \to c_1 = 0, c_2 = \theta_0,$$

所以 $\theta = \theta_0 \mathrm{e}^{-mx}$

$$\Phi_{r=0} = -\theta_H \lambda' A_c \frac{\mathrm{d}}{\mathrm{d}x}(\mathrm{e}^{-mx}) \Big|_{x=0} = -\theta_0 \lambda' A_c (-m) \mathrm{e}^{-mx} = m\theta_0 \lambda' A_c$$

$$\Phi_{\max} = \theta_0 \sqrt{\frac{hP}{\lambda' A_c}} \lambda' A_c = \theta \sqrt{hP\lambda' A_c}$$

$$= \sqrt{70 \times \pi \times 0.01 \times 36.6 \times \frac{3.14}{4} \times 0.01^2} \times (120 - 30)$$

$$= 7.15\ \mathrm{W}$$

(2) 根据式(2－38)，当 $\tan(mH) \geqslant 0.99$ 后，即可认为换热量已达到最大值，由双曲函数可知，此时 $mH = 2.65$，因而有

$$mH = \sqrt{\frac{hP}{\lambda A_c}} H = \sqrt{\frac{70\pi d}{\lambda \pi d^2/4}} H = \sqrt{\frac{70 \times 4}{\lambda d}} H = \sqrt{\frac{280}{36.6 \times 0.01}} H$$

$$= 27.66H \geqslant 2.65$$

得 $H \geqslant 0.096\ \mathrm{m}$，即 $H \geqslant 96\ \mathrm{mm}$。

(3) $\dfrac{\Phi - \Phi_0}{\Phi_0} \times 100\ \% = \dfrac{7.15 - 0.5}{0.5} \times 100\ \% = 1330\ \%$

6-58 解题过程 取 $t = 180$℃ 时的物性参数 $\nu = 32.49 \times 10^{-6}\ \mathrm{m^2/s}$，$Pr = 0.681$

$$Re = \frac{2.85 \times 0.01}{32.49 \times 10^{-6}} = 1538.9$$

$$Nu = 0.683 Re^{0.466} Pr^{\frac{1}{3}} = 18.36$$

$$h = \frac{18.36 \times 3.78 \times 10^{-2}}{0.01} = 69.40\ \mathrm{W/(m^2 \cdot K)}$$

由能量守恒得$\begin{cases} h(t_\infty - t_1)A_1 = \lambda \dfrac{A_2}{\delta}(t_2 - t_1) \\ A_1 = \dfrac{\pi}{4}(d_o^2 - d_i^2) + \pi d_o H \\ A_2 = \dfrac{\pi}{4}(d_o^2 - d_i^2) \\ \delta = H \end{cases}$

求得 $t_\infty = 185$ ℃。

6-59 解题过程 $t_w = 75℃, t_1 = 20℃$,设出水温度为 40℃,则

$$t_f = \frac{20 + 40}{2} = 30℃$$

30℃ 水的物性为 $\rho = 995.7\ kg/m^3, c_p = 4.174\ kJ/(kg \cdot K)$,

$$\lambda = 61.8 \times 10^{-2}\ W/(m \cdot K), \nu = 0.805 \times 10^{-6}\ m^2/s, Pr = 5.42$$

$$A = \frac{\pi}{4}d^2 = \frac{3.1416}{4} \times 0.01^2 = 0.0000785\ m^2$$

$$u = \frac{G}{\rho \cdot A} = \frac{0.2}{995.7 \times 0.0000785} = 2.56\ m/s$$

$$Re = \frac{2.56 \times 0.01}{0.805 \times 10^{-6}} = 31801.2$$

流体被加热,取

$$Nu = 0.023Re^{0.8}Pr^{0.4} = 0.023 \times 31801.2^{0.8} \times 5.42^{0.4} = 180.8$$

$$h = \frac{180.8 \times 61.8 \times 10^{-2}}{0.01} = 11175.6\ W/(m^2 \cdot K)$$

$$A' = \pi dl = 3.1416 \times 0.01 \times 2.85 = 0.08954\ m^2$$

$\Phi = h \cdot A'(t_w - t_s) = 11269.6 \times 0.08954 \times (75 - 30) = 45408.6\ W$

$\Phi = G \cdot c_p(t_w - t_0) = 16696W$,$\Phi$ 与 Φ' 之值相差较大,因此再设 $t_2 = 60℃$,则 $t_f = 40$ ℃。

40 ℃ 时水的物性为 $\rho = 992.2\ kg/m^3, c_p = 4.174\ kJ/(kg \cdot K)$,

$$\lambda = 63.5 \times 10^{-2}\ W/(m \cdot K), \nu = 0.659 \times 10^{-6}\ m^2/s, Pr = 4.31$$

$$u = \frac{G}{\rho \cdot A} = \frac{0.20}{992.2 \times 0.0000785} = 2.568\ m/s$$

$$Re=\frac{2.568\times 0.01}{0.659\times 10^{-6}}=38965$$

$$Nu=0.023Re^{0.8}Pr^{0.4}=0.023\times 38965^{0.8}\times 4.31^{0.4}=194.12$$

$$h=\frac{194.12\times 63.5\times 10^{-2}}{0.01}=12326.3\ \text{W/(m}^2\cdot\text{K)}$$

$$\Phi_0=h\cdot A'(t_w-t_s)=12326.3\times 0.084949\times(75-40)=36648.7\ \text{W}$$

$$\Phi'=G\cdot c_p(t_w-t_0)=38406.5\ \text{W}$$

因为 Φ_0'分与 Φ' 差别较大，因此重设 $t_2=65$ ℃，则

$$t_f=42.5\ ℃。$$

42.5℃ 时水的物性为 $\rho=991.175\ \text{kg/m}^3$，$c_p=4.174\ \text{kJ/(kg}\cdot\text{K)}$，$\lambda=63.825\times 10^{-2}\ \text{W/(m}\cdot\text{K)}$，$\nu=0.63325\times 10^{-6}\ \text{m}^2/\text{s}$，$Pr=4.1175$

$$u=\frac{G}{\rho\cdot A}=\frac{0.20}{991.175\times 0.0000785}=2.57\ \text{m/s}$$

$$Re=\frac{2.57\times 0.01}{0.63325\times 10^{-6}}=40591.40$$

$$Nu=0.023Re^{0.8}Pr^{0.4}=0.023\times 40591.40^{0.8}\times 4.1175^{0.4}$$
$$=196.937$$

$$h=\frac{196.937\times 63.825\times 10^{-2}}{0.01}=12569.56\ \text{W/(m}^2\cdot\text{K)}$$

$$\Phi_1=h\cdot A'(t_w-t_s)=12569.56\times 0.08949\times(75-42.5)$$
$$=36557.6\ \text{W}$$

$$\Phi''_2=G\cdot c_p(t_w-t_0)=37566.0\ \text{W}$$

Φ_1 与 Φ''_2 较为接近，因此取总换热量 $\Phi=\dfrac{\Phi_1+\Phi''_2}{2}=37061.8$ W。

6-60 解题过程 (1)$q=\dfrac{0.023}{0.014\times 0.014}=1173\ \text{W/m}^2$，设 $t_m=65$ ℃，查 65 ℃ 时空气的物性为

$$\nu=19.495\times 10^{-6}\ \text{m}^2/\text{s},\ Pr=0.695,\ \lambda=0.0293\ \text{W/(m}\cdot\text{K)}$$

$$Gr'_c=\frac{g\alpha ql^4}{\lambda\nu^2}=\frac{9.8\times\dfrac{1}{273+65}\times 1173\times 0.014^4}{0.0293\times 19.495^2}\times 10^{12}=1.173\times 10^5$$

$$Nu_r=1.0706\times(1.173\times 10^5\times 0.698)^{1/6}=7.08$$

$$h=\frac{Nu\lambda}{l}=\frac{7.08\times 0.293}{0.014}=14.8\ \mathrm{W/(m^2\cdot K)},q=h\Delta t$$

$$\Delta t=\frac{q}{h}=\frac{1173}{14.8}=79.2\ ℃$$

$$t_w=t_\infty+79.2=104.2\ ℃$$

(2) 若考虑辐射,则温度要下降,设 $\varepsilon=0.8,t_w=80$,则

$$\Phi_r=0.8\times 1.96\times 10^{-4}\times 5.67\times(3.53^4-78.86)\approx 0.068\ \mathrm{W}$$

自然对流的 $\Phi_c=0.23-0.068=0.162\ \mathrm{W},t_m=50\ ℃,\Phi_c=0.162\ \mathrm{W}$,

$q=\dfrac{0.162}{0.014\times 0.014}=825\ \mathrm{W/m^2}$,查 50℃ 时空气的物性得

$$\lambda=0.0288\ \mathrm{W/(m\cdot K)},\nu=18.72\times 10^{-6}\ \mathrm{m^2/s},Pr=0.697$$

$$Gr''_c=\frac{9.8\times\frac{1}{325}\times 825\times 0.014^4}{0.0288\times 18.72^2}\times 10^{12}=9.454\times 10^4$$

$$Nu_r=1.076\times(9.454\times 10^4\times 0.698)^{1/6}=1.076\times(6.599\times 10^4)^{1/6}$$
$$=1.076\times 6.352=6.834$$

$h=6.834\times 0.0288/0.014=14.06\ \mathrm{W/(m^2\cdot K)},\Delta t=\dfrac{825}{14.06}=58.7\ ℃$

$$t_w=58.7+25=83.7\ ℃$$

与设定值 80 ℃ 相差小,作为一种改进,可取 $t_w=\dfrac{83.7+80}{2}\approx 82\ ℃$。

6-61 解题过程 取 $t_m=40℃$,则 $t''=47\ ℃$,水的温升为 14 ℃。

查 40℃ 时水的物性为 $\lambda=0.635\ \mathrm{W/(m\cdot K)},\nu=0.659\times 10^{-6}\mathrm{m^2/s}$,

$$Pr=4.31,\mu=653.3\times 10^{-6}\mathrm{Pa\cdot s},\rho=992.2\ \mathrm{kg/m^3}$$

水温升高 14℃ 需要的热量为

$$\Phi_{hb}=(3.1416\times 0.001^2/4)\times 0.2\times 992.2\times 4174\times 14=9.108\ \mathrm{W}$$

查 80℃ 时水的物性为 $\mu_w=406.1\times 10^{-6}\mathrm{Pa\cdot s}$

$$Re=\frac{0.2\times 0.001}{0.659}\times 10^6=303.5$$

$$Nu=1.86\times\left(\frac{303.5\times 4.31}{12/1}\right)^{1/3}\left(\frac{653.3}{406.1}\right)^{0.14}$$

$$= 1.86 \times \left(\frac{1308}{12}\right)^{1/3} \times 1.608^{0.14} = 9.495$$

$$h = \frac{Nu\lambda}{d} = \frac{9.495 \times 0.635}{0.001} = 6029\ \mathrm{W/(m^2 \cdot K)},$$

$$\Delta t = \frac{47 - 33}{\ln\left(\frac{80-33}{80-47}\right)} = \frac{14}{\ln 1.424} = 39.6℃$$

$\Phi_{\mathrm{ht}} = 3.1416 \times 0.001 \times 0.012 \times 6029 \times 39.6 = 9.0006 \approx 9.0\ \mathrm{W}$，$\Phi_{\mathrm{hb}}$ 与 Φ_{ht} 相差小于 2%，取 $\Phi = (9.1 + 9.0)/2 = 9.05\ \mathrm{W}$，在冷板上可以布置 6 根冷却水管，冷板的平均热流密度为

$$\frac{9.05}{0.012 \times 0.02} = 3.77 \times 10^4\ \mathrm{W/m^2}$$

所以总热负荷为 $3.77 \times 10^4 \times 0.012^2 = 5.43\ \mathrm{W}$

6-62 解题过程 200℃ 时水的物性为 $\lambda = 0.663\ \mathrm{W/(m \cdot K)}$，$\nu = 0.158 \times 10^{-6}\ \mathrm{m^2/s}$，

$$Pr = 0.93, \rho = 863\ \mathrm{kg/m^3}, \mu = 136.4 \times 10^{-6}\ \mathrm{Pa \cdot s}$$

$$Re = \frac{4\dot{m}}{\pi d \mu} = \frac{4 \times 50 \times 0.5}{3.1416 \times 0.25 \times 136.4} \times 10^6 = 9.33 \times 10^5$$

Pr_{w} 取为 180℃ 时的值，即 $Pr_{\mathrm{w}} = 1.00$

$$Nu_{\mathrm{f}} = 0.021 \times (9.33 \times 10^5)^{0.8} \times 0.93^{0.43} \times \left(\frac{0.93}{1.00}\right)^{0.25} = 1191.6$$

$$h = \frac{Nu_{\mathrm{f}}\lambda}{d} = \frac{1191.6 \times 0.663}{0.25} = 3160\ \mathrm{W/(m^2 \cdot K)}$$

空气 0℃ 的物性为

$$\lambda = 0.0244\ \mathrm{W/(m \cdot K)}, \nu = 13.28 \times 10^{-6}\ \mathrm{m^2/s},\ Pr = 0.707$$

$$Re = \frac{ud}{\nu} = \frac{4 \times (0.25 + 0.15 \times 2)}{13.28} \times 10^6 = 1.657 \times 10^5$$

$$Nu = 0.0266 \times (1.657 \times 10^5)^{0.805} = 423.1$$

$$h = \frac{Nu\lambda}{d} = \frac{423.1 \times 0.0244}{0.55} = 18.77\ \mathrm{W/(m^2 \cdot K)}$$

单位长度上热阻：

$$R_1 = \frac{1}{\pi d_1 h_1} = \frac{1}{3.1416 \times 0.25 \times 3166} = 4.022 \times 10^{-4}\ \mathrm{(m^2 \cdot K)/W}$$

$$R_w = \frac{1}{2\pi\lambda}\ln\frac{d_2}{d_1} = \frac{1}{2\times 3.1416\times 0.05}\times\ln\frac{55}{25} = 2.515(\mathrm{m^2\cdot K})/\mathrm{W}$$

$$R_0 = \frac{1}{\pi d_0 h_0} = \frac{1}{3.1416\times 0.55\times 18.77} = 308.3\times 10^{-4}(\mathrm{m^2\cdot K})/\mathrm{W}$$

可见 $R_1 << R_0 << R_w$，可以认为薄壁温度即为 t_1，即可以认为在 500 m 长管道中壁温均为 200℃，从保温层导热及管外换热可以算出散热量，再进而反算水的温度降。

查 $t_f = -5$℃ 时空气的物性为 $\lambda = 0.024\ \mathrm{W/(m\cdot K)}$，$\nu = 12.86\times 10^{-6}\ \mathrm{m^2/s}$。

$$Re = \frac{ud}{\nu} = \frac{4\times 0.55}{12.86}\times 10^6 = 1.71\times 10^5,$$

$$Nu = 0.0239\times(1.71\times 10^5)^{0.805} = 389.9$$

$$h = \frac{Nu\lambda}{d} = \frac{389.9\times 0.024}{0.55} = 17.0\ \mathrm{W/(m^2\cdot K)}$$

$$\Phi_{h1} = \frac{200-(-10)}{\dfrac{\ln(d_2/d_1)}{2\pi\lambda L}+\dfrac{1}{\pi d_0 hL}}$$

$$= \frac{210}{\dfrac{\ln(55/25)}{2\times 3.1416\times 0.05\times 500}+\dfrac{1}{3.1416\times 0.40\times 17.0\times 500}}$$

$$= 4.13\times 10^4\ \mathrm{W}$$

$$\Phi_{h0} = 25\times(200-t'')\times 4505 = 4.11\times 10^4\ \mathrm{W}$$

得出口水温为 $t'' = 200 - \dfrac{4.11\times 10^4}{25\times 4505} = 200 - 0.36 = 199.64$ ℃

由水侧的对流换热可确定 $t_w - (t' + t'')/2 = \Delta t$

$3.1416\times 500\times 0.025\times 3166\Delta t = 4.11\times 10^4$，$\Delta t = 0.33$ ℃

所以管壁温度取为 200℃ 是可行的。

再验证保温层外壁温度，计算得保温层导热的温差为 $\Delta t' = 502\times 10^{-5}\times 41100 = 206.3$℃，即外壁温度应为 -6.3℃，使空气侧定性温度由原来的 -5℃ 下降为 -8℃。作为工程计算 3℃ 定性温度的变化是可以接受的，因而不再进一步迭代计算，得出口水温为 199.64 ℃。

6-63 解题过程 (1)800K 时烟气 $Pr = 0.60$，$\lambda = 0.915\ \mathrm{W/(m\cdot K)}$，$\nu = 131.8\times 10^{-6}\ \mathrm{m^2/s}$，$\mu = 43.4\times 10^{-6}\mathrm{Pa\cdot s}$。

$$Re=\frac{4\dot{m}}{\pi d\mu}=\frac{4\times 0.01}{3.1416\times 0.2\times 43.4}\times 10^{6}=1466.9$$

$$Nu=0.023\times Re^{0.8}\times Pr^{0.3}=0.023\times 1466.9^{0.8}\times 0.60^{0.3}=6.75$$

$$h=\frac{Nu\lambda}{d}=\frac{6.75\times 0.0915}{0.02}=30.88\ \mathrm{W/(m^2\cdot K)}$$

$$\Phi=\pi dl(t_w-t_f)h=3.1416\times 0.02\times(800-340)\times 30.88=892.5\ \mathrm{W/m}$$

(2) 插入一根正方形柱体后

$$D_h=\frac{4\times(\pi d^2/4-w^2)}{4w+\pi d}=\frac{\pi d^2-4w^2}{4w+\pi d}=\frac{3.1416\times 0.02^2-4\times 0.0141^2}{4\times 0.0141+3.1416\times 0.02}$$

$$=0.00387\ \mathrm{m}$$

$$Re=\frac{\rho u D_h}{\mu}=\frac{\rho u A_c D_h}{\mu A_c}=\frac{\dot{m}D_h}{\mu A_c}=\frac{0.01\times 0.00387}{43.4\times 4.608\times 10^{-4}/4}\times 10^{-6}=7740$$

$$Nu=0.023\times 7740^{0.8}\times 0.60^{0.3}=25.47$$

$$h=\frac{25.47\times 0.0915}{0.00387}=602.2\ \mathrm{W/(m^2\cdot K)}$$

$$\Phi'=Ah\Delta t=3.1416\times 0.02\times 1\times 602.2\times(800-340)=17405\ \mathrm{W}$$

因为$\Phi'>>\Phi$,所以传热大为强化,插入的正方形柱体的作用在于增加了流速,从而使对流换热系数显著增大,使传热得以强化。

6-64 解题过程 以 25℃ 空气计算之,$c_p=1005\ \mathrm{J/(kg\cdot K)}$,$\mu_f=18.4\times 10^{-6}\ \mathrm{Pa\cdot S}$,

$$Pr=0.702,\rho=1.185\ \mathrm{kg/m^3}$$

取$\lambda=0.0263\ \mathrm{W/(m\cdot K)}$,$t_w=40℃$,$Pr_w=0.699$,$\mu_f'=19.1\times 10^{-6}\ \mathrm{Pa\cdot S}$

$$\dot{m}=0.01\times 1.185=0.01185\ \mathrm{kg/s},\dot{m}c_p\Delta t_m=100\ \mathrm{W}$$

$$\Delta t_m=\frac{100}{\dot{m}c_p}=\frac{100}{0.01185\times 1005}=\frac{100}{11.91}=8.4\ ℃,$$

$$d_h=\frac{4\times 25\times 6}{2\times(25+6)}=\frac{600}{62}=9.68\ \mathrm{mm}$$

$$\frac{L}{d_h}=\frac{150}{9.68}=15.5,Re=\frac{\rho u d_h A_c}{\mu}=\frac{\dot{m}d_h}{\mu A_c}$$

$$=\frac{0.01185/24\times 0.00968}{18.4\times 10^{-6}\times 6\times 25\times 10^{-6}}=1731$$

$$Nu=1.86\times\left(\frac{1731\times 0.702}{15.5}\right)^{1/3}\times\left(\frac{18.4}{19.1}\right)^{0.14}=7.968$$

$$h = \frac{7.968 \times 0.0263}{0.00968} = 21.65\ \text{W/(m}^2 \cdot \text{K)}$$

$$\Phi_{ht} = 21.65 \times 24 \times 0.15 \times (25 + 6) \times 2 \times 10^{-5} \times \Delta t_m = 100\ \text{W}$$

其中 Δt_m 为水与通道壁面的平均温差。

$$\Delta t_m = \frac{100}{21.65 \times 0.2232} = 20.72℃$$

$$\Delta t_m = \frac{8.4}{\ln[(t_\infty - 25)/(t_\infty - 33.4)]} = 20.72\ ℃$$

$\ln[(t_\infty - 25)/(t_\infty - 33.4)] = 8.4/20.72$，解得 $t_\infty = 50.2$ ℃。

实际空气 $t_f = 25 + 8.4/2 = 29.2$ ℃，线路板平均运行温度 $t = t_\infty = 50.2$ ℃。

6-65 解题过程 设两小时内冰块形状不予考虑，$t_m = \frac{0 + 25}{2} = 12.5℃$。

查 12.5℃ 时冰的物性为 $-\nu = 14.41 \times 10^{-6}\ \text{m}^2/\text{s}, Pr = 0.704,$

$$\lambda = 0.0253\ \text{W/(m} \cdot \text{K)}$$

$$Gr = \frac{g\alpha \Delta t l^3}{\nu^2} = \frac{9.8 \times 1/285.2 \times (25 - 0) \times 0.3^3}{14.41^2} \times 10^{12}$$

$$= 1.116 \times 10^8$$

$$Nu = 0.59 \times (1.116 \times 10^8 \times 0.704)^{1/4} = 55.54$$

$$h = \frac{Nu\lambda}{L} = \frac{55.54 \times 0.0253}{0.3} = 4.684\ \text{W/(m}^2 \cdot \text{K)}$$

$$\Phi = Ah\Delta t = 4.684 \times 25 \times 0.3 \times 0.3 \times 2 = 4.684 \times 25 \times 0.18 = 21.1\ \text{W}$$

$$Q = 2 \times 3600 \times 21.1 = 151761.6\ \text{J}$$

冰的融解热为 333.3 kJ/kg，故融化掉的水为$\frac{151.76}{333.3} = 0.455$ kg。

$$\Phi_m = 0.96 \times 0.18 \times 5.67 \times (298^4 - 273^4) = 22.84\ \text{W}$$

$$Q' = 22.84 \times 2 \times 3600 = 164468\ \text{J}, \frac{164.5}{333.3} = 0.493\ \text{kg}$$

故两小时内总熔化量为 $0.455 + 0.493 = 0.948$ kg。

6-66 解题过程 $t_m = \frac{25 + 75}{2} = 50℃$，查教材附录得 50℃ 空气的物性为

$$\nu = 17.95 \times 10^{-6}\ \text{m}^2/\text{s}, Pr = 0.698, \lambda = 0.0283\ \text{W/(m} \cdot \text{K)}$$

$$(1)Gr = \frac{g\alpha \Delta t H^3}{\nu^2} = \frac{9.8 \times 1/323 \times (75-25) \times 0.3^3}{17.95^2} \times 10^{12} = 1.27 \times 10^8$$

$$Nu = 0.59 \times (1.271 \times 10^8 \times 0.698)^{1/4} = 57.26$$

$$h = \frac{Nu\lambda}{H} = \frac{57.26 \times 0.0283}{0.3} = 5.40\ \mathrm{W/(m^2 \cdot K)},$$

$$q = h\Delta t = 5.40 \times 50 = 270\ \mathrm{W/m^2}$$

$$(2)Re_c = \frac{u_\infty H}{\nu} = \frac{0.6 \times 0.3}{17.95 \times 10^{-6}} = 10027 < 5 \times 10^5$$

流体被冷却，取

$$Nu = 0.664\, Re^{1/2} Pr^{1/3} = 0.664 \times 10027^{1/2} \times 0.698^{1/3} = 58.97$$

$$h = \frac{Nu\lambda}{H} = \frac{58.97 \times 0.0283}{0.3} = 5.56\ \mathrm{W/(m^2 \cdot K)}$$

$$Nu_m^3 = Nu_f^3 - Nu_n^3 = 58.97^3 - 57.26^3 = 17327.1, Nu_m = 25.79$$

$$h' = \frac{Nu_m\lambda}{H} = \frac{25.79 \times 0.0283}{0.3} = 2.43\ \mathrm{W/(m^2 \cdot K)}$$

$$q = h'\Delta t = 2.43 \times 50 = 121.7\ \mathrm{W/m^2}$$

$$(3)Re_c = \frac{u_\infty H}{\nu} = \frac{0.2 \times 0.3}{17.95 \times 10^{-6}} = 3342.3$$

$$Nu_c = 0.664 Re^{1/2} Pr^{1/3} = 0.664 \times 3342.3^{1/2} \times 0.698^{1/3} = 33.82$$

$$Nu_m^3 = Nu_f^3 + Nu_n^3 = 33.82^3 + 57.26^3 = 226421.8, Nu_m = 60.9$$

$$h' = \frac{Nu_m\lambda}{H} = \frac{60.9 \times 0.0283}{0.3} = 5.74\ \mathrm{W/(m^2 \cdot K)}$$

$$q = h\Delta t = 5.74 \times 50 = 287.2\ \mathrm{W/m^2}$$

6-67 解题过程 $Re_1 = \frac{60 \times 0.15}{\nu_1} = \frac{0.9}{\nu_1}, Re_2 = \frac{40 \times 0.225}{\nu_2} = \frac{0.9}{\nu_2}$

$$\nu_1 = \nu_2 \Rightarrow Re_1 = Re_2, \text{即 } Nu_1 = Nu_2, \frac{h_2}{h_1} = \frac{l_1}{l_2}\frac{\lambda_2}{\lambda_1} = \frac{0.15}{0.225} = 0.6667$$

对二维问题换热面积正比于线形尺度（即以单位长度叶片作比较），因而有$\frac{\Phi_2}{\Phi_1} = \frac{h_2}{h_1}\frac{A_2}{A_1}\frac{\Delta t_2}{\Delta t_1}$，即$\frac{\Phi_2}{\Phi_1} = 0.6667 \times \frac{0.225}{0.15} \times \frac{340-35}{300-35} = 1.151$，故$\Phi_2 = 1.151 \times 1500 = 1726\ \mathrm{W}$。

小论文题目

6-68 略

6-69 略

采用工具软件的题目

6-70 略

6-71 略

第七章

相变对流传热的计算

知识点归纳

1. 凝结传热

蒸气与低于饱和温度的壁面接触时，将汽化潜热释放给固体壁面，并在壁面上形成凝结液的过程，称为凝结传热。

2. 膜状凝结

凝结液体能很好地润湿壁面，并能在壁面上均匀铺展成膜的凝结形式，称为膜状凝结。

3. 珠状凝结

凝结液体不能很好地润湿壁面，凝结液体在壁面上形成一个小液珠的凝结形式，称为珠状凝结。

4. 大容器沸腾

加热壁面沉浸在具有自由表面的液体中所发生的沸腾称为大容器沸腾，包括自然对流、核态沸腾、过渡沸腾和稳定膜态沸腾 4 个阶段。

5. 临界热流密度

在大容器饱和沸腾曲线中，热流密度最大的点称为临界热流密度。

难点解析

1. 膜状凝结和珠状凝结的特点

(1) 膜状凝结的特点：壁面上有一层液膜，凝结放出的相变热需穿过液膜才能传到冷却壁面上，此时液膜成为主要的换热热阻。在重力作用下，竖直平壁上部的换热性能要大于下部。

(2) 珠状凝结的特点：凝结放出的潜热无须穿过液膜的阻力即可传到冷却壁面上。因此，珠状凝结的对流换热系数远大于膜状凝结的换热系数。

2. 膜状凝结的影响因素及其传热强化

(1) 影响因素

1) 不凝结气体。蒸气中含有不可凝结的气体，即使含量极微，也会对凝结传热产生十分有害的影响。

a. 在靠近液膜表面的蒸气侧，随着蒸气的凝结，蒸气分压力下降，而不凝结气体的分压力上升，蒸气在抵达液膜表面进行凝结前，必须以扩散方式穿过积聚在界面附近的不凝结气体层。因此，不凝结气体的存在增加了传递过程的阻力。

b. 蒸气分压力下降，使相应的饱和温度下降，则减小了凝结的驱动力，也使凝结过程削弱。

2) 管子排数。管束的几何布置、流体物性都会影响凝结传热。

3) 管内冷凝。冷凝器蒸气在压差作用下流经管子内部时，会产生凝结，此时的换热与蒸气的流速有关。

4) 蒸气流速。当蒸气流速高(>10 m/s)时，蒸气流对液膜表面会产生明显的黏滞应力。

5) 蒸气过热度。对于过热蒸气，应进行修正，只需用过热蒸气与饱和液的焓差代替式中的潜热即可。

6) 液膜过冷度及温度分布的非线性。

（2）强化

基本原则：尽量减薄黏滞在换热表面上的液膜厚度。

措施：① 用各种带有尖峰的表面使凝结的液膜减薄；② 使已凝结的液体尽可能从表面上排泄掉。

3. 沸腾传热

沸腾是指液体吸热后在其内部产生气泡的汽化过程。其特点为：液体汽化吸收大量的汽化潜热；由于气泡形成和脱离时带走热量，使加热表面不断受到冷流体的冲刷和强烈的扰动，因此沸腾传热强度远大于无相变的换热。实验和理论证明，产生沸腾的条件是：液体必须过热，并且要有汽化核心。

大容器饱和沸腾曲线是容器壁面的热流密度与避免过热度的关系曲线，表征了大容器沸腾的全部过程。

（1）自然对流区。壁面过热度小时，沸腾尚未开始，壁面上没有气泡产生，换热服从单相自然对流规律。

（2）核态沸腾区。随着过热度 Δt 的上升，在加热面的一些特定点上开始出现汽化核心，并随之形成气泡，热流密度 q 达到最大。其特点为：① 开始阶段，汽化核心产生的气泡互不干扰，称为孤立气泡区；② 随着过热度 Δt 的上升，汽化核心增加，生成的气泡数量增加，气泡互相影响并合成气块及气柱，称为相互影响区。

（3）过渡沸腾区。从热流密度 q 的峰值之后继续增加过热度 Δt，热流密度 q 下降。这是因为气泡的生长速度大于气泡跃离加热面的速度，使气泡聚集覆盖在加热面上，形成一层蒸气膜，而蒸气排除过程恶化，致使热流密度 q 下降。当 Δt 增大到一定值时，热流密度减小到最小。该过程为不稳定过程。

（4）膜态沸腾区。从最小热流密度开始，随着过热度的增加，气泡生长速度与跃离速度趋于平衡。此时，在加热面上形成稳定的蒸气气膜层，产生的蒸气有规律地脱离膜层，致使 Δt 上升时，热流密度 q 上升。其特点为：① 气膜中热量传递不仅有导热，而且有对流；② 辐射热量随着 Δt 的加大而剧增，使热流密度大大增加；③ 在物理上与膜状凝结具有共同点，即前者热量必须穿过热阻较大的气膜，后者热量穿过热阻相对较小的液膜，所以传热系数比凝结小得多。

4. 沸腾传热的影响因素及其强化

（1）影响因素

1）不凝结气体的影响：与膜状凝结换热不同，液体中的不凝气体会使沸腾传热得到某种程度的强化。

2）过冷度：对于大容器沸腾，在核态沸腾起始阶段，自然对流的机理占相当大的比例，而过冷会使该区域的传热有所加强。

3）液位高度：当传热表面上液位足够高时，沸腾传热表面传热系数与液位高度无关。但当液位降低到一定值时，表面传热系数会明显地随液位的降低而升高。

4）重力加速度。

5）管内沸腾。

（2）强化

1）强化大容器沸腾表面的结构：沸腾表面上的微小凹坑最容易产生汽化核心，因此，凹坑多，汽化核心多，换热就会得到强化。

2）强化管内沸腾的表面结构。

考研真题及期末考试试题

1.（华中科技大学　2005 年考研试题）什么是沸腾传热的临界热流密度？当沸腾传热达到临界热流密度时，在什么条件下才会对设备造成危害？为什么？

答：对于大容器饱和沸腾，核态沸腾和过渡沸腾之间热流密度的峰值为临界热流密度。当沸腾传热达到临界热流密度时，高温下恒热流密度加热时会对换热设备造成危害。因为在高温下恒热流密度加热时，当热流密度超过临界热流密度时，壁温会突然剧烈上升，使设备烧坏。

2.（西安交通大学　2003 年考研试题）安装新空调时，在充灌制冷剂之前，往往要对系统抽真空，请阐述这样做的理由。

答：制冷剂在空调内部要进行凝结换热，凝结换热的效果会受到不凝性气体的影响，若不将系统抽成真空，则会降低凝结换热的效果，影响空调正常工作。

3.（东北石油大学　2005—2006学年第一学期期末考试试题）两滴完全相同的水珠分别落在120℃和400℃的铁板上，哪一滴先汽化掉，说明原因。

答：落在120℃铁板上的水珠先汽化。因为120℃铁板上的水珠在核态沸腾区换热强，400℃铁板上的水珠位于稳定膜态沸腾，热量要经过热阻较大的气膜，换热系数非常小。

习题全解

基本概念与分析

7-1 解题过程 $h = 0.725\left[\dfrac{gr\rho_l^2\lambda_l^3}{\eta_l d(t_s - t_w)}\right]^{1/4}$

$$Nu = 0.725\left[\frac{gl^3}{\nu^2}\cdot\frac{r}{c_p(t_s - t_w)}\cdot\frac{\eta c_p}{\lambda}\right]^{1/4} = 0.725[Ga \cdot Ja \cdot Pr]^{1/4}$$

7-2 解题过程

$$Ja = \frac{r}{c_p(t_s - t_w)}, r = 2257.1\times10^3\ \text{J/kg}, c_p = 4220\ \text{J/(kg}\cdot\text{K)}$$

$$Ja = \frac{2257.1\times10^3}{4220\times10} = 53.5, Ja = \frac{r}{c_p(t_s - t_w)}$$

用于衡量液膜过冷度相对大小，在相变换热过程中要用这一特征数。

7-3 解题过程

$$\delta(x) = \left[\frac{4\eta_l\lambda_l\Delta tx}{g\rho_l^2 r}\right]^{1/4}$$

对水：近似地用 $t_s = 40$ ℃查水的物性为 $\lambda_l = 0.635\ \text{W/(m}\cdot\text{K)}$，$\eta_l = 653.3\times10^{-6}\ \text{Pa}\cdot\text{s}$，$\rho_l = 992.2\ \text{kg/m}^3$，$r = 2407\times10^3\ \text{J/kg}$。

对水：

$$\delta(x) = \left[\frac{4\eta_l\lambda_l\Delta tx}{g\rho_l^2 r}\right]^{1/4} = \left[\frac{4\times653.3\times10^{-6}\times0.635\times5}{9.8\times992.2^2\times2407\times10^3}\right]^{1/4} x^{1/4}$$

$$= 1.375\times10^{-4} x^{1/4}$$

$$x = 0.1, \delta(x) = 1.375\times10^{-4}\times0.1^{1/4} = 7.728\times10^{-2}\ \text{mm}$$

$$x = 0.5, \delta(x) = 1.375\times10^{-4}\times0.5^{1/4} = 1.156\times10^{-4}\ \text{mm}$$

对R134a：

近似地用 $t_s = 40$ ℃ 查 R134a 的物性为

$$\lambda_l' = 0.075\ \text{W/(m·K)},\ \eta_l' = 4912.6 \times 10^{-6}\ \text{Pa·s},$$

$$\rho_l' = 1146.2\ \text{kg/m}^3,\ r' = 163.23 \times 10^3\ \text{J/kg}。$$

$$\delta(x) = \left[\frac{4\eta_l\lambda_l\Delta t x}{g\rho_l^2 r}\right]^{1/4} = \left[\frac{4 \times 4912.6 \times 10^{-6} \times 0.0750 \times 5}{9.8 \times 1146.2^2 \times 163.23 \times 10^3}\right]^{1/4} x^{1/4}$$

$$= 2.433 \times 10^{-4} x^{1/4}$$

$$x = 0.1,\ \delta(x) = 2.433 \times 10^{-4} \times 0.1^{1/4} = 1.368 \times 10^{-4}\ \text{m}$$

$$x = 0.5,\ \delta(x) = 2.433 \times 10^{-4} \times 0.5^{1/4} = 2.433 \times 10^{-4} \times 0.84\ \text{m}$$

$$= 2.046 \times 10^{-4}\ \text{mm}$$

7-4 解题过程 此时在炽热的表面上形成了稳定的膜态沸腾，小水滴在气膜上蒸发，被上升的蒸气带动，形成跳动，在沸腾曲线上相应于 q_{min} 的点即为开始形成现象的点。

凝结传热

7-5 解题过程 水蒸气 $p = 2.5 \times 10^5$ Pa 对应的饱和参数：$t_s = 127.2$ ℃，$r = 2181.8$ kJ/kg。

定性温度：$t_m = (t_s + t_w)/2 = (127.2 + 123)/2 = 125$ ℃。

查表得 $\lambda = 68.6 \times 10^{-2}$ W/(m·K)，$\eta = 227.6 \times 10^{-6}$ kg/(m·s)，$\rho = 939$ kg/m³。

$$\delta = \left[\frac{4\eta\lambda(t_s - t_w)x}{g\rho^2 r}\right]^{1/4}$$

$$= \left[\frac{4 \times 227.6 \times 10^{-6} \times 68.6 \times 10^{-2} \times (127.2 - 123)x}{9.8 \times 939^2 \times 2181.8 \times 10^5}\right]^{1/4}$$

$$= (0.00013913x)^{1/4} \times 10^{-3}\ \text{m}$$

$$h_x = \left[\frac{gr\rho^2\lambda^3}{4\eta(t_s - t_w)x}\right]^{1/4}$$

$$= \left[\frac{9.8 \times 2181.8 \times 10^3 \times 939^2 \times 68.6^3 \times 10^{-6}}{4 \times 227.6 \times 10^{-6} \times (127.2 - 123)x}\right]^{1/4}$$

$$= \left[\frac{1.5917 \times 10^{15}}{x}\right]^{1/4}$$

结果见解 7-5 表。

解 7-5 表

x	0.1	0.2	0.4	0.6	1.0
δ/mm	0.061	0.073	0.086	0.096	0.109
h_x	11232	9445	7942	7177	6316

7-6 解题过程 $t_m = \dfrac{50+(50-11)}{2} = 44.5$ ℃

查教材附录得 44.5 ℃ 水蒸气的物性为

$\lambda_1 = 0.641\ W/(m\cdot K)$，$\rho_1 = 990.3\ kg/m^3$，$\mu_1 = 606.5\times10^{-6}\ Pa\cdot s$，$r = 2382.7\times10^3\ J/kg$。

设流动为层流，则

$$h = 1.13\left[\frac{g\rho_1^2 r\lambda_1^3}{\mu_1 L\Delta t}\right]^{1/4}$$

$$= 1.13\times\left[\frac{9.8\times2382.7\times10^6\times990.3^2\times0.641^3}{606.5\times10^{-6}\times1.5\times11}\right]^{1/4}$$

$$= 4954.8\ W/(m^2\cdot K)$$

$Re = \dfrac{4hL\Delta t}{r\mu_1} = \dfrac{4\times4954.8\times1.5\times11}{2.383\times10^6\times606.5\times10^{-6}} = 226.3 < 2300$，因此流动状态为层流。

整个冷凝器的热负荷

$$\Phi = 50\times4954.8\times3.1416\times0.0254\times1.5\times11 = 326.2\ kW$$

7-7 解题过程 $t_m = \dfrac{25+30}{2} = 27.5$ ℃，$\rho_l = 600.2\ kg/m^3$，$\lambda_l = 0.5105\ W/(m\cdot ℃)$，

$\mu_1 = 2.11\times10^{-4}\ kg/(m\cdot s)$，$r = 1145.8\times10^3\ J/kg$。

由 $hA\Delta t = Gr$，得 $L = \dfrac{Gr}{\pi dh\Delta t}$。设流动为层流，则有

$$h = 1.13\left[\frac{g\rho_l^2 r\lambda_l^3}{\mu_1 L(t_f - t_w)}\right]^{1/4}$$

$$= 1.13\times\left[\frac{9.8\times1145.8\times10^3\times600.2^2\times0.5105^3}{2.11\times10^{-4}\times5L}\right]^{1/4} = 5370.3\ L^{1/4}$$

代入 L 的计算式，得

$$L=\frac{0.009\times1145.8\times10^{3}}{3.1416\times0.05\times5\times5370.3}L^{1/4}$$

$$L=\left(\frac{13129.9}{5370.3}\right)^{3/4}=1.96\ \mathrm{m}$$

7-8 解题过程 按教材式(7-2) 计算,各压力下的物性及换热系数之值见解 7-8 表。

解 7-8 表

$p_c/(\times10^5\mathrm{Pa})$	0.05	0.50	1.00	10.00
t_c/℃	32.4	81.5	99.8	179.8
t_m/℃	34.9	84.0	102.3	182.3
$\rho_l/(\mathrm{kg/m^3})$	993.98	969.20	956.70	884.40
λ_t/[W/(m·K)]	0.6260	0.6764	0.6835	0.6730
μ_l/[$\times10^6$[kg/(m·s)]]	728.80	379.02	277.10	151.00
r/(kJ/kg)	2425	2305	2260	2015
h/[W/($\mathrm{m^2}$·K)]	11450	13933	15105	16138

7-9 解题过程 按照教材附录,查得 30℃ 的氨液的物性参数为

$\rho_l=585.4\ \mathrm{kg/m^3}$,$\lambda_l=0.4583\ \mathrm{W/(m\cdot ℃)}$,$\nu_f=2.143\times10^{-7}\ \mathrm{m^2/s}$

假设流动状态为层流流动

$$h=1.13\times\left[\frac{9.8\times1143850\times585.4^2\times0.4583^3}{2.143\times10^{-7}\times3.0\times4.4}\right]^{1/4}=3821\ \mathrm{W/(m^2\cdot K)}$$

$$Re=\frac{4\times3821\times3\times4.4}{1143850\times0.2143\times10^{-6}\times595.4}=1406<2300$$

确实属于层流范围,因此,可采用层流液膜公式。

7-10 解题过程 近似地取 $t_s=100℃$,$t_m=\frac{t_s+t_w}{2}=85\ ℃$,查 85 ℃ 时水的物性为

$$\rho_l=968.6\ \mathrm{kg/m^3},$$

$$\mu_l=335\times10^{-6}\ \mathrm{kg/(m\cdot s)},$$

$$\lambda_1=0.677\ \mathrm{W/(m\cdot K)},$$

$$r=2257.1\times10^3\ \mathrm{J/kg}$$

设为层流,则

$$h=1.13\left[\frac{g\rho_1^2 r\lambda_1^3}{\mu_l L(t_s-t_w)}\right]^{1/4}$$

$$= 1.13 \times \left[\frac{9.8 \times 2.257 \times 10^6 \times 968.6^2 \times 0.677^3}{335 \times 10^{-6} \times 1.2 \times 30}\right]^{1/4}$$

$$= 5431.8\ \mathrm{W/(m^2 \cdot K)}$$

$Re = \dfrac{4hL\Delta t}{r\mu_l} = \dfrac{4 \times 5431.8 \times 1.2 \times 30}{2.257 \times 10^6 \times 335 \times 10^{-6}} = 1034.5 < 2300$，因此该流动状态为层流。

$$Q = Ah(t_s - t_w) = 5431.8 \times 1.2 \times 30 = 195.5\ \mathrm{kW}$$

平均热容量 $\rho c V = \dfrac{Q\Delta\tau}{\Delta t} = \dfrac{195.5 \times 10^3 \times 1800}{30} = 11.73 \times 10^6\ \mathrm{J/K}$

7-11 解题过程 $t_m = \dfrac{100 + 96}{2} = 98$ ℃，查 98 ℃ 水的物性为，$\rho_l = 958.5\ \mathrm{kg/m^3}$，$\lambda_l = 0.6829\ \mathrm{W/(m \cdot K)}$，$r = 2257 \times 10^3\ \mathrm{J/kg}$，$\mu_l = 283.2 \times 10^{-6}\ \mathrm{kg/(m \cdot s)}$。假设为膜状凝结，则

$$h = 1.13\left[\frac{gr\sin\varphi\rho_l^2 r\lambda_l^3}{\mu_l L(t_f - t_w)}\right]^{1/4}$$

$$= 1.13 \times \left[\frac{9.8 \times \sin 60° \times 2.257 \times 10^6 \times 958.5^2 \times 0.6829^3}{2.257 \times 10^{-6} \times 0.4 \times (100 - 96)}\right]^{1/4}$$

$$= 12612\ \mathrm{W/(m^2 \cdot K)}$$

$Re = \dfrac{4hL\Delta t}{r\mu_l} = \dfrac{4 \times 12612 \times 0.4 \times 4}{2.257 \times 10^6 \times 283.2 \times 10^{-6}} = 126.3 < 2300$，为层流流动

$$Q = Ah(t_s - t_w) = 12612 \times 0.4^2 \times 4 = 8071.7\ \mathrm{W}$$

$$G = \frac{Q}{r} = \frac{8071.7}{2.257 \times 10^6} = 3.58 \times 10^{-3}\ \mathrm{kg/s} = 12.9\ \mathrm{kg/h}$$

如果其他条件不变，但改为与水平方向成 30° 角，则 h 为原来的 $\left(\dfrac{1}{2}\Big/\dfrac{\sqrt{3}}{2}\right)^{1/4} = 0.872 = 87.2\ \%$，因而凝结量亦将是现在的 87.2 %。

7-12 解题过程 (1) 水平管的凝结换热公式

$$h_H = 0.729\left[\frac{gr\rho_l^2\lambda_l^3}{\eta_l d(t_s - t_w)}\right]^{\frac{1}{4}}$$

两种方案的换热表面积相同，温差相等，由牛顿冷却公式

$\Phi = h_H A\Delta t$，故凝液量 $q_m = \dfrac{\Phi}{r} = \dfrac{h_H A\Delta t}{r}$。

(2) 要使凝结水量的差别最大，小管径系统应竖直布置。

(3) $$\frac{q_{m1}}{q_{m2}}=\frac{h_{H1}}{h_{H2}}=\left(\frac{d_2}{d_1}\right)^{\frac{1}{4}}=\left(\frac{1}{10}\right)^{\frac{1}{4}}=0.562$$

故小管径系统的凝液量是大管径系统的0.562倍。只要保证蒸气压力和管壁温度在两种情况下相同，上述结论与蒸气压力和铜管壁温无关。

7-13 解题过程 相应于4.5×10^3 Pa的饱和温度为30.94℃，$t_m=\frac{30.94+15}{2}=22.97\approx$ 23 ℃，查23 ℃水的物性为$\rho_l=997.5\ \text{kg/m}^3$，$\eta_l=943.3\times10^{-6}\ \text{kg/(m·s)}$，$\lambda_l=0.605\ \text{W/(m·K)}$，$r=2438.5\times10^3\ \text{J/kg}$，$\Delta t=30.94-15=15.94$ ℃。

$$h=0.725\times\left[\frac{9.8\times2438.5\times10^3\times997.5^2\times0.605^3}{943.3\times10^{-6}\times0.02\times15.94}\right]^{1/4}=8340\ \text{W/(m}^2\cdot\text{K)}$$

每米长管子上的凝结水量为

$$G=\frac{\pi dh\Delta t}{r}=\frac{3.1416\times0.02\times8340\times15.94}{2438.5\times10^3}=3.425\times10^3\ \text{kg/s}$$
$$=12.33\ \text{kg/h}$$

7-14 解题过程 查30 ℃时饱和水的物性为$\rho_l=995.7\ \text{kg/m}^3$，$\eta_l=801.5\times10^{-6}\ \text{kg/(m·s)}$，$\lambda_l=0.618\ \text{W/(m·K)}$，$r=2430.9\times10^3\ \text{J/kg}$，于是有

$$h=1.13\times\left[\frac{9.8\times2430.9\times10^3\times995.7^2\times0.618^3}{801.5\times10^{-6}L\Delta t}\right]^{1/4}$$
$$=10319.4(L\Delta t)^{-1/4}$$

$L\Delta t$ 之值应满足$\frac{4hL\Delta t}{801.5\times10^{-6}\times2430.9\times10^3}\geqslant1600$，即$h\geqslant\frac{779346.5}{L\Delta t}$

两式联立得$\frac{779346.5}{L\Delta t}=\frac{10319.4}{(L\Delta t)^{1/4}}$，$(L\Delta t)^{3/4}=75.52$，$L\Delta t=319.2\ \text{m·℃}$

7-15 解题过程 100℃ 下饱和水的物性为$\lambda_l=0.683\ \text{W/(m·K)}$，$\rho_l=958.4\ \text{kg/m}^3$，$r=2257.1\times10^3\ \text{J/kg}$，$\eta_l=282.5\times10^{-6}\ \text{kg/(m·s)}$。

$$h=1.13\times\left[\frac{9.8\times2257.1\times10^3\times958.4^2\times0.683^3}{2.825\times10^{-4}L\Delta t}\right]^{1/4}$$
$$=13903(L\Delta t)^{-1/4}$$

$$\frac{4hL\Delta t}{282.5\times10^{-6}\times2257.1\times10^3}\geqslant1600，即\frac{255052}{L\Delta t}=\frac{13903}{(L\Delta t)^{1/4}}$$

得$(L\Delta t)^{3/4}=18.345$，$L\Delta t=48.3\ \text{m·℃}$。

一般工业用冷凝器大多在层流范围内。

7-16 解题过程 $t_m = \dfrac{30.94+15}{2} = 22.97 \approx 23$ ℃。查 23 ℃ 时水的物性为

$\lambda_l = 0.605\ \mathrm{W/(m \cdot K)}$，$\eta_l = 943.3 \times 10^{-6}\ \mathrm{kg/(m \cdot s)}$，

$\rho_l = 997.5\ \mathrm{kg/m^3}$，$r = 2438.5 \times 10^3\ \mathrm{J/kg}$，$\Delta t = 30.94 - 15 = 15.94$ ℃。

$$h = 0.725 \times \left[\frac{9.8 \times 2438.5 \times 10^3 \times 997.5^2 \times 0.605^3}{943.3 \times 10^{-6} \times 0.02 \times 15.94}\right]^{1/4} = 8340\ \mathrm{W/(m^2 \cdot K)}$$

$\varepsilon_n = 1/n^{1/4} = 1/20^{1/4} = 0.4729$，$h_n = 8340 \times 0.4729 = 3944\ \mathrm{W/(m^2 \cdot K)}$

7-17 解题过程 设加罩前平均表面传热系数为 h_0，加罩后为 h_n，则有 $h_0 \sim (1/L)^{1/4}$，$h_n \sim \{1/[L/(n+1)]\}^{1/4}$。

则
$$\frac{h_n}{h_0} = \frac{\{1/[L/(n+1)]\}^{1/4}}{(1/L)^{1/4}} = (n+1)^{1/4}$$

欲使 $\dfrac{h_n}{h_0} = 2$，应有 $(n+1)^{1/4} = 2$，$n = 16 - 1 = 15$

设需把直管等分为几段才能使全管平均换热系数与水平管一样，则有

$$0.725\left[\frac{g\rho_l^2 r\lambda_l^3}{\eta_l d\Delta t}\right]^{\frac{1}{4}} = 1.13\left[\frac{g\rho_l^2 r\lambda_l^3}{\eta_l(100d/n)\Delta t}\right]$$，即 $0.725 = 1.13\left(\dfrac{n}{100}\right)^{1/4}$

$$n = 100 \times \left(\frac{0.725}{1.13}\right)^4 = 16.9 \approx 17 \text{ 段}$$

即共需 $17 - 1 = 16$ 泄出罩。

7-18 解题过程 据给定的条件，从气－液分界面上释放出得汽化潜热均通过液膜的导热而传到底面上的，于是有 $\rho_l r\dfrac{\mathrm{d}\delta}{\mathrm{d}\tau} = \dfrac{\lambda_l(t_s - t_w)}{\delta}$，其中 τ 为时间，将此式对 τ 进行积分，并利用 $\tau = 0, \delta = 0$ 的条件，得 $\delta = \sqrt{\dfrac{2\lambda(t_s - t_w)}{\rho r}\tau}$。此式表明液膜厚度与 $\sqrt{T}$ 成正比。

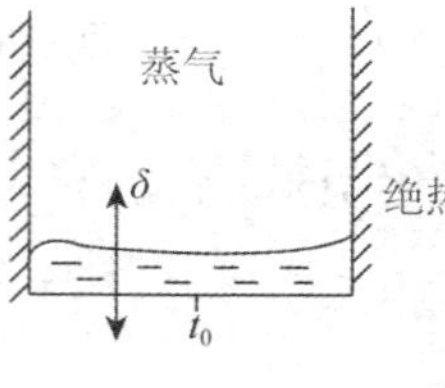

解 7-18 图

容器侧绝热，将问题简化成为一个一维无限大平壁的导热问题。

沸腾传热

7-19 解题过程 AB 段钢元的温度随时间的变化比较平缓，代表了膜态沸腾区的换热特性，BC 段的上半部钢元温度随时间而急剧下降，呈现出核态沸腾的特点，而到 BC 段的下部，温度曲线再次变得平缓，反映出对流换热逐渐进入以自然对流为主的区域。

7-20 解题过程 $p_s = 1.98 \times 10^2$ Pa 时，$t_s = 120$ ℃，对应水的物性为

$$Pr = 1.47, \lambda = 0.686\ \mathrm{W/(m \cdot K)}, \nu = 0.252 \times 10^{-6}\ \mathrm{m^2/s}$$

根据公式 $h = C_1 \Delta t^{2.33} p^{0.5} = 0.1224 \times 5^{2.33} \times (1.98 \times 10^2)^{0.5}$

$$= 73.23\ \mathrm{W/(m^2 \cdot K)}$$

由题意，在温差相同的情况下，只有表面传热系数相等，才能保证对流换热和核态沸腾的热流密度相等。对管内湍流强制对流

即 $h' = 0.023\, Re^{0.8} Pr^{0.4} \dfrac{\lambda}{d}$，而 $h = h'$

$$Re^{0.8} = \frac{hd}{0.023 Pr^{0.4} \lambda} = \frac{73.23 \times 0.015}{0.023 \times 1.47^{0.4} \times 0.686} = 59.5$$

$$Re = 165.25$$

$Re = \dfrac{ud}{\nu}$，得 $u = \dfrac{Re\nu}{d} = \dfrac{165.25 \times 0.252 \times 10^{-6}}{0.015} = 2.8 \times 10^{-3}$ m/s。

7-21 解题过程 (1) 大容器饱和沸腾

$$h \sim \Delta t^{2.33}$$

$$\frac{\Delta t'}{\Delta t} = \left(\frac{h'}{h}\right)^{\frac{1}{2.33}} = 10^{\frac{1}{2.33}} = 2.69$$

(2) 管内湍流

$$h \sim V^{0.8}$$

$$\frac{V'}{V} = \left(\frac{h'}{h}\right)^{1/0.8} = 10^{1.25} = 17.78$$

$$\Delta p \sim V^2$$

$$N \sim \Delta p \cdot A \cdot V \sim V^3$$

$$\frac{N'}{N} = \left(\frac{V'}{V}\right)^3 = 17.78^3 = 5620.8$$

由计算可得，当大容器饱和沸腾表面传热系数增加10倍时，壁面过热度是原值的2.69倍。而圆管内湍流强制对流传热表面传热系数增加10倍，流速是原值的17.78倍，流体的驱动功率是原值的5620.8倍。

7-22 解题过程 在 3.61×10^5 Pa 的压力下，水的物性参数为

$$c_{pl}=4287\ \text{J/(kg·K)},\rho_l=926.1\ \text{kg/m}^3,\rho_v=1.967\ \text{kg/m}^3,$$

$$r=2144.1\times10^3\ \text{J/kg}$$

$\eta_l=201.1\times10^{-6}\text{kg/(m·s)},\sigma=507.2\times10^{-4}\ \text{N/m},c_{wl}=0.013,$

$Pr_f=1.26$，于是有

$$\frac{4287\times5}{2144.1\times10^3\times1.26}$$

$$=0.013\times\left[\frac{q}{201.1\times10^{-6}\times2.144\times10^6}\times\sqrt{\frac{507.2\times10^{-4}}{9.8\times(926.1-1.967)}}\right]^{0.33}$$

解得 $q=40770\ \text{W/m}^2$。

若不考虑过冷水加热到饱和水所所需消耗的热量，设维持90 kg/h的蒸气率的铜棒长度为 x，则

$$x=\frac{20\times2144.1\times10^3/3600}{3.1416\times0.05\times40770}=8.37\ \text{m}$$

7-23 解题过程 $t_s=100$℃ 时水的物性参数为 $Pr_f=1.75,c_{pl}=4220\ \text{J/(kg·K)},\rho_v=0.5977\ \text{kg/m}^3,\rho_l=958.4\ \text{kg/m}^3,r=2257.1\times10^3\ \text{J/kg},\eta_l=282.5\times10^{-6}\text{kg/(m·s)},c_{wl}=0.013,\sigma=588.6\times10^{-4}\text{N/m}$

$$q=\frac{\Phi}{A}=\frac{2.3\times2257.1\times10^3\times4}{3.1416\times0.3^2\times3600}=2040\ \text{W/m}^2$$

$$\Delta t=\frac{c_{wl}rPr_f}{c_{pl}}\left[\frac{q}{\eta_l r}\sqrt{\frac{\sigma}{g(\rho_l-\rho_v)}}\right]^{0.33}=\frac{0.013\times2257.1\times10^3\times1.75}{4220}\times$$

$$\left[\frac{2040}{282.5\times10^{-6}\times2257.1\times10^3}\times\sqrt{\frac{588.6\times10^{-4}}{9.8\times(958.4-0.5977)}}\right]^{0.33}$$

$$=5.29\ ℃$$

$$t_w=t_f+\Delta t=100+5.29\approx105.3\ ℃$$

7-24 解题过程

$$q=\frac{8000}{2\times3.1416\times1.85\times0.015}=45882\ \text{W/m}^2$$

在 1.43×10^5 Pa 的压力下，查得物性为

$$c_{pl}=4233\ \text{J/(kg}\cdot\text{K)},r=2691.3\times10^3\ \text{J/kg},\rho_l=951\ \text{kg/m}^3,$$
$$\rho_v=0.8265\ \text{kg/m}^3,\sigma=569\times10^{-4}\ \text{N/m},\lambda_l=0.685\ \text{W/(m}\cdot\text{K)},$$
$$\eta_l=259\times10^{-6}\ \text{kg/(m}\cdot\text{s)},\text{Pr}_f=1.60,c_w=0.0132$$

代入教材式(7-17)有

$$\Delta t=\frac{2691.3\times10^3\times1.60}{4233}\times0.0132\times$$
$$\left[\frac{45882}{259\times10^{-6}\times2691.3\times10^3}\times\sqrt{\frac{569\times10^{-4}}{9.8\times(951-0.8265)}}\right]^{0.33}$$
$$\Delta t=7.37\ ℃\text{，所以}\ t_w=120+7.37\approx127.4\ ℃$$

不锈钢管内的热量都是通过内壁面导出的，设导热温差为 $\Delta t'$，则

$$\Delta t'=\Phi\ln(d_2/d_1)/(2\pi\lambda l)$$
$$=4000\times\ln(15/12)/(2\times3.1416\times10\times1.85)=7.68\ ℃。$$

由题意可知，最高壁温位于内壁面上，其值为 127.4＋7.68＝135.1℃。

7-25 解题过程 $h=0.448\,\Delta t^{4.33}p^{0.5}=0.448\times(110-100)^{4.33}\times1.013^{0.5}$

$$=9640\ \text{W/(m}^2\cdot\text{K)}$$

查得 110 ℃ 钢棒的物性为 $\lambda=36.6\ \text{W/(m}\cdot\text{K)}$，由 $-\lambda\dfrac{\partial t}{\partial r}=h\Delta t$ 可知

$$-\frac{\partial t}{\partial r}=\frac{h\Delta t}{\lambda}=-\frac{9640\times10}{36.6}=-2634\ ℃/\text{m}$$

负号表示温度沿半径方向减少。

7-26 解题过程 (1) 当加热功率为 1.9 W 时

$$q=\frac{\Phi}{\pi dl}=\frac{19}{\pi\times0.0035\times0.1}=1728.8\ \text{W/m}^2$$

假定温差 $\Delta t=t_w-t_s=1.6$ ℃，定性温度 $t_m=\dfrac{1}{2}(t_w+t_s)=100.8$ ℃，

查得物性参数 $Pr=1.743,\lambda=0.6832\ \text{W/(m}\cdot\text{K)},\alpha=7.54\times10^{-4}\text{K}^{-1},\nu=0.293\times10^{-6}\text{m}^2/\text{s}$。

$$\text{Gr}=\frac{g\alpha\Delta td^3}{\nu^2}=\frac{9.8\times7.54\times10^{-4}\times1.6\times0.0035^3}{(0.293\times10^{-6})^2}=5904.5$$

$$Nu=0.48(GrPr)^{\frac{1}{4}}=0.48\times(5904.5\times1.743)^{\frac{1}{4}}=4.83$$

$$h = \frac{Nu\lambda}{d} = \frac{4.83 \times 0.6832}{0.0035} = 942.8\ \mathrm{W/(m^2 \cdot K)}$$

$$q = h\Delta t = 942.8 \times 1.6 = 1508.48\ \mathrm{W/m^2}$$

与 $q = 1728.8\ \mathrm{W/m^2}$ 相差达 12.7%，故需重新假定 Δt。

因仍处于自然对流阶段，因此，在物性基本不变时，正确的温差按下式计算

$$\Delta t = 1.6 + \left(\frac{1728.8}{1508.48}\right)^{0.8} = 2.715\ ℃$$

而 $h \propto \Delta t^{\frac{1}{4}}$，即

$$h' = 942.8 \times \left(\frac{2.715}{1.6}\right)^{\frac{1}{4}} = 1076\ \mathrm{W/(m^2 \cdot K)}$$

(2) 当 $\Phi = 100\ \mathrm{W}$ 时

$$q = \frac{\Phi}{\pi dl} = \frac{100}{\pi \times 0.0035 \times 0.1} = 90945.7\ \mathrm{W/m^2}$$

假定进入核态沸腾区，$p = 1.013 \times 10^5\ \mathrm{Pa}$。

根据公式

$$\begin{aligned} h &= C_2 q^{0.7} p^{0.15} \\ &= 0.5335 \times 90945.7^{0.7} \times (1.013 \times 10^5)^{0.15} \\ &= 8894.5\ \mathrm{W/(m^2 \cdot K)} \end{aligned}$$

验证此时的过热度

$$\Delta t = \frac{q}{h} = \frac{90945.7}{8894.5} = 10.2\ ℃$$

确实在核态沸腾区，所以 $h = 8894.5\ \mathrm{W/(m^2 \cdot K)}$。

7-27 解题过程 把教材式(7-17) 写成 $h = Cq^{0.67}$ 的形式，可得

$$C = \frac{c_{pl}}{rPr_l} \cdot \frac{1}{0.013\left[\frac{1}{\eta_l r} \cdot \sqrt{\frac{\sigma}{g(\rho_l - \rho_v)}}\right]^{0.33}}$$

$$= \frac{c_{p1}}{0.013 r^{0.67} Pr_l}\left[\sqrt{\frac{g(\rho_l - \rho_v)}{\sigma}}\eta_l\right]^{0.33}$$

结果见 7-27 表。

解 7-27 表

$p/(\text{bar})$	1.013	4.760	10.030	19.080	39.780
$c_{pl}/[\text{kJ}/(\text{kg}\cdot\text{K})]$	4.220	4.313	4.417	4.555	4.844
Pr_l	1.75	1.17	1.00	0.91	0.86
$\mu_l/\times 10^6[\text{kg}/(\text{m}\cdot\text{s})]$	282.5	186.4	153.0	130.5	169.9
$r/\times 10^{-3}(\text{J/kg})$	2257.1	2113.1	2013.0	1898.3	1714.5
$\rho_l/(\text{kg/m}^3)$	958.4	917.0	886.9	852.3	799.0
$\rho_{vl}/(\text{kg/m}^3)$	0.5977	2.5480	5.1600	9.5930	19.9900
$\sigma/\times 10^4(\text{N/m})$	588.6	486.6	422.8	354.1	261.9
C	4.9972	7.1279	8.4097	9.6124	11.3520

用最小二乘法拟合得 $C = 5p^{0.223}$，p 的单位为 bar。

7-28 解题过程 (1) 由于其他条件不变，应有$[C_{wl}q^{0.33}]_1 = [C_{wl}q^{0.33}]_2$

即$\left(\dfrac{q_2}{q_1}\right)^{0.33} = \dfrac{(C_{wl})_1}{(C_{wl})_2} = \dfrac{1}{1.2}$，所以$\dfrac{q_2}{q_1} = \dfrac{1}{1.2^{3.03}} = \dfrac{1}{1.7375} = 57.55\ \%$，即

偏低 42.5 %。

(2) 当给定 q，由教材式(7-17)确定Δt 时，C_{wl} 的误差与Δt 的误差成线性关系，由题意可知，温差的估计又会偏高 20%。

7-29 解题过程 由题意可知，$q_{max} = 1.1\times 10^6\ \text{W/m}^2$，设达到临界热流密度时，每米长导线上总换热量为 Φ，则 $\Phi = 3.1416\times 0.001\times 1.1\times 10^6 = 3456\ \text{W}$

每米长导线的电阻为

$$R = 1.1\times\frac{1}{3.1416\times 1/4} = 1.4\ \Omega$$

$$I^2 = \sqrt{\frac{\Phi}{R}} = \sqrt{\frac{3456}{1.4}} = 49.7\ \text{A}$$

7-30 解题过程 查 1.013×10^5 Pa 下的物性为 $r = 2257.1\times 10^3\ \text{J/kg}$，$\rho_v = 0.5977\ \text{kg/m}^3$，$\rho_l = 958.4\ \text{kg/m}^3$，$\gamma = 588.6\times 10^{-4}\ \text{N/m}$。

$$q_{max} = \frac{\pi}{24}\times 2257.1\times 10^3\times\sqrt{0.5977}\times[9.8\times 588.6\times 10^{-4}\times(958.4 - 0.5977)]^{\frac{1}{4}} = 1.1\times 10^6\ \text{W/m}^2。$$

达到临界热流密度时，换热总量

$$\Phi = \pi d l q_{\max} = 3.1416 \times 0.003 \times 0.1 \times 1.1 \times 10^6 = 1037 \text{ W}$$

$$\Phi = I^2 R = \frac{U^2}{R} \Rightarrow R = \frac{U^2}{\Phi} = \frac{220^2}{1037} = 46.67\ \Omega$$

即每米长电阻应为 46.67 Ω。

7-31 解题过程 按教材式(7-20)，$q_{\max} \sim g^{1/4}$，地球上 $p = 10^5$ Pa 时，$q_{\max} = 1.1 \times 10^6 \text{ W/m}^2$，月球上 $q_{\max} = \left(\frac{1}{6}\right)^{1/4} \times 1.1 \times 10^6 = 0.6398 \times 1.1 \times 10^6 = 0.703 \times 10^6 \text{ W/m}^2$，$\Delta q_{\max} = (1.1 - 0.703) \times 10^6 = 0.397 \times 10^6 \text{ W/m}^2$；$p' = 10 \times 10^5$ Pa 时，物性为 $r = 2013 \times 10^3$ J/kg，$\rho_v = 5.16 \text{ kg/m}^3$，$\rho_l = 886.9 \text{ kg/m}^3$，$\gamma = 422.8 \times 10^{-4}$ N/m。

地球上：

$$q_{\max} = \frac{3.1416}{24} \times 2013 \times 10^3 \times \sqrt{5.16}$$

$$\times \left\{ 9.8 \times \frac{1}{6} \times 422.8 \times 10^{-4} \times [886.9 \times (-5.16)] \right\}^{\frac{1}{4}}$$

$$= 1.674 \times 10^6 \text{ W/m}^2$$

月球上：

$$q_{\max} = \left(\frac{1}{6}\right)^{1/4} \times 1.674 \times 10^6 = 1.07 \times 10^6 \text{ W/m}^2$$

$$\Delta q_{\max} = (1.674 - 1.07) \times 10^6 = 0.6045 \times 10^6 \text{ W/m}^2$$

7-32 解题过程 $t_s = -20$ ℃ 时，$\rho_l = 666.7 \text{ kg/m}^3$。

$$q_{\max} = \frac{\pi}{24} r \rho_v^{1/2} [g\sigma(\rho_l - \rho_v)]^{\frac{1}{4}}$$

$$= \frac{3.1416}{24} \times 1329 \times 10^3 \times \sqrt{1.604} \times [9.8 \times 0.031 \times (666.7 - 1.604)]^{1/4}$$

$$= 8.31 \times 10^5 \text{ W/m}^2$$

7-33 解题过程 工件置于水容器的瞬间形成了稳定的膜态沸腾，$t_m = \frac{1100 + 100}{2} = 600$ ℃，查 600 ℃ 时的物性为 $r = 2257.1 \times 10^3$ J/kg，$\rho_l = 958.4 \text{ kg/m}^3$，$\rho_v = 0.3852 \text{kg/m}^3$，$\eta_v = 2.067 \times 10^{-5}$ Pa·s。

设膜态沸腾换热系数为 h_1

$$h_1 = 0.62 \times \left[\frac{9.8 \times 2257.1 \times 10^3 \times 0.3852 \times (958.4 - 0.3852) \times 0.04223^3}{2.067 \times 10^{-5} \times 0.05 \times (1100 - 100)}\right]^{1/4}$$

$$= 96.77\ \mathrm{W/(m^2 \cdot K)}$$

设辐射换热系数为 h_2

$$h_2 = \frac{\sigma_0 (T_w^4 - T_b^4)}{\dfrac{1}{\varepsilon_1} + \dfrac{1}{\varepsilon_2} - 1} \cdot \frac{1}{T_w - T_b} = \frac{1}{1000} \times \frac{5.67 \times 10^{-8} \times (1373^4 - 373^4)}{\dfrac{1}{0.8} + 1 - 1}$$

$$= 160.3\ \mathrm{W/(m^2 \cdot K)}$$

故 $h = 96.77 + 160.3 = 257.1\ \mathrm{W/(m^2 \cdot K)}$。总换热量为

$$\Phi = \left(\pi dl + \frac{\pi d^2}{4} \times 2\right) h \Delta t$$

$$= \left(0.05 \times 0.1 + \frac{0.05^2}{2}\right) \times 3.1416 \times 257.1 \times 1000 = 5048\ \mathrm{W}$$

工作的热容量

$$\rho c V = \frac{\pi d^2}{4} l \rho c_p = \frac{3.1416 \times 0.05^2}{4} \times 0.1 \times 7790 \times 4 = 718.89\ \mathrm{J/K}$$

故平均的温度下降率为 $5048/718.89 = 7.02\ \mathrm{K/s}$。

7-34 解题过程 $h_c = 0.62\left[\dfrac{g r \rho_v (\rho_l - \rho_v) \lambda_v^3}{\eta_v d (t_w - t_s)}\right]^{1/4}$，$h_r = \dfrac{\varepsilon\sigma (T_w^4 - T_b^4)}{T_w - T_s}$，$h^{4/3} = h_c^{4/3} + h_r^{4/3}$

取 $t_s = 100\ ℃$，$t_w = 973 - 273 = 700\ ℃$，$t_m = \dfrac{100 + 700}{2} = 400\ ℃$

求得 $Q = h(t_w - t_s) = 22.123\ \mathrm{kW/m^2}$

7-35 解题过程 气泡内介质与周围流体达到热平衡时，有 $R = \dfrac{2\sigma T_s}{r\rho_v (T_1 - T_s)}$，即 $T_1 - T_s = \dfrac{2\sigma T_s}{R r \rho_v}$，要使气泡长大，应使 $T_1 - T_s > \dfrac{2\gamma T_s}{R r \rho_v}$。

100℃ 时，有 $\sigma = 588.6 \times 10^{-4}\ \mathrm{N/m}$，$r = 2257.1\ \mathrm{kJ/kg}$，$\rho_v = 0.5977\ \mathrm{kg/m^3}$。

当 $d = 0.1\ \mathrm{mm}$，即 $R = 0.05\ \mathrm{mm}$ 时

$$\Delta t \geqslant \frac{2 \times 588.6 \times 10^{-4} \times 373}{0.05 \times 10^{-3} \times 2257.1 \times 10^3 \times 0.5977} = 0.651\ ℃$$

同理可得：当 $d = 1$ mm 时，即 $R = 0.5$ mm 时，$\Delta t' \geqslant 0.0651$ ℃。

综合分析

7-36 解题过程 (1)$q = \eta_l r\left[\dfrac{g(\rho_l - \rho_v)}{\sigma}\right]^{1/2}\left(\dfrac{C_{pl}\Delta t}{C_{wl} r Pr_l^{1.7}}\right)$，把物性和 $\rho_v \approx 0$ 代入得

$$q = 6.85\times10^{-4}\times1.05\times10^5\times\left[\frac{9.8\times1650}{6\times10^{-3}}\right]^{1/2}\left(\frac{1000\times20}{0.004\times1.05\times10^5\times11^{1.7}}\right)^3$$

$$= 62289\ \text{W/m}^2$$

$$\Phi = 25\times10^{-6}\times62289 = 1.56\ \text{W}$$

(2) 设 200 个集成电路的发热量为 Φ_c，则

$$h = 0.943\left[\frac{gr\rho_l^2\lambda_l^3}{\eta_l H(t_s - t_w)}\right]^{1/4}$$

$$= 0.943\times\left[\frac{9.8\times1.05\times10^5\times1650^2\times0.06^3}{6.85\times10^{-4}\times0.045\times(50-15)}\right]^{1/4}$$

$$= 816\ \text{W/(m}^2\cdot\text{K)}$$

$$q = h\Delta t = 816\times35 = 28562.5\ \text{W/m}^2$$

所需面积为：$1.56\times200/28562.5 = 1.092\times10^{-2}\ \text{m}^2 = 10920\ \text{mm}^2$

7-37 解题过程 本题需要假设壁温 t_w，正确的壁温值应使管内与管外的对流换热量相等。

管内对流换热系数按教材式(6-5)计算，15℃ 的水物性为

$$Pr = 8.27,\ \lambda = 0.587\ \text{W/(m}\cdot\text{K)},\ \nu = 1.156\times10^{-6}\ \text{m}^2/\text{s}$$

$$Re = \frac{ud}{\nu} = \frac{1.5\times0.028}{1.156\times10^{-6}} = 36332$$

$$h_l = 0.023\times\frac{0.587}{0.028}\times36332^{0.8}\times8.27^{0.4} = 4994\ \text{W/m}^2\cdot\text{K}$$

设 $t_w = 25.5$ ℃，$t_m = \dfrac{30+25.5}{2} = 27.75$ ℃，$\rho_l = 996.3\ \text{kg/m}^3$，

$r = 2430.9\times10^3$ J/kg，$\eta_l = 847.1\times10^{-6}$ kg/(m·s)，$\lambda = 0.614$ W/(m·K)。

$$h_n = 0.725\times\left[\frac{9.8\times2430.9\times10^3\times996.3^2\times0.614^3}{847.1\times10^{-6}\times0.032\times(30-25.5)}\right]^{1/4}$$

$$= 10552\ \text{W/(m}^2\cdot\text{K)}$$

$\Phi_l = h_l A_l \Delta t_l = 4994 \times 3.1416 \times 0.028 \times 1.5 \times (25.5 - 15) = 6919\ \text{W}$

$\Phi_n = h_n A_n \Delta t_n = 10552 \times 3.1416 \times 0.032 \times 1.5 \times (30 - 25.5) = 7160\ \text{W}$

Φ_n 与 Φ_l 之差大于 3%，改设 $t_w = 25.6$℃，则物性变化甚微，h_n 与 h_l 可以认为不变，于是 Φ_n 与 Φ_l 之差小于 2%，取 $\Phi = \dfrac{7001 + 6982}{2} = 6992\ \text{W}$

冷凝水量

$$G = \frac{6992}{2430.9 \times 10^3} = 2.877 \times 10^{-3}\ \text{kg/s} = 10.4\ \text{kg/h}$$

7-38 解题过程 计算温度取为 100℃，其物性参数为

$\rho_v = 0.5977\ \text{kg/m}^3$，$\rho_l = 958.4\ \text{kg/m}^3$，$c_{pl} = 4220\ \text{J/(kg·K)}$，$r = 2257.1 \times 10^3\ \text{J/kg}$，$\lambda_l = 0.683\ \text{W/(m·K)}$，$\eta_l = 282.5 \times 10^{-6}\ \text{kg/(m·s)}$，$\gamma = 588.6 \times 10^{-4}\ \text{N/m}$，$Pr_l = 1.75$

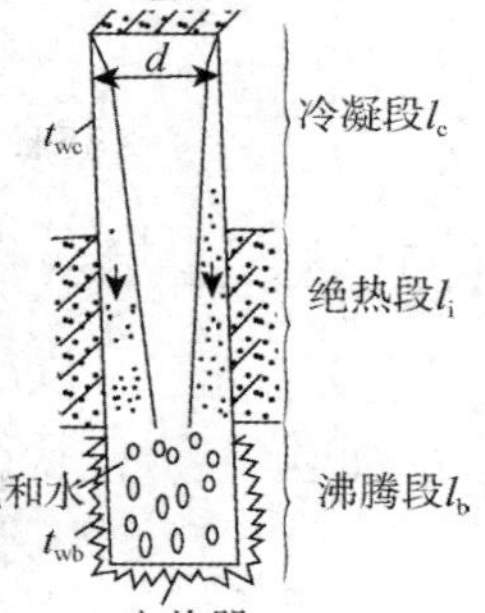

解 7-38 图

(1)$q_{cr} = \dfrac{\pi}{24} r \rho_v^{\frac{1}{2}} [g\sigma(\rho_l - \rho_v)]^{1/4} = 1.17 \times 10^6\ \text{W/m}^2$，沸腾段热负荷取 q_{cr} 的 30%，$q = 0.30 \times 1.17 \times 10^6 = 3.51 \times 10^5\ \text{W/m}^2$。

取 $C_{wl} = 0.006$，$n = 1.0$

$$q = \eta_l r \left[\frac{g(\rho_l - \rho_v)}{\sigma}\right]^{1/2} \left[\frac{c_{pl}(t_{wb} - t_s)}{C_{wl} r Pr^n}\right]^3$$

$$3.51 \times 10^5 = 282.5 \times 10^{-6} \times 2257.1 \times 10^3 \times \left[\frac{9.8 \times (958.4 - 0.5977)}{588.6 \times 10^{-4}}\right]^{1/2} \times \left[\frac{c_{pl}(t_{wb} - t_s)}{c_{wl} r Pr_l^n}\right]^3$$

$$3.51 \times 10^5 = 637.63 \times \left[\frac{9.8 \times (958.4 - 0.5977)}{588.6 \times 10^{-4}}\right]^{1/2} \times \left[\frac{4220(t_{wb} - 100)}{0.006 \times 2257.1 \times 10^3 \times 1.75^{10}}\right]^3$$

$$(t_{wb} - 100)^3 = 3.51 \times 10^5 \times \frac{1}{637.63 \times 399.3 \times 5.646 \times 10^{-3}} = 244.19$$

$$t_{wb} - 100 = 244.19^{1/3} = 6.24,\ t_{wb} = 106.2\ ℃$$

沸腾段总换热量

$$\Phi=\left(\frac{\pi}{4}d^2+\pi dl_{\mathrm{b}}\right)q$$

$$=\left(\frac{3.1416\times0.02^2}{4}+3.1416\times0.02\times0.02\right)\times3.51\times10^5$$

$$=1.57\times10^{-3}\times3.51\times10^5=3.511\times10^2\ \mathrm{W}$$

(2) 冷凝段

$$h=0.943\left[\frac{gr\rho_l^2\lambda_l^3}{\eta_l l(t_{\mathrm{s}}-t_{\mathrm{wc}})}\right]^{1/4}$$

$$\Phi=hA\Delta t=0.943\left[\frac{gr\rho_l^2\lambda_l^3}{\eta_l l(t_{\mathrm{s}}-t_{\mathrm{wc}})}\right]^{1/4}\times(3.1416\times0.02\times0.04)\times(t_{\mathrm{s}}-t_{\mathrm{wc}})$$

$$551.1=0.943\times\left[\frac{9.8\times2257.1\times10^3\times958.4^2\times0.683^3}{282.5\times10^{-6}\times0.03\times(t_{\mathrm{s}}-t_{\mathrm{wc}})}\right]^{1/4}\times(2.513\times10^{-3})\times(t_{\mathrm{s}}-t_{\mathrm{wc}})$$

$$(t_{\mathrm{s}}-t_{\mathrm{wc}})^{3/4}=551.1/70.03=7.87,t_{\mathrm{wc}}=100-15.64=84.4℃$$

(3) 冷凝液量

$$\frac{\Phi}{r}=\frac{551.1}{2276\times10^3}=2.42\times10^{-4}\ \mathrm{kg/s}=0.879\ \mathrm{kg/h}$$

7-39 解题过程 按给定条件，管内水蒸气凝结换热量等于管外空气换热量。

每根管子的凝结换热量为$\frac{2100}{5}=420$ W，查 100 ℃ 时水的物性为

$$r=2257.1\ \mathrm{kJ/kg},\rho=958.4\ \mathrm{kg/m^3},\eta=282.5\times10^{-6}\mathrm{Pa\cdot s}$$

$$h=1.13\times\left[\frac{9.8\times2257.1\times10^3\times958.4^2\times0.683^3}{282.5\times10^{-6}\times0.3\times\Delta t}\right]^{1/4}$$

$$=18783.2\Delta t^{-1/4}$$

由 $\Phi=Ah\Delta t$ 得

$$\Delta t=\left(\frac{\Phi}{18783.2A}\right)^{4/3}=\left(\frac{420}{18783.2\times3.1416\times0.016\times0.3}\right)^{4/3}$$

$$=1.691℃$$

内壁温度 $t_{\mathrm{w}}=100-1.691=98.3$ ℃，略去壁面热阻不计，则外壁平均值亦为此值，故外表面平均换热系数

$$h=\frac{\Phi}{A\Delta t}=\frac{420}{3.1416\times0.02\times0.3\times(98.3-30)}=326\ \mathrm{W/(m^2\cdot K)}$$

7-40 解题过程 采用试凑法，水侧 $t_m = \frac{15+17}{2} = 16$ ℃，查此时的物性为 $C_{pl} = 4186.2$ J/(kg·K)，$\rho_l = 963.6$ kg/m³，$\lambda = 0.589$ W/(m·K)，$\eta_l = 1125 \times 10^{-6}$ kg/(m·s)，$Pr = 8.02$。

估计热阻之比约为 1∶25，氟侧温差 10℃，$t_w = 20$ ℃，$t_m = 25$ ℃，查物性，$\rho'_l = 899.0$ kg/m³，$\lambda' = 0.10105$ W/(m·K)，$c'_p = 1809.5$ J/(kg·K)，$\nu = 0.1825 \times 10^{-6}$ m²/s，$r' = 277.77 \times 10^3$ J/kg，$Pr' = 2.93$。

内侧：

$$Nu = 0.023 Re^{0.6} Pr^{0.4}$$

$$h = \frac{0.023 c_p^{0.5} \lambda^{0.6} (\rho u)^{0.8}}{\eta^{0.4} d^{0.2}}$$

外侧：

$$h_n = 0.725 \left[\frac{g r \rho_l^2 \lambda_l^3}{\eta_l d (t_s - t_w)}\right]^{1/4}, h_n = 0.725 \left[\frac{g r \rho_l^2 \lambda_l^3}{\eta_l d q / h_n}\right]^{1/4}$$

$$h_n^{\frac{3}{4}} = 0.725 \left[\frac{g r \rho_l^2 \lambda_l^3}{\eta_l d q}\right]^{1/4},$$

所以 $h_n = 0.725^{\frac{4}{3}} \times \left[\frac{g r \rho_l^2 \lambda_l^3}{\eta_l d q}\right]^{1/3} = 0.651 \times \left[\frac{g r \rho_l^2 \lambda_l^3}{\eta_l d q}\right]^{1/3}$

当 $u = 1.0$ m/s，则

$$\Phi_l = \frac{\pi d^2}{4} \rho u c_{pl} \Delta t = 0.785 \times 0.016^2 \times 899 \times 1.0 \times 4186.2 \times 2 = 1512.58 \text{ W}$$

$$q_n = \frac{\Phi_l}{\pi d L} = \frac{1512.58}{3.1416 \times 0.02 \times 2} = 12036.7 \text{ W/m}^2$$

所以 $h_n = 0.651 \times \left[\frac{9.8 \times 277.77 \times 10^3 \times 899^2 \times 0.10105^3}{164.07 \times 10^{-6} \times 0.02 \times 12042.8}\right]^{1/3}$

$$= 0.651 \times 3859 = 2512 \text{ W/(m}^2 \cdot \text{K)}$$

$$\Delta t_n = \frac{12036.7}{2425} = 4.96 \text{ ℃}, \Delta t_l = 14 - 4.96 = 9.04 \text{ ℃}$$

$$h_l = \frac{0.023 \times 4186.2^{0.4} \times 0.589^{0.6} \times (899 \times 1.0)^{0.8}}{(1125 \times 10^{-0.6})^{0.4} \times 0.016^{0.2}} = 4087 \text{ W/(m}^2 \cdot \text{K)}$$

$$\Phi_l = h_l A \Delta t_l = 4087 \times 8.49 \times 3.1416 \times 2 \times 0.016 = 3488.3 \text{ W}$$

当 $u = 1.5$ m/s，$\Phi_l^* = 2519.3$ W，$q_n = 20058$ W/m²，$h_n = 2118$ W/(m²·K)，

$\Delta t_n = 9.47\ ℃$，$\Delta t_l = 14 - 9.47 = 4.53\ ℃$，$h_l = 5653\ W/(m^2 \cdot K)$，

$$\Phi_l = 2573\ W$$

当 $u = 1.52$，$\Phi_l^* = 2553\ W$，$q_n = 20325\ W/m^2$，$h_n = 2109\ W/(m^2 \cdot K)$，

$\Delta t_n = 9.64\ ℃$，$\Delta t_l = 14 - 9.64 = 4.36\ ℃$，$h_l = 5713\ W/(m^2 \cdot K)$，

$$\Phi_l = 2503\ W$$

当 $u = 1.51\ m/s$，$\Phi_l^* = 2536\ W$，$q_n = 20192\ W/m^2$，$h_n = 2114\ W/(m^2 \cdot K)$，

$$\Delta t_n = 9.55\ ℃, \Delta t_l = 14 - 9.55 = 4.45℃,$$

$$h_l = 5683\ W/(m^2 \cdot K),\ \Phi_l = 2540\ W$$

当 $u = 1.51\ m/s$，$\Phi_l^* = \Phi_v$，此时热阻之比为 $\frac{9.55}{4.45} = 2.15$，即 R152a 的热阻为水的 2.15 倍。

7-41 解题过程 相对湿度为 80%，因而从凝结观点有 20% 的不凝结气体（即空气）。先按纯净水蒸气凝结来计算。

30℃ 的饱和水蒸气压力 $p_s = 0.04245 \times 10^5\ Pa$

此时水蒸气分压力 $p = 0.8\ p_s = 0.03396 \times 10^5\ Pa$

其对应饱和温度为 26.3℃

液膜平均温度 $t_m = \frac{1}{2}(t_s + t_w) = \frac{1}{2} \times (26.3 + 14) = 20.15\ ℃$

物性参数为 $\rho_l = 998.2\ kg/m^3$，$\eta_l = 1004 \times 10^{-6}\ Pa \cdot s$，$\lambda_l = 0.599\ W/(m \cdot K)$

汽化潜热 $r = 2453.3\ kJ/kg$

$$h = 0.729\left[\frac{gr\rho_l^2\lambda_l^3}{\eta_l d(t_s - t_w)}\right]^{\frac{1}{4}}$$

$$= 0.729 \times \left[\frac{9.8 \times 2453.3 \times 10^3 \times 998.2^2 \times 0.599^3}{1004 \times 10^{-6} \times 0.025 \times (26.3 - 14)}\right]^{\frac{1}{4}}$$

$$= 8284.28\ W/(m^2 \cdot K)$$

每米长管道上的换热量

$\Phi_l = \pi d h \Delta t = \pi \times 0.025 \times 8284.28 \times (26.3 - 14) = 8002.96\ W/m$

凝结量 $q_m = \frac{\Phi_l}{r} = \frac{8002.96}{2453.3 \times 10^3} = 3.26 \times 10^{-3}\ kg/s = 11.7\ kg/h$

由于不凝气体的存在，实际凝液量低于此值。

7-42 解题过程 设处于核态沸腾状态。

物性参数为 $c_p = 1447\ \text{J/(kg·K)}, r = 173.29 \times 10^3\ \text{J/kg}$,

$$\rho = 1187.2\ \text{kg/m}^3, \rho_v = 37.76\ \text{kg/m}^3, \sigma = 7.57 \times 10^{-3}\ \text{N/m},$$

$$Pr = 3.648, \nu = 0.1691 \times 10^{-6}\ \text{m}^2/\text{s}$$

$$\frac{1447 \times (35-30)}{137.29 \times 10^3 \times 3.648^{1.7}}$$

$$= 0.013\left[\frac{q}{0.1691 \times 1187.2 \times 173.29 \times 10^{-3}}\sqrt{\frac{7.57 \times 10^{-3}}{9.8 \times (1187.2-37.76)}}\right]^{0.33}$$

$$(2.809 \times 10^{-5})^{0.33} = 0.6943, q = 11915.1\ \text{W/m}^2 \approx 11915\ \text{W/m}^2,$$

$$h = 11915/5 = 2383\ \text{W/(m}^2\cdot\text{K)}$$

$$q_{cr} = \frac{\pi}{24} \times 173.29 \times 10^3 \times 37.76^{\frac{1}{2}} \times [9.8 \times 7.57 \times 10^{-3} \times (1187.2 - 37.76)]^{\frac{1}{4}}$$

$= 423418 \approx 423\ \text{kW/m}^2$,即 $q < q_{cr}$。

$$\Phi = 3.1416 \times 0.012 \times 0.15 \times 11915 = 0.00566 \times 11915 = 67.44\ \text{W}$$

水蒸气 $r = 2407\ \text{kJ/kg}$

$$m = \frac{67.44}{2407000} = 0.000028\ \text{kg/s} = 0.028\ \text{g/s}$$

7-43 解题过程 R152a 在 -30℃ 时物性为

$$\rho_l = 1023.3\ \text{kg/m}^3, c_p = 1.617 \times 10^3\ \text{J/(kg·K)},$$

$$\rho_v = 2.617\ \text{kg/m}^3, r = 335.01 \times 10^3\ \text{J/kg}, \sigma = 17.6 \times 10^3\ \text{N/m},$$

$$q_{cr} = \frac{\pi}{24} \times 335 \times 10^3 \times 2.317^{\frac{1}{2}} \times [9.8 \times 17.6 \times 10^{-3} \times (1023.3 - 2.617)]^{\frac{1}{4}} = 258307.6 \approx 258\ \text{kW/m}^2$$

$$q = 0.5\,q_{cr} = 129154\ \text{W/m}^2, \Phi/l = 129154 \times 3.1416 \times 1 \times 0.022 = 8927\ \text{W/m}$$

7-44 解题过程 $r = 152.04 \times 10^3\ \text{J/kg}, \rho_v = 66.57\ \text{kg/m}^3, \sigma = 5.26 \times 10^{-3}\ \text{N/m}$,

$$\rho_l = 1102\ \text{kg/m}^3$$

$$q_{cr} = \frac{\pi}{24} \times 152.04 \times 10^3 \times 66.57^{\frac{1}{2}} \times [9.8 \times 5.26 \times 10^{-3} \times (1102$$

$-66.57)]^{\frac{1}{4}}$

$= 438691.5\ \mathrm{W/m^2}$

$$q = 0.9q_{cr} = 0.9 \times 438691.5 = 394822\ \mathrm{W/m^2} = 394.8\ \mathrm{kW/m^2}$$

$$M_r = 102, R_p = 0.4\mu, p_c = 4067 \times 10^3\ \mathrm{Pa}$$

50℃ 时，$p_s = 1.3177\ \mathrm{MPa}$

所以 $$Pr = \frac{1.3177 \times 10^6}{4067 \times 10^3} = 0.324$$

$$h = 90q^{0.67} M_r^{-0.5} \times 0.324^m \times (-\lg 0.324)^{-0.55}$$

$$m = 0.12 - 0.2\lg 0.4 = 0.1995$$

$$h = 90 \times 394822^{0.67} \times 102^{-0.5} \times 0.324^{0.1995} \times 0.4895^{0.55}$$

$$= 59204\ \mathrm{W/(m^2 \cdot K)}$$

$\Delta t = 6.67$ ℃，所以 $t_w = 50 + 6.67 = 56.67$ ℃

按 40℃ 计算凝结换热：$\rho_l = 1146.2\ \mathrm{kg/m^3}$，$r = 153.04 \times 10^3\ \mathrm{J/kg}$，$\lambda = 0.075\ \mathrm{W/(m \cdot K)}$，$\nu = 0.1554 \times 10^{-6}\ \mathrm{m^2/s}$，$c_p = 1.522 \times 10^3\ \mathrm{J/(kg \cdot K)}$。

$$h = 1.13 \times \left[\frac{9.8 \times 1146.2 \times 153.04 \times 10^3 \times 0.075^3}{282.5 \times 10^{-6} \times \Delta t \times L}\right]^{1/4} = \frac{q}{\Delta t}$$

$$\Phi = 394822 \times 0.02 \times 0.02 = 157.93\ \mathrm{W}, q = \frac{157.93}{3.1416 \times 0.03\ L}$$

所以 $$\frac{157.93}{3.1416 \times 0.03 \times 20}$$

$$= 1.13 \times \left[\frac{1146.2 \times 9.8 \times 153.04 \times 10^3 \times 0.075^3}{282.5 \times 10^{-6} \times 20}\right]^{1/4} \cdot L^{\frac{3}{4}}$$

$$L^{\frac{3}{4}} = \frac{83.83}{1.13 \times 106.44} = 0.69697, L = 0.618\ \mathrm{m}$$

7-45 **解题过程** $$\frac{1100\Delta t}{84400 \times 9^{1.7}} = 0.013 \times \left[\frac{10^5}{84400 \times 440 \times 10^{-6}} \times \sqrt{\frac{8.2 \times 10^{-3}}{9.8 \times (1619 - 13.5)}}\right]^{0.33}$$

$3.111 \times 10^{-4}\Delta t = 7.572 \times 10^{-3}$，$\Delta t = 24.3$ ℃，$t_{wb} = 57 + 24.3 = 81.3$℃

$$\Phi = qA = 10^5 \times 0.15 \times 0.15 = 2.25 \times 10^3\ \mathrm{W},$$

水的定性温度 $t_m = \frac{35 + 45}{2} = 40$ ℃

$$c_p = 4174\ \mathrm{J/(kg \cdot K)},$$

$$q_m = \frac{\Phi}{\Delta t c_p} = \frac{2.25 \times 10^3}{10 \times 4174} = 5.391 \times 10^{-2} \text{ kg/s} = 194.08 \text{ kg/h}$$

冷凝壁面温度，利用水管公式，

$$\Delta t_m = \frac{(t_{wc} - 35) - (t_{wc} - 45)}{\ln\left(\frac{t_{wc} - 35}{t_{wc} - 45}\right)} = \frac{10}{\ln\left(\frac{t_{wc} - 35}{t_{wc} - 45}\right)}$$

$$h_l = 0.023 \frac{\lambda}{d} Re^{0.8} Pr^{0.4} = 0.023 \times \frac{0.635}{0.01} \times 10512^{0.8} \times 4.31^{0.4}$$

$$= \frac{68.06 \times 0.635}{0.01} = 4322 \text{ W/(m}^2 \cdot \text{K)}$$

所以 $2.25 \times 10^3 = 3.1416 \times 0.01 \times L \times 4322 \times \dfrac{10}{\ln\left(\frac{t_{wc} - 35}{t_{wc} - 45}\right)}$

即 $L \dfrac{10}{\ln\left(\frac{t_{wc} - 35}{t_{wc} - 45}\right)} = 16.58 \Rightarrow L = 16.58 \Big/ \dfrac{10}{\ln\left(\frac{t_{wc} - 35}{t_{wc} - 45}\right)}$

另一方面

$$\frac{2.25 \times 10^3}{3.1416 \times 0.01\, L(t_s - t_{wc})}$$

$$= 0.725 \times \left[\frac{9.8 \times 84400 \times 1619^2 \times 0.0535^3}{440 \times 10^{-6} \times 0.01 (t_s - t_{wc})}\right]^{1/4}$$

$$\frac{65141.9}{L(57 - t_{wc})} = 0.725 \times \left[\frac{6.859 \times 10^8}{(57 - t_{wc})}\right]^{1/4}, \frac{65141.9}{L(57 - t_{wc})} = \frac{2086.4}{(57 - t_{wc})^{1/4}}$$

$$\frac{31.22}{(57 - t_{wc}) \times 16.58 \Big/ \dfrac{10}{\ln\left(\frac{t_{wc} - 35}{t_{wc} - 45}\right)}} = \frac{1}{(57 - t_{wc})^{1/4}}$$

$$1.883 \times \frac{10}{\ln\left(\frac{t_{wc} - 35}{t_{wc} - 45}\right)} \times (57 - t_{wc})^{1/4} = 57 - t_w$$

经试凑计算，得 $t_{wc} = 45.5$ ℃。

$$\Delta t_m = \frac{10}{\ln\left(\frac{45.5 - 35}{45.5 - 45}\right)} = \frac{10}{3.0445} = 3.285 \text{ ℃}, L = \frac{16.58}{3.285} = 5.047 \text{ m}$$

验算：

水侧 $\Phi_r = 3.1416 \times 0.010 \times 5.047 \times 4322 \times 3.285 = 2251\ \text{W}$

制冷剂侧

$$h_0 = 0.725 \times \left[\frac{9.8 \times 84400 \times 1619^2 \times 0.0535^3}{440 \times 10^{-6} \times 0.011 \times (57 - 45.5)}\right]^{1/4}$$

$$= 1133\ \text{W/(m}^2 \cdot \text{K)}$$

$$\Phi_0 = A_0 \Delta t h_0 = 1133 \times 3.1416 \times 0.011 \times 5.047 \times (57 - 45.5)$$

$$= 2273\ \text{W}$$

$$\frac{\Phi_r}{\Phi_0} = \frac{2251}{2273} = 0.9903$$

因此沸腾表面平均温度 $t_{wb} = 81.3\ ℃$

冷凝表面平均温度 $t_{wc} = 45.5\ ℃$

冷却水量 $q_m = 5.391 \times 10^{-2}\ \text{kg/s} = 194.08\ \text{kg/h}$；冷凝段长度 $L = 5.05\ \text{cm}$。

7-46 解题过程 (1) 按一维稳态导热处理 $q = \lambda \frac{\Delta t}{\delta} = 400 \times \frac{158.7 - 133.7}{0.015} = 6.66 \times 10^5\ \text{W}$

$$\frac{158.7 - t_w}{x_2} = \frac{133.7 - t_w}{x_1}, 10 \times (158.7 - t_w) = 25 \times (133.7 - t_w)$$

$$t_w = 117.03\ ℃, h = \frac{q}{\Delta t} = \frac{6.66 \times 10^5}{117.03 - 100} = 39135\ \text{W/(m}^2 \cdot \text{K)}$$

一个大气压下饱和水物性 $\rho_v = 0.5977\ \text{kg/m}^3, \rho_l = 958.4\ \text{kg/m}^3$,

$\lambda = 0.683\ \text{W/(m} \cdot \text{K)}, \sigma = 588.6 \times 10^{-4}\ \text{N/m}, r = 2257.1 \times 10^3\ \text{J/kg}$,

$\eta = 282.5 \times 10^{-6}\ \text{kg/(m} \cdot \text{s)}, Pr = 1.75, c_p = 4220\ \text{J/(kg} \cdot \text{K)}$

$$\frac{4220 \times (117 - 100)}{2257.1 \times 10^3 \times 1.75}$$

$$= C_{wl}\left[\frac{6.66 \times 10^5}{2257.1 \times 10^3 \times 282.5 \times 10^{-6}} \times \sqrt{\frac{588.6 \times 10^{-4}}{9.8 \times (958.4 - 0.5977)}}\right]^{0.33}$$

$$C_{wl} = 0.01354$$

(2) $h = 90\ q^{0.67} M^{-0.5} \times Pr^m \times (-\lg Pr)^{0.55}, p_{cr} = 221\ \text{MPa}$

$Pr = \frac{1.013}{221} = 4.584 \times 10^{-3}, M = 18, q = 6.66 \times 10^5\ \text{W}, h = 39135\ \text{W/(m}^2 \cdot \text{K)}$。

$$39135 = 90 \times (6.66 \times 10^5)^{0.67} \times 10^{-0.5} \times Pr^m \times [-\lg(4.548 \times 10^{-3})]^{-0.55}$$

$$Pr^m = \frac{39135}{106019.8} = 0.3691$$

$$m=\frac{\ln 0.3691}{\ln(4.584\times10^{-3})}=\frac{-0.4328}{-2.3388}=0.185, m=0.12-0.21\lg R_p=0.185,$$

$$R_p=0.49\ \mu\text{m},$$

7-47 解题过程 如解 7-47 图所示，利用教材式(7-17) 计算

$$\frac{1100\Delta t}{84400\times9.0^{1.7}}=0.005\times\left[\frac{5.5\times10^4}{84400\times440\times10^{-6}}\times\sqrt{\frac{8.2\times10^{-3}}{9.8\times(1619-13.5)}}\right]^{0.33}$$

$2.9698\times10^{-4}\Delta t=0.005\times1.486, \Delta t=25.02\ ℃$,

$t_w=50+25.02=75.02\ ℃$

由通过芯片的稳态导热确定 t_1

$$135\times\frac{t_1-t_w}{2.45\times10^{-3}}=5.5\times10^4, t_1=t_w+0.9999$$

$$=t_w+1=76.02\ ℃$$

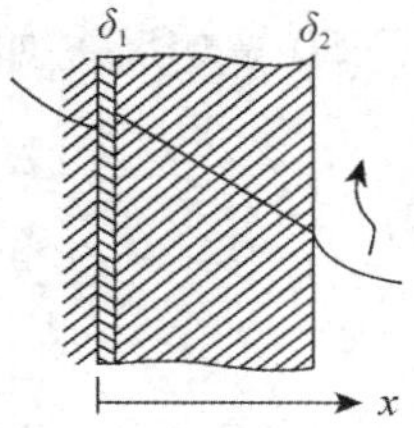

解 7-47 图

电路层中的导热是有内热源的平板导热，则

$$t=-\frac{\dot{\Phi}x^2}{2\lambda}+C_1x+C_2$$

$$x=0,\frac{\mathrm{d}t}{\mathrm{d}x}=0-C_1=0, x=\delta, t_1=\frac{\dot{\Phi}\delta_1^2}{2\lambda}+C_2,$$

$$\Phi=\frac{\dot{\Phi}}{\delta_1}=\frac{5.5\times10^4}{0.05\times10^{-3}}=1.1\times10^9\ \text{W/m}^3$$

$$t_0=C_2=t_1+\frac{\dot{\Phi}\delta_1^2}{2\lambda}=76.02+\frac{(0.05\times10^{-3})^2\times1.1\times10^9}{2\times135}$$

$$=76.02+0.01=76.03\ ℃$$

7-48 解题过程 (1) 液膜动量方程：$\mu_l\dfrac{\partial^2u}{\partial y^2}=\dfrac{\mathrm{d}p}{\mathrm{d}x}$ (1)

质量守恒：$\dfrac{\partial u}{\partial x}+\dfrac{\partial v}{\partial y}=0$ (2)

能量守恒：$\dfrac{\mathrm{d}^2t}{\mathrm{d}y^2}=0$ (3)

(2) $y=0, u=0, t=t_w; y=\delta, \mu_l\dfrac{\partial u}{\partial y}=\tau_{vl}$ （气 / 液界面应力）。

(3) 对式(1) 积分两次并引入边界条件，可得速度分布

$$u=\frac{1}{\mu_l}\left[\frac{\mathrm{d}p}{\mathrm{d}x}\left(\frac{y^2}{2}-\delta y\right)+\tau_{vl}y\right]$$

平均流速

$$\bar{u}=\frac{1}{\delta}\int_0^{\delta}u\mathrm{d}y=\frac{1}{\mu_l}\left(-\frac{1}{3}\frac{\mathrm{d}p}{\mathrm{d}x}\delta^2+\frac{\tau_{wl}}{2}\delta\right)$$

7-49 略

热管及其应用

7-50 解题过程 如解 7-50 图所示：

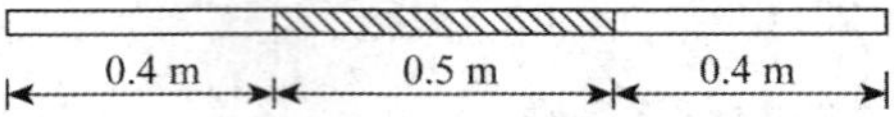

解 7-50 图

$$R_2=\frac{1}{2\pi\lambda l_c}\ln\frac{d_o}{d_i}=\frac{1}{2\times3.1416\times400\times0.4}\ln\frac{25}{21}=1.731\times10^{-4}\ \mathrm{K/W}$$

$$R_3=\frac{1}{\pi d_i l_c h_c}=\frac{1}{3.1416\times0.02\times0.4\times5000}=79.58\times10^{-4}\ \mathrm{K/W}$$

$$R_4=0$$

$$R_5=\frac{1}{3.1416\times0.21\times0.4\times60000}=63.16\times10^{-4}\ \mathrm{K/W}$$

$$R_6=\frac{1}{2\pi\lambda l_c}\ln\frac{d_i}{d_o}=1.736\times10^{-4}\ \mathrm{K/W}$$

内部热阻 $=R_2+R_3+R_4+R_5+R_6$

$=(1.731+79.58+63.16+1.736)\times10^{-4}$

$=146.21\times10^{-4}\ \mathrm{K/W}$

$$R_1=\frac{1}{3.1416\times0.035\times0.4\times90}=2526.3\times10^{-4}\ \mathrm{K/W}$$

由此可知内部热阻在传热过程总热阻的比例为

$$\frac{R_2+R_3+R_4+R_5+R_6}{R_1+R_2+R_3+R_4+R_5+R_6}=5.47\ \%$$

7-51 解题过程 冷凝段壁温近似按 75℃ 计，翅片尺寸为 $0.15\times0.06\ \mathrm{m}^2$，共 10 片，其散热面积为 $2\times10\times0.15\times0.06=0.18\ \mathrm{m}^2$，按自然对流竖壁计算 $t_b=50$ ℃

$$GrPr=\frac{9.8\times\frac{1}{323}\times50\times0.15^3\times0.689\times10^{12}}{17.95^2}=1.1092\times10^7,$$

$Nu = 0.59(GrPr)^{1/4} = 34.0, h = \dfrac{34.0 \times 0.0283}{0.15} = 6.42\ \mathrm{W/(m^2 \cdot K)}$,

$$\phi_c = 0.18 \times 50 \times 6.42 = 57.8\ \mathrm{W}$$

辐射换热按空腔内包物体模型估计，设翅片表面 $\varepsilon = 0.8$。

$$\phi_r = A\varepsilon\sigma_0(T^4 - T_\infty^4) = 0.18 \times 0.8 \times 5.67 \times 10^{-8} \times (348^4 - 298^4) = 55.4\ \mathrm{W}$$

$\phi_c + \phi_r = 57.8 + 55.4 = 113.2 > 100\ \mathrm{W}$，考虑到辐射计算中未计算翅片间的辐射，因而上述结构可以认为能满足在自然对流情况下散发 100 W 热量的要求。

7-52 解题过程 按逆流计算。

将题中冷热流体的流动方式简化成如解 7-52 图所示的逆流运动

$$\Delta t_1 = t'_1 - t''_2$$

$$\Delta t_2 = t''_1 - t'_2$$

假设 $\Delta t_1 > \Delta t_2$

取冷、热流体间的平均温差为对数平均温差 Δt_m

则

$$\Delta t_m = \frac{\Delta t_1 - \Delta t_2}{\ln\dfrac{\Delta t_1}{\Delta t_2}} = \frac{(t'_1 - t''_2) - (t''_1 - t'_2)}{\ln\dfrac{t'_1 - t''_2}{t''_1 - t'_2}}$$

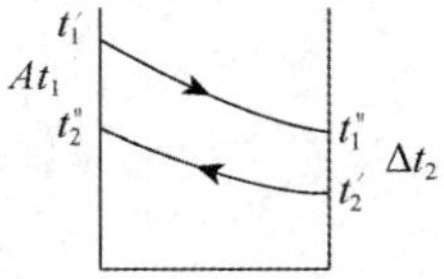

解 7-52 图

7-53 解题过程 设 $t''_2 = 80$ ℃，$t_{2m} = 60$ ℃，空气物性：$c_p = 1.005\ \mathrm{kJ/(kg \cdot K)}$，$\rho = 1.06\ \mathrm{kg/m^3}$，$\nu = 18.97 \times 10^{-6}\ \mathrm{m^2/s}$，$\lambda = 2.9 \times 10^{-2}\ \mathrm{W/(m \cdot K)}$，$Pr = 0.696$。

$$\Phi_{hl} = 10 \times (1.0 \times 1.2 - 15 \times 1.0 \times 0.04) \times 1.06 \times 1005 \times (80 - 30) = 319.6\ \mathrm{kW}$$

设烟气为标准烟气，则近似的取 $\Delta t_1 = 80$ ℃，$t''_1 = 200$ ℃，$t_{1m} = 240$ ℃，$c_p = 1.107\ \mathrm{kJ/(kg \cdot K)}$，$\rho = 0.696\ \mathrm{kg/m^3}$，$\nu = 38.65 \times 10^{-6}\ \mathrm{m^2/s}$，

$$\lambda = 4.34 \times 10^{-2}\ \mathrm{W/(m \cdot K)}, Pr = 0.696$$

$$319600 = 0.696 \times 0.6 \times 1107 \times (280 - t''_1) \times 10,$$

$$\Delta t_1 = 69\ ℃ \leqslant 80\ ℃$$

因此，再取

$$\Delta t_1 = 70\ ℃, t''_1 = 210\ ℃, t_{1m} = 245\ ℃,$$

$$c_p = 1.108\ \text{kJ/(kg}\cdot\text{K)},\ \rho = 0.689\ \text{kg/m}^3$$

$$\Delta t_1 = \frac{319600}{0.689 \times 1108 \times 0.6 \times 10} = 69.8\ ℃\text{，与 }70℃\text{ 十分接近。}$$

空气侧 $Re = \dfrac{ud}{\nu} = \dfrac{10 \times 0.04}{18.97} \times 10^6 = 21086$，略去 $\left(\dfrac{Pr_f}{Pr_w}\right)^{1/4}$ 的影响，则有

$$Nu = 0.35\left(\frac{s_1}{s_2}\right)^{0/2} Re^{0.6} Pr^{0.36}$$

$$= 0.35 \times \left(\frac{2}{1.5}\right)^{0.2} \times 21086^{0.6} \times 0.696^{0.36}$$

$$= 0.35 \times 1.059 \times 393.0 \times 0.878 = 127.8$$

$$h_0 = \frac{127.8 \times 0.029}{0.04} = 92.7\ \text{W/(m}^2\cdot\text{K)}$$

烟气侧

$$Re = \frac{ud}{\nu} = \frac{10 \times 0.04}{38.65} \times 10^6 = 10349$$

$$Nu = 0.35 \times 1.059 \times 10349^{0.6} \times 0.696^{0.36} = 83.63$$

$$h_g = \frac{83.63 \times 0.0434}{0.04} = 90.74\ \text{W/(m}^2\cdot\text{K)}$$

总热阻

$$R_f = \frac{1}{A_0 h_0} + \frac{1}{2\pi\lambda l_1}\ln\frac{d_2}{d_1} + \frac{1}{A_a \varepsilon_a^{-1}} + \frac{1}{A_g \varepsilon_g^{-1}} + \frac{1}{2\pi\lambda l_2}\ln\frac{d_2}{d_1} + \frac{1}{A_g h_g} + \frac{1}{A_c h_c} + \frac{1}{A_c h_c}$$

$$= \frac{1}{3.1416 \times 1 \times 0.04 \times 92.7} + \frac{1}{2 \times 3.1416 \times 40 \times 1} \times \ln\frac{40}{37} +$$

$$\frac{1}{3.1416 \times 1 \times 0.04 \times 2500} + \frac{1}{3.1416 \times 1 \times 0.04 \times 2500} +$$

$$\frac{1}{2 \times 3.1416 \times 40 \times 1} \times \ln\frac{40}{37} + \frac{1}{2 \times 3.1416 \times 0.04 \times 1 \times 90.74} +$$

$$\frac{1}{3.1416 \times 1 \times 0.37 \times 5000} + \frac{1}{3.1416 \times 1 \times 0.037 \times 5000}$$

$$= 1387.84 \times 10^{-4}\ \text{K/W}$$

$$\Delta t_m = \frac{200 - 180.2}{\ln(200/180.2)} = \frac{19.8}{0.1043} = 189.6\text{，单根}$$

$\phi_{hl} = \dfrac{\Delta t_m}{R_f} = \dfrac{189.6}{1387.84} \times 10^4 = 1366.2\ W$，

20×15 根 $\phi_m = 1366.2 \times 20 \times 15 = 409860\ W$，

ϕ_{hl} 与 ϕ_m 相差小于 4 %，可取其平均值作为换热量。如果不计污垢热阻，则

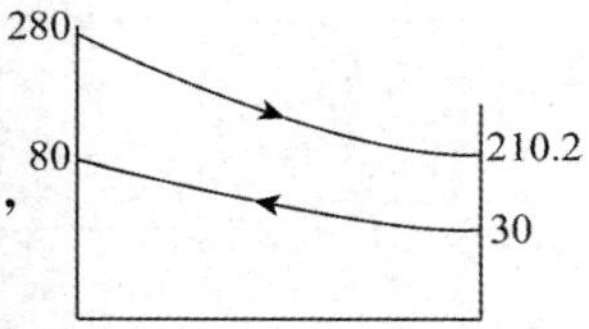

解 7-53 图

$R_f = (858.9 + 3.10 + 888.6 + 17.21 \times 2) \times 10^{-4} = 1788.12 \times 10^{-4}\ K/W$

$\phi_{hl} = \dfrac{189.6}{1788.12} \times 10^4 \times 300 = 318\ kW$

与 319.6 kW 相差小于 0.4%，故可取 $t''_2 = 80$ ℃。

小论文题目

7-54 略

7-55 略

7-56 略

7-57 略

7-58 略

采用工具软件的题目

7-59 略

7-60 略

第八章 热辐射基本定律和物体的辐射特性

知识点归纳

1. 辐射

辐射是电磁波传递能量的现象。

2. 热辐射

由于热的原因而产生的电磁波辐射称为热辐射。

3. 辐射传热

物体之间相互辐射和吸收的总效果，称为辐射传热。

4. 吸收比、反射比与穿透比之间的关系

在外界投射到物体表面上的总能量Q中，一部分Q_α被物体吸收，另一部分Q_ρ被物体反射，其余部分Q_τ穿透物体。按照能量守恒定律有

$$\frac{Q_\alpha}{Q}+\frac{Q_\rho}{Q}+\frac{Q_\tau}{Q}=1$$

其中三部分能量的份额Q_α/Q、Q_ρ/Q、Q_τ/Q分别称为该物体对投入辐射的吸收比、反射比和穿透比，记为α、ρ、τ。$\alpha=1$为黑体；$\rho=1$为白体；$\tau=1$为透明体。

5. 辐射力

物体每单位表面积在单位时间内所放射出去的从$\lambda=0$到$\lambda=\infty$的一切波长的辐射总能量，称为辐射力，表达式为$E=\Phi/A$。

6. 单色辐射力

在 λ 到$(\lambda+d\lambda)$ 的波长范围内，物体辐射力为 dE，dE 除以该波长间隔 $d\lambda$ 所得的商，表达式为$E_\lambda=\frac{dE}{d\lambda}$。

7. 黑体

吸收比为$1(\alpha=1)$的物体称为黑体，即全部吸收半球空间所有方向及全部波长的能量。黑体的一切量都用下标"b" 表示。

8. 普朗克定律

各种不同温度下黑体的单色辐射力按波长变化的规律，表达式为 $E_{b\lambda}=\frac{c_1\lambda^{-5}}{e^{c_2/(\lambda T)}-1}$，其中$c_1=3.7419\times10^{-16}$，为普朗克第一常量，$c_2=1.4388\times10^{-2}$，为普朗克第二常量。

9. 维恩位移定理

在一定温度下，对应于最大单色辐射力的波长λ_m 与该黑体热力学温度 T 成反比，表达式为$\lambda_m T=2.9\times10^{-3}\text{m}\cdot\text{K}$。

10. 斯忒藩－波尔兹曼定律

黑体的辐射力与其本身热力学温度的四次方成正比，表达式为$E_b=\sigma T^4=c_0\left(\frac{T}{100}\right)^4$，其中 σ 称为黑体辐射强度，其值为 5.67×10^{-8} W/(m·K)。

11. 黑度

实际物体的辐射力 E 与同温度下绝对黑体的辐射力 E_b 之比称为黑度。

12. 灰体

光谱吸收比与波长无关的物体，称为黑体。

难点解析

1. 黑体辐射的百分数

$$F_{b(0-\lambda)} = \frac{\int_0^\lambda E_{b\lambda}\,d\lambda}{\sigma T^4} = \int_0^\lambda \frac{c_1(\lambda T)^{-5}}{e^{c_2/\lambda T}-1}\frac{1}{\sigma}d(\lambda T) = f(\lambda T)$$

$f(\lambda T)$ 为黑体函数辐射函数(图 8-1)。

$$E_{b(\lambda_1-\lambda_2)} = (F_{b(0-\lambda_2)} - F_{b(0-\lambda_1)})E_b$$

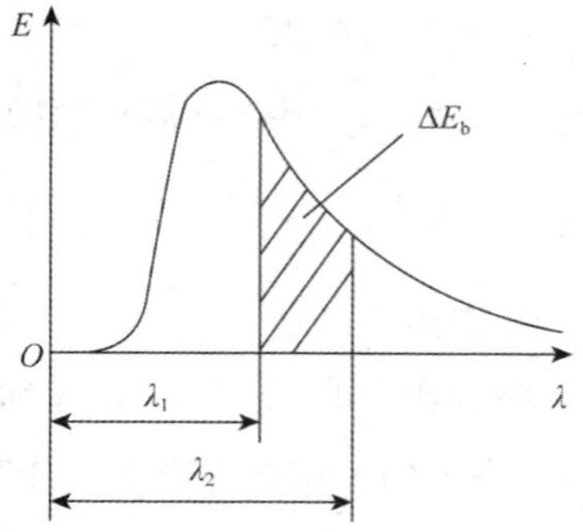

图 8-1　特定波长区段内的黑体辐射力

2. 基尔霍夫定律

(1) 基本内容:① 任何物体的辐射力与吸收率的比值恒等于同温度下的绝对黑体的辐射力,而与物体的性质无关;② 在温度相等的热平衡条件下,物体的黑度恒等于它的吸收率。

(2) 推论:① 物体的辐射力越大,其吸收率也越大,也就是说,善于辐射的物体必善于吸收;② 在同温条件下,黑体的辐射力最大;③$\varepsilon = \alpha$。

考研真题及期末考试试题

1. (华中科技大学　2005 年考研试题)按照基尔霍夫定律的要求,物体表面的黑度等于其吸收率应该在什么条件下成立?灰体是否需要这些条件?为什么?

答:根据基尔霍夫定律的要求,物体表面的黑度应等于其同温度下的黑体辐射的吸收率,因此,条件为发射体为黑体,且温度与吸收体的温度相同。由于灰体是单色吸收率为常数的物体,那么它对来自不同温度的几何物体都有相同的吸收率,因而是无条件具有黑度等于其吸收率。

2. (重庆大学　2007 年考研真题)深秋及初冬季节的清晨常常会看到层面结霜,试从传热的观点分析:(1) 为什么有霜出现的早上必然是晴天?(2) 室外气温是否一定要低于 0℃?(3) 结霜屋面与不结霜屋面谁的保温效果更好,为什么?

答:(1) 屋面结霜的一个很重要的原因,是在晴天无云条件下,屋面能与太空进行辐射换热。由于太空温度较低,使屋面上的水失去大量热,温度降低,低于冰点,形成霜。所以有霜出现的早上必是晴天。(2) 室外温度不一定要低于 0℃,因为结霜的主要原因是屋面与太空之间的辐射传热,而辐射传热是通过电磁波来传递热量的,并不是借助于物质传递能量。(3) 结霜屋面的保温效果好。这是因为如果保温效果不好,那么屋面温度受室内温度的影响较大,这样很难达到较低温度形成结霜的条件。

3. (清华大学　2006—2007 学年第 1 学期期末考试试题) 夏天人们喜欢穿白颜色的衣服,是因为白颜色对可见光有较大的(　)。

A. 辐射率　B. 吸收率　C. 透射率　D. 反射率

答:D

习题全解

黑体辐射基本定律

8-1 解题过程

$$5.67\times\left(\frac{273+847}{100}\right)^4\pi dL=0.96\times10^3$$

得

$$L=3.61\ \text{m}$$

8-2 解题过程 由

$$E_b=C_0\left(\frac{T}{100}\right)^4=5.67\times\left(\frac{500}{100}\right)^4=3543.8\ \text{W/m}^2$$

8-3 解题过程 可见光波长范围是 $0.38\sim0.76\ \mu\text{m}$

$$E_b=C_0\left(\frac{T}{100}\right)^4=5.67\times\left(\frac{5800}{100}\right)^4=64200\ \text{W/m}^2$$

可见光所占份额

$$F_b(\lambda_2-\lambda_1)=F_b(0-\lambda_2)-F_b(0-\lambda_1)=44.87\ \%$$

8-4 解题过程 $E_b=C_0\left(\frac{T}{100}\right)^4=5.67\times\left(\frac{1500}{100}\right)^4=287\ \text{kW/m}^2$

$$E_{b\lambda}=\frac{c_1\lambda^{-5}}{e^{c_2/(\lambda T)}-1}=9.74\times10^{10}\ \text{W/m}^3$$

$T=1500$ K 时,$\lambda_m=1.93\times10^{-12}\text{m}$

8-5 解题过程 由

$$G=\varepsilon C_0\left(\frac{T}{100}\right)^4=0.5\times5.67\times\left(\frac{T}{100}\right)^4=1300$$

得

$$T=463\ \text{K}$$

8-6 解题过程

$$L_b=\frac{E_b}{\lambda}=1.185\times10^5\ \text{W/m}^2$$

$$\Omega=\frac{A_c}{r^2}=6.4\times10^{-5}$$

$$L_b A = 37.2\ \text{W}$$

所得投入辐射能量为 $37.2 \times 6.4 \times 10^{-5} = 2.38 \times 10^{-3}$ W

8-7 解题过程 $E_{b\lambda} = \dfrac{c_1 \lambda^{-5}}{e^{c_2/(\lambda T)} - 1}$，代入数据得 $T = 1214.9$ K

$$\Phi = AC_0 \left(\frac{T}{100}\right)^4 = 49.4\ \text{W}$$

8-8 解题过程

$$E_b = C_0 \left(\frac{T}{100}\right)^4$$

可见光的波长范围为 $0.38 \sim 0.76\ \mu\text{m}$

则 $\lambda_1 T = 1102\ \mu\text{m} \cdot \text{K}$；$\lambda_2 T = 2204\ \mu\text{m} \cdot \text{K}$

由教材表 8-1 可近似取 $F_{b(0-0.38)} = 0.092$；$F_{b(0-0.76)} = 10.19$

在可见光范围内的能量为

$$\Delta E = C_0 \left(\frac{T}{100}\right)^4 \times (10.19 - 0.094)\ \%$$

发光效率 $\eta = \dfrac{\Delta E}{E} = 10.09\ \%$

8-9 解题过程 (1)$t = 700$ ℃，$T = 973$ K，$\lambda_1 T = 0.38 \times 973 = 369.7\ \mu\text{m} \cdot \text{K}$，

$F_{b(0-\lambda_1)} = 0$，$\lambda_2 T = 0.76 \times 973 = 739.5\ \mu\text{m} \cdot \text{K}$

由题意得 $F_{b(0-\lambda_2)} = 1.116 \times 10^{-5}$，$F_{b(\lambda_2-\lambda_1)} = 1.116 \times 10^{-5}$。

可见光的能量为 $1.116 \times 10^{-5} \times 5.67 \times 9.73^4 = 0.5672\ \text{W/m}^2$。

(2)$t = 900$ ℃ 时，$T = 1173$ K，$\lambda_1 T = 0.38 \times 1173 = 445.7\ \mu\text{m} \cdot \text{K}$，$F_{b(0-\lambda_1)} = 0$，$\lambda_2 T = 0.76 \times 1173 = 891.5\ \mu\text{m} \cdot \text{K}$，$F_{b(0-\lambda_2)} = 1.565 \times 10^{-4}$，$F_{b(\lambda_1-\lambda_2)} = 1.565 \times 10^{-4} = 0.01565\ \%$。

此时可见光的能量为 $1.565 \times 10^{-4} \times 5.67 \times 11.73^4 = 16.8\ \text{W/m}^2$。

所以 900 ℃ 时是 700℃ 时的 16.8/0.5672 = 29.6 倍。

(3)$t = 1100$ ℃ 时，$T = 1373$ K，$\lambda_1 T = 0.38 \times 1373 = 521.74\ \mu\text{m} \cdot \text{K}$，$F_{b(0-\lambda_1)} = 0$，$\lambda_2 T = 0.76 \times 1373 = 1043.48\ \mu\text{m} \cdot \text{K}$，$F_{b(0-\lambda_2)} = 5.808 \times 10^{-4}$，$F_{b(\lambda_1-\lambda_2)} = 5.808 \times 10^{-4} = 0.05808\ \%$。

此时可见光的能量为 $5.808 \times 10^{-4} \times 5.67 \times 13.73^4 = 117.03\ \text{W/m}^2$。

所以 1100℃ 时可见光的能量是 700℃ 时的 117.03/0.5672 = 206.3 倍。

8-10 解题过程

$$\Phi = AC_0 \left(\frac{T}{100}\right)^4$$

代入数据 $T = 498.4$ K，如果把空腔内表面全部抛光，则小孔向外的辐射会得到增加。

8-11 解题过程 如解 8-11 图所示，地球投影面积对太阳球心的张角为

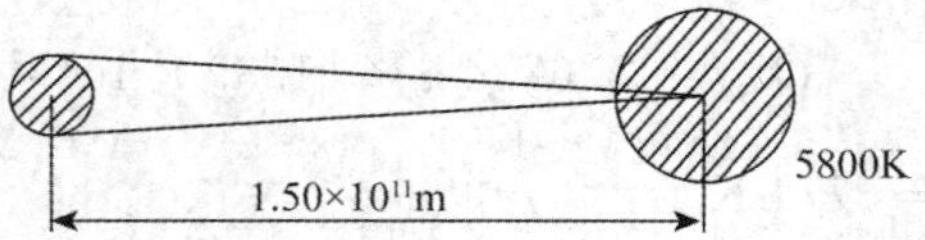

解 8-11 图

$$\Delta\Omega = \frac{\pi/4 \times (1.29 \times 10^7)^2}{(1.5 \times 10^{11})^2} = \frac{0.785 \times 1.6641 \times 10^{14}}{2.25 \times 10^{22}} = 0.5806 \times 10^{-8}$$

$$\frac{\Delta\Omega}{4\pi} = \frac{0.5806 \times 10^{-8}}{4 \times 3.14} = 4.6226 \times 10^{-10}$$

地球表面的空间辐射热平衡为

$$\Phi_{SC} = 4\pi R_{sum}^2 \times \sigma_0 \times 4.623 \times 10^{-10} \times T_{sum}^4$$

$$A_e E_{bc} - \Phi_{SC} = 0, A_e = 4\pi Re^2 = 4 \times 3.1416 \times \left(\frac{1.29 \times 10^7}{2}\right)^2$$

$$E_{bc} = \sigma_0 T_e^4, \sigma_0 T_e^4 \times 4 \times 3.1416 \times \left(\frac{1.29 \times 10^7}{2}\right)$$

$$= 4\pi R_{sum}^2 \times \sigma_0 T_{sum}^4 \times 4.623 \times 10^{-10}$$

$$(1.29 \times 10^7)^2 T_e^4 = (1.39 \times 10^9)^2 T_{sum}{}^4 \times 4.623 \times 10^{-10}$$

$$T_c = T_{sum} \times [1.39^2 \times 10^{18} \times 4.623 \times 10^{-10} \times 10^{-14}/1.29^2]^{1/4} = 279.2 \text{ K}$$

8-12 解题过程 按题意，当工件位于 x_1 处时，工件对传感器的角系数为工件在正下方时的 75 %，当工件在正下方时，$x_{1,2} = \frac{A/H^2}{2\pi}$，$A/H^2$ 是 A 对传感器的张角。

当工件在 x_1 处时，$x_{1,2} = \dfrac{A\left(\dfrac{H^2}{H^2 + x_1^2}\right)}{H^2 + x_1^2} \Big/ (2\pi)$

故有 $0.75 \times \dfrac{A/H^2}{2\pi} = \dfrac{A\left(\dfrac{H^2}{H^2 + x_1^2}\right)}{H^2 + x_1^2} \Big/ (2\pi)$

即 $0.75 \times [1 + (x_1/H)^2] = \dfrac{1}{1 + (x_1/H)^2}$

由试凑法解得 $\dfrac{x_1}{H} = 0.395$

所以 $x_1 = 0.395$

8-13 解题过程 将太阳看成一个点热源，太阳投射在地球上的辐射总量为

$$Q_{sum} = 1353 \times 4\pi \times (1.5 \times 10^{11})^2$$

又 $$Q_{sum} = 5.67 \times \pi \times (1.39 \times 10^9)^2 \times \left(\frac{T}{100}\right)^4$$

所以 $T = 5774$ K。

8-14 解题过程 设射进小孔的投入辐射为 E_0，经空腔内表面第一次反射的投入辐射为 ρE_0，经第二次反射为 $\rho^2 E_0$，经第 n 次反射为 $\rho^n E_0$。

空腔共吸收 $E_0(1-\rho^n) = E_0[1-(1-0.6)^n]$。

当 $n=1$ 时，此时的吸收能量 $E = E_0(1-0.4)\times 0.6\% = 0.36\% E_0$

则小孔的吸收比为 $1-0.36\% = 99.64\% > 99.6\%$。

又因为 n 越大，则小孔的吸收比越大。因此，当小孔面积小于球的总表面积的 0.6% 时，若吸收比为 0.6，则小孔的吸收比可大于 99.6%。

实际固体表面的辐射特性计算

8-15 解题过程 A 随温度升高而升高；B 随温度的降低而升高。

理由：温度升高，热辐射中的短波比例增加。

8-16 解题过程 取太阳表面温度 $T = 5800$ K

则 $$\lambda_1 T = 1.4 \times 5800 = 8120\ \mu\text{m}\cdot\text{K}$$

查教材表 8-1 得 $F_{b(0-1.4)} = 0.858542$

$$\alpha = \alpha_1 \frac{\int_0^{\lambda_1} E_{b\lambda}\,d\lambda}{\int_0^{\infty} E_{b\lambda}\,d\lambda} + \alpha_2 \frac{\int_{\lambda_1}^{\infty} E_{b\lambda}\,d\lambda}{\int_0^{\infty} E_{b\lambda}\,d\lambda} = 0.9F_{b(0-1.4)} + 0.2F_{b(1.4-\infty)}$$

$$= 0.9 \times 0.858542 + 0.2 \times (1-0.858542) = 0.801$$

8-17 解题过程 (1)$E = \int_s^{10} E_\lambda\,d\lambda + \int_{10}^{15} E_\lambda\,d\lambda + \int_{15}^{20} E_\lambda\,d\lambda = 1250$ W

(2) 对于漫射体而言，定向发射率与方向 θ 无关，而 $I_0 = \frac{E}{\pi} = \frac{1250}{\pi} =$ 397.89W/m^2。因此两方向上定向辐射角度均为 397.89W/m^2。

8-18 解题过程 $T = 5800$ K，$\lambda_1 T_1 = 1740$，$\lambda_2 T_2 = 14500$

由教材表 8-1 查得 $F_{b(0-0.3)} = 2.862\%$，$F_{b(0-2.5)} = 96.29\%$

$$\tau_1 = 0.9 \times (96.29 - 2.862)\% = 84\%$$

同理 $\tau_2 = 0.02\ \%$

8-19 解题过程 法向发射率即教材图中所示 $\varepsilon(0) = 0.7$

表面发射率为 $0.7 \times \frac{1}{2} + 0.3 \times \frac{1}{2} = 0.5$，比值为 $\frac{0.5}{0.7} = 0.714$

8-20 解题过程

$$\lambda_1 T_s = 400\ \mu\text{m} \cdot \text{K}, F_{b(0-\lambda_1)} = 0$$

$$\lambda_2 T_s = 1200\ \mu\text{m} \cdot \text{K}, F_{b(0-\lambda_2)} = 0.00213$$

$$F_{b(\lambda_1-\lambda_2)} = F_{b(0\sim\lambda_2)} - F_{b(\lambda_2-\infty)} = 1 - F_{b(0\sim\lambda_2)}$$

$$q(T_s) = \varepsilon_{\lambda 1} \frac{\int_0^{\lambda_1} E_{b\lambda} d\lambda}{E_b} + \varepsilon_{\lambda_2} \frac{\int_{\lambda_1}^{\lambda_2} E_{b\lambda} d\lambda}{E_b} + \varepsilon_{\lambda 3} \frac{\int_{\lambda_2}^{\infty} E_{b\lambda}}{E_b}$$

$$= \varepsilon_{\lambda 1} F_b(0 - \lambda_1) + \varepsilon_{\lambda 2} F_b(\lambda_1 - \lambda_2) + \varepsilon_{\lambda 3} F_b(\lambda_2 - \infty)$$

$$= 0 \times 0 + 0.7 \times 0.00213 + 0.5 \times (1 - 0.00213) = 0.5004$$

$$\alpha = \frac{\int_0^{\infty} \alpha_2(\lambda, T_1) E_{b2}(T_2) d\lambda}{\int_0^{\infty} E_{b\lambda}(T_s) d\lambda} = 0.6$$

8-21 解题过程 太阳辐射能的绝大部分集中在 2 μm 以下的区域，温度为 310 K 的物体辐射能则绝大部分为 6 μm 以上的红外辐射，由教材图可见，第一种情形与第三种情形，上述波段范围内单色吸收率相同，因而可以作为灰体处理。

8-22 解题过程 对探头：$\Phi(45) = 1.815 \times 10^{-3}$ W

$$\Phi(45) = \int L(45) dA\cos 45^\circ d\Omega = L(45) \times A\cos 45^\circ \times \frac{A_2}{\gamma^2}$$

$$\frac{E}{\sqrt{2}\pi} \times A_1 \cos 45 \frac{A_2}{r^2} = 1.815 \times 10^{-3}, \varepsilon = \frac{E}{E_b} = \frac{E}{\sigma_0 T_1^4}$$

$$\varepsilon = 0.8$$

8-23 解题过程 (1)$G_{XSH} = \int_0^3 \alpha(\lambda) G_\lambda d\lambda + \int_3^4 \alpha(\lambda) G_\lambda d\lambda + \int_4^6 \alpha(\lambda) G_\lambda d\lambda + \int_6^{\infty} \alpha(\lambda) G_\lambda d\lambda$

$= 1100\ \text{W/m}^2$

(2)$\alpha(T) = \alpha_1 F_b(0 - \lambda_1) + \alpha_2 F_b(\lambda_1 - \lambda_2)$

$= 0.4 \times 0.27322 \times 0.8 \times (0.73778 - 0.27322) = 0.481$

$$E = \varepsilon C_0 \left(\frac{T}{100}\right)^4 = 0.481 \times 5.67 \times \left(\frac{1000}{100}\right)^4 = 27272.7\ \text{W/m}^2$$

(3) 由(1)(2)可知，$G_{XSH} < E$ 即表明物体所吸收的辐射能小于其辐射出去的能量，故温度随时间的延长而降低。

气体辐射特性计算

8-24 解题过程 由教材表 8-3 查得平均射线程长

$$s = 0.6d = 0.6 \times 1\text{m} = 0.6\ \text{m}$$

$$p_{CO_2}s = 2 \times 10^4 \times 0.6 = 1.2 \times 10^4\ \text{Pa} \cdot \text{m}$$

$$p_{H_2O}s = 10^4 \times 0.6 = 0.6 \times 10^4 = 6 \times 10^3\ \text{Pa} \cdot \text{m}$$

由 $T = 1400\text{K}$ 及 $p_{CO_2}s$、$p_{H_2O}s$ 分别由教材图 8-23、图 8-21 查得

$$\varepsilon^*_{CO_2} = 0.10, \varepsilon^*_{H_2O} = 0.065$$

计算参量 $(p + p_{H_2O})/2 = (1 + 0.1) \times 10^5/2 = 0.55 \times 10^5$

$$= 5.5 \times 10^4\ \text{Pa}$$

$$p_{H_2O}/(p_{H_2O} + p_{CO_2}) = 0.1/(0.1 + 0.2) = 0.333$$

$$(p_{H_2O} + p_{CO_2})s = (0.1 + 0.2) \times 10^5 \times 0.6 = 0.18 \times 10^5 = 1.8 \times 10^4\ \text{Pa} \cdot \text{m}$$

分别从教材图 8-22、图 8-24、图 8-25 查得

$$C_{H_2O} = 1.06, C_{CO_2} = 1.0, \Delta\varepsilon = 0.017$$

所以平均发射率 $\varepsilon_g = \varepsilon^*_{H_2O}C_{H_2O} + \varepsilon^*_{CO_2}C_{CO_2} - \Delta\varepsilon = 0.065 \times 1.06 + 0.10 \times 1.0 - 0.017 = 0.1519$

计算参量 $p_{H_2O}s\left(\dfrac{T_w}{T_g}\right) = 6 \times 10^3 \times \dfrac{600}{1400} = 2.57 \times 10^3\ \text{Pa} \cdot \text{m}$

$$p_{CO_2}s\left(\frac{T_w}{T_g}\right) = 1.2 \times 10^4 \times \frac{600}{1400} = 5.14 \times 10^3\ \text{Pa} \cdot \text{m}$$

由教材图 8-21、图 8-23 分别查得 $\varepsilon^*_{H_2O} = 0.08, \varepsilon^*_{CO_2} = 0.082$

$$\alpha^*_{H_2O} = 0.08 \times \left(\frac{1400}{600}\right)^{0.45} = 0.117$$

$$\alpha^*_{CO_2} = 0.082 \times \left(\frac{1400}{600}\right)^{0.65} = 0.142$$

根据 T_w 及以上计算 $p_{H_2O}/(p_{H_2O} + p_{w_2})$、$(p_{H_2O} + p_{w_2})s$ 的值

由教材图 8-25 查得 $\Delta\alpha = 0.004$

根据教材式(8-29) 气体吸收比为

$$\alpha_g = 1.06 \times 0.117 + 1.0 \times 0.142 - 0.004 = 0.2624$$

8-25 解题过程 由教材表 8-3 查得平均射线程长

$$s = 0.9d = 0.9 \times 0.4 = 0.36\ \text{m}$$

$$p_{H_2O}s = 0.15 \times 10^5 \times 0.36 = 5.4 \times 10^3\ \text{Pa} \cdot \text{m}$$

$$p_{CO_2}s = 0.05 \times 10^5 \times 0.36 = 5.4 \times 10^3\ \text{Pa} \cdot \text{m}$$

$$T_g = 1100 + 273 = 1373\text{K}$$

由 T_g 及 $p_{H_2O}s$、$p_{CO_2}s$ 分别由教材图 8-21、图 8-23 查得

$\varepsilon_{H_2O}^* = 0.063$，$\varepsilon_{CO_2}^* = 0.079$

计算参量$(p + p_{H_2O})/2 = (1 + 0.15) \times 10^5/2 = 5.75 \times 10^4\,\text{Pa}$

$$p_{H_2O}/(p_{H_2O} + p_{CO_2}) = 0.15/(0.15 + 0.15) = 0.5$$

$$(p_{H_2O} + p_{CO_2})s = (0.15 + 0.15) \times 10^5 \times 0.36$$

$$= 0.108 \times 10^5 = 1.08 \times 10^4\ \text{Pa} \cdot \text{m}$$

分别从教材图 8-22、图 8-24、图 8-25 查得 $C_{H_2O} = 1.1$，$C_{CO_2} = 1.0$，$\Delta\varepsilon = 0.008$。

所以平均发射率 $\varepsilon_g = \varepsilon_{H_2O}^* C_{H_2O} + \varepsilon_{CO_2}^* C_{CO_2} - \Delta\varepsilon = 0.063 \times 1.1 + 0.079 \times 1.0 - 0.008 = 0.1403$

计算参量 $p_{H_2O}s\left(\dfrac{T_w}{T_g}\right) = 5.4 \times 10^3 \times \dfrac{773}{1373} = 3.04 \times 10^3\,\text{Pa} \cdot \text{m}$

$$p_{CO_2}s\left(\frac{T_w}{T_g}\right) = 5.4 \times 10^3 \times \frac{773}{1373} = 3.04 \times 10^3\ \text{Pa} \cdot \text{m}$$

由教材图 8-21、图 8-23 分别查得 $\varepsilon_{H_2O}^* = 0.079$，$\varepsilon_{CO_2}^* = 0.08$

$$\alpha_{H_2O}^* = 0.079 \times \left(\frac{1373}{773}\right)^{0.45} = 0.1023$$

$$\alpha_{CO_2}^* = 0.08 \times \left(\frac{1373}{773}\right)^{0.65} = 0.1162$$

由 T_w 及以上计算 $p_{H_2O}/(p_{H_2O} + p_{CO_2})$、$(p_{H_2O} + p_{CO_2})s$ 的值

由教材图 8-25 查得 $\Delta\alpha = 0.005$

根据教材式(8-29) 燃气吸收比为 $\alpha_g = 1.1 \times 0.1023 + 1.0 \times 0.1162 - 0.005 = 0.2237$

8-26 解题过程 由教材表 8-3 查得平均射线程长

$$s = 09d = 0.9 \times 0.2 = 0.18 \text{ m}$$

$$p_{H_2O}s = 0.11 \times 10^5 \times 0.18 = 1.98 \times 10^3 \text{Pa} \cdot \text{m}$$

$$p_{CO_2}s = 0.13 \times 10^5 \times 0.18 = 2.34 \times 10^3 \text{Pa} \cdot \text{m}$$

由 $T_g = 823K$ 及 $p_{H_2O}s$、$p_{CO_2}s$ 查教材图 8-21、图 8-23 得

$$\varepsilon_{H_2O}^* = 0.057, \varepsilon_{CO_2}^* = 0.072$$

计算参量 $(p + p_{H_2O})/2 = (1 + 0.11) \times 10^5/2 = 0.555 \times 10^5$

$$= 5.55 \times 10^4 \text{Pa}$$

$$p_{H_2O}/(p_{H_2O} + p_{CO_2}) = 0.11/(0.11 + 0.13) = 0.4583$$

$$(p_{H_2O} + p_{CO_2})s = (0.11 + 0.13) \times 10^5 \times 0.18 = 4.32 \times 10^3 \text{Pa} \cdot \text{m}$$

分别从教材图 8-22、图 8-24、图 8-25 查得

$$C_{H_2O} = 1.05, C_{CO_2} = 1.0, \Delta\varepsilon = 0.000$$

所以 $\varepsilon_g = \varepsilon_{H_2O}^* C_{H_2O} + \varepsilon_{CO_2}^* C_{CO_2} - \Delta\varepsilon = 0.057 \times 1.05 + 0.072 \times 1.0 - 0.000 = 0.1319$

计算参量 $p_{H_2O}s\left(\frac{T_w}{T_g}\right) = 1.98 \times 10^3 \times \left(\frac{423}{823}\right) = 1.02 \times 10^3 \text{Pa} \cdot \text{m}$

$$p_{CO_2}s\left(\frac{T_w}{T_g}\right) = 2.34 \times 10^3 \times \left(\frac{423}{823}\right) = 1.20 \times 10^3 \text{Pa} \cdot \text{m}$$

由教材图 8-21、图 8-23 分别查得 $\varepsilon_{H_2O}^* = 0.056, \varepsilon_{CO_2}^* = 0.051$

$$\alpha_{H_2O}^* = 0.056 \times \left(\frac{823}{423}\right)^{0.45} = 0.0756$$

$$\alpha_{CO_2}^* = 0.051 \times \left(\frac{823}{423}\right)^{0.65} = 0.0786$$

根据 T_w 及 $p_{H_2O}/(p_{H_2O} + p_{w_2})$、$(p_{H_2O} + p_{w_2})s$ 的值

由教材图 8-25 查得 $\Delta\alpha = 0.000$

根据教材式(8-29) 燃气吸收比 $\alpha_g = 1.05 \times 0.0756 + 1.0 \times 0.0786 - 0.000 = 0.158$

8-27 解题过程 由教材式(8-26) 得平均射线程长

$$s = 3.6\frac{V}{A} = 3.6 \times \frac{1200}{1264} = 3.42 \text{ m}$$

$$p_{CO_2}s = 0.124 \times 9.733 \times 10^4 \times 3.42 = 4.13 \times 10^4 \text{Pa} \cdot \text{m}$$

$$p_{H_2O}s = 0.121 \times 9.733 \times 10^4 \times 3.42 = 4.03 \times 10^4 \text{Pa} \cdot \text{m}$$

由 $T_g = 1100 + 273 = 1373\text{K}$ 及 $p_{CO_2}s$、$p_{H_2O}s$ 分别由教材图 8-23、图 8-21 查得 $\varepsilon_{CO_2}^* = 0.18$，$\varepsilon_{H_2O}^* = 0.19$。

计算参量 $(p + p_{H_2O})/2 = (1 + 0.121) \times 9.733 \times 10^4/2 = 5.455 \times 10^4 \text{Pa}$

$$p_{H_2O}/(p_{H_2O} + p_{CO_2}) = 0.121/(0.121 + 0.124) = 0.494$$

$$(p_{H_2O} + p_{CO_2})s = (0.121 + 0.124) \times 9.733 \times 10^4 \times 3.42 = 8.155 \times 10^4 \text{Pa} \cdot \text{m}$$

分别从教材图 8-22、图 8-24、图 8-25 查得 $C_{H_2O} = 1.05$，$C_{CO_2} = 0.85$，$\Delta\varepsilon = 0.05$。

所以 $\varepsilon_g = \varepsilon_{H_2O}^* C_{H_2O} + \varepsilon_{CO_2}^* C_{CO_2} - \Delta\varepsilon = 0.19 \times 1.05 + 0.18 \times 0.85 - 0.05 = 0.3025$。

综合分析

8-28 解题过程 如解 8-28 图所示，冷却水带走的热量为 $\Phi = \Phi_{con} + \Phi_{rad}$

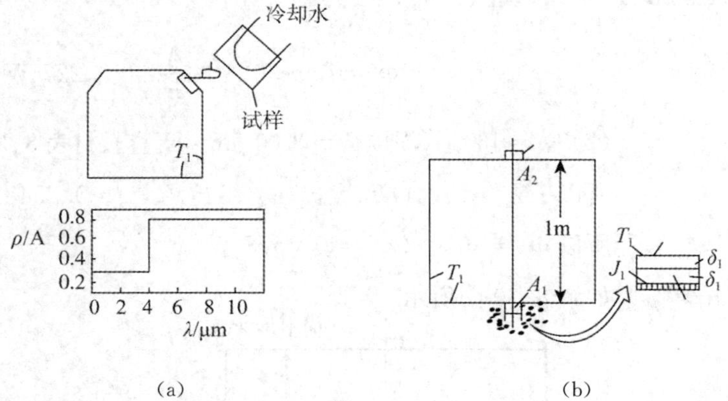

解 8-28 图

$$\Phi_{con} = 5 \times 10^{-4} \times 10 \times (1000 - 600) = 5 \times 10^{-4} \times 10 \times 400 = 2 \text{ W}$$

$$\Phi_{rad} = \int_0^\infty \alpha_\lambda E_{b\lambda} d\lambda = \int_0^4 0.8 E_{b\lambda} d\lambda + \int_4^\infty 0.2 E_{b\lambda} d\lambda$$

$\dfrac{\int_0^1 E_{b\lambda} d\lambda}{E_b} = F_{b(0-1)} = 0.8564$（按 8000μm·K 查教材表 8-1），

$$\frac{\int_4^{\infty} E_{b\lambda} d\lambda}{E_b} = 1 - F_{b(0-4)} = 1 - 0.8564 = 0.1436$$

$$\alpha_\lambda = 1 - \rho_\lambda$$

所以 $\Phi_{rad} = (0.8 \times 0.8564 + 0.2 \times 0.1436) \times E_b \times A$

$$= 5 \times 10^{-4} \times 5.67 \times 10^{-8} \times 1000^4 \times 0.7138$$

$$= 5 \times 10^{-4} \times 5.67 \times 10^4 \times 0.7138 = 20.23 \text{ W}$$

$$\Phi = \Phi_{con} + \Phi_{rad} = 2 + 20.23 = 22.23 \text{ W}$$

吸收比 $= 0.7138$，反射比 $= 0.2862$

发射率应以 600 K 来计算，则

$$\varepsilon = \frac{(1-0.2)\int_0^4 E_{b\lambda} d\lambda}{E_b} + \frac{(1-0.8)\int_4^{\infty} E_{b\lambda} d\lambda}{E_b}$$

$$= 0.8 \times \frac{14.05}{100} + 0.2 \times \left(1 - \frac{14.05}{100}\right) = 0.3967$$

8-29 解题过程 (1)$L = \dfrac{E}{\pi} = \dfrac{C_0 \times \left(\dfrac{T}{100}\right)^4}{\pi} = 1.18 \times 10^5 \text{ W/m}^3$

$$\Phi = L\cos 30^\circ A \times \frac{A_c}{r^2} = 0.227 \text{ W/m}$$

(2)$T_f = 1600$ K，则 $\lambda T = 3200\ \mu\text{m} \cdot \text{K}$。查教材表 8-1 得 $F_{(0-2)} = 0.3185$

所以 $\tau(\lambda) = \tau_1(\lambda) F_{(0-\lambda_1)} + \tau_2(\lambda) F_{(\lambda_1-\infty)} = 0.2548$

所以 $\Phi' = \Phi \times \tau(\lambda) = 0.0578 \text{ W/m}$

8-30 解题过程 如解 8-30 图所示

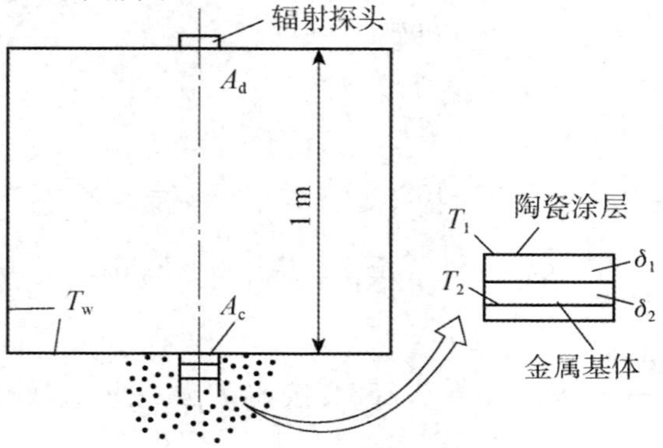

解 8-30 图

(1) 设陶瓷表面温度为 T_2，

由能量守恒得

$$A_c \frac{1500 - T_2}{\frac{\delta_1}{\lambda_1} + \frac{\delta_2}{\lambda_2}} = \varepsilon A_c \sigma (T_1^4 - T_w^4)$$

$$\frac{1500 - T_2}{\frac{5 \times 10^{-3}}{60} + \frac{8 \times 10^{-3}}{30}} = 0.8 \times 5.67 \times 10^{-8} \times (T^4 - 90^4)$$

用试凑法解得 $T_2 = 1433$ K

$$E = \varepsilon E_1 = 0.8 \times 5.67 \times 14.33^5 = 191.3 \times 10^5 \ \mathrm{W/m^2}$$

(2) 检测器面积 $A_1 = 10^{-5}\ \mathrm{m^2}$，$\mathrm{d}\Omega = \frac{A_1}{R^2} = \frac{10^{-5}}{1^2} = 10^5\,\mathrm{sr}$

$$\begin{aligned} \mathrm{d}\Phi(\theta) &= \frac{\varepsilon E_1}{\pi} \cdot \cos\theta \cdot \mathrm{d}\Omega \cdot \mathrm{d}A_1 \\ &= \frac{0.8 \times 5.67 \times 14.33^4}{3.1416} \times 1 \times 10^{-5} \times 10^{-1} \\ &= 6.089 \times 10^{-5}\,\mathrm{W} = 0.0609\ \mathrm{mW} \end{aligned}$$

(3) $A_c \frac{T_2 - T_1}{\frac{\delta_1}{\lambda_1} + \frac{\delta_2}{\lambda_2}} = A_c \varepsilon \sigma (T_1^4 - T_w^4)$

由于接触热阻的作用，温度升高。

小论文题目

8-31 略

8-32 略

采用工具软件的题目

8-33 略

8-34 略

第九章 辐射传热的计算

知识点归纳

1. 角系数

从表面 1 发射的辐射能落在表面 2 上的百分数，称为角系数，用 $X_{1,2}$ 表示。

2. 有效辐射

有效辐射指单位时间内离开表面单位面积的总辐射能，记为 J。其不仅包括表面的自身辐射 E，而且还包括投入辐射 G 中被表面反射的部分 ρG。其表达式为 $J = E + \rho G = \varepsilon E_b + (1-\alpha)G$。

3. 重辐射面

重辐射面指辐射系统中，表面温度未定而净的辐射传热量为 0 的表面。

4. 遮热板

遮热板指插入两个辐射换热表面之间以削弱辐射传热的薄板。

难点解析

1. 角系数

(1) 角系数的基本原则：纯几何因子，与表面温度、发射率无关。

(2) 角系数的性质：

1）相对性。表达式为$A_1 X_{1,2} = A_2 X_{2,1}$。

2）完整性。对于由几个表面组成的封闭系统，根据能量守恒原理，从任何一个表面发射出的辐射能必全部落到封闭系统的各表面上。因此，任何一个表面对封闭腔各表面的角系数之间存在下列关系：

$$X_{1,1} + X_{1,2} + X_{1,3} + \cdots + X_{1,n} = \sum_{i=1}^{n} X_{1,i} = 1$$

其中，若表面 1 为非凹表面，$X_{1,1} = 0$；若表面 1 为凹表面，$X_{1,1} \neq 0$。

3）可加性。从表面 1 上发出而落到表面 2 上的总能量，等于落到表面 2 上各部分的辐射能之和，于是有$X_{1,2} = X_{1,2a} + X_{1,2b}$；如果把表面 2 进一步分成若干小块，则有

$$X_{1,2} = \sum_{i=1}^{n} X_{1,2i}$$

2. 辐射传热的强化与削弱

(1) 强化辐射传热的主要途径有两种：① 增加发射率；② 增加角系数。

(2) 削弱辐射传热的主要途径有3种：①降低发射率；②降低角系数；③加入遮热板。

3. 气体辐射的特点

(1) 不同气体，辐射和吸收本质不同。如结构对称的双原子气体（如 O_2、H_2）无辐射能力，可以认为是热辐射的透明体。

(2) 气体辐射对波长具有选择性。

(3) 由于辐射对波长具有选择性，因此气体不能做灰体。

(4) 容积效应气体的辐射和吸收是在整个容积中进行的。

考研真题及期末考试试题

1. （华中科技大学　2004 年考研试题）什么是角系数？对于非黑体之间的辐射，角系数成为纯几何量的条件是什么？

答：通常把 1 表面辐射出去的辐射能投到 2 表面上去的份额定义为表面 1 对表面 2 的角系数，记为$X_{1,2}$。将从能量的角度定义的角系数视为一个纯几何量，只能在等强辐射表面之间的辐射能量传递中才能成立。

2.（西安交通大学　2005 年考研试题）重辐射表面是指什么样的表面？从物理本质上讲，能否认为它就是反射率 $\rho = 1$ 的表面？为什么？

答：重辐射表面是辐射换热过程中表面温度未定而净的辐射传热量为 0 的表面。不能认为重辐射表面就是 $\rho = 1$ 的表面。因为反射比是指外界投入到物体表面上的总能量 Φ 中被物体反射的部分 Φ_ρ 与 Φ 的比值。$\rho = 1$ 意味着外界投入到物体表面的总能量全部被反射出来，此时物体表面的净辐射传热量未必为 0，不满足重辐射表面的定义。

3.（北京航空航天大学　2006—2007 学年第 2 学期期末考试试题）判断题：对于重辐射表面（即绝热面），从辐射特性而言可当作黑体，而从吸收特性而言相当于白体。

答：对。

习题全解

9-1 解题过程 共有 6×6 个角系数，其中仅有 $5 + 4 + 3 + 2 + 1 = 15$ 个是独立的，即其余的角系数均可由角系数的性质（如完整性、相对性等）而用这 15 个角系数来求得。

9-2 解题过程

$$
\begin{aligned}
\phi_{A1,A2} &= E_1 A_1 X_{1,2} = E_1 A_1 \cdot \frac{1}{A_1}\int_{A_1}\int_{A_2} \frac{\cos\varphi_1 \cos\varphi_2}{\pi r^2} \mathrm{d}A_1 \mathrm{d}A_2 \\
&= E_1 \int_{A_1} \mathrm{d}A_1 \int_{A_2} \mathrm{d}A_2 \frac{\cos\varphi_1 \cos\varphi_2}{\pi r^2} \\
&= E_1 A_1 A_2 \frac{\cos\varphi_1 \cos\varphi_2}{\pi r^2} \\
&= 5 \times 10^4 \times 2 \times 10^{-4} \times 3 \times 10^{-4} \times \frac{\cos 30^\circ \cos 60^\circ}{3.1416 \times 0.5^2} \\
&= 1.654 \times 10^{-3}\ \mathrm{W}
\end{aligned}
$$

9-3 解题过程 由几何关系

$$
\begin{cases}
\cos\varphi_1 = \cos\varphi_2 = s/l \\
l^2 = s^2 + r^2 \\
\mathrm{d}A_2 = 2\pi r \mathrm{d}r
\end{cases}
$$

根据角系数定义式

$$X_{d1,2}=\int_{A2}\frac{L\mathrm{d}A_1\cos\varphi\cdot\mathrm{d}\omega}{\mathrm{d}A_1\cdot E_1}=\int_{A2}\frac{(E_1/\pi)\cos\varphi\cdot\mathrm{d}\omega}{\mathrm{d}A_1\cdot E_1}$$

$$=\int_{A_2}\frac{\cos\varphi}{\pi}\cdot\frac{\mathrm{d}A_2\cos\varphi}{l^2}$$

$$=\int_{A2}\frac{\cos^2\varphi}{\pi l^2}\mathrm{d}A_2=\int_0^{\frac{D}{2}}\frac{2s^2}{(s^2+r^2)^2}r\mathrm{d}r=s^2\cdot\left(-\frac{1}{s^2+r^2}\bigg|_0^{\frac{D}{2}}\right)$$

$$=\frac{D^2}{4s^2+D^2}$$

9-4 解题过程 如解图 9-4 图所示：

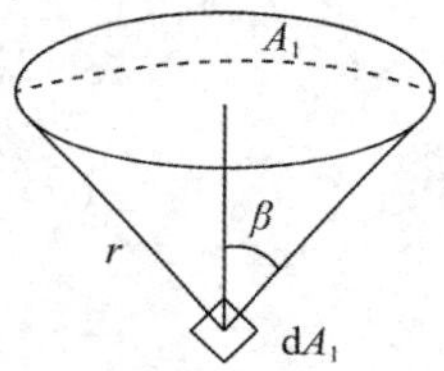

解 9-4 图

$X_{d1,2}=\int_{A_2}\frac{\cos\varphi_1\cos\varphi_2}{\pi r^2}\mathrm{d}A_2$，$\varphi_2=0$，$\cos\varphi_2=1$，$\mathrm{d}A_2=2\pi(r\sin\varphi_1)r\mathrm{d}\varphi_1$，代入上式得

$$X_{d1,2}=\int_0^{\beta}\frac{\cos\varphi_1(2\pi r^2\sin\varphi_1)}{\pi r^2}\mathrm{d}\varphi_1$$

$$=2\int_0^{\beta}\sin\varphi_1\cos\varphi_1\mathrm{d}\varphi_1$$

$$=\int_0^{\beta}\sin(2\varphi_1)\mathrm{d}\varphi_1=\frac{1}{2}[1-\cos(2\beta)]$$

$$=\sin^2\beta$$

当 $\beta=0$ 时，应有 $X_{d1,2}=0$，而 $X_{d1,2}=\sin^2\beta\big|_{\beta=0}=0$。

当 $\beta=\frac{\pi}{2}$ 时，应有 $X_{d1,2}=1$，$X_{d1,2}=\sin^2\beta\big|_{\beta=\frac{\pi}{2}}=1$。

9-5 解题过程 由教材题 9-3 可知

$$X_{d1,2}=\frac{r_2^2}{4l^2+r_2^2}-\frac{r_1^2}{4l^2+r_1^2}=\frac{0.13^2}{4\times0.2^2+0.13^2}-\frac{0.1^2}{4\times0.2^2+0.1^2}$$

$$=0.0367$$

9-6 解题过程 (1) 因为 $X_{2,1}=1$

$$X_{1,2}=\frac{A_2}{A_1}=\frac{2R}{2\pi R\times3/4}=0.4244$$

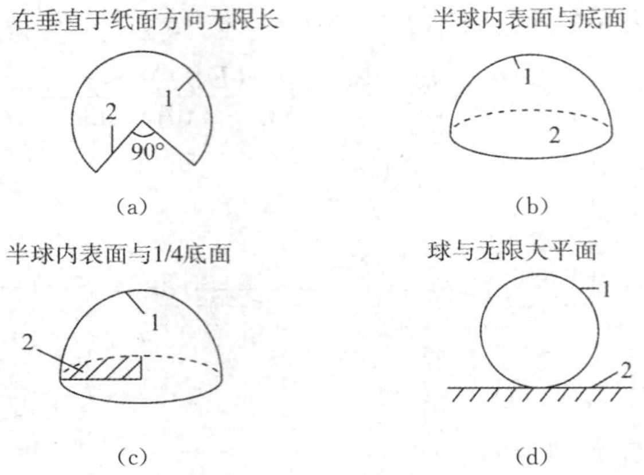

解 9-6 图

(2) 因为 $X_{2,1}=1$

$$X_{1,2}=\frac{A_2}{A_1}=\frac{\pi R^2}{2\pi R^2}=0.5$$

(3) 参考(2)具有对称性，$X_{1,2}=0.5/4=0.125$

(4) 假设在球的顶面有另一块无限大平板存在，由对称性知

$$X_{1,2}=0.5$$

9-7 解题过程 由角系数性质可列出下列关系

$A_1X_{1,2}=A_2X_{2,1}=A_2(X_{2,1+A}-X_{2,A})=A_{1+A}X_{1+A,2}-A_AX_{1,2}$

$X_{1,2}=(A_{1+A}/A_1)\cdot(X_{1+A,2+B}-X_{1+A,B})-(A_A/A_1)\cdot(X_{A,2+B}-X_{A,B})$

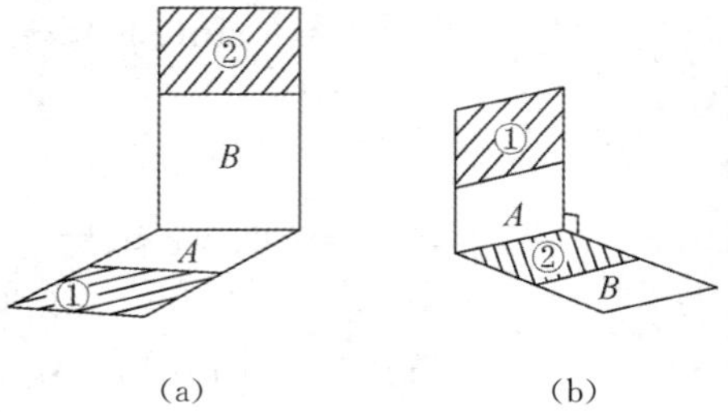

解 9-7 图

由图中尺寸查教材附录得

解 9-7 表

项目	$X_{1+A,2+B}$	$X_{1+A,B}$	$X_{A,2+B}$	$X_{A,B}$
Z/X	1.67	1.00	1.67	1.00
Y/X	1.330	1.330	0.667	0.667
角系数	0.190	0.165	0.275	0.255

$$X_{1,2}=\frac{3}{1.5}\times(0.19-0.165)-\frac{1.5}{1.5}\times(0.275-0.255)$$

$$=0.05-0.02=0.03$$

由角系数性质可列出下列关系式

$$A_1X_{1,2}=A_2X_{2,1}=A_2(X_{2,1+A}-X_{2,A})$$

$$X_{1,2}=(A_2/A_1)(X_{2,1+A}-X_{2,A})$$

由图中尺寸查教材附录，得

$$X_{1,2}=(1.5/1.5)\times(0.27-0.225)=0.045$$

9-8 解题过程 (a)$A_{1+A}X_{1+A,B+2}=A_1X_{1,B}+A_1X_{1,2}+A_AX_{A,B}+A_AX_{A,2}=2(A_1X_{1,2}+A_1,X_{1,B})$

因为 $A_{1+A}=2A_1$，所以 $X_{1,2}=X_{1+A,B+2}-X_{1,B}$，查教材图 9-7 得

解 9-8 表

项目	$X_{2+B,1+A}$	$X_{1,B}$
X/D	0.67	0.67
Y/D	1.33	0.67
角系数	0.175	0.110

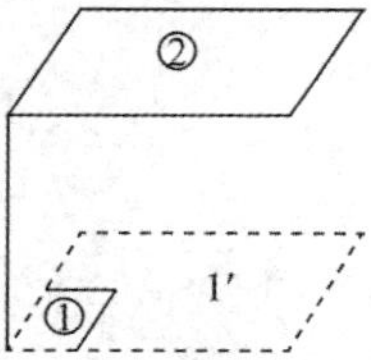

解 9-8 图

所以 $X_{A,2}=0.175-0.110=0.065$

(b) 由扩充了的 1′ 可知，$X_{2,1'}=0.2$，由于对称性，可得

$$X_{2,1}=\frac{0.2}{4}=0.05$$

所以 $$X_{1,2}=\frac{A_2X_{2,1}}{A_1}=0.2$$

9-9 解题过程 先研究两管子可见的半个管子表面间的角系数，如解 9-9 图所示。

利用交叉线法，

$$X_{1,3}=\frac{2(\widehat{abcde}-s)}{\pi d},$$

$$\widehat{abcde}=2\,\widehat{abc}=2(\widehat{ab}+\widehat{bc}),$$

$$\widehat{bc}=\sqrt{(s/2)^2-(d/2)^2}$$

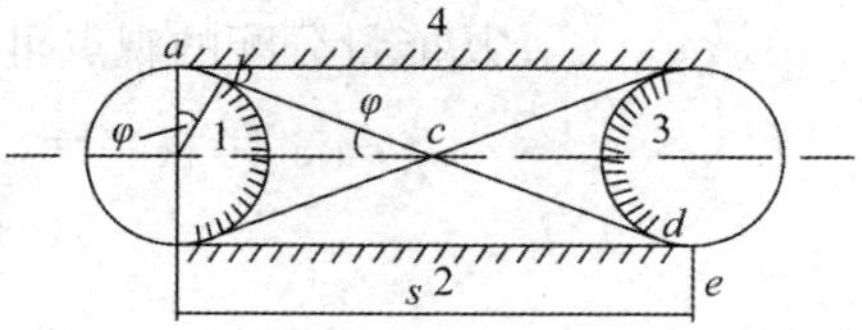

解 9-9 图

$$\widehat{ab}=\frac{d}{2}\varphi,\varphi=\sin^{-1}\left(\frac{d}{2}\Big/\frac{s}{2}\right)$$

$$X_{1,3}=\frac{2}{\pi}\left[(Y^2-1)^{1/2}-\sin^{-1}\frac{1}{Y}-Y\right]，其中 Y=\frac{s}{d}。$$

因而整个管子表面所发出的辐射能落到另一根管子上的百分比数

为$\frac{1}{2}X_{1,3}$。

9-10 解题过程 (1) 先计算任一边对圆管的角系数，如解 9-10 图所示。

设圆管表面为 5，则由对称性知 $X_{5,1}=X_{5,2}=X_{5,3}=X_{5,4}=\frac{1}{4}=0.25$，

所以 $X_{1,5}=\frac{A_5}{A_1}X_{5,1}=\frac{\pi d}{0.25}\times 0.25=3.1416\times 0.1=0.3142$。

(2) 再计算两邻边的角系数，如解 9-10 图所示。

$$X_{3,4}=\frac{AD+AB-(DF+BE+EF)}{2AD},$$

$$BE=DF=\sqrt{(0.125\sqrt{2})^2-0.05^2}=0.1696\ \text{m}$$

$$\alpha=\arccos\left(\frac{OE}{BO}\right)=\arccos\left(\frac{0.05}{0.125\sqrt{2}}\right)=1.284$$

$$\theta=\pi-2\alpha=\pi-2\times 1.284=0.5735\text{rad},$$

$$\widehat{EF}=r\cdot\theta=0.05\times 0.5735=0.02867,$$

$$X_{3,4}=\frac{0.25\times 2-2\times 0.1695-0.02867}{2\times 0.25}=0.2647$$

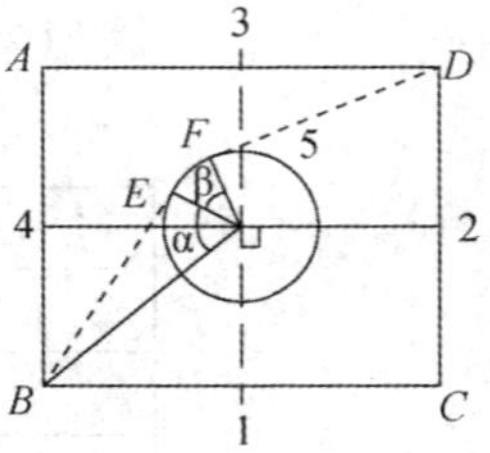

解 9-10 图

(3) 计算每一对边角系数。

$X_{3,1}=1-X_{3,4}-X_{3,2}-X_{3,5}=1-2\times 0.2647-0.3142=0.1564$

9-11 解题过程 $A_1X_{1,4}=A_2X_{2,3}=A_3X_{3,2}$，因为 $A_3=2A_1$，所以 $X_{3,2}=\frac{1}{2}X_{1,4}$。

从能量分配的观点可以写出

$$\begin{aligned}A_{1+3}X_{1+3,2+4}&=A_1X_{1,2+4}+A_3X_{3,2+4}\\&=A_1(X_{1,2}+X_{1,4})+\quad A_3(X_{3,2}+X_{3,4})\\&=A_1(X_{1,2}+X_{1,4})+A_3\left(\frac{1}{2}X_{1,4}+X_{3,4}\right)\end{aligned}$$

将 $A_1=1$，$A_3=2$，$A_{1+3}=3$ 代入上式，并归并之得

$$X_{1,4}=\frac{1}{2}(3X_{1+3,2+4}-X_{1,2}-2X_{3,4})$$

查教材图 9-8 得

$$X_{1,4}=\frac{1}{2}\times(0.26\times 3-0.2-0.24\times 2)=0.05$$

9-12 解题过程 $x_{总} = \dfrac{x\Phi_0[1-(1-x)+(1-x)^2+(1-x)^3]}{\Phi_0} = 1-(1-x)^4$

解 9-12 表

管排	投入到该排上的辐射能	该排的角系数	落到该排管子表面上的能量	穿过该排落到后一排上去的能量
1	Φ_0	x	$x\Phi_0$	$(1-x)\Phi_0$
2	$(1-x)\Phi_0$	x	$x(1-x)\Phi_0$	$(1-x)^2\Phi_0$
3	$(1-x)^2\Phi_0$	x	$x(1-x)^2\Phi_0$	$(1-x)^3\Phi_0$
4	$(1-x)^3\Phi_0$	x	$x(1-x)^3\Phi_0$	$(1-x)^4\Phi_0$

按教材例题(9-10)，得

$$x = 1-\left(\frac{d}{s}\right)\arccos\left(\frac{d}{s}\right)-\left[1-\left(\frac{d}{s}\right)^2\right]^{1/2}$$

$$= 1+\frac{1}{5}\arccos\left(\frac{1}{5}\right)-\left[1-\left(\frac{1}{5}\right)^2\right]^{1/2} = 0.294$$

所以 $x_{总} = 1-(1-0.294)^4 = 0.7516$

透过管束的辐射能百分数为 $1-0.7516 = 0.2484 = 24.84\%$。

9-13 解题过程 如解 9-13 图所示：

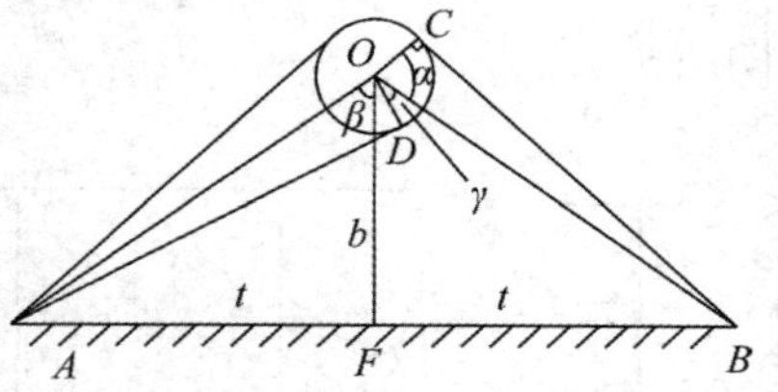

解 9-13 图

按交叉线法：$X_{AB,D} = \dfrac{2(\overline{AD}+\overset{\frown}{DC})-2\,\overline{BC}}{2AB}$

因为$\overline{AD} = \overline{BC}$，所以 $X_{AB,D} = \dfrac{\overset{\frown}{DC}}{2AB} = \dfrac{\overset{\frown}{DC}}{2t}$

利用几何关系确定$\overset{\frown}{DC}$：

$\angle AOB = 2\angle AOF = 2\beta, \angle BOC = \angle AOD, \angle BOC+\gamma = \angle AOD+\gamma$
$= 2\beta$

$$\angle DOC = 2\beta = \alpha, \overset{\frown}{DC} = r\cdot\alpha = 2\beta r \quad (r\ 为半径)$$

$$\tan\beta = \frac{t}{h} \Rightarrow \beta = \arctan\left(\frac{t}{h}\right)$$

即 $$X_{AB-0O} = \frac{\overset{\frown}{DC}}{2t} = \frac{2r\arctan(t/h)}{2t} = \frac{d\arctan(t/h)}{2t}。$$

9-14 解题过程 对三种情形,在开口处做一假想表面,设表面积为 A_1,而其余沟槽表面为 A_2,则有 $A_1X_{1,2}=A_2X_{2,1}$,因为 $X_{1,2}=1$,所以 $X_{2,1}=A_1/A_2$,于是有

(a) $X_{2,1} = \dfrac{W}{2(W/2)/\sin\varphi} = \sin\varphi$

(b) $X_{2,1} = \dfrac{W}{2H+W}$

(c) $X_{2,1} = \dfrac{W}{2H+W/\sin\varphi}$

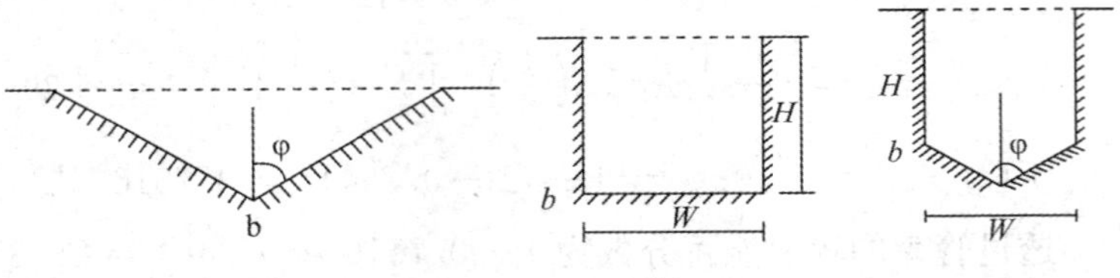

解 9-14 图

9-15 解题过程 如解 9-15 图所示

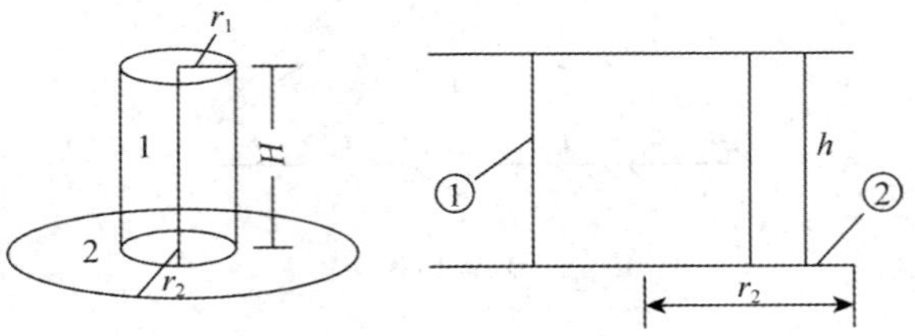

解 9-15 图

圆柱侧面为 1,圆盘为 2,当 $h/r_2 \to 0$ 时 $X_{1,2}$ 的极限值为$\frac{1}{2}$,只要设想在顶面上有另一相当圆盘表面,则很易理解当 $h/r_2 \to 0$ 时,每个表面都得到一半的辐射能,故 $X_{1,2}=0.5$。

9-16 解题过程 $$A_1X_{1,3} = A_3X_{3,1}$$

所以 $$X_{1,3} = \frac{A_3}{A_1}X_{3,1}$$

$X_{3,1} = X_{3,1'} + X_{1,3'} + X_{3,4'} = X_{3,3'} + 2X_{3,4'}$

$A_{3+4}X_{3+4,3'+4'} = A_3X_{3,3'} + A_4X_{4,4'} + A_3X_{3,4} + A_4X_{4,3} = 2A_3X_{3,3'} + 2A_3X_{3,4'}$

所以 $2A_1X_{3,4'} = A_{3+4}X_{3+4,3'+4'} - 2A_3X_{3,3'}$

即 $X_{3,4'} = \dfrac{1}{2A_3}(A_{3+4}X_{3+4,3'+4'} - 2A_3X_{3,3'}) = X_{3+4,3'+4'} - X_{3,3'}$

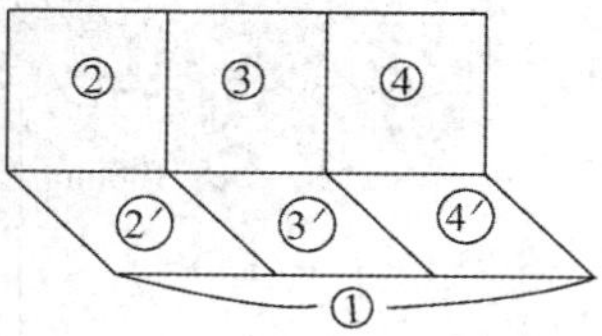

解 9-16 图

由教材图 9-8 查得：$X_{3+4,3'+4'} = 0.24$，$X_{3,3'} = 0.2$，

所以 $X_{3,4'} = 0.24 - 0.2 = 0.04$

所以 $$X_{3,1} = X_{3,3'} + 2X_{3,4'} = 0.2 + 0.04 \times 2 = 0.28$$

$$X_{1,3} = \frac{A_3}{A_1}X_{3,1} = \frac{1}{3} \times 0.28 = 0.0933$$

为以下应用方便写出算式如下

$$X_{1,3} = \frac{A_3}{A_1}X_{3,1} = \frac{A_3}{A_1}(X_{3,1'} - 2X_{3,4'}) = \frac{A_3}{A_1}\left(X_{3,3'} + \frac{A_{3+4}}{A_3}X_{3+4,3'+4'} - 2X_{3,3'}\right)$$

9-17 解题过程 由题 9-16 可知：$X_{1+2,4} = X_{1,4} = X_{2,4} = 0.0933$

$$X_{1,3+4+5} = X_{1,3} + X_{1,4} + X_{1,5},\ X_{1+2,3+4+5} = 0.26,$$

$$X_{1+2,3+4+5} = X_{1,3+4+5} = X_{2,3+4+5} = 0.26$$

所以 $$X_{1,3} + X_{1,5} = 0.26 - 0.0933 = 0.167$$

$$X_{1,3'} = \frac{A_{3'}}{A_1}\left(X_{3',3''} + \frac{A_{3'+4'}}{A_{3'}}X_{3'+4',3''+4''} - 2X_{3',3''}\right),$$

$$X_{3',3''} = 0.147,\ X_{3'+4,3''+4''} = 0.2$$

$$X_{1,3'} = \frac{1}{3}(0.147 + 2 \times 0.2 - 2 \times 0.147) = 0.0843;\ X_{1,2'+3'+4'} = 0.226$$

而 $X_{1,2'+3'+4'} = X_{1,2'} + X_{1,3'} + X_{1,4'}$，即

$$X_{1,2'} = X_{1,4'} = \frac{0.226 - 0.0843}{2} = 0.0709$$

所以 $$X_{1,2'+3'} = X_{1,2'} + X_{1,3'} = 0.0709 + 0.0843 = 0.155$$

故 $X_{1,5} = 0.167 - X_{1,3} = 0.167 - X_{1,2'+3'} = 0.167 - 0.155 = 0.012$

黑体表面的换热

9-18 解题过程 如解 9-18 图所示：

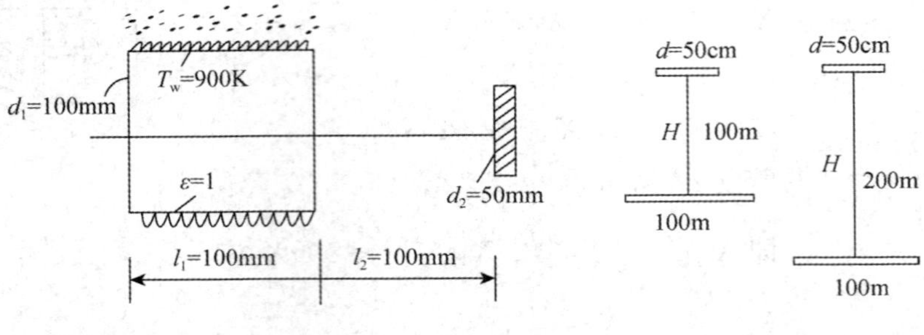

(a)　　　　(b)

解 9-18 图

表面 2 发出而落到表面 1 上的辐射能应为 $\Phi_{2,1}=A_2E_{b2}X_{2,1}$，按角系数的对称性，则 $A_2X_{2,1}=A_1X_{1,2}$，做虚拟表面 3 及 4，则可有 $X_{1,3}=X_{1,2}+X_{1,4}$，即 $X_{1,2}=X_{1,3}-X_{1,4}$，其中 $X_{1,3}$ 和 $X_{1,4}$ 为两平行圆盘间辐射角系数，利用教材中图 9-9 查出：$X_{1,3}=0.20$，据 $\dfrac{L}{d_1/2}=\dfrac{200}{25}=8$，$\dfrac{d_1/2}{L}=\dfrac{50}{200}=0.25$；$X_{1,4}=0.08$，据 $\dfrac{L}{d_2/2}=\dfrac{100}{25}=4$，$\dfrac{d_1/2}{L}=\dfrac{50}{100}=0.5$。

所以
$$X_{1,2}=0.20-0.08=0.12$$

$$X_{2,1}=\frac{A_1}{A_2}X_{1,2}=0.12\times\frac{\pi/4d_2^2}{\pi d_1L_1}=0.12\times\frac{50^2}{4\times100\times100}=0.0075$$

$$A_2X_{2,1}=A_1X_{1,2}$$

所以 $\Phi_{2,1}=A_2E_{b2}X_{2,1}=5.67\times10^{-8}\times900^4\times\dfrac{\pi}{4}\times0.05^2\times0.12=8.76\ \text{W}$

9-19 **解题过程** 由题意可知

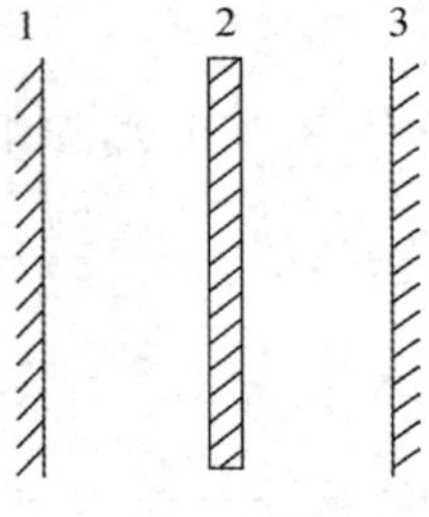

解 9-19 图

平板 1 的单位面积上的净辐射换热量为

$$q=\sigma_0T_1^4-(\sigma_0T_3^4\tau_2+\sigma_0T_2^4\varepsilon_2+\sigma_0T_1^4\rho_2)。$$

9-20 解题过程 如解 9-20 图所示：

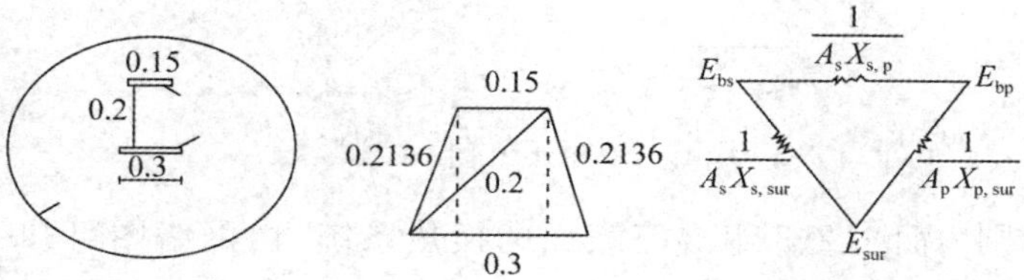

解 9-20 图

(1) 环境为 300 K 的黑体，则单位长度加热表面的辐射换热量为

$\Phi_L=\sigma_0 A_s[X_{s,p}(T_s^4-T_p^4)+X_{s,sur}(T_s^4-T_{sur}^4)]$，利用交叉线法

$$X_{s,p}=\frac{0.3\times 2-0.2136\times 2}{2\times 0.15}=\frac{0.6-0.4272}{0.3}=0.576,$$

$$X_{s,sur}=1-X_{s,p}=0.424$$

所以 $\Phi_L=5.67\times 10^{-8}\times 0.15\times[0.583\times(800^4-500^4)+0.424\times(800^4-300^4)]$

$=3169\ \text{W/m}$

(2) 设环境为重复辐射表面，则 $X_{s,p}=0.576$，$X_{s,sur}=0.424$，$X_{p,s}=X_{s,p}$ $\frac{A_s}{A_p}=0.576\times\frac{0.15}{0.3}=0.288$，$X_{p,sur}=1-X_{p,s}=1-0.288=0.712$。

因此有 $\Phi_L=\frac{E_{bs}-E_{bp}}{R_{eq}}$，$\frac{1}{R_{eq}}=\frac{1}{R_{s,p}}+\frac{1}{R_{s,s}+R_{p,s}}$

$$R_{s,p}=\frac{1}{A_s X_{s,p}}=\frac{1}{0.15\times 0.576}=11.574\ \text{m}^{-2}$$

$$R_{s,s}=\frac{1}{A_s X_{s,sur}}=\frac{1}{0.15\times 0.424}=15.72\ \text{m}^{-2}$$

$$R_{p,s}=\frac{1}{A_p X_{p,sur}}=\frac{1}{0.3\times 0.712}=4.682\ \text{m}^{-2}$$

$$R_{eq}=1/\left(\frac{1}{R_{s,p}}+\frac{1}{R_{s,s}+R_{p,s}}\right)=\frac{1}{1/11.574+1/(15.72+4.682)}$$

$$=7.407\ \text{m}^{-2}$$

$$\Phi_L=\frac{5.67\times 10^{-8}\times(800^4-500^4)}{7.407}=2657\ \text{W/m}$$

9-21 解题过程 如解 9-21 图所示，只考虑两黑体相互可见部分的辐射换热。

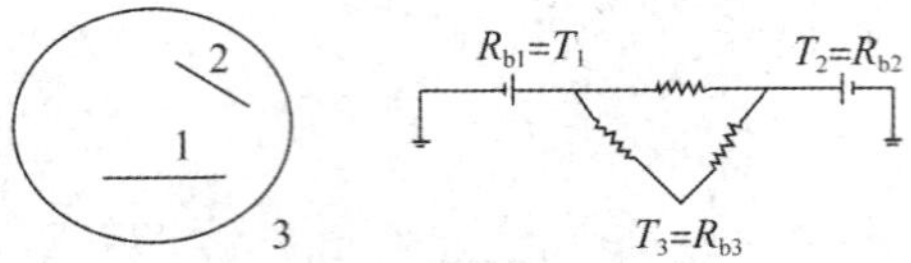

解 9-21 图

则表面 1、2、3 组成三表面的换热系统。由网络图可知 $\dfrac{E_{b1}-E_{b3}}{1/(A_1X_{1,3})}=\dfrac{E_{b3}-E_{b2}}{1/(A_2X_{2,3})}$，即 $A_1X_{1,3}(E_{b1}-E_{b3})=A_2X_{2,3}(E_{b3}-E_{b2})$。

因为 $A_1=A_2$ 及 $A_1X_{1,2}=A_2X_{2,1}$，所以 $X_{1,2}=X_{2,1}$；

又 $X_{1,2}+X_{1,3}=1$，$X_{2,1}+X_{2,3}=1$，所以 $X_{1,3}=X_{2,3}$。

$E_{b3}=\dfrac{A_1X_{1,3}E_{b1}+A_2X_{2,3}E_{b2}}{A_1X_{1,3}+A_2X_{2,3}}$，即 $T_3=\sqrt[4]{\dfrac{T_1^4+T_2^4}{2}}$。

9-22 解题过程 当透明板 2 温度不再变化时，表面 1 上的净辐射放热量等于表面 3 的净辐射吸热量，于是按教材题 9-19 的结果有

$$q_1=\sigma_0T_1^4-(\sigma_0T_3^4\tau_2+\sigma_0T_2^4\varepsilon_2+\sigma_0T_1^4\rho_2),$$

$$q_3=\sigma_0T_3^4-(\sigma_0T_1^4\tau_2+\sigma_0T_2^4\varepsilon_2+\sigma_0T_3^4\rho_2)$$

$$q_1=-q_3$$

所以 $2\sigma_0T_2^4\varepsilon_2=\sigma_0(T_1^4+T_3^4)-\sigma_0\rho_2(T_1^4+T_3^4)-\sigma_0\tau_2(T_1^4+T_3^4)$

由此可得出 T_2，从而可得出 q_1 及 q_3。

实际物体表面间的辐射换热

9-23 解题过程 (1) 板 1 的本身辐射

$$E_1=\varepsilon E_{b1}=0.8\times5.67\times10^{-8}\times(527+273)^4=18579.5\ \mathrm{W/m^2}$$

(2) 对板 1 的投入辐射

首先计算两板间的换热量

$$q_{1-2}=\frac{E_{b1}-E_{b2}}{1/\varepsilon_1+1/\varepsilon_2-1}=\frac{5.67\times10^{-8}\times(800^4-300^4)}{2/0.8-1}$$

$$=15176.7\ \mathrm{W/m^2}$$

由 $J_1-G_1=q_{1-2}$，$J_1=E_1+G_1(1-\varepsilon)$ 可得

$G_1=(E_1-q_{1-2})/\varepsilon=(18579.5-15176.7)/0.8=4253.5\ \mathrm{W/m^2}$

(3) 板 1 的反射辐射

$$G_1(1-\varepsilon)=4253.5\times(1-0.8)=850.7\ \mathrm{W/m^2}$$

(4) 板 1 的有效辐射

$$J_1=E_1+G_1(1-\varepsilon)=18579.5+850.7=19430.2\mathrm{W/m^2}$$

(5) 板 2 的有效辐射

$$J_2=G_1=4253.5\ \mathrm{W/m^2}$$

(6) 板 1、2 间的辐射换热量

$$q_{1-2}=15176.7\ \mathrm{W/m^2}$$

9-24 解题过程

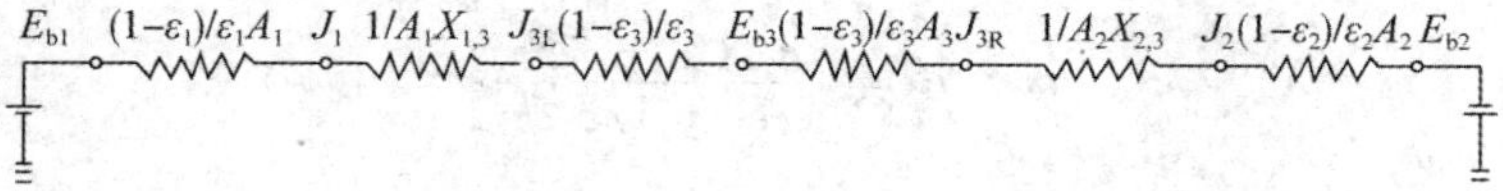

解 9-24 图

9-25 解题过程 无遮热板时，$q_{1,2}=\varepsilon_1(E_{b1}-E_{b2})$，加入遮热板后，$q_{1,3}=\varepsilon_{s1}(E_{b1}-E_{b3})$

$q_{3,2}=\varepsilon_{1,2}(E_{b3}-E_{b2})$，达到稳态时，$q_{1,3}=q_{3,2}=q'_{1,2}$

所以 $q'_{1,2}=\dfrac{1}{2}(q_{1,3}+q_{3,2})=\dfrac{1}{2}[\varepsilon_{s1}(E_{b1}-E_{b3})+\varepsilon_{s2}(E_{b3}-E_{b2})]$

$$=\frac{1}{2}\varepsilon_{s3}(E_{b1}-E_{b2})$$

所以 $q'_{1,2}/q_{1,2}=\dfrac{1}{2}\varepsilon_1/\varepsilon_s=\dfrac{1}{2}\left(\dfrac{1}{1/0.8+1/0.025-1}\right)\Big/\left(\dfrac{1}{1/0.8+1/0.8-1}\right)$

$$=\frac{1}{53.7}$$

加入遮热板后，1、2 表面间的辐射传热为原来的$\dfrac{1}{53.7}$。

9-26 解题过程 向环境的辐射散热损失

$$q_r=0.85\times5.67\times(3.73^4-3^4)=542.5\ \mathrm{W/m^2}$$

定性温度 $t_m=\dfrac{1}{2}\times(100-27)=63.5$ ℃，查此时的物性为

$\lambda=0.0292\ \mathrm{W/(m\cdot K)}$，$\nu=19.34\times10^{-6}\mathrm{m^2/s}$，$Pr=0.695$。

$$Gr=\frac{9.8\times0.1^3\times(100-27)}{(63.5+273)\times19.34^2}\times10^{12}=5.684\times10^6$$

$$h_c = \frac{0.0292}{0.1} \times 0.48 \times (5.684 \times 10^6 \times 0.695)^{\frac{1}{4}} = 6.25 \text{ W/(m}^2 \cdot \text{K)}$$

$$q_c = h_c(t_w - t_f) = 6.25 \times (100 - 27) = 456.25 \text{ W/m}^2$$

每米管长上的热损失为

$$q_l = 3.1416 \times 0.1 \times (456.25 + 542.5) = 314 \text{ W/m}$$

9-27 解题过程 热水瓶的表面积为

$$A = \pi dl + \pi d^2/2 = 3.1416 \times 0.1 \times 0.26 + 3.1416 \times 0.1^2/2$$
$$= 0.0977 \text{ m}^2$$

热水瓶由外壁的辐射热量为

$$\Phi = \frac{\sigma A(T_1^4 - T_2^4)}{1/\varepsilon_1 + 1/\varepsilon_2 - 1} = 1.70 \text{ W}$$

而 $\Phi = \rho c_p V \frac{dt}{d\tau}$，其中 $V = \pi r^2 l = 2.04 \times 10^{-3} \text{ m}^3$。

查 100 ℃ 时水的物性参数为 $c_p = 4220 \text{ J/(kg} \cdot \text{K)}$，$\rho = 958.4 \text{ kg/m}^3$。

所以初始时刻水温的平均下降速率为

$$\frac{dt}{d\tau} = \frac{\phi}{\rho c_p V} = \frac{1.7}{958.4 \times 4220 \times 2.04 \times 10^{-3}} = 2.06 \times 10^{-4} \text{ K/s}$$

9-28 解题过程 稳态时，$\alpha G = \varepsilon C_0 \left[\left(\frac{T}{100}\right)^4 - \left(\frac{T_\infty}{100}\right)^4 \right]$。

(1) $\varepsilon = 0.5$，$\alpha = 0.9$，$G = 1262 \text{ W/m}^2$，$T_\infty = 273 - 50 = 223 \text{ K}$

所以 $0.9 \times 1262 = 0.5 \times 5.67 \left[\left(\frac{T}{100}\right)^4 - 2.23^4 \right]$，则 $T = 454.1 \text{ K}$。

(2) $\varepsilon = 0.1$，$\alpha = 0.15$，$G = 1262 \text{ W/m}^2$，$T_\infty = 223 \text{ K}$

所以 $0.15 \times 1262 = 0.1 \times 5.67 \left[\left(\frac{T}{100}\right)^4 - 2.23^4 \right]$，即 $T = 435.2 \text{ K}$。

9-29 解题过程 由教材题 9-3 知，$X_{1,2} = \frac{R_0^2}{s^2 + R_0^2}$，$R_0 = 100 \text{ mm}$，$s = 200 \text{ mm} = 2R_0$

所以 $X_{1,2} = 1/5 = 0.2$，$X_{1,3} = 1 - X_{1,2} = 0.8$，

$X_{2,3} = X_{1,3} = 0.8$。

又 $A_1 = A_2 = \pi R_0 = 3.1416 \times 10^{-2}$

两端间的辐射换热热阻 $R_1 = \frac{1}{A_1 X_{1,2}}$

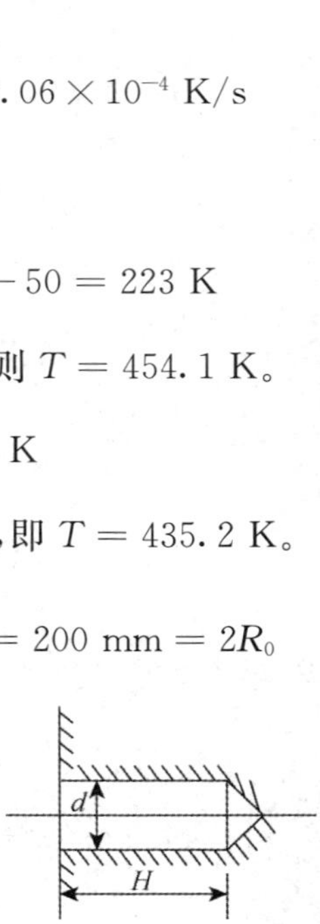

解 9-29 图

端面与柱面的辐射热阻 $R_2 = R_3 = \dfrac{1}{A_1 X_{1,3}}$

辐射总热阻为 $R = \dfrac{1}{1/R_1 + 1/R_2 + 1/R_3}$

$$\Phi_{2,1} = \frac{A_1 X_{1,2}(E_{b2} - E_{b1})}{1 + (1/\varepsilon_1 - 1)X_{1,2} + (1/\varepsilon_2 - 1)X_{2,1}}$$

$$= \frac{3.1416 \times 0.01^2 \times 5.67 \times 7.73^4}{1 + (1/1 - 1) \times 1 + (1/0.6 - 1) \times 0.1062} = 5.94\ \text{W}$$

9-30 解题过程 设内腔总表面壁为 A_1，小孔面积为 A_2，则

$$A_1 = \pi r_2^2 + \pi d_1 H + \pi(r_2^2 - r_1^2)$$
$$= 3.1416 \times [0.02^2 + 0.04 \times 0.04 + (0.02^2 - 0.016^2)]$$
$$= 6.736 \times 10^{-3}\ \text{m}^2$$

$$A_2 = \pi r_1^2 = 3.1416 \times 0.016^2 = 8.04 \times 10^{-4}\ \text{m}^2$$

$$X_{2,1} = 1, X_{1,2} = \frac{A_2}{A_1} = \frac{8.04 \times 10^{-4}}{6.736 \times 10^{-3}} = 0.1194,$$

$$\Phi_{1,2} = \frac{A_2 \sigma_0 (T_1^4 - T_2^4)}{1 + (1/\varepsilon_2 - 1)X_{2,1} + (1/\varepsilon_1 - 1)X_{1,2}}$$

(1)$\varepsilon_1 = \varepsilon_2 = 1$，所以 $\Phi_{1,2} = 8.04 \times 10^{-4} \times 5.67 \times 5^4 = 2.85\ \text{W}$

(2)$\varepsilon_2 = 1, \varepsilon_1 = 0.6$，所以 $\Phi_{1,2} = \dfrac{8.04 \times 10^{-4} \times 5.67 \times 5^4}{1 + 0.1194 \times (1/0.6 - 1)} = 2.64\ \text{W}$

9-31 解题过程 定性温度 $t_m = \dfrac{90 + 30}{2} = 60℃, \lambda = 0.029\ \text{W/(m·K)}$,

$$\nu = 18.97 \times 10^{-6}\ \text{m}^2/\text{s}, Pr = 0.696$$

$$Gr \cdot Pr = \frac{9.8 \times 1.1^3 \times (90 - 30)}{333 \times 18.97^2} \times 10^{12} \times 0.696 = 4.546 \times 10^9$$

$$Nu = 0.16 \times (4.546 \times 10^9)^{1/3} = 265.0$$

$$h = 265.0 \times 0.029/1.1 = 6.987\ \text{W/(m}^2\text{·K)}$$

$$\Phi_c = hA\Delta t = 6.987 \times 1.1 \times (90 - 30) = 461.2\ \text{W}$$

向天空的辐射散热量为

$$\Phi_r = \varepsilon A C_0 \left[\left(\frac{T_w}{100}\right)^4 - \left(\frac{T_\infty}{100}\right)^4\right] = 0.2 \times 1.1^2 \times 5.67 \times (3.63^4 - 0.23^4)$$

$= 238.24\ \text{W}$

所以散热量总共为 $\Phi_{散} = \Phi_c + \Phi_r = 461.2 + 238.24 = 699.4\ \text{W}$

所吸收太阳能 $\Phi_{吸} = 0.9 \times 800 \times 1.1^2 = 871.2\ \text{W}$

效率 $\eta = \dfrac{\Phi_{吸} - \Phi_{散}}{\Phi_{吸}} \times 100\% = 19.7\%$

9-32 解题过程 定性温度 $t_m = \dfrac{90+40}{2} = 65\ ℃, \lambda = 0.0293\ \text{W/(m·K)}$,

$$\nu = 19.5 \times 10^{-6}\ \text{m}^2/\text{s}, Pr = 0.695。$$

$$Gr_\delta = \frac{9.8 \times 0.08^3 \times (90-40)}{(273+65) \times 19.5^2} \times 10^{12} = 1.952 \times 10^6$$

$$Gr_\delta \cdot Pr = 1.952 \times 10^6 \times 0.695 = 1.357 \times 10^6$$

$$Nu = 0.061 \times (1.357 \times 10^6)^{1/3} = 6.753$$

$$h = \frac{Nu\lambda}{\delta} = \frac{6.753 \times 0.0293}{0.08} = 2.473\ \text{W/(m}^2 \cdot \text{K)}$$

$q_{吸} = 800 \times 0.85 \times 0.9 = 612\ \text{W/m}^2, \Phi_{吸} = 1.1^2 \times 612 = 740.5\ \text{W}$

辐射散热量

$$\Phi_r = \frac{AC_0\left[\left(\frac{T_1}{100}\right)^4 - \left(\frac{T_2}{100}\right)^4\right]}{1/\varepsilon_1 + 1/\varepsilon_2 - 1} = \frac{5.67 \times 1.21 \times (3.63^4 - 3.13^4)}{1/0.2 + 1/0.94 - 1}$$

$= 105.2\ \text{W}$

$$\Phi_{散} = \Phi_c + \Phi_r = 105.2 + 1.21 \times 2.473 \times 50 = 254.8\ \text{W}$$

$$\eta = \frac{\Phi_{吸} - \Phi_{散}}{\Phi_{吸}} \times 100\% = \frac{740.5 - 254.6}{740.5} \times 100\% = 65.6\%$$

9-33 解题过程 $X_{1,2} = 0.165, X_{1,3} = 0.835$

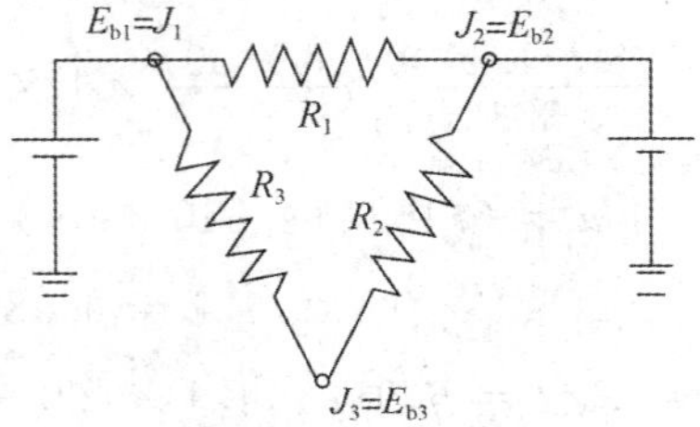

解 9-33 图

$$R_1 = \frac{1}{A_1 X_{1,2}} = \frac{1}{0.785 \times 0.2^2 \times 0.165} = 193\ \text{m}^{-2}$$

$$R_2 = R_3 = \frac{1}{A_1 X_{1,3}} = \frac{1}{0.785 \times 0.2^2 \times 0.835} = 38.14\ \text{m}^{-2}$$

$$\frac{1}{R} = \frac{1}{R_1} + \frac{1}{R_2 + R_3}$$

$$R^* = \frac{1}{\dfrac{1}{R_1} + \dfrac{1}{R_2 + R_3}} = \frac{1}{\dfrac{1}{193} + \dfrac{1}{38.14 \times 2}} = 54.67\ \text{m}^{-2}$$

$$\Phi = \frac{E_{b1} - E_{b2}}{R} = \frac{5.67 \times (16.73^4 - 3.03^4)}{54.67} = 8116\ \text{W}$$

9-34 解题过程 $q = \varepsilon C_0 \left(\dfrac{T}{100}\right)^4 = 0.8 \times 5.67 \times 25^4 = 1.77 \times 10^6\ \text{W/m}^2$

9-35 解题过程 网络图如解 9-35 所示。

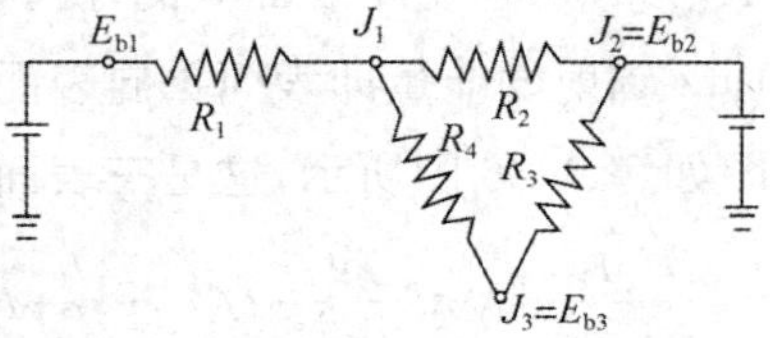

(a)

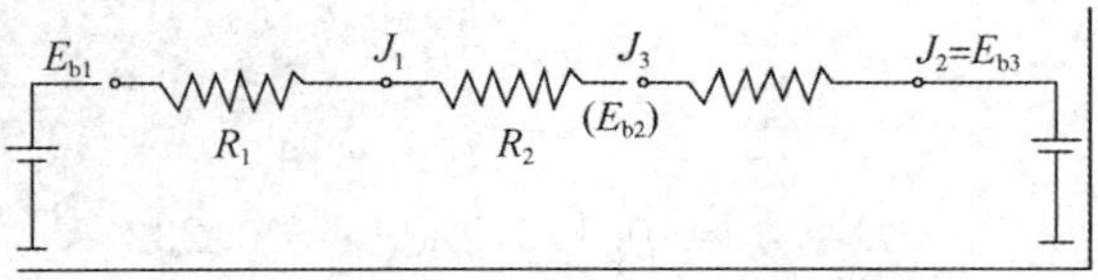

(b)

解 9-35 图

$$X_{1+2,3} = 1 \Rightarrow X_{3,1+2} = \frac{\pi R^2}{2\pi R^2} X_{1+2,3} = 0.5$$

$$\Rightarrow X_{3,1} = X_{3,2} = 0.5/2 = 0.25$$

$$X_{1,3} = X_{2,3} = 1$$

$$A_1 = \frac{1}{2} \times \frac{1}{4}\pi D^2 = \frac{1}{8} \times 3.1416 \times 0.2^2 = 0.0157\ \text{m}^2$$

$$A_3 = 2\pi R^2 = 0.0628\ \text{m}^2$$

$$E_{b1} = 5.67 \times \left(\frac{550}{100}\right)^4 = 5188.4\ \text{W/m}^2$$

$$E_{b2} = 5.67 \times \left(\frac{730}{100}\right)^4 = 6272\ \text{W/m}^2$$

$$\frac{1-\varepsilon_1}{\varepsilon_1 A_1}=\frac{1-0.35}{0.35\times0.0157}=118.3\ \text{m}^{-2}$$

$$\frac{1}{A_3X_{3,1}}=\frac{1}{A_3X_{3,2}}=63.7\ \text{m}^{-2}$$

表面 1 的净辐射损失

$$\phi=\frac{E_{b1}-E_{b2}}{\sum R}=\frac{5188.4-672.4}{118.3+63.7\times2}=18.38\ \text{W}$$

由 $$\phi=\frac{E_{b1}-E_{b3}}{\sum R'}=\frac{5188.4-E_{b3}}{118.3+63.7}\Rightarrow E_{b3}=1843.24\ \text{W/m}^2$$

又因为 $$E_{b3}=\sigma\left(\frac{T_3}{100}\right)^4\Rightarrow T_3=424.6\ \text{K}$$

虽然 $X_{1,2}=0$，但由于表面 3 的存在，且表面 3 为重辐射面，因此表面 1 向表面 2 辐射的能量即表面 1 向表面 3 辐射的能量。

9-36 解题过程 网络图如解 9-36 图所示，这是三表面辐射换热系统。

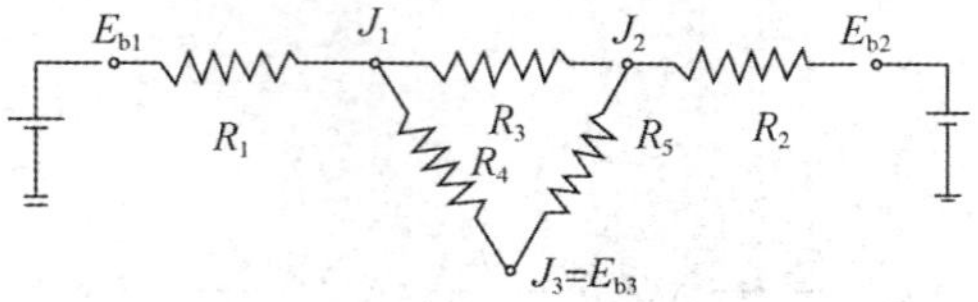

解 9-36 图

$$X_{A+2,1}=0.116,X_{1,A+2}=0.232,X_{A,1}=0.2,X_{1,A}=0.2$$

$$X_{1,2}=X_{1,A+2}-X_{1,A}=0.232-0.2=0.032,X_{2,1}=0.032$$

$$X_{2,3}=1-X_{2,1}=1-0.032=0.968,$$

$$E_{b1}=5.67\times10^4,$$

$$E_{b2}=5.67\times5^4=3543.8$$

$$R_1=\frac{1-\varepsilon_1}{\varepsilon_1A_1}=\frac{0.4}{0.6\times1}=0.667\ \text{m}^{-2}$$

$$R_2=\frac{1-\varepsilon_2}{\varepsilon_2A_2}=\frac{0.2}{0.8\times1}=0.25\ \text{m}^{-2}$$

$$R_3=\frac{1}{A_1X_{1,2}}=\frac{1}{1\times0.032}=31.25\ \text{m}^{-2}$$

$$R_4=\frac{1}{A_1X_{1,3}}=\frac{1}{1\times0.968}=1.033\ \text{m}^{-2}$$

$$R_5=\frac{1}{A_2X_{2,3}}=\frac{1}{1\times0.968}=1.033\ \text{m}^{-2}$$

$$\frac{1}{R^*}=\frac{1}{R_3}+\frac{1}{R_4+R_5}=\frac{1}{31.25}+\frac{1}{2\times 1.033}=0.516\ \mathrm{m}^2 \Rightarrow R^*=1.938\ \mathrm{m}^{-2}$$

$$\sum R=R_1+R^*+R_2=0.667+1.938+0.25=2.855\ \mathrm{m}^{-2}$$

$$\Phi=\frac{E_{b1}-E_{b2}}{\sum R}=\frac{5.67\times 10^4-3543.8}{2.855}=18619\ \mathrm{W}$$

9-37 解题过程 圆盘表面分别记为1、2,第三表面记为3,则从角系数图表中可查得 $X_{1,2}=0.38, X_{2,1}=0.38, X_{1,3}=X_{2,3}=1-0.38=0.62$。

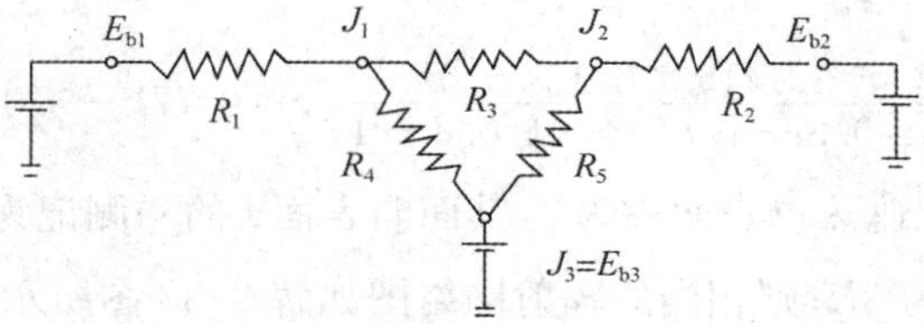

解 9-37 图

(1) 网络图如解 9-37 图所示,$R_1=\frac{1-\varepsilon_1}{\varepsilon_1 A_1}=\frac{1-0.3}{0.3\times 4\pi/4}=0.743\ \mathrm{m}^{-2}$,

$R_2=\frac{1-\varepsilon_2}{\varepsilon_2 A_2}=\frac{1-0.6}{0.6\times\pi}=0.212\ \mathrm{m}^{-2}, R_3=\frac{1}{A_1X_{1,2}}=\frac{1}{0.38\pi}=0.838\ \mathrm{m}^{-2}$,

$$R_4=\frac{1}{A_1X_{1,3}}=\frac{1}{0.62\pi}=0.513\ \mathrm{m}^{-2}, R_5=R_4=0.513\ \mathrm{m}^{-2}$$

对节点 J_1、J_2 可以列出下列方程

$$\frac{E_{b1}-J_1}{0.743}+\frac{J_2-J_1}{0.838}+\frac{J_3-J_1}{0.513}=0;\frac{E_{b2}-J_2}{0.212}+\frac{J_1-J_2}{0.838}+\frac{J_3-J_2}{0.513}=0$$

$$E_{b1}=5.67\times 7.73^4=20244\ \mathrm{W/m^2}$$

$$E_{b2}=5.67\times 4.73^4=2838\ \mathrm{W/m^2},$$

$$E_{b3}=5.67\times 2.93^4=417.9\ \mathrm{W/m^2}$$

$$J_3=E_{b3}=417.9\ \mathrm{W/m^2}$$

解得 $J_1=7015\ \mathrm{W/m^2}, J_2=2872\ (\mathrm{W/m^2})$,

$$\Phi_1=\frac{E_{b1}-J_1}{R_1}=\frac{20244-7015}{0.743}=17.8\ \mathrm{kW},$$

$$\Phi_2=\frac{E_{b2}-J_2}{R_2}=\frac{2838-2872}{0.212}=-160\ \mathrm{W}$$

(2) $\dfrac{1}{R^{*}}=\dfrac{1}{R_3}+\dfrac{1}{R_4+R_5}=1.1938+0.9746=2.1865\ \text{m}^2, R^{*}=0.4612\ \text{m}^{-2}$

$$\sum R=0.743+0.4612+0.212=1.4162\ \text{m}^{-2}$$

$$\Phi_{1,2}=\frac{E_{b1}-E_{b2}}{\sum R}=\frac{20244-2838}{1.4162}=12.29\ \text{kW}$$

9-38 解题过程 (1) 单位长度上的换热量为

$$\Phi_l=\frac{\pi d_1(E_{b1}-E_{b2})}{1/\varepsilon_1+A_1/A_2(1/\varepsilon_2-1)}$$

$$=\frac{3.1416\times0.1\times5.67}{1/0.8+10/15\times(1/0.8-1)}\times(0.77^4-3.03^4)=-105.54\ \text{W/m}$$

(2) 把遮热罩表面称为3，其面向表面1的一侧记为$3L$，面向表面2的一侧记为$3R$，则相当的辐射网络图如解9-38图所示。

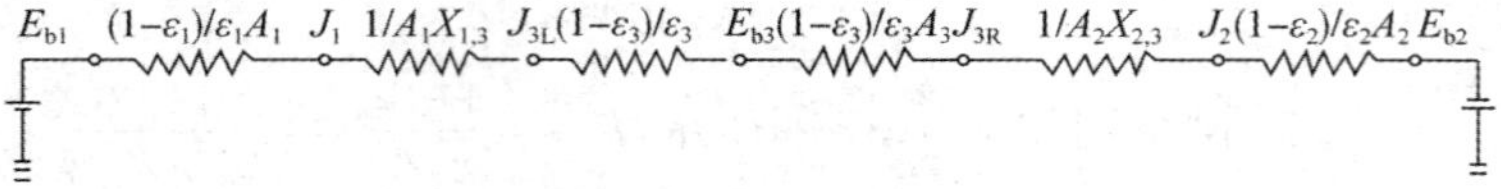

解 9-38 图

有遮热罩后，单位长度上的换热量为

$$\Phi_l=\frac{E_{b1}-E_{b2}}{\dfrac{1-\varepsilon_1}{\varepsilon_1A_1}+\dfrac{1}{A_1X_{1,3}}+2\dfrac{1-\varepsilon_3}{\varepsilon_3A_3}+\dfrac{1}{A_2X_{2,3}}+\dfrac{1-\varepsilon_2}{\varepsilon_2A_2}}$$

$$=\frac{5.67\times(0.77^4-3.03^4)}{\dfrac{1-0.8}{0.8\times3.1416\times0.1}+\dfrac{1}{3.1416\times0.1}+2\times\dfrac{1-0.05}{0.05\times3.1416\times0.125}+\dfrac{1}{3.1416\times0.125}+\dfrac{1-0.8}{0.8\times3.1416\times0.15}}$$

$=-4.584\ \text{W/m}$

(1)(2) 计算结果的负号表示辐射的方向应该为高温物体指向低温物体。

9-39 解题过程 这一问题的等效网络图如解9-39图所示。

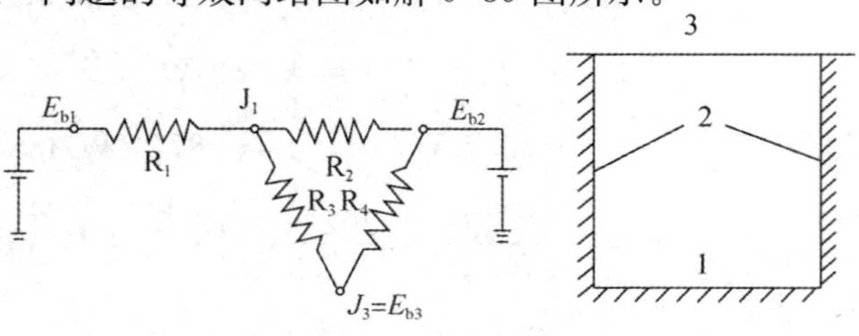

解 9-39 图

$$X_{1,3}=0.2, X_{2,3}=0.2, X_{1,2}=0.8,$$

$$R_1=\frac{1-\varepsilon_1}{\varepsilon_1 A_1}=\frac{1-0.8}{0.8\times 0.2^2}=6.25\ \mathrm{m}^{-2}$$

$$R_2=\frac{1}{A_1 X_{1,3}}=\frac{1}{0.2^2\times 0.2}=125\ \mathrm{m}^{-2}$$

$$R_3=R_4=\frac{1}{A_1 X_{1,2}}=\frac{1}{0.2^2\times 0.8}=31.25\ \mathrm{m}^{-2},$$

$$\frac{1}{R^*}=\frac{1}{R_2}+\frac{1}{R_3+R_4}=\frac{1}{125}+\frac{1}{2\times 31.25}=0.024\ \mathrm{m}^2$$

$$R^*=41.67\ \mathrm{m}^{-2},$$

所以 $\Phi_{1,2}=\dfrac{E_{b1}-E_{b2}}{\sum R}=\dfrac{E_{b1}-E_{b2}}{R_1+R^*}=\dfrac{5.67\times(7^4-3^4)}{6.25+41.67}=274.5\ \mathrm{W}$

9-40 解题过程 $T_2=0$ K，由于材料导热系数很大，因此认为 $T_1=330$ K

$$A_1=0.06\mathrm{m}^2, A_2=3\times 0.06=0.18\mathrm{m}^2$$

$$\Phi_{2,1}=\frac{A_1 C_0\left[\left(\frac{T_1}{100}\right)^4-\left(\frac{T_2}{100}\right)^4\right]}{1+\left(\frac{1}{\varepsilon_1}-1\right)X_{1,2}+\left(\frac{1}{\varepsilon_2}-1\right)X_{2,1}}$$

$$q_e=\frac{\Phi_{2,1}}{A_2}=\frac{\frac{A_1}{A_2}C_0\left(\frac{T_1}{100}\right)^4}{1+(11\varepsilon_2-1)X_{2,1}}=210\ \mathrm{W/m^2}$$

9-41 解题过程

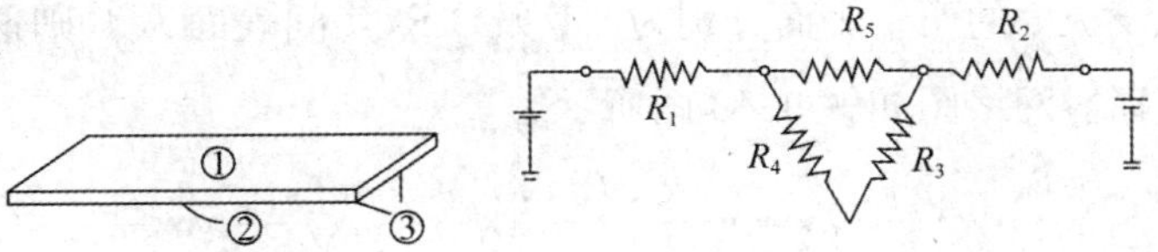

解 9-41 图

这是一个三表面组成的换热系统，其中表面 3 为绝热面，由 $X/D=2.86$，$Y/D=10$，查得 $X_{1,2}=0.64$，$X_{1,3}=1-0.64=0.36$，$X_{2,3}=X_{1,3}=0.36$。

$$E_{b1}=5.67\times 6.73^4=11632\ \mathrm{W/m^2}$$

$$E_{b2}=5.67\times 4.23^4=1815.3\ \mathrm{W/m^2}$$

$$R_1=\frac{1-\varepsilon_1}{\varepsilon_1 A_1}=\frac{1-0.8}{0.8\times 3.5\times 1}=0.0714\ \mathrm{m}^{-2}$$

$$R_2 = \frac{1-\varepsilon_2}{\varepsilon_2 A_2} = \frac{1-0.9}{0.9\times 3.5\times 1} = 0.03175\ \mathrm{m}^{-2}$$

$$R_5 = \frac{1}{A_1 X_{1,2}} = \frac{1}{3.5\times 1\times 0.64} = 0.4464\ \mathrm{m}^{-2}$$

$$R_3 = R_4 = \frac{1}{A_2 X_{2,3}} = \frac{1}{3.5\times 1\times 0.36} = 0.7937\ \mathrm{m}^{-2}$$

$$\frac{1}{R^*} = \frac{1}{R_5} + \frac{1}{2R_4} = \frac{1}{0.4464} + \frac{1}{2\times 0.7937} = 2.8701\ \mathrm{m}^2$$

$$R^* = 0.3484\ \mathrm{m}^{-2}$$

$$\Phi = \frac{E_{b1}-E_{b2}}{R_1+R^*+R_2} = \frac{11632-1815.3}{0.0714+0.3484+0.03175} = 21.7\ \mathrm{kW}$$

(2) 去掉前后端面时，会增加散热损失及温度场的不均匀性。

9-42 解题过程 当 A 面朝向表面(1) 时，有

$$\frac{5.67\times(5.73^4-4.494^4)}{\frac{1}{0.5}+\frac{1}{\varepsilon_A}-1} = \frac{5.67\times(4.494^4-3.73^4)}{\frac{1}{\varepsilon_B}+\frac{1}{0.8}-1}$$

当 B 面朝向表面(1) 时有

$$\frac{5.67\times(5.73^4-5.285^4)}{\frac{1}{\varepsilon_B}+\frac{1}{0.5}-1} = \frac{5.67\times(5.285^4-3.73^4)}{\frac{1}{0.8}+\frac{1}{\varepsilon_A}-1}$$

解得　$\varepsilon_B = 0.5974$　$\varepsilon_A = 0.2$

9-43 解题过程 设板 3 的两个表面分别为 3 L 及 3 R，房间表面为 4，则这一换热系统的辐射网络图如解 9-43 图所示。

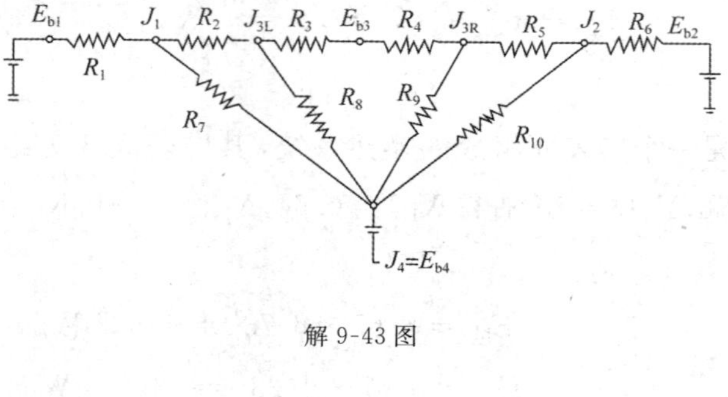

解 9-43 图

$$R_1 = \frac{1-\varepsilon_1}{\varepsilon_1 A_1} = \frac{1-0.4}{0.4\times 1} = 1.5\ \mathrm{m}^{-2}$$

$$R_2 = \frac{1}{A_1 X_{1,3}} = \frac{1}{1\times 0.415} = 2.4\ \mathrm{m}^{-2}$$

$$R_3 = \frac{1-\varepsilon_3}{\varepsilon_3 A_3} = \frac{1-0.05}{0.05\times 1} = 19\ \mathrm{m}^{-2}$$

$$R_4 = R_3 = 19\ \mathrm{m}^{-2}$$

$$R_5 = \frac{1}{A_2 X_{2,3}} = \frac{1}{1\times 0.415} = 2.41\ \mathrm{m}^{-2}$$

$$R_6 = \frac{1-\varepsilon_2}{\varepsilon_2 A_2} = \frac{1-0.6}{0.6\times 1} = 0.667\ \mathrm{m}^{-2}$$

$$R_7 = \frac{1}{A_1 X_{1,4}} = \frac{1}{1\times(1-X_{1,3})} = \frac{1}{0.585} = 1.709\ \mathrm{m}^{-2}$$

$$R_8 = \frac{1}{A_3 X_{3,4}} = 1.709\ \mathrm{m}^{-2}$$

$$R_9 = R_{10} = 1.709\ \mathrm{m}^{-2}$$

$$E_{b1} = 5.67\times 7.73^4 = 20244\ \mathrm{W/m^2},$$

$$E_{b2} = 5.67\times 6.23^4 = 8542\ \mathrm{W/m^2}$$

$$E_{b4} = 5.67\times 2.93^4 = 417.9\ \mathrm{W/m^2}$$

对 J_1：$$\frac{20244-J_1}{1.5} + \frac{J_{3L}-J_1}{2.41} + \frac{417.9-J_1}{1.709} = 0$$

对 J_2：$$\frac{8542-J_2}{0.667} + \frac{J_{3R}-J_2}{2.41} + \frac{417.9-J_2}{1.709} = 0$$

对 J_{3L}：$$\frac{J_1-J_{3L}}{2.41} + \frac{E_{b3}-J_{3L}}{19} + \frac{417.9-J_{3L}}{1.709} = 0$$

对 J_{3R}：$$\frac{E_{b3}-J_{3R}}{19} + \frac{417.9-J_{3R}}{1.709} + \frac{J_2-J_{3R}}{2.41} = 0$$

对 E_{b3}：$\dfrac{E_{b3}-J_{3L}}{19} + \dfrac{E_{b3}-J_{3R}}{19} = 0$（板 3 处于辐射热平衡的条件）

解上述方程组，得 $J_1 = 9196\ \mathrm{W/m^2}$，$J_2 = 5633\ \mathrm{W/m^2}$，$J_{3L} = 3823\ \mathrm{W/m^2}$，$J_{3R} = 2847\ \mathrm{W/m^2}$，$E_{b3} = 3155\ \mathrm{W/m^2}$。

于是表面 1 的净辐射换热量

$$\Phi_1 = (E_{b1}-J_1)\bigg/\frac{1-\varepsilon_1}{\varepsilon_1 A_1} = \frac{20244-9196}{1.5} = 7365\ \mathrm{W}$$

表面 2 的净辐射换热量 $\Phi_2 = (E_{b2}-J_2)\bigg/\dfrac{1-\varepsilon_2}{\varepsilon_2 A_2} = \dfrac{8542-5633}{0.667} = 4361\ \mathrm{W}$

平板 3 的温度 $T_3 = \sqrt[4]{3155/5.67} \times 100 = 486\ \text{K}$

9-44 解题过程 设热电偶指示值为 t_1，遮热罩平均温度为 t_3，则

$$\begin{cases} h_1(t_f - t_1) = \varepsilon\sigma_0(T_1^4 - T_3^4) \\ 2h_2(t_f - t_3) = \varepsilon\sigma_0(T_3^4 - T_w^4) \end{cases}$$

即

$$\begin{cases} 25 \times (273 + 180 - T_1) = 0.6 \times 5.67 \times \left[\left(\dfrac{T_1}{100}\right)^4 - \left(\dfrac{T_3}{100}\right)^4\right] \\ 2 \times 25 \times (180 + 273 - T_3) = 0.6 \times 5.67 \times \left[\left(\dfrac{T_3}{100}\right)^4 - \left(\dfrac{273 + 90}{100}\right)^4\right] \end{cases}$$

解得 $T_3 = 439.5\ \text{K}, T_1 = 448.7\ \text{K}$。

所以$\begin{cases} t_1 = 175.7\ ℃ \\ t_3 = 166.5\ ℃ \end{cases}$

9-45 解题过程 $h(t_f - t_1) = \varepsilon\sigma_0(T_1^4 - T_w^4)$

$$t_f = t_1 + \frac{\varepsilon C_0}{h}\left[\left(\frac{T_1}{100}\right)^4 - \left(\frac{T_w}{100}\right)^4\right] = 170 + \frac{0.6 \times 5.67}{50} \times (4.43^4 - 3.63^4)$$

$$= 184.4\ ℃$$

测温误差为$\dfrac{184.4 - 170}{184.4} \times 100\% = 7.8\%$

9-46 解题过程 稳态时，炉壁与热电偶间的净辐射换热量等于热电偶与气体之间的自然对流换热，即

$$\varepsilon C_0\left[\left(\frac{T_{w1}}{100}\right)^4 - \left(\frac{T_{w2}}{100}\right)^4\right] = h(t_{w2} - t_f)$$

查 $t_{w2} = 500\ ℃$ 时空气的物性为 $\lambda = 0.0574\ \text{W/(m·K)}, \nu = 79.38 \times 10^{-6}\ \text{m}^2/\text{s}, Pr = 0.687$。

所以 $h = 0.53 \times 9.8^{\frac{1}{4}} \times \left(\dfrac{1}{273 + 500}\right)^{1/4} \times \dfrac{0.0574 \times 0.687^{1/4}}{(79.38 \times 10^{-6})^{1/2}}\left(\dfrac{\Delta t}{d}\right)^{1/4}$

$$= 1.043\left(\frac{\Delta t}{d}\right)^{1/4} = 3.923\ \Delta t^{0.25}$$

代入热平衡方程式得

$$0.7 \times 5.67 \times (7.83^4 - 7.73^4) = 3.923(t_{w2} - t_f)^{1/4} \times (t_{w2} - t_f)$$

$$= 3.923(t_{w2} - t_f)^{5/4}$$

$$t_f = 500 - \left(\frac{747.6}{3.923}\right)^{4/5} = 433.3\ ℃$$

为了得到最接近空气真实温度的温度，需以 $t_m = \frac{t_f + t_{w2}}{2}$ 为定性温度重新计算 h，从而算出另一个 t_f，由于计算思路相同，此处略去计算过程，请读者自行计算。

9-47 解题过程 仍以 t_{w2} 为定性温度，此时的物性参数为 $\nu = 79.38 \times 10^{-6}\ m^2/s, \lambda = 0.0574\ W/(m \cdot K), Pr = 0.687$。

$$Re = \frac{ud}{\nu} = \frac{10 \times 0.005}{79.38} \times 10^6 = 629.9$$

$$Nu = 0.683 \times 0.687^{1/3} \times Re^{1/3} = 0.603 \times 629.9^{1/3} = 12.15$$

$$h = Nu\lambda/d = 12.15 \times 0.0574/0.005 = 139.5\ W/(m^2 \cdot K)$$

所以 $$t_f = 500 - \frac{747.6}{139.5} = 500 - 5.36 \approx 495\ ℃$$

9-48 解题过程 只要研究其中半个图形发出的辐射能穿过上、下开孔处的百分数即可。由于上下的对称性，只需研究穿过一个开孔处的百分数。作辅助线，如解 9-48 图所示，辅助线的尺寸都注于其旁，显然

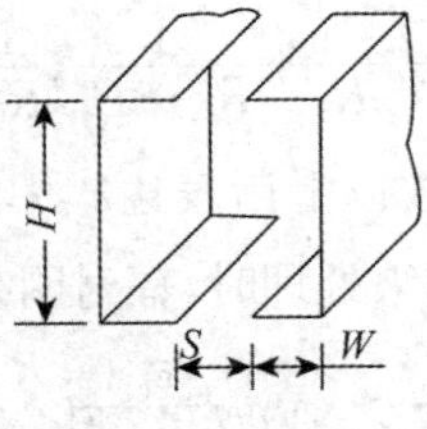

(a)

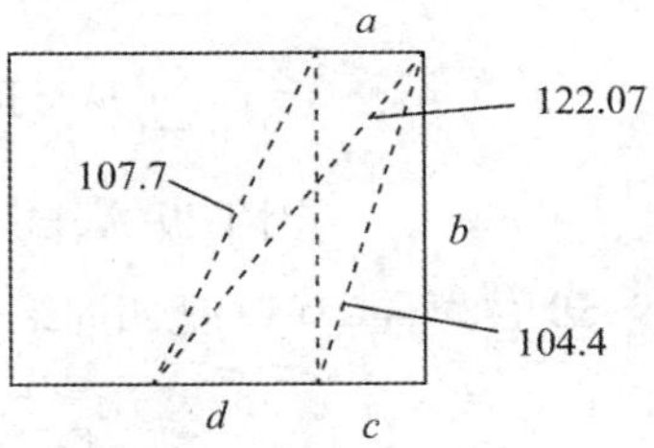

(b)

解 9-48 图

$$X_{a,d} = \frac{122.07 + 100 - (104.4 + 107.7)}{2 \times 30} = 0.166$$

$$X_{b,c+d} = \frac{100 + (30 + 40) - 122.07}{200} = 0.2397$$

$$X_{b,c} = \frac{100 + 30 - 104.4}{200} = 0.128$$

所以 $X_{b,d} = X_{b,c+d} - X_{b,c} = 0.2397 - 0.128 = 0.1117, X_{c,d} = 0$，

$$A_{a+b+c}X_{a-b+c,d} = A_aX_{a,d} + A_bX_{b,d} + A_cX_{c,d}$$

即 $X_{a+b+c,d} = \dfrac{A_aX_{a,d} + A_bX_{b,d}}{A_{a+b+c}} = \dfrac{30 \times 0.166 + 100 + 0.1117}{30 + 100 + 30}$

$= 10.1\ \%$。

故向上、下开孔处辐射出去的百分数为 20.2 %，由于左右对称，整个内表面发出而落到环境中的百分数即为 20.2 %。

9-49 解题过程 这一换热系统的网络图如解 9-49 图所示。

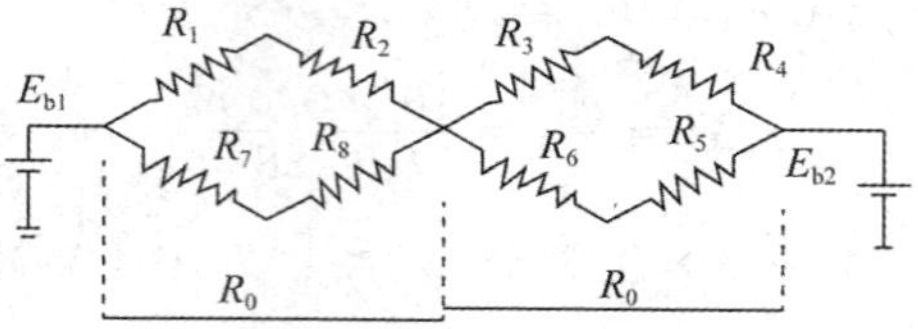

解 9-49 图

$$R_1 = \frac{1-\varepsilon_1}{\varepsilon_1 A_A}, R_2 = \frac{1-\varepsilon_2}{\varepsilon_2 A_A}, R_3 = \frac{1}{A_A X_{A1,5}}, R_4 = \frac{1}{A_A X_{A2,5}}, R_5 = \frac{1}{A_B X_{B3,5}},$$

$$R_6 = \frac{1}{A_B X_{B4,5}}, R_7 = \frac{1-\varepsilon_3}{\varepsilon_3 A_B}, R_8 = \frac{1-\varepsilon_A}{\varepsilon_4 A_B}。$$

A、B 两板之间总的辐射换热量为 $\Phi = \dfrac{E_{bA} - E_{bB}}{\sum R}$

其中 $\sum R = R_A^* + R_B^*, \dfrac{1}{R_A^*} = \dfrac{1}{R_1 + R_3} + \dfrac{1}{R_2 + R_4}, \dfrac{1}{R_B^*} = \dfrac{1}{R_5 + R_7} + \dfrac{1}{R_6 + R_8}$

因平板 A、B 位于同一平面上，故以上诸表达式中的角系数均为 1。

9-50 解题过程 (1) 把四周绝热面作为一个表面来处理时，辐射网络图如解 9-50 图所示。

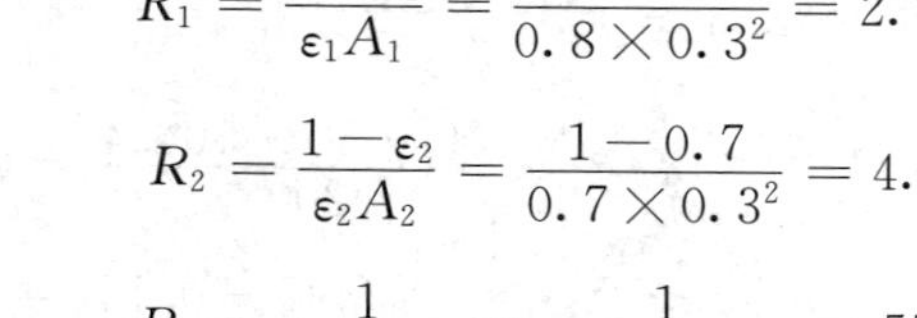

解 9-50 图

$$R_1 = \frac{1-\varepsilon_1}{\varepsilon_1 A_1} = \frac{1-0.8}{0.8 \times 0.3^2} = 2.778\ \mathrm{m^{-2}},$$

$$R_2 = \frac{1-\varepsilon_2}{\varepsilon_2 A_2} = \frac{1-0.7}{0.7 \times 0.3^2} = 4.762\ \mathrm{m^{-2}}$$

$$R_3 = \frac{1}{A_1 X_{1,2}} = \frac{1}{0.3^2 \times 0.2} = 55.56\ \mathrm{m^{-2}}$$

$$R_5 = R_4 = \frac{1}{A_2 X_{2,3}} = \frac{1}{0.3^2 \times (1-0.2)} = 13.89\ \text{m}^{-2}$$

$$\frac{1}{R^*} = \frac{1}{R_3} + \frac{1}{2R_4} = \frac{1}{55.56} + \frac{1}{2 \times 13.89} = 0.054\ \text{m}^2, R^* = 18.52\ \text{m}^{-2}$$

1、2 表面间的净辐射换热量为

$$\Phi_{1,2} = \frac{E_{b1} - E_{b2}}{R_1 + R^* + R_2} = \frac{5.67 \times (6^4 - 4^4)}{2.778 + 18.52 + 4.762} = 226.3\ \text{W}$$

由$\frac{E_{b1} - J_1}{R_1} = \frac{J_2 - E_{b2}}{R_2} = 226.3$，得 $J_1 = 6719.6\ \text{W/m}^2$，

$$J_2 = 2529.4\ \text{W/m}^2$$

$$J_3 = (X_{1,3} J_1 A_1 + X_{2,3} J_2 A_2)/A_3 = X_{3,1} J_1 + X_{3,2} J_2$$
$$= 0.2 \times (6719.6 + 2529.4) = 1849.8\ \text{W/m}^2$$

$$E_{b3} = J_3 = 5.67 \times 10^{-6} T_3^4, T_3^4 = 326\ \text{K} = 53\ ℃$$

(2) 对顶面 1、底面 2 及侧面 3、4、5 分别列出有效辐射方程

$$J_1 = \varepsilon_1 \sigma_0 T_1^4 + (1-\varepsilon_1)\Big(\sum_{j=1}^{5} X_{1,j} J_j\Big),$$

$$J_2 = \varepsilon_2 \sigma_0 T_2^4 + (1-\varepsilon_2)\Big(\sum_{j=1}^{5} X_{2,j} J_j\Big)$$

表面 3、4、5 为重辐射面，即 $E_{bj} = J_j[j = (1,2,3)]$。对于重辐射角，其有效辐射等于投入辐射，则 $J_3 = (\sum X_{1,3} A_1 J_1)/A_3$，利用角系数的相对性，$X_{1,3} A_1 / A_3 = X_{3,1}$，故有

$$J_3 = \sum_{j=1}^{5} X_{3,j} J_j, J_4 = \sum_{j=1}^{5} X_{4,j} J_j, J_5 = \sum_{j=1}^{5} X_{5,j} J_j$$

以上诸式的角系数均可采用代数方法算出，然后用计算机求解。

(3) 同(2)求解相同，此处略。

9-51 解题过程 (1) 位于阴面时，0 ～ 3 μm 的辐射能占 280 K 黑体辐射能份额

$280 \times 3 = 840\ \mu\text{m} \cdot \text{K}, F_{b(0-3)} = 0.00774\ \%$

故 $$F_{b(3-\infty)} = 99.9923\%$$

$$q_{吸} = \frac{(0.00774 \times 0.6 + 99.9923 \times 0.3)}{100} \times 340 = 102\ \text{W/m}^2,$$

$$\frac{\pi D^2}{4} q_{吸} = \pi D^2 C_0 \left(\frac{T}{100}\right)^4$$

$$\left(\frac{T}{100}\right)^4 = \frac{102}{4\times 5.67} = 4.4974, T = 100\sqrt[4]{4.4974} = 145.6\ \text{K}$$

(2) 位于阳面时，$0 \sim 3\mu\text{m}$ 的辐射能占 5800 K 黑体辐射能的份额

$$5800\times 3 = 17400\ \mu\text{m}\cdot\text{K}, F_{b(0-3)} = 97.87\ \%$$

故 $$q'_{吸} = 102 + (0.6\times 0.9787 + 0.30\times 0.0213)\times 1353 = 905.15\ \text{W/m}^2$$

热平衡式为 $$\frac{\pi D^2}{4}q'_{吸} = \pi D^2 C_0\left(\frac{T}{100}\right)^4$$

代入数据，解得 $$T = 251.3\ \text{K}$$

9-52 解题过程 (1) 对已知壁温的表面 3，利用教材习题 9-50 的结果可得

$$J_1 = \varepsilon\sigma_0 T_3^4 + (1-\varepsilon)(X_{3,1}J_1 - X_{3,2}J_2) \qquad (X_{3,3} = 0)$$

对已知辐射换热热流密度的表面 1 及 2，将 $q_i = \dfrac{E_{bi} - J_i}{(1-\varepsilon_i)/\varepsilon_i}$ 的关系代入上式，得

$$J_i = \varepsilon_i\left(J_i + \frac{1-\varepsilon_i}{\varepsilon_i}q_i\right) + (1-\varepsilon_i)\sum_j X_{i,j}J_j$$

$$J_i = \frac{1}{1-X_{i,j}}\left(\sum_{j\neq 1} X_{i,j}J_j + q_i\right)$$

对表面 1、2，$X_{1,1} = X_{2,2} = 0$，所以

$$J_1 = q_1 + X_{1,2}J_2 + X_{1,3}J_3,$$

$$J_2 = q_2 + X_{2,1}J_1 + X_{2,3}J_3,$$

$$J_3 = q_3 + X_{3,1}J_1 + X_{3,2}J_2$$

以上诸式中，$X_{1,2} = X_{1,3} = X_{3,2} = 0.5$。

(2) $\sigma_0 T_1^4 = J_1 + \dfrac{1-\varepsilon_1}{\varepsilon_1}q_1$，$\sigma_0 T_2^4 = J_2 + \dfrac{1-\varepsilon_2}{\varepsilon_2}q_2$，所以

$$T_1 = \left(\frac{T_1}{\sigma_0} + \frac{1-\varepsilon_1}{\sigma_0\varepsilon_1}q_1\right)^{1/4} \qquad T_2 = \left(\frac{T_2}{\sigma_0} + \frac{1-\varepsilon_2}{\sigma_0\varepsilon_2}q_2\right)^{1/4}$$

(3) 由(1) 可得 $$q_3 = \frac{E_{b3} - J_3}{(1-\varepsilon_3)/\varepsilon_3}$$

9-53 解题过程 由 $s = 0.6\,d = 0.6\times 1 = 0.6$ m 得

$$p_{H_2O}s = 0.1\times 0.6 = 0.06\text{bar}\cdot\text{m}$$

$$p_{CO_2}s = 0.2\times 0.6 = 0.12\text{bar}\cdot\text{m}$$

$T=1400\ \text{K}$，查教材图 8-21 得 $\varepsilon_{H_2O}^*=0.065$，$\varepsilon_{CO_2}^*=0.10$，$C_{CO_2}=1$，$C_{H_2O}=1.06$。

由教材图 8-25 近似地查得 $\Delta\varepsilon=0.017$

所以 $\varepsilon_g=\varepsilon_{H_2O}^*C_{H_2O}+\varepsilon_{CO_2}^*C_{CO_2}-\Delta\varepsilon=0.065\times1.06+0.10\times1-0.017=0.1519$

为计算 ε_g'，按 $T_w=600\ \text{K}$ 及下列两个 $p\cdot s$ 之积查曲线

$$p_{H_2O}s\left(\frac{T_w}{T_g}\right)=0.06\times\frac{600}{1400}=0.0257\text{bar}\cdot\text{m},\ \varepsilon_{H_2O}^*=0.08$$

$$p_{CO_2}s\left(\frac{T_w}{T_g}\right)=0.12\times\frac{600}{1400}=0.0514\text{bar}\cdot\text{m},\ \varepsilon_{CO_2}^*=0.082$$

$$\alpha_g'=C_{H_2O}\varepsilon_{H_2O}^*\left(\frac{T_g}{T_w}\right)^{0.45}+C_{CO_2}\varepsilon_{CO_2}^*\left(\frac{T_g}{T_w}\right)^{0.65}-\Delta\alpha$$

由教材图 8-28 查得 $\Delta\alpha=0.004$

$$\alpha_g=1.06\times0.08\times\left(\frac{1400}{600}\right)^{0.45}+1\times0.082\times\left(\frac{1400}{600}\right)^{0.65}-0.004=0.2624$$

$$q=5.67\left[\varepsilon_g\left(\frac{T_g}{100}\right)^4-\alpha_g\left(\frac{T_w}{100}\right)^4\right]=5.67\times(0.1519\times14^4-0.2624\times6^4)=31.16\ \text{kW/m}^2$$

$$\Phi=Aq=(\pi dl+2\pi r^2)q=3.1416\times(1\times1+2\times0.5^2)\times31.16=4.712\times31.16=147\ \text{kW}$$

9-54 解题过程

$$s=0.9d=0.9\times0.4=0.36\ \text{m},$$

$$p_{H_2O}s=0.15\times0.36=0.054\text{bar}\cdot\text{m}$$

$$p_{CO_2}s=0.15\times0.36\text{m}=0.054\text{bar}\cdot\text{m}$$

$$T_g=1100+273=1373\ \text{K}$$

查教材图 8-21 得 $\varepsilon_{H_2O}^*=0.063$，由教材图 8-23 得 $\varepsilon_{CO_2}^*=0.079$，$C_{CO_2}=1.0$，$C_{H_2O}=1.1$，$\Delta\varepsilon=0.008$。

所以 $\varepsilon_g=\varepsilon_{H_2O}^*C_{H_2O}+\varepsilon_{CO_2}^*C_{CO_2}-\Delta\varepsilon=0.063\times1.1+0.079\times1-0.008=0.1403$

按 $T_w=773\ \text{K}$ 及 $p\cdot s=0.054\left(\frac{T_w}{T_g}\right)=0.0304\text{bar}\cdot\text{m}$ 得

$(\varepsilon_{H_2O}^{*})_{T_w \cdot p_{H_2O}s(T_w/T_g)} = 0.079$，$(\varepsilon_{CO_2}^{*})_{T_w p_{CO_2}s(T_w/T_g)} = 0.08$，$(\Delta\alpha)_{T_w} = 0.005$。

$$\alpha_g = 1.1 \times 0.079 \times \left(\frac{1373}{773}\right)^{0.45} + 1 \times 0.08 \times \left(\frac{1373}{773}\right)^{0.65} - 0.005$$

$$= 1.1 \times 0.1023 + 1 \times 0.1162 - 0.005 = 0.2237$$

故单位面积上辐射换热量

$$q = 5.67 \times (0.1403 \times 13.73^4 - 0.2237 \times 7.73^4) = 23.7\ \text{kW/m}^2$$

9-55 解题过程 (1) 对流计算：查 550 ℃ 时空气的物性为 $\nu = 84.96 \times 10^{-6}\text{m}^2/\text{s}$，$Pr = 0.625$，$\lambda = 0.0699\ \text{W/(m·K)}$。

$$Re = \frac{ud}{\nu} = \frac{10 \times 0.2}{84.96} \times 10^6 = 23540, Pr_w = 0.68$$

$$Nu = 0.021 \times 23540^{0.8} \times 0.625^{-0.43} \times \left(\frac{0.625}{0.68}\right)^{0.25} = 52.8$$

$$h = \frac{52.8 \times 0.0699}{0.2} = 18.45\ \text{W/(m}^2\cdot\text{K)}$$

$$\Phi_1 = \pi dh\Delta t = 3.1416 \times 0.2 \times 18.45 \times 350 = 4060\ \text{W/m}$$

(2) 辐射计算：$T_g = 823\ \text{K}, T_w = 423\ \text{K}$

$$p_{H_2O}s = 0.11 \times 0.9 \times 0.2 = 0.0198\text{bar}\cdot\text{m}$$

$$p_{CO_2}s = 0.13 \times 0.9 \times 0.2 = 0.0234\ \text{bar}\cdot\text{m}$$

查教材图 8-21 得 $\varepsilon_{H_2O}^{*} = 0.057$，$\varepsilon_{CO_2}^{*} = 0.072$，$C_{CO_2} = 1.0$，$C_{H_2O} = 1.05$，$\Delta\varepsilon = 0$，所以

$$\varepsilon_g = \varepsilon_{H_2O}^{*} C_{H_2O} + \varepsilon_{CO_2}^{*} C_{CO_2} - \Delta\varepsilon$$

$$= 0.057 \times 1.05 + 0.072 \times 1 - 0 = 0.1319$$

$$p_{CO_2}s\left(\frac{T_w}{T_g}\right) = 0.0234 \times \frac{423}{823} = 0.0120\ \text{bar}\cdot\text{m}$$

按 $T_w = 423$ K 及上述 ps 之值查得 $\varepsilon_{H_2O}^{*} = 0.056$，$\varepsilon_{CO_2}^{*} = 0.051$，$(\Delta\alpha)_{T_w} = 0$，所以

$$\alpha_g = C_{H_2O}\varepsilon_{H_2O}^{*}\left(\frac{T_g}{T_w}\right)^{0.45} + C_{CO_2}\varepsilon_{CO_2}^{*}\left(\frac{T_g}{T_w}\right)^{0.65} - (\Delta\alpha)_{T_w}$$

$$\alpha_g = 1.05 \times 0.056 \times \left(\frac{823}{423}\right)^{0.45} + 1 \times 0.051 \times \left(\frac{823}{423}\right)^{0.65} - 0 = 0.158$$

故 $\Phi_1 = \pi d \times 5.67 \times (0.1319 \times 8.23^4 - 0.158 \times 4.23^4)$

$$= 3.1416 \times 0.2 \times 5.67 \times (605.1 - 50.58) = 1976\ \text{W/m}$$

对流换热量是辐射换热量的$\frac{4060}{1976} = 2.05$ 倍。

9-56 解题过程

$$s = 3.6\frac{V}{A} = 3.6 \times \frac{1200}{1264} = 3.42\ \text{m}$$

$$p_{CO_2} = (0.121 + 0.124) \times 0.9733 = 0.238\ \text{bar}$$

$$k = \left(\frac{0.78 + 1.6 \times 0.121}{\sqrt{1.02 \times 0.238 \times 3.42}} - 0.1\right) \times \left(1 - 0.37 \times \frac{1373}{1000}\right) \times 0.245$$

$$= 0.117(\text{bar} \cdot \text{m})^{-1}$$

$$\varepsilon = 1 - e^{-0.117 \times 3.42 \times 0.972} = 0.322$$

综合分析

9-57 解题过程

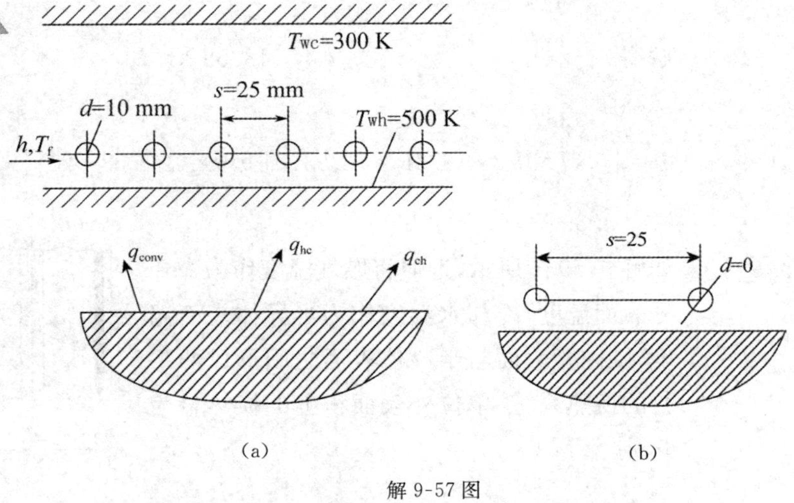

(a) (b)

解 9-57 图

对外侧绝热的表面进行平衡分析，稳态时有 $q_{ch} = q_{hc} + q_{conv}$。

q_{ch}—— 加热元件与热表面间的换热；

q_{hc}—— 热表面与冷表面间辐射换热；

q_{conv}—— 对流换热。

$q_{conv}=q_{ch}-q_{hc}$，于是有

$$h(T_{wh}-T_f)=A_cX_{ch}(T_e^4-T_{wh}^4)\sigma_0-X_{hc}(T_{wh}^4-T_{wc}^4)\sigma_0$$

$$X_{hc}=1+\frac{d}{s}\arccos\left(\frac{d}{s}\right)-\left[1-\left(\frac{d}{s}\right)^2\right]^{1/2}$$

$$=1+\frac{10}{25}\arccos\left(\frac{10}{25}\right)-\left[1-\left(\frac{10}{25}\right)^2\right]^{1/2}=0.5472$$

$$X_{ch}=1-X_{hc}=1-0.5472=0.4528$$

所以 $T_e^4=\dfrac{500^4+0.4528\times(500^4-300^4)}{0.5472}+\dfrac{200\times(500-450)}{5.67\times10^{-8}\times0.5472}$

$$=4815.4\times10^8\,K^4$$

$$T_e=\sqrt{4815.4\times10^8}=833\ K$$

9-58 解题过程 当玻璃处于稳态换热时，可以认为玻璃与炉膛间辐射换热中玻璃吸收的部分能量＝外表面的自然对流换热＋与环境间的辐射换热。

$$0.1\left\{5.67\times0.3\times\left[10^4-\left(\frac{T}{100}\right)^4\right]\right\}$$

$$=5.67\times0.3\times\left[\left(\frac{T}{100}\right)^4-0.93^4\right]+9.6(T-293)$$

解得 $t=148.58\ ℃$

散热量

$$\Phi=[5.67\times0.3\times(4.215^4-2.93^3)+9.6\times(148.58-20)]\times\frac{3.1416\times0.05^2}{4}$$

$$=3.39\ W$$

9-59 解题过程 如解 9-59 图所示，近似将燃气温度作为陶瓷外表面温度，冷却水温度作为半导体表面温度，则内管表面与半导体表面之间形成两平行的换热系统。单位外表面积上的换热量为 Φ，则

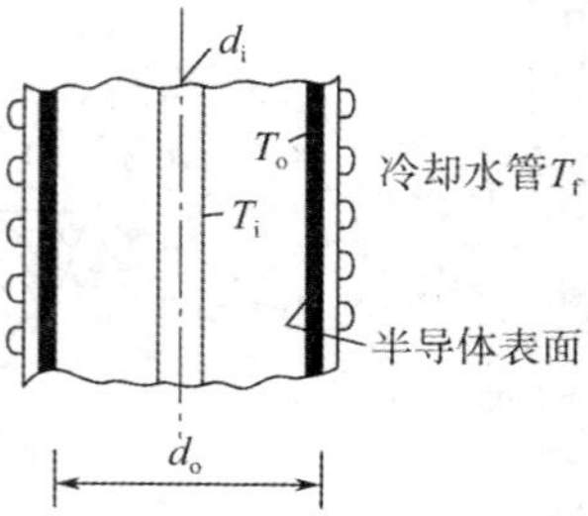

解 9-59

$$\Phi\frac{A_i/A_o(E_{b1}-E_{bo})}{\frac{1}{\varepsilon_i}+\frac{r_i}{r_o}\left(\frac{1}{\varepsilon_o}-1\right)}=\frac{r_i/r_o(E_{b1}-E_{bo})}{\frac{1}{\varepsilon_i}+\frac{r_i}{r_o}\left(\frac{1}{\varepsilon_o}-1\right)}=\frac{25/350\times5.67\times(19.5^4-2.93^4)}{\frac{1}{0.95}+\frac{25}{350}\times\left(\frac{1}{0.45}-1\right)}$$

$$=51.35\ \text{kW/m}^2$$

由于 $T_o \sim T_i$,因此外表面的辐射换热量实际上等于所吸收的内表面的辐射换热量。

功率 $$P=\eta q(F_{b(0-2.5\,\mu m)}-F_{b(0-0.6\mu m)})$$

$$F_{b(0-2.5\mu m)}=0.6079+\frac{63.41-60.79}{200}\times0.75=61.77\ \%$$

$$F_{b(0-0.6\mu m)}=0.000916+\frac{0.214-0.0916}{100}\times0.70=0.1773\ \%$$

$$F_{b(0-2.5\mu m)}-F_{b(0-0.6\mu m)}=0.6177-0.001773=61.6\ \%$$

所以 $P=0.1\times51.35\times0.616=3.16\ \text{kW/m}^2$

单位长度外表面面积 $A_0=1\times0.35\times3.1416=1.0996\ \text{m}$

所以单位长度上功率为 $3.16\times1.0996=3.47\ \text{kW/m}$

9-60 解题过程 稳态下屋顶所吸收的太阳能等于其向环境的自然对流及辐射换热量,

即 $0.6\times980=25\times(T-298)+0.2\times5.67\times\left[\left(\frac{T}{100}\right)^4-2.33^4\right]$,

解得 $T=318.2\ \text{K}$。

9-61 解题过程 管内沸腾换热十分强烈,可近似地认为 $T_{WF}\approx T_f=600\ \text{K}$。

(1) 无灰垢时,单位长度管子上的换热量为

$$\Phi_l=\Phi_{l\text{conv}}+\Phi_{l\text{rad}}$$

$$\Phi_{l\text{conv}}=A_l\cdot h\cdot(T_\infty-T_l)$$

$$\Phi_{l\text{rad}}=A_1\sigma_0\varepsilon_r(T_\infty^4-T_l^4)$$

取 $T_l=600\ \text{K}$,则有

$$\Phi_{l\text{conv}}=3.1416\times0.05\times100\times(1500-600)=14.14\ \text{kW/m}$$

$$\Phi_{l\text{rad}}=3.1416\times0.05\times0.8\times5.67\times(15^4-6^4)=35.15\ \text{kW/m}$$

$$\Phi_l=\Phi_{l\text{conv}}+\Phi_{l\text{rad}}=14.14+35.15=49.26\ \text{kW/m}$$

(2) 表面结灰垢时,灰垢层热阻

$$R_A=\frac{\ln d_d/d_0}{2\pi\lambda_d}=\frac{\ln60/50}{2\times3.1416\times1}=\frac{0.1823}{6.2832}=0.02901\ (\text{m}\cdot\text{K})/\text{W}$$

对流辐射环节总热阻

$$\sum R = \frac{1}{A_l h_{\text{con}} + A_l h_{\text{rad}}} = \frac{1}{15.70 + 39.03} = \frac{1}{54.73}$$
$$= 0.01827\ (\text{m} \cdot \text{K})/\text{W}$$

结灰垢后的计算关键是要找出灰垢表面温度 T_d，它应满足一下关系式

$$\frac{T_d - 600}{\frac{\ln d_d/d_0}{2\pi\lambda_d}} = \frac{1500 - T_d}{\frac{1}{A_l h_{\text{con}} + A_l h_{\text{rad}}}}$$

其中 $$h_{\text{rad}} = \varepsilon_d \sigma_0 (T_\infty^3 + T_\infty^2 T_d + T_\infty T_d^2 + T_d^3)$$

取 $T_d = 1300$ K 计算和

$$h_{\text{rad}} = 5.103 \times 10^{-2} \times (3375 + 225 \times 13 + 15 \times 169 + 13^2)$$
$$= 563\ \text{W}/(\text{m}^2 \cdot \text{K})$$

$$\Phi_{\text{LCOB}} = \frac{1300 - 600}{0.02901} = 24130\ \text{W/m}$$

$$\Phi_{l\text{con—rad}} = 3.1416 \times 0.06 \times (100 + 563) \times 200 = 2499.46\ \text{W/m}$$

又取 $T_d = 1305$ K

$$h_{\text{rad}} = 5.103 \times 10^{-2} \times (3375 + 225 \times 13.05 + 15 \times 169 + 13.05^2)$$
$$= 565.8\ \text{W}/(\text{m}^2 \cdot \text{K})$$

$$\Phi_{\text{LCOB}} = \frac{1305 - 600}{0.02901} = 24302\ \text{W/m}$$

$$\Phi_{l\text{con—rad}} = 3.1416 \times 0.06 \times (100 + 565.8) \times 185 = 23218\ \text{W/m}$$

两者的偏差已小于 1 %，取其平均值得结灰垢后的传热量为 23.8 kW/m。

9-62 解题过程 (1) 在稳态工况下，试件顶面与炉膛的辐射换热量等于通过试件的导热量，且设试件两表面温度分别为 T_s 和 T_c，故有

$$\varepsilon\sigma_0(T_w^4 - T_s^4) = \frac{(t_s - t_c)\lambda}{\delta}, \text{即 } \lambda = \frac{\varepsilon\sigma_0(T_w^4 - T_s^4)\delta}{t_s - t_c}$$

(2) 由(1) 知

$$\lambda = \frac{0.85 \times 5.67 \times (14^4 - 10^4) \times 0.0105}{1000 - 300} = 2.93\ \text{W}/(\text{m}^2 \cdot \text{K})。$$

9-63 解题过程 不同意，这种方法是不合理的，我们在已知情况下，无法顺利确定角系数时，可以通过设立假想面来简化几何，从而得到所需的角系数，但并不是题中所得到的结论一样，我们要得到角系数的大小，可通过其定义

和特性来确定，举例如下：

设表面①、②宽度均为1，其间垂直距离为2，如解9-63图所示。

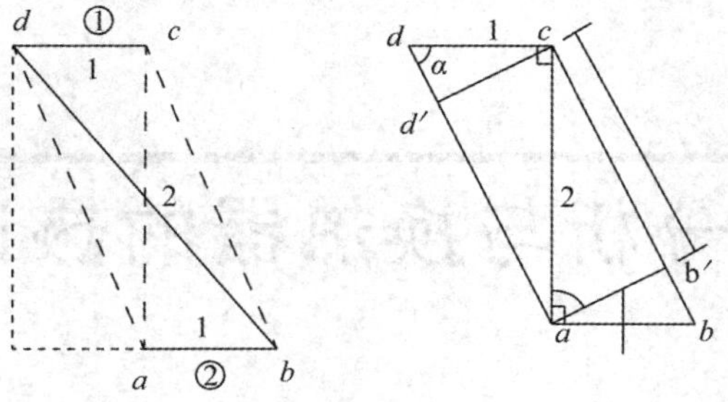

解9-63图

则对角线 $bd=\sqrt{2^2+2^2}=\sqrt{8}=2\sqrt{2}$，非对角线 $ad=bc=\sqrt{1^2+2^2}=\sqrt{5}$。按交叉线法

$$X_{1,2}=\frac{ac+bd-2bc}{2ab}=\frac{2+2\sqrt{2}-2\sqrt{5}}{2}=0.1782$$

$$\sin\alpha=\frac{2}{\sqrt{5}}=0.8944, \alpha=1.107\text{rad}, \cos\alpha=0.4472。$$

如果按学生提出的方法则有

$$X_{1',2'}=\frac{ac+b'd'-2b'c}{2ab'}=\frac{2+2-1.7889\times 2}{2\times 2\times 0.4472}=0.236>X_{1,2}$$

因此，该学生的做法是不正确的。

小论文题目

9-64 略

9-65 略

9-66 略

9-67 略

9-68 略

采用工具软件的题目

9-69 略

9-70 略

第十章

传热过程分析与换热器的热计算

知识点归纳

1. 传热过程

热量由壁面一侧流体通过壁面传到壁面另一侧流体的过程，称为传热过程。

2. 肋化系数

加肋后的总表面积与内侧未加肋时的表面积之比，称为肋化系数，记为 β，表达式为$\beta = A_o/A_i$。

3. 临界绝缘直径

$d_{cr} = 2\lambda/h_0$，此时导热热阻与对流传热热阻之和最小，散热量为最大值。

4. 对数平均温差 Δt_m

无论是顺流还是逆流换热器，Δt_m 都可用 $\Delta t_m = \dfrac{\Delta t_{max} - \Delta t_{min}}{\ln(\Delta t_{max}/\Delta t_{min})}$ 来求解。

5. 换热器效能

换热器效能表示换热器中的实际传热量与理论上最大可能的传热量之比，记为 ε。

6. 传热单元数 NTU

$NTU = \dfrac{kA}{(q_m c)_{min}}$，其反映换热器传热能力大小。

难点解析

1. 临界绝缘直径d_{cr}

如果圆管外径小于d_{cr}，则随着 d 的增加，由于圆管外表面积的增大，外表面对流传热热阻减小，散热量将增大；若圆管外径大于d_{cr}，继续增大 d，壁面保温层的热阻增大，散热量将随之减小。散热量与绝缘层外径的关系如图 10-1 所示。

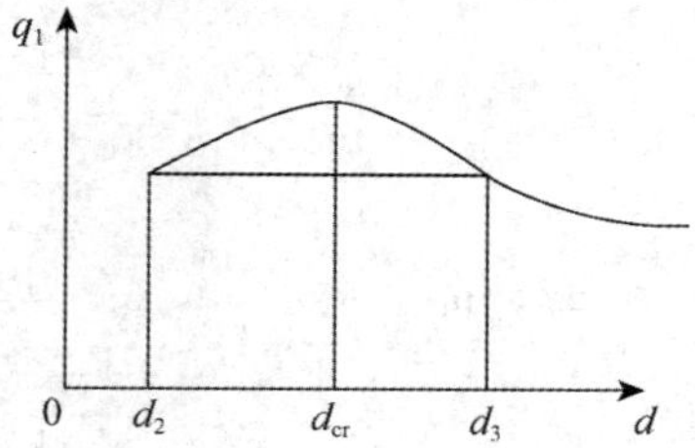

图 10-1 散热量与绝缘层外径的关系

2. 换热器

(1) 计算公式

$$Q = kA\Delta t_m = c_h m_h (t_{h,i} - t_{h,o}) = c_c m_c (t_{c,o} - t_{c,i})$$

式中

k—— 传热系数；

Δt_m—— 对数平均温差；

c_h、c_c—— 热、冷流体的比热容；

m_h、m_c—— 热、冷流体的质量；

$t_{h,i}$、$t_{h,o}$—— 热流体的进、出口温度；

$t_{c,i}$、$t_{c,o}$—— 冷流体的进、出口温度。

(2) 顺流与逆流(图 10-2) 的比较：① 顺流时冷流体的终温永远低于热流体的终温，而逆流时冷流体的终温可以超过热流体的终温；② 计算证明，当冷热流体进出口温度相同时，逆流的平均温差大于顺流；③ 逆流时换热面的温度变化大，容易造成热应力破坏。

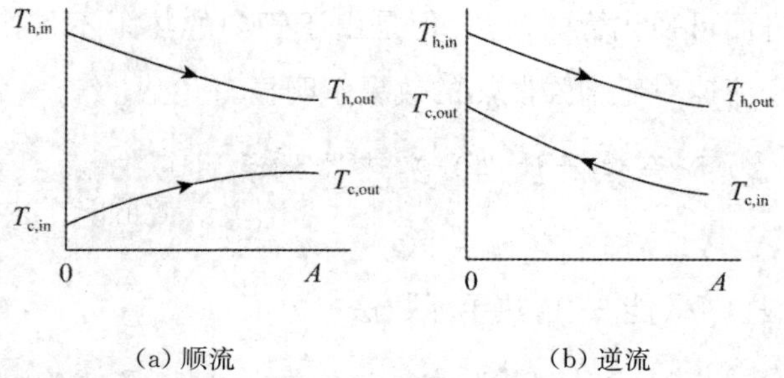

图 10-2 顺流和逆流

3. 换热器传热计算的效能 — 传热单元数法

当换热器冷热流体的出口温度 $t_{c,o}$、$t_{h,o}$ 都未知时，我们无法求得对数平均温差，从而无法设计换热器。因此，我们只有采用效能 — 传热单元数法来进行计算。

可以得到：

顺流时

$$\varepsilon = \frac{1-\exp\left\{(-NTU)\left(1+\frac{(q_{\mathrm{m}}c)_{\min}}{(q_{\mathrm{m}}c)_{\max}}\right)\right\}}{1+\frac{(q_{\mathrm{m}}c)_{\min}}{(q_{\mathrm{m}}c)_{\max}}} \tag{10-1}$$

逆流时

$$\varepsilon = \frac{1-\exp\left\{(-NTU)\left(1-\frac{(q_{\mathrm{m}}c)_{\min}}{(q_{\mathrm{m}}c)_{\max}}\right)\right\}}{1-\frac{(q_{\mathrm{m}}c)_{\min}}{(q_{\mathrm{m}}c)_{\max}}\exp\left\{(-NTU)\left(1-\frac{(q_{\mathrm{m}}c)_{\min}}{(q_{\mathrm{m}}c)_{\max}}\right)\right\}} \tag{10-2}$$

考研真题及期末考试试题

1. (西安交通大学　2003 年考研试题) 为了增强热水散热器(利用管内热水加热管外空气) 的散热效果，有人拟采用不改变热水进水温度的情况下，增大热水流量的做法。请对这一措施做出评价。

答：该换热器内为水的强制对流传热，换热器外为空气的对流传热。主要热阻在管外空气侧。当不改变进水温度时，增加水的流量可以使管内流速加快，管内壁和热水之间的边界层变薄，进而可强化管内换热。但是由于管内的热阻不是换热过程中的主要热阻，因而增大热水流速对于增强散热的效果不明显。

2. (浙江大学　2005 年考研试题) 换热器的热计算方法主要有________和________。

答：平均温差法　效能 — 传热单元数法

3. (清华大学　2006—2007 学年第 1 学期期末考试试题) 换热器中流体通过换热器后，可能经历的最大温差是(　　)。

A. 大热容量流体的进口温差　　B. 大热容量流体的出口温差

C. 冷热流体的出口温差　　D. 冷热流体的进口温差

答：D

习题全解

总传热系数计算

10-1 解题过程

$$\phi_1 = \frac{\Delta t}{\dfrac{1}{h_i A_{ti} + h_i A_{fi} \eta_i} + \dfrac{1}{2\pi\lambda}\ln\dfrac{r_o}{r_i} + \dfrac{1}{h_o A_{ro} + h_o A_{fo} \eta_o}}$$

$$= \frac{t_{fi} - t_{fo}}{\dfrac{1}{h_i A_{ti} \eta_{oi}} + \dfrac{1}{2\pi\lambda}\ln\dfrac{r_o}{r_i} + \dfrac{1}{h_o A_{to} \eta_o}} \qquad (1)$$

式中　内侧肋面总效率——$\eta_{oi} = \dfrac{A_{ti} + A_{fi}\eta_o}{A_{ti}}$；

外侧肋面总效率——$\eta_o = \dfrac{A_{ro} + A_{fo}\eta_o}{A_{fo}}$。

对外侧总面积而言的传热系数 k，则有

$$\phi_1 = kA_{to}(t_{fi} - t_{fo}) \qquad (2)$$

由式(1) 和式(2) 得

$$k = \frac{1}{\dfrac{A_{to}}{h_i A_{ti} \eta_{ot}} + \dfrac{A_{to}}{2\pi\lambda}\ln\dfrac{r_o}{r_i} + \dfrac{1}{h_o \eta_o}}$$

10-2 解题过程

$$k = \frac{1}{\dfrac{1}{h_0}\dfrac{A_0}{A_1} + \dfrac{\sigma}{\lambda}\dfrac{A_n}{A_m} + \dfrac{1}{h_2 \eta_0}}$$

$$A_0 = \pi d_0 (s - \sigma) + 2\pi(r_1^2 - r_2^2)$$

$$= 3.1416 \times 25.4 \times (2.5 - 0.381) + 2 \times 3.1416 \times [(12.7 - 15.8 + 0.381/2)^2 - 12.7^2]$$

$$= 4327.5\ \text{mm}^2$$

$$A_1 = \pi d_1 l = 3.1416 \times 21.4 \times 2.5 = 168.1\ \text{mm}^2$$

参数：

$$(h')^{1.5}\left(\frac{h}{\lambda A}\right)^{0.5} = 0.536$$

$$r_1/r_2 = 2.26$$

由教材图 2-22 查得 $\eta_f = 0.78, \eta_0 = \dfrac{A_1 + \eta_f A_2}{A_0} = 0.789$。

故得 $k = 50.2\ \mathrm{W/(m^2 \cdot K)}$。

10-3 解题过程 查教材附录得

海水污垢系数 $R_{f1} = 0.0001\ \mathrm{m^2 \cdot K/W}$

蒸气含油污垢系数 $R_{f0} = 0.0002\ \mathrm{m^2 \cdot K/W}$

黄铜的导热系数 $\lambda = 109\ \mathrm{W/(m \cdot K)}$

$$1/h_o = 1/5700 = 1.7543 \times 10^{-4}\ \mathrm{m^2 \cdot K/W}$$

$$\frac{1}{h_i} \times \frac{d_o}{d_i} = \frac{1}{5700} \times \frac{25}{20} = 2.19 \times 10^{-4}\ \mathrm{m^2 \cdot K/W}$$

(1) 管子内外表面均是洁净时的导热系数

$$k_0 = \frac{1}{\dfrac{1}{h_o} + \dfrac{d_o}{2\lambda}\ln\dfrac{d_o}{d_i} + \dfrac{1}{h_i}\dfrac{d_o}{d_i}}$$

$$= \frac{1}{1.7453 \times 10^{-4} + \dfrac{0.025}{2 \times 109}\ln\dfrac{25}{20} + 2.19 \times 10^{-4}}$$

$$= 2386\ \mathrm{W/(m^2 \cdot K)}$$

(2) 管子内外表面结垢后的传热系数

$$k_{0w} = \frac{1}{\dfrac{1}{k_0} + R_{f0} + R_{f1}\dfrac{d_o}{d_i}}$$

$$= \frac{1}{\dfrac{1}{2386} + 0.0002 + 0.0001 \times \dfrac{25}{20}}$$

$$= 1344.09\ \mathrm{W/m^2 \cdot K}$$

10-4 解题过程 水侧 h_1 的计算：

40℃ 时，水的物性为 $\lambda_1 = 0.635\ \mathrm{W/(m \cdot K)}, \nu_1 = 0.659 \times 10^{-6}\ \mathrm{m^2/s}$，$Pr_1 = 4.31$。

$$A_1 = \frac{\pi d_1^2}{4} = 0.785 \times 0.034^2 = 9.075 \times 10^{-4}\ \mathrm{m^2}$$

$$u_1 = \frac{\dot{m}_1}{A_1} = \frac{0.0016}{9.075 \times 10^{-4}} = 1.763\ \mathrm{m/s}$$

$$Re_1 = \frac{ud_1}{\nu_1} = 90967$$

$$h = 0.023\frac{\lambda_1}{d_1}Re_1^{0.8}Pr_1^{0.4} = 0.023 \times \frac{0.635}{0.034} \times 90967^{0.8} \times 4.31^{0.4}$$

$$= 7144\ \mathrm{W/(m^2 \cdot K)}$$

油侧 h_0 的计算：

$$A_2 = \frac{\pi}{4}(d_2^2 - d_1^2) = \frac{\pi}{4} \times (0.04^2 - 0.034^2) = 1.57 \times 10^{-3}\ \mathrm{m^2}$$

$$u_2 = \frac{\dot{m}_2}{A_2} = \frac{0.005}{1.57 \times 10^{-3}} = 3.185\ \mathrm{m/s}$$

查 70℃ 时 14 号润滑油的物性为

$$\lambda_2 = 0.1439\ \mathrm{W/(m \cdot K)}, \nu_2 = 34.3 \times 10^{-6}\ \mathrm{m^2/s}, Pr_2 = 444,$$

$$Re_2 = \frac{u_2 d_2}{\nu_2} = 1857$$

$$h_0 = 1.86\frac{\lambda_2}{d_2}\left(Re_2 Pr_2 \frac{d_2}{l}\right)^{1/3}\left(\frac{u_f}{u_w}\right)^{0.14}$$

t_w 近似取为 40℃，则

$$\mu_w = 880.7 \times 124.4 \times 10^{-6}\ \mathrm{kg/(m \cdot s)}, \mu_f = 34.3 \times 863.2 \times 10^{-6}\ \mathrm{kg/(m \cdot s)}$$

于是

$$h_0 = 1.86 \times \left(\frac{0.1439}{0.02}\right) \times \left(1857 \times 444 \times \frac{0.02}{2}\right)^{2/3} \times \left(\frac{34.3 \times 863.2}{880.7 \times 124.2}\right)^{0.14}$$

$$= 224.8\ \mathrm{W/(m^2 \cdot K)}$$

利用此值重新确定管壁温度，略去壁面热阻不计，则内侧热阻在总热阻中的比值为

$$\frac{R}{R_1 + R_0} = 0.0356$$

$$t_w = t_1 + (70 - 40) \times 0.0356 = 41.1,$$

$$\mu_w = 119.43 \times 880.11 \times 10^{-6}\ \mathrm{kg/(m \cdot s)}$$

重新计算得 $h_0 = 225.6\ \mathrm{W/(m^2 \cdot K)}$。

因而内外壁都干净时，$k_0 = 218\ \mathrm{W/(m^2 \cdot K)}$。

油、水侧均结垢时，取 $\varepsilon_0 = 0.0002$，$\varepsilon_1 = 0.0002$。

$$k'_0 = \frac{1}{1/h + \varepsilon_0 + (1/h_1 + \varepsilon_1)d_1/d_2} = 173\ \mathrm{W/(m^2 \cdot K)}$$

10-5 解题过程 $k = \dfrac{1}{\dfrac{1}{h_1}\dfrac{d_0}{d_1} + \dfrac{d_0}{2\lambda}\ln\dfrac{d_0}{d_1}}$，取铜管的 $\lambda = 400\ \mathrm{W/(m \cdot K)}$，则有

$$k = \frac{1}{6.369 \times 10^{-3} + 3.495 \times 10^{-6} + 8 \times 10^{-5}} = 6794.1\ \mathrm{W/(m^2 \cdot K)}$$

若管内不强化，$t_f = 27.15℃$，$\nu = 0.8613 \times 10^{-6}\ \mathrm{m^2/s}$，$\lambda = 0.613\ \mathrm{W/(m \cdot K)}$，$Pr = 5.87$。

$$Re = \frac{ud_1}{\nu} = \frac{0.91 \times 16.4 \times 10^{-3}}{0.8613 \times 10^{-6}} = 17327$$

$$Nu = 0.023 \times 17327^{0.8} \times 5.87^{0.4} = 114.8,$$

$$h'_1 = \frac{Nu\alpha_1}{\lambda} = \frac{114.8 \times 16.4 \times 10^{-3}}{0.613} = 4292.7\ \mathrm{W/(m^2 \cdot K)}$$

此时，内侧平均换热系数为强化后内侧平均换热系数的 0.236 倍。

平均温压计算

10-6 解题过程 $q_{m1}c_1$ 和 $q_{m2}c_2$ 的关系只能影响升温或降温幅度，并不能影响其曲线走势，无论 $q_{m1}c_1$ 和 $q_{m2}c_2$ 谁大谁小，顺、逆流曲线如解 10-6 图(a)、(b)所示。

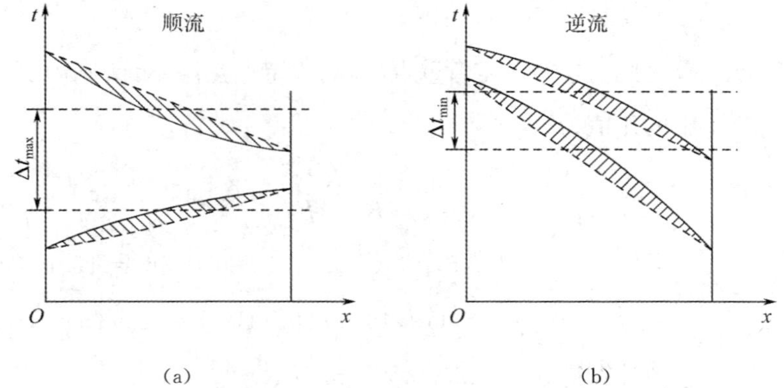

解 10-6 图

由图知，对数平均温差指 Δt_x 在整个换热器面积上的积分平均值，而算数平均温差则指 $(\Delta t_{max}+\Delta t_{min})/2$，相当于冷热流体的温度都按照线性变化时的平均温差。显然，算术平均温差大于对数平均温差。

10-7 解题过程 此时不同的截面上冷热流的总温差保持为常数，由于传热系数 K 也为常数，因而该换热面已进入均匀热流密度的状态。

10-8 解题过程

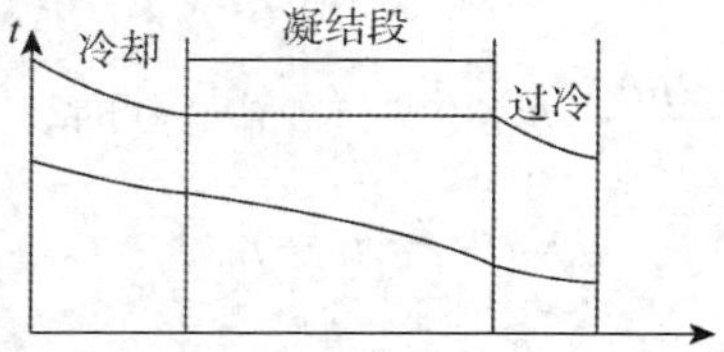

解 10-8 图

10-9 解题过程 (1)

$$\Delta t_{max}=t''_1-t'_2=210-100=110\ ℃$$

$$\Delta t_{min}=t'_1-t''_2=300-200=100\ ℃$$

$$\Delta t_m=\frac{\Delta t_{max}-\Delta t_{min}}{\ln\dfrac{\Delta t_{max}}{\Delta t_{min}}}=\frac{110-100}{\ln(110/100)}=104.9\ ℃$$

(2)

$$P=\frac{t''_2-t'_2}{t'_1-t'_2}=\frac{200-100}{300-100}=0.5$$

$$R=\frac{t'_1-t''_1}{t''_2-t'_2}=\frac{300-210}{200-100}=0.9$$

查教材附录得 $\psi=0.92$

$$\Delta t_m=104.9\times0.92=96.5\ ℃$$

(3) 由(2) 可知，$P=0.5$，$R=0.9$，查教材附录得 $\psi=0.85$

$$\Delta t_m=104.9\times0.85=89.2\ ℃$$

(4) 由(2) 可知，$P=0.5$，$R=0.9$，查教材附录得 $\psi=0.97$

$$\Delta t_m=104.9\times0.97=101.8\ ℃$$

(5)

$$\Delta t_{max}=t'_1-t'_2=300-100=200$$

$$\Delta t_{min}=t''_1-t''_2=210-200=10$$

$$\Delta t_m=\frac{\Delta t_{max}-\Delta t_{min}}{\ln\dfrac{\Delta t_{max}}{\Delta t_{min}}}=\frac{200-10}{\ln(200/10)}=63.4\ ℃$$

10-10 解题过程 (1)1－2 型，$P=\dfrac{210-300}{100-300}=0.45$，$R=\dfrac{100-200}{210-300}=1.111$

查教材附录得，$\psi=0.85$，$\Delta t_{\mathrm{m}}=104.9\times0.85=89.2$ ℃。

(2)2－4 型，$P=0.45$，$R=1.11$

查教材附录得 $\psi=0.97$，$\Delta t_{\mathrm{m}}=104.9\times0.97=101.8$℃。

10-11 解题过程 证明：如解 10-11 图所示，对长为 $\mathrm{d}x$ 的微元段，可以列出以下热平衡式

$-q_{\mathrm{m}}c_p\mathrm{d}(t_0-t)=2h(t_0-t)\mathrm{d}x$，令 $\theta=t-t_0$，

则有 $\dfrac{\mathrm{d}\theta}{\theta}=\dfrac{-2h\mathrm{d}x}{q_{\mathrm{m}}c_p}$，$\theta=C\mathrm{e}^{\frac{2hx}{q_{\mathrm{m}}c_p}}$，$x=0$ 时，

$$\theta=\theta_1=t_{\mathrm{i}}-t_{\mathrm{o}}$$

得
$$\theta=\theta_{\mathrm{i}}\mathrm{e}^{\frac{-2hx}{q_{\mathrm{m}}c_p}}$$

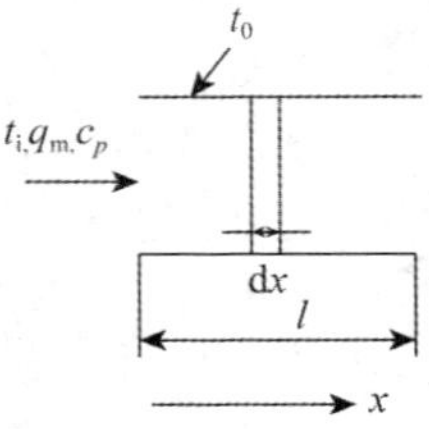

解 10-11 图

流体经过长为 L 的一段通道后与平板间的换热量为

$$\Phi=\theta_0q_{\mathrm{m}}c_p-\theta_{\mathrm{i}}q_{\mathrm{m}}c_p=\theta_{\mathrm{i}}q_{\mathrm{m}}c_p(\mathrm{e}^{\frac{-2hl}{q_{\mathrm{m}}c_p}}-1)=(t_{\mathrm{i}}-t_{\mathrm{o}})q_{\mathrm{m}}c_p(\mathrm{e}^{\frac{-2hl}{q_{\mathrm{m}}c_p}}-1)$$
$$=q_{\mathrm{m}}c_p(t_{\mathrm{o}}-t_{\mathrm{i}})(1-\mathrm{e}^{-2hl/(q_{\mathrm{m}}c_p)})。$$

10-12 解题过程 证明：由 $k'=a+b\Delta t'$，$k''=a+b\Delta t''$，联立解得 $a=\dfrac{k''\Delta t'-k'\Delta t''}{\Delta t'-\Delta t''}$

将 $k=a-b\Delta t$ 代入 $\mathrm{d}(\Delta t)=uk\Delta t\,\mathrm{d}A$，得 $\dfrac{\mathrm{d}(\Delta t)}{a+\mathrm{b}\Delta t}=-u\mathrm{d}A_x$

将此式应用于换热器流体出口处，即从 $A_x=0$ 到 $A_x=A$ 处积分并将 a 的表达式代入，得

$$\frac{\Delta t'-\Delta t''}{k''\Delta t'-k'\Delta t''}\ln\frac{k'\Delta t''}{k''\Delta t'}=-uA \tag{1}$$

$$u=\left(\frac{1}{q_{\mathrm{m1}}c_1}+\frac{1}{q_{\mathrm{m2}}c_2}\right)=\frac{t'_1-t''_1}{\Phi}+\frac{t''_2-t'_2}{\Phi}=\frac{(t'_1-t'_2)-(t''_1-t''_2)}{\Phi}$$
$$=\frac{\Delta t'-\Delta t''}{\Phi} \tag{2}$$

联立式(1) 和式(2) 得 $\Phi=A\dfrac{k''\Delta t'-k'\Delta t''}{\ln[(k''\Delta t')/(k'\Delta t'')]}$

换热器设计计算

10-13 解题过程 (1) 查得润滑油及水的比热分别为 $c_1=2148$ J/(kg·K)，$c_2=$

4174 J/(kg·K)，则

$$q_{m1}=\frac{q_{m2}c_2\Delta t_2}{c_1\Delta t_1}=\frac{3\times 4174\times(50-20)}{2148\times(100-60)}=4.37\ \mathrm{kg/s}$$

(2) $$\phi=q_{m2}c_2\Delta t_2=3\times 4174\times(50-20)=375.66\ \mathrm{kW}$$

(3) $$t_l=t''_1-t'_2=60-20=40\ ℃$$

$$t_r=t'_1-t''_2=100-50=50\ ℃$$

$$\Delta t_m=\frac{t_1-t_r}{\ln(t_1/t_r)}=\frac{40-50}{\ln(40/50)}=44.8\ ℃$$

$$P=\frac{t''_2-t'_2}{t'_1-t'_2}=\frac{50-20}{100-20}=0.375,R=\frac{t'_1-t''_1}{t''_2-t'_2}=\frac{100-60}{50-20}=1.333$$

查教材附录得 $\psi=0.9$

$$\Delta t'_m=44.8\times 0.9=40.32\ ℃$$

$$A=\frac{\phi}{k\Delta t'_m}=\frac{375.66\times 10^3}{350\times 40.32}=26.62\ \mathrm{m^2}$$

10-14 解题过程 由水的饱和压力表查得 $t_s=39.87\ ℃,r=2407.3\ \mathrm{kJ/kg}$

$$\Phi=q_m\cdot r=18\times 2407.3\times 10^3/3600=12036.5\ \mathrm{W}$$

$$t_1=t_s-t'_2=39.87-25=14.87\ ℃$$

$$t_r=t_s-t''_2=39.87-35=4.87\ ℃$$

$$\Delta t_m=\frac{t_1-t_r}{\ln(t_1/t_r)}=\frac{14.87-4.87}{\ln(14.87/4.87)}=8.96\ ℃$$

$$A=\frac{\Phi}{k\Delta t_m}=\frac{12036.5}{1800\times 8.96}=0.74\ \mathrm{m^2}$$

10-15 解题过程 逆流温度差为

$$(\Delta t_m)_{af}=\frac{84-29}{\ln(84/29)}=51.72\ ℃,P=\frac{35-16}{119-16}=0.184,$$

$$R=\frac{119-45}{35-16}=3.89$$

查教材附录得，$\psi=0.92$，故对数平均温差 $\Delta t'_m=51.72\times 0.92=47.58℃$

空气平均温差为 $\frac{119+45}{2}=82℃$，查物性为 $c_p=1009\ \mathrm{J/(kg\cdot K)}$

空气的换热量 $\Phi = \frac{19.6}{60} \times (119 - 45) \times 1009 = 24391\ \text{W}$

传热面积 $A = \frac{\phi}{k\Delta t'_{\text{m}}} = \frac{24391}{84 \times 47.58} = 6.1\ \text{m}^2$

10-16 解题过程 因为水侧换热系数远大于烟气侧之值，因而管壁的平均温度可取为水的平均温度，即$\frac{20+50}{2} = 35℃$。

对于烟气 $t_{\text{f}} = \frac{100+200}{2} = 150\ ℃$，查此时烟气的物性为

$$\lambda = 0.0357\ \text{W/(m·K)}, \nu = 27.17 \times 10^{-6}\ \text{m}^2/\text{s},$$

$$\rho = 0.849\ \text{kg/m}^3, c_p = 1082.5\ \text{J/(kg·K)}, Pr = 0.68$$

$$Re = \frac{ud}{\nu} = \frac{0.03 \times 30}{27.17 \times 10^{-6}} = 33125$$

$$Nu = 0.023 Re^{0.8} Pr^{0.3} = 0.023 \times 33125^{0.8} \times 0.68^{0.3} = 84.65$$

$$h = \frac{84.65 \times 0.0357}{0.03} = 100.7\ \text{W/(m·K)}$$

$$\Phi = \frac{\pi d^2}{4} u\rho\Delta t c_p = \frac{\pi}{4} \times 0.03^2 \times 30 \times 0.849 \times (200 - 100) \times 1082.5$$

$$= 1948.9\ \text{W}$$

由对流换热公式 $\Phi = Ah\Delta t = \pi dL \times 100.7 \times (150 - 35)$

得 $L = \frac{1948.9}{3.1416 \times 100.7 \times (150 - 35) \times 0.03} = 1.786\ \text{m}$

10-17 解题过程 计算管内平均换热系数。

$t_{\text{f}} = \frac{1}{2} \times (100 + 80) = 90\ ℃$，查此时水的物性为

$$\lambda = 0.68\ \text{W/(m·K)},$$

$$Pr = 1.95, c_p = 4208\ \text{J/(kg·K)}, \mu = 314.9 \times 10^{-6}\text{kg/(m·s)}$$

$$q_{\text{m}} = \frac{\Phi}{c_p\Delta t} = \frac{\Phi}{c_p(t'_1 - t''_1)} = \frac{350 \times 10^3}{4208 \times 20} = 4.159\ \text{kg/s}$$

$$Re = \frac{4q_{\text{m}}}{\pi d_1 \mu} = \frac{4 \times 4.159/53}{3.1416 \times 0.016 \times 314.9 \times 10^{-6}} = 19830$$

$$h = 0.023\, Re^{0.8} Pr^{0.3} \frac{\lambda}{d_1} = 3273\ \text{W/(m}^2\text{·K)}$$

$$k_a = \frac{1}{\dfrac{1}{h_0} + \dfrac{\delta}{\lambda} + \dfrac{1}{h_1}\dfrac{d_2}{d_1}} = 965\ \mathrm{W/(m^2 \cdot K)}$$

$$\Delta t_m = \frac{(80-20)-(100-70)}{\ln(60/30)} = 43.28℃,$$

$$\phi = k_a A \Delta t_m \Rightarrow A = \frac{\phi}{k_a \Delta t_m} = 8.38\ \mathrm{m^2}$$

$$A = n\pi d_2 L \Rightarrow L = \frac{A}{n\pi d_2} = 2.08\ \mathrm{m}$$

10-18 解题过程 (1) 平均传热温差

由冷凝压力查得饱和蒸气温度为 111.32 ℃，则

$$\Delta t_m = \frac{94-56}{\ln \dfrac{111.32-56}{111.32-94}} = 32.72\ ℃$$

(2) 管外凝结换热系数

设管外壁温度 $t_w = 105$ ℃，则 $t_m = (111.32+105)/2 = 108.2$ ℃

查得凝结水物性参数为

$$\rho_l = 952.3\ \mathrm{kg/m^3}, \lambda_l = 0.685\ \mathrm{W/m \cdot K}, \eta = 263.2\times10^{-6}\ \mathrm{kg/(m\cdot s)},$$
$$r = 2235\ \mathrm{kJ/kg}.$$

对水平管外凝结换热，表面传热系数

$$\begin{aligned} h_0 &= 0.729 \times \left[\frac{gr\rho_l^2\lambda_l^3}{\eta d(t_s - t_w)\cdot n}\right]^{1/4} \\ &= 0.729 \times \left[\frac{9.8\times2235\times10^3\times952.3^2\times0.685^3}{263.2\times10^{-6}\times0.02\times(111.32-105)\times9}\right]^{1/4} \\ &= 8809\ \mathrm{W/(m^2\cdot K)} \end{aligned}$$

(3) 管内换热系数

由 $t_f = (56+94)/2 = 75$ ℃，查得水的物性参数为 $\lambda = 0.671\ \mathrm{W/(m\cdot ℃)}$，$\nu = 0.39\times10^{-6}\ \mathrm{m^2/s}$，$Pr = 2.38$。

对于管内对流换热，表面传热系数

$$\begin{aligned} h_1 &= 0.023 \times \frac{\lambda}{d} Re_f^{0.8} Pr^{0.4} \\ &= 0.023 \times \frac{0.671}{0.018} \times \left(\frac{1.4\times0.018}{0.39\times10^{-6}}\right)^{0.8} \times 2.38^{0.4} \end{aligned}$$

$= 8552\ \mathrm{W/(m^2 \cdot K)}$

(4) 热阻:查得蒸气侧污垢热阻 $R_0 = 0.0001\ \mathrm{(m^2 \cdot K)/W}$

水侧污垢热阻 $R_1 = 0.0002\ \mathrm{(m^2 \cdot K)/W}$

管壁热阻[黄铜 $\lambda = 131\ \mathrm{W/(m \cdot K)}$]

$(d_1/2\lambda)\ln(d_2/d_1) = 8 \times 10^{-6}\ \mathrm{(m^2 \cdot K)/W}$

(5) 传热系数

$$k = \frac{1}{\dfrac{1}{h_0} + R_0 + \dfrac{d_2}{2\lambda}\ln\dfrac{d_2}{d_1} + \dfrac{d_2}{d_1}\left(\dfrac{1}{h_1} + r_1\right)}$$

$$= \frac{1}{\dfrac{1}{8809} + 0.0001 + 8 \times 10^{-6} + \dfrac{20}{18}\left(\dfrac{1}{8552} + 0.0002\right)}$$

$$= 1743\ \mathrm{W/(m^2 \cdot K)}$$

由传热方程得 $q_1 = k\Delta t_m = 1743 \times 32.72 = 57030\ \mathrm{W/m^2}$

由凝结的热得 $q_2 = h_0\Delta t = 8809 \times (111.32 - 105) = 55673\ \mathrm{W/m^2}$

q_1 与 q_2 相差 2%,上述计算有效。

(6) 传热面积

$$A = \phi/(k\Delta t_m) = 1.2 \times 10^7/(1743 \times 32.72) = 210\ \mathrm{m^2}$$

(7) 冷却水量:水的比热 $c_p = 4191\ \mathrm{J/(kg \cdot K)}$

$$q_{m2} = \frac{\phi}{c_p(t''_2 - t'_2)} = \frac{1.2 \times 10^7}{4191 \times (94 - 56)} = 75.35\ \mathrm{kg/s}$$

(8) 流动截面:水的密度 $\rho = 974.8\ \mathrm{kg/m^3}$

$$A_1 = \frac{q_{m2}}{\rho \cdot u} = \frac{75.35}{974.8 \times 1.4} = 5.52 \times 10^{-2}\ \mathrm{m^2}$$

单程管数 $n = \dfrac{4A_1}{\pi d^2} = \dfrac{4 \times 5.52 \times 10^{-2}}{3.1416 \times 0.018^2} = 217$

两个流程共需管 434 根

管子长度 $l = \dfrac{A}{2n \cdot \pi d} = \dfrac{210}{434 \times 3.1416 \times 0.02} = 7.7\ \mathrm{m}$

10-19 解题过程 为确定传热系数要假定管子根数 n,设 $n = 140$。

传热量可由凝结侧确定:$\Phi = 800 \times 2383 \times 10^3/3600 = 529.5\ \mathrm{kW}$。

为计算冷却水出口温度，需先假定其平均温度，设为 23℃，则 $\lambda = 0.605\ \mathrm{W/(m \cdot K)}$，$Pr = 6.54$，$c_p = 4181\ \mathrm{J/(kg \cdot K)}$，$\mu = 943.4 \times 10^{-6}\,\mathrm{kg/(m \cdot s)}$。

冷却水进口温差为 $\Delta t_2 = \dfrac{\Phi}{q_{m2} c_p} = 6.33\ ℃$，即平均温度为 23.17℃，与假定值十分接近。

水侧换热系数 h_1：

$$Re = \frac{4q_{\mathrm{m}}}{\pi \mu d} = \frac{4 \times 20/140}{\pi \times 943.4 \times 10^{-6} \times 16 \times 10^{-3}} = 12050$$

$$Nu = 0.023 Re^{0.8} Pr^{0.4} = 0.023 \times 12050^{0.8} \times 6.54^{0.4} = 89.7$$

$$h_1 = \frac{89.7 \times 0.605}{0.016} = 3392\mathrm{W/(m^2 \cdot K)}$$

水蒸气凝结系数 h_0：

取 $t_{\mathrm{m}} = 45\ ℃$，则 $\rho = 990.2\ \mathrm{kg/m^3}$，$\lambda = 0.642\ \mathrm{W/(m \cdot K)}$，

$$\mu = 601.4 \times 10^{-6}\,\mathrm{kg/(m \cdot s)},\ r = 2283\ \mathrm{kJ/kg}$$

$$q = \frac{\Phi}{A_0} = \frac{\Phi}{n\pi d_0 L} = \frac{529500}{140 \times \pi \times 0.02 \times 2} = 30102\ \mathrm{W/m^2}$$

$$h = 0.6561\left(\frac{gr\rho^2\lambda^3}{\mu d_0 q}\right)^{1/3}$$

$$= 0.6561 \times \left[\frac{9.8 \times 2383000 \times 990.2^2 \times 0.642^3}{601.4 \times 10^{-6} \times 0.02 \times 30102}\right]^{1/3}$$

$$= 16787\ \mathrm{W/(m^2 \cdot K)}$$

140 根管子按正方形排列，$\sqrt{140} = 11.83$，所以

$$h_0 = 9052\ \mathrm{W/(m^2 \cdot K)}$$

按内表面计算的传热系数

$$k_{\mathrm{a}} = \frac{1}{\dfrac{1}{h_1} + \lambda + \dfrac{\delta}{\lambda}\ln\dfrac{d_1}{d_2} + \dfrac{1}{h_0}\dfrac{d_1}{d_0}} = 1430\ \mathrm{W/(m^2 \cdot K)}$$

内表面面积

$$A_1 = n\pi d_{\mathrm{i}} L = 140 \times \pi \times 0.016 \times 2 = 14.07\ \mathrm{m^2},\ \Delta t_{\mathrm{m}} = 26.7\ ℃$$

$$\Phi' = k_{\mathrm{a}} A_1 \Delta t_{\mathrm{m}} = 1430 \times 14.07 \times 26.7 = 537206\ \mathrm{W}$$

与热平衡热量 $\Phi=529500$ W 相差仅 1.2%，上述计算有效，另外从热阻分析可知，凝结侧的温度降为 6℃，故液膜平均温度为 47℃，与假设值 45℃ 仅差 2℃，由此而引起的物性变化对 h_0 的影响也可忽略。

如不考虑管壁热阻，则 $k'_a=1464$ W/(m·K)，$\Phi''=1464\times14.07\times26.7=549979$ W，与热平衡热量 $\Phi=529500$ W 相差仅 3.6%，仍在工程计算允许的误差范围内。

换热器校核计算

10-20 解题过程 设平均温度为 40℃，

查水的物性为 $c_p=4174$ J/(kg·K)，$\dfrac{(q_m c)_{min}}{(q_m c)_{max}}=\dfrac{2\times2100}{1.2\times4174}=0.8385$

利用教材习题 10-24 中提供的公式得

$$\varepsilon=2\left\{1+0.8385+1.305\times\frac{1+0.18106}{1-0.18106}\right\}^{-1}=0.5375$$

由题意设油的出口温度为 t''_1，水的出口温度为 t''_2。

$$\frac{120-t''_1}{120-30}=0.5375,t''_1=120-0.5375\times90=71.6℃,$$

$$\frac{t''_2-30}{120-71.6}=0.8385$$

$$t''_2=30+0.8385\times48.4=70.6\ ℃,t_{2m}=\frac{70.6+30}{2}=50.3\ ℃$$

查此时的 c_p 与 $t=40$ ℃ 时的 c_p 十分接近，因此 $t''_1=71.6$ ℃，

$t''_2=70.6$ ℃。

10-21 解题过程 设冷、热水平均温度分别为 40 ℃ 和 75℃，则可查得

$$c_{p1}=4191\ \text{J/(kg·K)},c_{p2}=4174\ \text{J/(kg·K)}$$

$$B=\frac{(q_m c)_1}{(q_m c)_2}=\frac{9000\times4191}{13500\times4174}=0.6694$$

$$NTU=\frac{kA}{(q_m c)_{min}}=\frac{1740\times3.75}{9000\times4191/3600}=0.623$$

由 $\varepsilon-NTU$ 法知，逆流换热器的效能为

$$\varepsilon=\frac{1-\exp\{(-NTU)[1-B]\}}{1-B\exp\{(-NTU)[1-B]\}}=0.409$$

又 $$\varepsilon = \frac{t'_1 - t''_1}{t'_1 - t'_2} \Rightarrow t''_1 = t'_1 - \varepsilon(t'_1 - t'_2)$$

$$= 87.5 - 0.409 \times (87.5 - 32) = 64.8\ ℃$$

平均温度验算：

$$t_{1m} = (t'_1 + t''_1)/2 = (87.5 + 64.8)/2 = 76.15\ ℃$$

$$\frac{\Delta t_1}{\Delta t_2} = \frac{(q_m c)_1}{(q_m c)_2} = B \Rightarrow \Delta t_2 = 0.6694 \times (87.5 - 64.8) = 15.20\ ℃$$

$$t_{2m} = t'_2 + \Delta t_2/2 = 39.60\ ℃$$

冷热流体平均温度与设定相差很小，计算结果有效。

10-22 解题过程 (1) 顺流换热

设冷、热水平均温度分别为 65 ℃ 和 50 ℃，则可查得

$$c_{p1} = 4313\ \mathrm{J/(kg \cdot K)},\ c_{p2} = 4183\ \mathrm{J/(kg \cdot K)}$$

$$B = \frac{(q_m c)_1}{(q_m c)_2} = \frac{0.0144 \times 4313}{0.0233 \times 4183} = 0.637$$

$$NTU = \frac{kA}{(q_m c)_{\min}} = \frac{980 \times 0.25}{0.1444 \times 4313} = 3.945$$

由 $\varepsilon - NTU$ 法知，顺流换热器的效能为

$$\varepsilon = \frac{1 - \exp\{(-NTU)[1 - B]\}}{1 - B} = 0.61$$

又 $$\varepsilon = \frac{t'_1 - t''_1}{t'_1 - t'_2} \Rightarrow t''_1 = t'_1 - \varepsilon(t'_1 - t'_2)$$

$$= 200 - 0.610 \times (200 - 35) = 99.4\ ℃$$

平均温度验算

$$t_{1m} = (t'_1 + t''_1)/2 = (200 + 99.4)/2 = 149.7\ ℃$$

$$t''_2 = B(t'_1 - t''_1) + t'_2 = 0.637 \times (200 - 99.4) + 35 = 99\ ℃$$

$$t_{2m} = (t'_2 + t''_2)/2 = 67\ ℃$$

与假设值相符合，换热量

$$\Phi_1 = q_{m1} c_{p1} \Delta t_1 = 0.0144 \times 4313 \times (200 - 99.4) = 6248\ \mathrm{W}$$

(2) 逆流换热

设冷、热水平均温度分别为 80 ℃ 和 25 ℃，则可查得

$$c_{p1} = 4258\ \mathrm{J/(kg \cdot K)},\ c_{p2} = 4195\ \mathrm{J/(kg \cdot K)}$$

$$B=\frac{(q_{\mathrm{m}}c)_1}{(q_{\mathrm{m}}c)_2}=\frac{0.0144\times4258}{0.0233\times4195}=0.628$$

$$NTU=\frac{kA}{(q_{\mathrm{m}}c)_{\min}}=\frac{980\times0.25}{0.0144\times4258}=3.99$$

由 $\varepsilon-NTU$ 法，逆流换热器的效能为

$$\varepsilon=\frac{1-\exp\{(-NTU)[1-B]\}}{1-B\exp\{(-NTU)[1-B]\}}=0.9$$

又 $\varepsilon=\dfrac{t_1'-t''_1}{t_1'-t_2'}\Rightarrow t''_1=t_1'-\varepsilon(t_1'-t_2')=200-0.9\times(200-35)=51.5\ ℃$

平均温度验算：

$$t_{1\mathrm{m}}=(t_1'+t''_1)/2=(200+51.5)/2=125.8\ ℃$$

$$\frac{\Delta t_2}{\Delta t_1}=\frac{(q_{\mathrm{m}}c)_1}{(q_{\mathrm{m}}c)_2}=B\Rightarrow\Delta t_2=0.628\times(200-51.5)=93.3\ ℃$$

$$t_{2\mathrm{m}}=t_2'+\Delta t_2/2=35+93.3/2=81.7\ ℃$$

冷热流体平均温度与设定相差很小，则

$$t''_2=\Delta t_2+t_2'=93.3+35=128.3\ ℃$$

换热量 $\Phi_2=q_{\mathrm{m}2}c_{p2}\Delta t_2=0.0233\times4195\times93.3=9119\ \mathrm{W}$

10-23 解题过程 $t_{2\mathrm{m}}=\dfrac{t_2'-t''_2}{2}=\dfrac{25+150}{2}=87.5\ ℃,c_{p2}=4205\ \mathrm{J/(kg\cdot K)}$

换热量 $\Phi=q_{\mathrm{m}2}c_{p2}\Delta t_2=0.5\times4205\times(150-25)=262813\ \mathrm{W}$

为确定烟气的平均比热需假设其出口温度，设 $t''_1=205℃$

$$t_{1\mathrm{m}}=\frac{325+205}{2}=265\ ℃,c_{p1}=1113.3\ \mathrm{J/(kg\cdot K)}$$

故 $(325-t''_1)\times2\times1113.3=262813$

由此得

$t''_1=325-\dfrac{262813}{2\times1113.3}=207\ ℃$，与假设值十分接近，

因此取 $t''_1=207\ ℃$。

$$(\Delta t_{\mathrm{m}})_{c_p}=\frac{175-182}{\ln(175/182)}=178.5℃,P=\frac{325-207}{325-25}=0.393,$$

$R=\dfrac{150-25}{325-207}=1.06,\psi=0.91,\Delta t_{\mathrm{m}}=0.91\times178.5=162.4\ ℃,$

$$k=\frac{\Phi}{A\Delta t_{\mathrm{m}}}=\frac{262813}{3.8\times 162.4}=426\ \mathrm{W/(m^2\cdot K)}$$

10-24 解题过程 设冷却水流量增加后其平均比热的变化可以不计，原有的

$$W=\frac{(q_{\mathrm{m}}c)_{空气}}{(q_{\mathrm{m}}c)_{水}}=\frac{35-16}{119-45}=0.257$$

增加 50% 的冷却流量后 $W'=0.1711$，代入 ε 计算式得 $\varepsilon=0.7361$。增加水流量前的效能

$$\varepsilon'=\frac{119-45}{119-16}=0.7184$$

因为 $(q_{\mathrm{m}}c)_{\min}$ 及 $t'-t''$ 保持不变，$\dfrac{\Phi}{\Phi'}=\dfrac{\varepsilon}{\varepsilon'}=\dfrac{0.7361}{0.7184}=1.025$，故传热量增加了 2.5%，引起传热量增加的一个主要原因是冷却水量增加后对数平均温差有所上升。如果空气流量增加 50%，就不能假定 k 不变，因为此时空气侧换热系数有显著增加，而空气侧热阻为主要热阻。

10-25 解题过程 最大的油流量相应于 $t''_2=85$ ℃ 时的情形，因此取 $t''_2=85$ ℃。

$$\Phi=(q_{\mathrm{m}}c)_2(t''_2-t'_2)=13350\ \mathrm{W}$$

$$\Delta t_{\mathrm{m}}=\frac{\Phi}{kA}=\frac{13350}{1.4\times 280}=34\ ℃$$

因而得

$$\frac{(120-85)-(t''_1-35)}{\ln\left(\dfrac{120-85}{t''_1-35}\right)}=34℃$$

解得 $t''_1=68$ ℃ >60℃，故满足要求。

由此得 $$q_{\mathrm{m油}}=\frac{\Phi}{c_{p油}(t'_1-t''_1)}=\frac{13350}{2.1\times 10^3\times(120-68)}=0.122\ \mathrm{kg/s}=440\ \mathrm{kg/h}$$

热阻的分析与分离

10-26 解题过程 主要热阻在介质乙这一侧，因为增加介质甲的流速对传热系数的影响并不大，而增加介质乙的流速则使传热系数明显上升，这说明介质乙对总热阻有举足轻重的影响。

10-27 解题过程 不结垢时

$$\Delta t_{\mathrm{m}} = \frac{270-160}{\ln(270/160)} = 210.2\ ℃$$

$$A = \frac{\Phi}{k\Delta t_{\mathrm{m}}} = \frac{2500\times(360-300)}{800\times 210.2} = 0.892\ \mathrm{m}^2$$

$$q_{m2}c_2 = q_{m1}c_1\frac{360-300}{200-30} = 2500\times\frac{60}{170} = 882.4\ \mathrm{W/K}$$

结垢后，$\Phi' = q_{m2}c_2\Delta t_2 = 882.4\times(162-30) = 116471\ \mathrm{W}$

又 $$\frac{q_{m1}c_1}{q_{m2}c_2} = \frac{t''_2-t'_2}{t'_1-t''_1} = \frac{162-30}{360-t''_1} = \frac{2500}{882.4} = 2.833$$

$$t''_1 = 360-\frac{1}{2.833}\times(162-30) = 313.4\ ℃$$

$$\Delta t'_{\mathrm{m}} = \frac{283.4-198}{\ln(283.4/198)} = 283.2\ ℃,$$

$$k'' = \frac{116471}{0.892\times 238.2} = 548.2\ \mathrm{W/(m^2\cdot K)}$$

$$\frac{1}{k''}-\frac{1}{k} = R$$

$$R = \frac{1}{548.2}-\frac{1}{800} = 5.742\times 10^{-4}\ \mathrm{W/(m^2\cdot K)}$$

10-28 解题过程 (1) 对清洁管，$t_{\mathrm{m}} = \dfrac{10.5+14.1}{2} = 12.3\ ℃$，$c_p = 4189\ \mathrm{J/(kg\cdot K)}$

换热量 $\Phi = q_m c_p = 1.425\times 4189\times(14.1-10.5) = 21.49\ \mathrm{kW}$

$$\Delta t_{\mathrm{m}} = \frac{(52.1-10.5)-(52.1-14.1)}{\ln\left(\dfrac{52.1-10.5}{52.1-14.1}\right)} = 39.77\ ℃$$

$$k_{\mathrm{a}} = \frac{\Phi}{A\Delta t_{\mathrm{m}}} = \frac{21.49\times 10^3}{0.093\times 39.77} = 5810\ \mathrm{W/(m^2\cdot K)}$$

(2) 结垢时，$t_{\mathrm{m}} = \dfrac{10.3+13.1}{2} = 11.7\ ℃$，$c_p = 4190\ \mathrm{J/(kg\cdot K)}$

换热量 $\Phi' = q_m c_p\Delta t = 16.72\times 10^3\ \mathrm{W}$

$$\Delta t'_{\mathrm{m}} = \frac{(52.6-10.3)-(52.6-13.1)}{\ln\left(\dfrac{52.6-10.3}{52.6-13.1}\right)} = 40.88\ ℃$$

$$k'_{\mathrm{a}} = \frac{\Phi'}{A\Delta t_{\mathrm{m}}} = \frac{16.72\times 10^3}{0.091\times 40.88} = 4397\ \mathrm{W/(m^2\cdot K)}$$

污垢热阻 $R=\dfrac{1}{k'_a}-\dfrac{1}{k_a}=\dfrac{1}{4397}-\dfrac{1}{5810}=5.53\times10^{-4}(m^2\cdot K)/W$

10-29 解题过程 设凝结换热系数为 h_0，水侧换热系数 $h_1=C_1u^{0.8}$，则有

$$\frac{1}{k_0}=\frac{1}{h_0}+R_w+\frac{1}{h_1}\frac{d_0}{d_1}=\left(\frac{1}{h_0}+R_w\right)+\left(\frac{d_0}{C_1d_1}\right)\frac{1}{u^{0.8}}$$

这是形如 $y=a+bx$ 的直线方程，$y=\dfrac{1}{k_0}$，$a=\dfrac{1}{h_0}+R_w$，$x=\dfrac{1}{u^{0.8}}$

$$a=\frac{\sum xy\sum x-\sum y\sum x^2}{(\sum x)^2-\sum x^2}=1.8332\times10^{-4}(m^2\cdot K)/W$$

$$R_w=\frac{\delta}{\lambda}=\frac{2\times10^{-3}}{111}=1.8018\times10^{-5}(m^2\cdot K)/W$$

所以 $$\frac{1}{h_0}=a-R_w=1.65302\times10^{-4}(m^2\cdot K)/W$$

$$h_0=\frac{10^4}{1.65302}=6050\ W/(m^2\cdot K)$$

10-30 解题过程 按题意可列出下列方程，并设壁面热阻为 R_w。

$$\begin{cases}h_i=c_iq_{m,L}^n & (1)\\ h_0=c_0q^{-1/3} & (2)\\ \dfrac{1}{k_0}=\dfrac{1}{h_0}+R_w+\dfrac{1}{h_1}\dfrac{A_0}{A_1} & (3)\end{cases}$$

$$\left(\frac{1}{k_0}-R_w\right)\frac{A_0}{A_1}q_{m,L}^n=\frac{1}{c_i}+\frac{1}{c_0}\frac{A_0}{A_1}q^{1/3}\qquad(4)$$

此式是形如 $y=a+bx$ 的直线方程，取定一个 n 值，记为 n_1，可由此而得 c_i 及 c_0，记为 c_{i1} 及 c_{01}；利用所得的 c_{01}，由式(2) 可算出各工况下的 h_0，记为 h_{01}，于是可利用式(3) 分离出各工况下的 h_i，记为 h_{i1}，对(1) 取对数得 $\log h_i=\log c_i+n\log q_{m,L}$，此式又可看成是以 $\log q_{m,L}$ 为自变量，$\log h_i$ 为因变量的直线方程，于是利用最小二乘法方法可得出 c_i 及 n 的值，分别记为 c_{i2} 及 n_2，如果 n_2 与 n_1 的偏差及 c_{i2} 及 c_{i1} 的偏差小于允许值，则计算即可终止，终止迭代时，$\Delta c_i<0.25$，$\Delta n<5\times10^{-4}$，K 的计算值与实测值间的最大相对偏差小于3.3%。因此 $c_i=51.54$，$c_0=1.521\times10^4$，$n=0.5292$。

10-31 解题过程 $$t_f = \frac{26.4+30.7}{2} = 28.6\ ℃$$

查此时物性为 $c_p = 4175\ J/(kg \cdot K)$，$\rho = 996.1\ kg/m^3$。

$$\Phi = \rho u_m A c_p (t''_1 - t'_2)$$

$$= 996.1 \times 1.05 \times \frac{\pi \times 0.0164^2}{4} \times 4175 \times (30.7 - 26.4)$$

$$= 3.965 \times 10^3\ W$$

$$\Delta t_m = \frac{30.7 - 26.4}{\ln\left(\frac{40-26.4}{40-30.7}\right)} = 11.31\ ℃$$

$$k_n = \frac{\Phi}{\pi d_0 L \Delta t_m} = \frac{3.965 \times 10^3}{3.1416 \times 0.019 \times 11.31} = 5.873 \times 10^3\ W/(m^2 \cdot K)$$

$$k_a = \frac{1}{\frac{1}{h_1}\frac{d_0}{d_1} + \frac{d_0}{2\lambda}\ln\frac{d_0}{d_1} + \frac{1}{h_0}} = 5873\ W/(m \cdot K)$$

$$\frac{1}{h_0} = 1.7018 \times 10^{-1} - 9.268 \times 10^{-5} - 3.495 \times 10^{-6} = 7.4005 \times 10^{-4}$$

$$h_0 = 13513\ W/(m \cdot K)$$

传热的强化与削弱

10-32 解题过程 设周围介质的温度为 t_∞，则该球状物体的热量为 $\Phi = \frac{t_1 - t_\infty}{\frac{1}{4\pi\lambda}\left(\frac{1}{r_1} - \frac{1}{r}\right) + \frac{1}{4\pi r^2 h}}$，$r_1$ 为球状物体的一内半径，该处的壁温为 t_1，r 是外半径，此处视为变量，达到临界半径时，$\frac{d\Phi}{dr} = 0$，即 $\frac{d}{dr}\left[\frac{1}{4\pi\lambda}\left(\frac{1}{r_1} - \frac{1}{r}\right) + \frac{1}{4\pi r^2 h}\right] = 0$，即 $\frac{-1}{-4\pi r^2 h} + \frac{1}{4\pi h}\frac{2}{r^3} = 0$，由此得 $\frac{1}{2}\left(\frac{hr}{\lambda}\right) = 1$。于是得球状物体的临界表面绝缘半径为 $r = 2\lambda/h$。

10-33 解题过程 壳侧流体与壳间的传热一般远较壳外空气的自然对流要强烈，故可近似地取为外壳温度为200℃，则 $t_m = \frac{200+20}{2} = 110\ ℃$，查得此时空气

的物性为 $Pr = 0.687$，$\lambda = 0.0328\ \mathrm{W/(m \cdot K)}$，$\nu = 24.29 \times 10^{-6}\ \mathrm{m^2/s}$。

$$Gr = \frac{g\alpha\Delta t d^3}{\nu^2} = \frac{9.8 \times (200-20) \times 0.4^3}{24.29^2 \times 10^{-12} \times (273+110)} = 4.996 \times 10^8$$

对流换热系数 $h_0 = Nu\dfrac{\lambda}{d} = 0.48(GrPr)^{0.25}\dfrac{\lambda}{d} = 5.357\ \mathrm{W/(m^2 \cdot K)}$

辐射换热系数 $h_r = \dfrac{\varepsilon\sigma_0(T_w^4 - T_\infty^4)}{T_w - T_\infty} = 12.64\ \mathrm{W/(m^2 \cdot K)}$

所以 $h = h_0 + h_r = 5.357 + 12.64 = 18.0\ \mathrm{W/(m^2 \cdot K)}$

$$q = h\Delta t = 18.0 \times 180 = 3240\ \mathrm{W/m^2}$$

10-34 解题过程 设此时绝缘层外表面温度为 60℃，则 $t_m = \dfrac{60+20}{2} = 40\ ℃$。

空气物性 $\nu = 16.96 \times 10^{-6}\mathrm{m^2/s}$，$Pr = 0.699$，$\lambda = 0.0276\ \mathrm{W/(m \cdot K)}$。

$$Gr = \frac{g\alpha\Delta t d^3}{\nu^2} = \frac{9.8 \times (60-20) \times 0.05^3}{16.96^2 \times 10^{-12} \times (273+40)} = 5.442 \times 10^8$$

对流换热系数

$$h_0 = Nu\frac{\lambda}{d} = 0.48(GrPr)^{0.25}\frac{\lambda}{d} = 3.700\ \mathrm{W/(m^2 \cdot K)}$$

辐射换热系数

$$h_r = \frac{\varepsilon\sigma_0(T_w^4 - T_\infty^4)}{T_w - T_\infty} = 6.564\ \mathrm{W/(m^2 \cdot K)}$$

所以 $h = h_0 + h_r = 3.700 + 6.564 = 10.27\ \mathrm{W/(m^2 \cdot K)}$

$$q = h\Delta t = 10.27 \times 40 = 411\ \mathrm{W/m^2}$$

从绝缘层导热可以得出，$q^* = \dfrac{2\pi\lambda\Delta t}{\ln(d_2/d_1)}\dfrac{1}{\pi d} = 461.8\ \mathrm{W/m^2}$。

q 与 q^* 相差大于 5%，已为一般工程计算所不允许，重设外表面温度为 64℃，则 t_m 仅变化 2℃，故物性可仍取原值。同理可得

$$Gr = 5.678 \times 10^8$$

$$h_0 = Nu\frac{\lambda}{d} = 0.48(GrPr)^{0.25}\frac{\lambda}{d} = 3.74\ \mathrm{W/(m^2 \cdot K)}$$

$$h_r = \frac{\varepsilon\sigma_0(T_w^4 - T_\infty^4)}{T_w - T_\infty} = 6.70\ \mathrm{W/(m^2 \cdot K)}$$

所以 $h = h_0 + h_r = 3.74 + 6.70 = 10.44\ \mathrm{W/(m^2 \cdot K)}$，

$$q = h\Delta t = 10.44 \times 44 = 459\ \text{W/m}^2$$

$$q^* = \frac{2\pi\lambda\Delta t}{\ln(d_2/d_1)}\frac{1}{\pi d} = 455.2\ \text{W/m}^2$$

q 与 q^* 相差 2%，故此次计算有效。

则取此时散热损失为$\frac{459+449}{2} = 454\ \text{W/m}^2$，保温效率 $\eta = \frac{3340-454}{3340} \times 100\% = 86.4\ \%$。

10-35 解题过程 为了确定界面温度需要计算单位长度上的散热量。外表面上的散热由自然对流以及辐射两种方式组成，取 $t_m = \frac{60+20}{2} = 40\ ℃$，查此时空气的物性为 $Pr = 0.699$，$\lambda = 0.0276\ \text{W/(m·K)}$，$\nu = 16.96 \times 10^{-6}\ \text{m}^2/\text{s}$。

$$Gr = \frac{9.8 \times (60-20) \times 0.33^3}{16.96^2 \times 10^{-12} \times 313} = 1.565 \times 10^8$$

$$Nu = 0.48(Gr \cdot Pr)^{0.25} = 0.48 \times (1.0937 \times 10^8)^{0.25}$$
$$= 49.087\ \text{W/(m}^2\cdot\text{K)}$$

$$h_0 = 49.087 \times 5.67 \times (3.33^4 - 2.93^4) = 6.564\ \text{W/(m}^2\cdot\text{K)}$$

$$h_r = \frac{\varepsilon\sigma_0(T_w^4 - T_\infty^4)}{T_w - T_\infty} = \frac{0.94 \times 5.67 \times (3.33^4 - 2.93^4)}{60-20}$$
$$= 6.564\ \text{W/(m}^2\cdot\text{K)}$$

所以 $h = h_0 + h_r = 4.1055 + 6.564 = 10.670\ \text{W/(m}^2\cdot\text{K)}$

单位长度上的散热量

$$q_1 = \pi dh\Delta t = 3.1416 \times 0.33 \times 10.670 \times 40 = 442.4\ \text{W/m}$$

为确定界面温度，需先设置界面温度以确定导热系数。设界面温度为 170 ℃。

则 $t_w = \frac{170+60}{2} = 115\ ℃$，$\bar{\lambda} = 0.099 + 115 \times 0.0002 = 0.122\ \text{W/(m}^2\cdot\text{K)}$

从绝热层导热的角度

$$q_1 = \frac{2\pi\bar{\lambda}\Delta t}{\ln(d_2/d_1)} = \frac{2 \times 3.1416 \times 0.122\Delta t}{\ln(330/270)} = 442.4\ \text{W/m}$$

所以 $\Delta t = 442.2/\frac{2 \times 3.1416 \times 0.122}{\ln(330/270)} = 115.8\ ℃$

界面温度为115.8+60=175.8 ℃，与假定相差6 ℃，因此重新设界面温度为175 ℃。

$$t_w = \frac{175+60}{2} = 117.5\ ℃$$

$$\bar{\lambda} = 0.099 + 117.5 \times 0.0002$$
$$= 0.1225\ \mathrm{W/(m^2 \cdot K)}$$

$$\Delta t = 442.4 / \frac{2 \times 3.1416 \times 0.1225}{\ln(330/270)} = 115.3\ ℃$$

得此时界面温度为115.3+60=175.3 ℃，与假定的175 ℃十分相近，可见界面温度没有超过允许值。

10-36 解题过程 先计算双侧强化管4种情况下的 k_a 值，$k_a = \dfrac{1}{\dfrac{1}{h_0} + \dfrac{d_0}{2\lambda}\ln\dfrac{d_0}{d_i} + \dfrac{1}{h_i}\dfrac{d_0}{d_i}}$

解10-36表

工况	$\frac{1}{h_0}$	$\frac{d_0}{d_i}\frac{1}{h_i}$	$\frac{d_0}{2\lambda}\ln\frac{d_0}{d_i}$	$\sum R_0$
1	1.0252×10^{-4}	1.0298	$\frac{19 \times 10^{-3}}{2 \times 400}\ln\frac{19}{16.4} = 3.49 \times 10^{-6}$	2.08990×10^{-4}
2	8.0645×10^{-5}	5.1512		1.35647×10^{-4}
3	7.8802×10^{-5}	3.7407		1.19699×10^{-4}
4	7.3855×10^{-5}	2.7042		1.04392×10^{-4}

(1)
第一种情况 $k_{a1} = \dfrac{1}{2.08990 \times 10^{-4}} = 4784.92\ \mathrm{W/(m^2 \cdot K)}$

第二种情况 $k_{a2} = 1/(1.35647 \times 10^{-4}) = 7372.08\ \mathrm{W/(m^2 \cdot K)}$

第三种情况 $k_{a3} = 1/(1.19699 \times 10^{-4}) = 8354.29\ \mathrm{W/(m^2 \cdot K)}$

第四种情况 $k_{a4} = 1/(1.04392 \times 10^{-4}) = 9579.28\ \mathrm{W/(m^2 \cdot K)}$

(2) 对第二种工况，假定水的进出口温差分别为0.5 ℃、1.0 ℃、1.5 ℃，为简化计算，设3种工况下定性温度均为27 ℃，则有

$$\rho = 998.2 + \frac{995.7 - 998.2}{10} \times 7 = 996.5\ \mathrm{kg/m^3}$$

$$c_p = \left(4.183 + \frac{4.174 - 4.183}{10} \times 7\right) \times 10^3 = 4.177 \times 10^3\ \mathrm{J/(kg \cdot K)}$$

$$\lambda = 0.599 + \frac{0.681 - 0.599}{10} \times 7 = 0.6123\ \mathrm{W/(m \cdot K)}$$

$$Pr = 7.02 + 0.7 \times (5.42 - 7.02) = 5.9$$

$$\nu = \left(0.805 + \frac{1.006 - 0.805}{10} \times 3\right) \times 10^{-6} = 0.8653 \times 10^{-6} \mathrm{m^2/s}$$

$$Re = \frac{1.05 \times 0.0164}{0.8653} \times 10^6 = 19900.6$$

$$Nu = 0.023 \times 19900.6^{0.8} \times 5.9^{0.4} = 128.6$$

$$h_1 = \frac{Nu\lambda}{d_1} = \frac{128.6 \times 0.6123}{0.0164} = 4800.5\ \mathrm{W/(m^2 \cdot K)}$$

$$\dot{m} = \frac{\pi}{4} d_i^2 u\rho = 0.785 \times 0.0164^2 \times 1.05 \times 996.5 = 0.2209\ \mathrm{kg/s}$$

① 温差为 0.5 ℃ 时

$$\Phi_b = \dot{m} c_p \Delta t = 0.2209 \times 4.177 \times 10^3 \times 0.5 = 461.3\ \mathrm{W}$$

$$q = \frac{\Phi_0}{A_i} = \frac{461.3}{3.1416 \times 0.0164 \times 1} = 8953\ \mathrm{W/m^2}$$

$$h_0 = 0.651 \times \left[\frac{9.8 \times 166.16 \times 10^3 \times 1128.4^2 \times 0.0798^3}{0.019 \times 0.121 \times 10^{-6} \times 1128.4 \times 8953}\right]^{\frac{1}{3}}$$

$$= 2321.8\ \mathrm{W/(m^2 \cdot K)}$$

$$\frac{1}{k_0} = \frac{1}{h_0} + \frac{1}{h_i}\frac{d_0}{d_i} + \frac{d_0}{2\lambda}\ln\frac{d_0}{d_i} = \frac{1}{2321.8} + \frac{1}{4800.5} \times \frac{19}{16.4} + 3.49 \times 10^{-6}$$

$$= 6.7349 \times 10^{-4}\ \mathrm{(m^2 \cdot K)/W}$$

$$k_0 = 1482\ \mathrm{W/(m^2 \cdot K)},\ \Delta t_m = \frac{0.5}{\ln\left(\frac{40 - 26.43}{40 - 26.93}\right)} = 13.32\ ℃$$

$$\Phi_h = k_0 A \Delta t_m = 1482 \times 13.32 \times 0.05966 = 1177.7\ \mathrm{W}$$

② 温差为 1.0 ℃ 时

$$\Phi_b = \dot{m} c_p \Delta t = 0.2209 \times 4.177 \times 10^3 \times 1.0 = 922.6\ \mathrm{W}$$

$$q = \frac{\Phi_0}{A_i} = \frac{922.6}{3.1416 \times 0.0164 \times 1} = 17906.83\ \mathrm{W/m^2}$$

$$h_0 = 0.651 \times \left[\frac{9.8 \times 166.16 \times 10^3 \times 1128.4^2 \times 0.0798^3}{0.019 \times 0.121 \times 10^{-6} \times 1128.4 \times 17906.83}\right]^{\frac{1}{3}}$$

$$= 1842.77\ \mathrm{W/(m^2 \cdot K)}$$

$$\frac{1}{k_0} = \frac{1}{h_0} + \frac{1}{h_i}\frac{d_0}{d_i} + \frac{d_0}{2\lambda}\ln\frac{d_0}{d_i}$$

$$= \frac{1}{1842.77} + 0.0002413 + 3.49 \times 10^{-6} = 0.0007875\ (\mathrm{m^2 \cdot K})/\mathrm{W}$$

$$k_0 = 1271.8\ \mathrm{W/(m^2 \cdot K)}$$

$$\Delta t_m = \frac{1}{\ln\left(\frac{40-26.43}{40-27.43}\right)} = \frac{1}{\ln\left(\frac{13.57}{12.57}\right)} = 13.06\ ℃$$

$$\Phi_h = k_0 A \Delta t_m = 1271.8 \times 13.06 \times 0.05966 = 990.9\ \mathrm{W}$$

③ 温差为 1.5℃ 时

$$\Phi_b = \dot{m} c_p \Delta t = 0.2209 \times 4.177 \times 10^3 \times 1.5 = 1383.9\ \mathrm{W}$$

$$q = \frac{\Phi_0}{A_i} = \frac{1383.9}{3.1416 \times 0.0164 \times 1} = 26860.25\ \mathrm{W/m^2}$$

$$h_0 = 0.651 \times \left[\frac{9.8 \times 166.16 \times 10^3 \times 1128.4^2 \times 0.0798^3}{0.019 \times 0.121 \times 10^{-6} \times 1128.4 \times 26860.25}\right]^{\frac{1}{3}}$$

$$= 1609.81\ \mathrm{W/(m^2 \cdot K)}$$

$$\frac{1}{k_0} = \frac{1}{h_0} + \frac{1}{h_i}\frac{d_0}{d_i} + \frac{d_0}{2\lambda}\ln\frac{d_0}{d_i} = \frac{1}{1609.81} + 0.0002413 + 3.49 \times 10^{-6}$$

$$= 0.00086598\ (\mathrm{m^2 \cdot K})/\mathrm{W}$$

$$k_0 = 1156.6\ \mathrm{W/(m^2 \cdot K)}, \Delta t_m = \frac{1.5}{\ln\left(\frac{40-26.43}{40-28.93}\right)} = 12.81\ ℃$$

$$\Phi_h = k_0 A \Delta t_m = 1156.6 \times 12.81 \times 0.05966 = 883.93\ \mathrm{W}$$

以上计算表明，在水的进口温差为 1.0℃ 及 1.5℃ 之间时，Φ_h 与 Φ_b 有个交点。由于 Φ_h 与 Δt 几乎成线性关系，Φ_b 在所计算的温度变化范围内也几乎与 Δt 成线性关系，故用线性差值公式找出使 $\Phi_h = \Phi_b$ 的 Δt_m。

$$990.9 + \frac{883.9 - 990.9}{0.5} \times \Delta t = 922.6 + \frac{1383.9 - 922.6}{0.5} \times \Delta t$$

$$990.9 + (-214\Delta t) = 922.6 + 922.6\Delta t \Rightarrow 990.9 - 992.6 = (922.6 + 214)\Delta t$$

$$\Delta t = \frac{68.3}{1136.6} = 0.060\ ℃，即\ \Delta t_1 = 1.06\ ℃，$$

$$\Phi_b = 0.2209 \times 4177 \times 1.06 = 978.1\ \mathrm{W}$$

$$q = \frac{978.1}{0.051496} = 18992.9\ \mathrm{W/m^2},$$

$$h_0 = \frac{48156.6}{\sqrt[3]{18992.9}} = 1810.9\ \mathrm{W/(m^2 \cdot K)}$$

$$k_0^{-1} = \frac{1}{1810.9} + 0.0002413 + 0.00000349 = 7.9707 \times 10^{-4} (\mathrm{m^2 \cdot K})/\mathrm{W}$$

$$k_0 = 1254.6\ \mathrm{W/(m^2 \cdot K)}$$

$$\Delta t_m = \frac{1.06}{\ln \frac{13.57}{12.51}} = \frac{1.06}{0.08133} = 13.03\ ℃,$$

$$\Phi_h = 1254.6 \times 0.05966 \times 13.03 = 975.4\ \mathrm{W}$$

$$\Phi_b = 978.1\ \mathrm{W}$$

双侧强化管的 $k_0 = 7372$，光管仅为 1255，强化管 k_0 为光管的 5.87 倍，传热量为 4 倍左右。

10-37 解题过程 假定空气出口温度为 34.5℃，则 $t_m = \frac{25 + 34.5}{2} = 29.75\ ℃$，近似以 30℃ 计。

空气的物性为 $\nu = 16 \times 10^{-6}\ \mathrm{m^2/s}, \lambda = 0.0267\ \mathrm{W/(m \cdot K)}$，

$$\rho = 1.185\ \mathrm{kg/m^3}, c_p = 1005\ \mathrm{J/(kg \cdot K)}。$$

最窄截面流速为

$$u_{max} = \frac{2 \times 0.3 \times 0.2625}{(0.3 - 93 \times 0.0002) \times (0.2625 - 10 \times 0.01055)} = 3.56\ \mathrm{m/s}$$

略去密度变化引起的流速变化，则

$$Re = \frac{u_{max} d}{\nu} = \frac{0.01055 \times 3.56 \times 10^6}{16} = 2351$$

$$Nu = 0.48 \times 2351^{0.489} = 21.36$$

$$h = 21.36 \times 0.0267/0.01055 = 54\ \mathrm{W/(m^2 \cdot K)}$$

空气侧总传热面积

$$\begin{aligned} A_0 &= 10 \times 4 \times 3.1416 \times 0.01055 \times (0.3 - 90 \times 0.0002) + 2 \times (0.02165 \\ &\quad \times 4 \times 0.02625 - 40 \times 0.785 \times 0.01055)^2 \times 93 \times 0.9 \\ &= 3.593\ \mathrm{m^2} \end{aligned}$$

从空气侧热平衡，有

$$\Phi_b = 0.3 \times 0.2625 \times 2 \times 1.185 \times 9.5 \times 1005 = 1781.9\ \mathrm{W}$$

40℃R134a 物性为 $\rho = 1146.2\ \mathrm{kg/m^3}, \lambda = 0.0750\ \mathrm{W/(m \cdot K)}$，

$$\mu = \rho \times 0.1551 \times 10^{-6} \mathrm{kg/(m \cdot s)}, r = 163.23\ \mathrm{kJ/kg}。$$

$$h_1 = 1.177 \times \left[\frac{9.8 \times 1146.2^2 \times 0.0750^3 \times 163230}{0.1551 \times 10^{-6} \times 1146.2 \times 4984 \times 0.00933}\right]^{\frac{1}{3}}$$

$$= 5580\ \mathrm{W/(m^2 \cdot K)}$$

总热阻 $R_1 = \dfrac{1}{h_0 A_0} + \dfrac{1}{h_1 A_1} = \dfrac{1}{54 \times 3.593} + \dfrac{1}{5580 \times 0.3515}$

$$= 0.005525\ \mathrm{(m^2 \cdot K)/W}$$

$$\Delta t_m = \frac{(40 - 25.0) - (40 - 34.5)}{\ln \dfrac{15}{5.5}} = \frac{9.5}{1.003} = 9.469\ ℃$$

$$\Phi_h = \frac{\Delta t}{R_t} = \frac{9.469}{0.005525} = 1714\ \mathrm{W}$$

Φ_h 与 Φ_b 相差小于 4 %,计算有效。

凝结量为 $\dot{m} = \dfrac{1748}{163230} = 0.0107\ \mathrm{kg/s}$。

(2) 设空气进出口 $\Delta t = 2.2℃$,$t_m = \dfrac{2.2 + 25}{2} = 26.1\ ℃$,

按此计算物性:

$$\nu = 15.63 \times 10^{-6}\ \mathrm{m^2/s},\ \rho = 1.185\ \mathrm{kg/m^3},\ \lambda = 0.0264\ \mathrm{W/(m \cdot K)},$$

$$h = \frac{Nu\lambda}{d} = 52.42\ \mathrm{W/(m^2 \cdot K)},\ Re = \frac{ud}{v} = 2257.1,$$

$$Nu = 04.8 Re^{0.489} = 20.947$$

最窄截面速度

$$u_{max} = \frac{2 \times 0.3 \times 0.2625}{0.3 \times (10.2625 - 10 \times 0.01055)} = 3.344\ \mathrm{m/s}$$

$$\Delta t_m = \frac{2.2}{\ln \dfrac{15}{12.8}} = 13.87\ ℃,\ A_0 = 40 \times 3.1416 \times 0.3 \times 0.01055$$

$$= 0.3977\ \mathrm{m^2}$$

$$\Phi_h = 0.3977 \times 52.42 \times 13.87 = 289.15\ \mathrm{W}$$

$$\Phi_b = 0.3 \times 0.2625 \times 2 \times 1.185 \times 1005 \times 2.2 = 412.7\ \mathrm{W}$$

$\Phi_h < \Phi_b$,所以重设 $\Delta t = 1.8\ ℃$,查 $t_m = 25.9\ ℃$ 的物性为

$$\rho = 1.185\ \mathrm{kg/m^3},\ \lambda = 0.0264\ \mathrm{W/(m \cdot K)},$$

$$\nu = 15.54 \times 10^{-6}\ \mathrm{m^2/s}$$

同理解得 $$Re=\frac{0.01055\times 3.344\times 10^{6}}{15.54}=2270.22$$

$$Nu=0.48Re^{0.489}=21.007$$

$$h=\frac{Nu\lambda}{d}=56.9\ \mathrm{W/(m^2\cdot K)}$$

$$\Delta t_{\mathrm{m}}=\frac{1.8}{\ln\frac{15}{13.2}}=14.08\ ℃\approx 14\ ℃$$

$$\Phi_{\mathrm{h}}=0.3977\times 56.9\times 14=316.81\ \mathrm{W}$$

$$\Phi_{\mathrm{b}}=0.3\times 0.2625\times 2\times 1.185\times 1005\times 1.8=327.66\ \mathrm{W}$$

取 $$\Phi=\frac{316.81+327.66}{2}=322.235\ \mathrm{W}$$

凝结量 $$\dot{m}=\frac{322.235}{163230}=0.00197\ \mathrm{kg/s}$$

10-38 解题过程 经过数次试凑计算，取 $t''=36.3℃$，$t_{\mathrm{m}}=30.65\ ℃$，空气物性按 30 ℃计算：$\lambda=0.0267\ \mathrm{W/(m\cdot K)}$，$\rho=1.165\ \mathrm{kg/m^3}$，$c_p=1055\ \mathrm{J/(kg\cdot K)}\nu=16\times 10^{-6}\ \mathrm{m^2/s}$，$Pr=0.701$。

由教材习题 10-37 知 $u=3.56\ \mathrm{m/s}$，$Re=\frac{ud}{\nu}=2347$

$$Nu=0.74\times 2347^{0.453}=34.18$$

$$h_0=34.18\times 0.0267/0.01055=86.5\ \mathrm{W/(m^2\cdot K)}$$

$$\Phi_{\mathrm{b}}=0.3\times 0.2625\times 2\times 1.165\times 1005\times 11.3=2083\ \mathrm{W}$$

$$q_1=\frac{2028}{0.3515}=5770\ \mathrm{W/m^2}$$

$$h_1=1.177\times\left(\frac{9.8\times 1146.2^2\times 0.075^3\times 163230}{0.1554\times 10^6\times 1146.2\times 0.00933\times 5770}\right)^{1/3}$$

$$=5159\ \mathrm{W/(m^2\cdot K)}$$

$$R_{\mathrm{r}}=\frac{1}{86.5\times 3.432}+\frac{1}{5159\times 0.3515}=0.003918\ \mathrm{(m^2\cdot k)/W}$$

$$\Delta t_{\mathrm{m}}=\frac{11.3}{\ln\frac{15}{3.7}}=8.07\ ℃$$

$$\Phi_{\mathrm{h}}=\frac{8.07}{0.003918}=2060\ \mathrm{W}$$

$\frac{\Phi_b}{\Phi_h} = \frac{2083}{2060} = 1.011 < 1.04$，计算有效。

$\Phi = \frac{2083 + 2060}{2} = 2072\ \text{W}, \dot{m} = \frac{2072}{163230} = 0.0127\ \text{kg/s}$，

比平直翅片提高了约 19 %。

传热问题综合分析

10-39 解题过程 热量散失的途径：① 通过瓶塞的导热；② 通过夹层的辐射换热；③ 通过石棉粒的导热。通过夹层的导热可以不计。

采用的措施：① 夹层内壁涂反射率高的薄层；② 夹空层真空；③ 瓶塞用木制的。

10-40 解题过程 因水沸腾换热十分强烈，其热阻作为估算可以忽略，即内管壁的温度 $t_w = 315$ ℃，设外管壁温度为 t_{w0}。

$\Phi_1 = \pi d_0 \varepsilon \sigma_0 (t_\infty^4 - t_{w0}^4), \Phi_2 = \frac{2\pi\lambda(t_{w0} - t_w)}{\ln(d_0/d_1)}$，（$\Phi_1$ 为外表面的换热量，Φ_2 为内表面的换热量）。

由于过程处于稳态，因此 $\Phi_1 = \Phi_2$，即

$$\pi d_0 \varepsilon \sigma_0 (t_\infty^4 - t_{w0}^4) = \frac{2\pi\lambda(t_{w0} - t_w)}{\ln(d_0/d_1)},$$

$$0.8 \times 0.050 \times 5.67 \times \left[15.4 - \left(\frac{t_{w0}}{100}\right)^4\right] = \frac{2 \times 40 \times (t_{w0} - 315)}{\ln(50/40)}$$

解得外壁温度 $t_{w0} = 346$ ℃

换热量 $\Phi_1 = 3.1416 \times 0.8 \times 0.050 \times 5.67 \times (15^4 - 6.19^4) = 35025\ \text{W/m}$

$$\Phi_2 = \Phi_1 = 35025\ \text{W/m}$$

10-41 解题过程 $0.9 \times 0.064 \times 5.67\left[15^4 - \left(\frac{t_{w0}}{100}\right)^2\right] = \frac{2 \times (t_{w0} - t_{w1})}{\ln\frac{d_0}{d_0}/\lambda_0 + \ln\frac{d_0}{d_1}/\lambda_1}$

解得 $t_{w0} = 1435$ K，单位长度换热量为

$$\Phi = 0.8653 \times (50625 - 42404) = 7114\ \text{W/m}$$

10-42 解题过程 定性温度 $t_m = \frac{330 - 273 + 22}{2} = 39.5$ ℃

查空气物性性质 $\nu = 16.96 \times 10^{-6}$ m²/s, $Pr = 0.699$, $\lambda = 0.0276$ W/(m·K)。

$$Gr = \frac{g\alpha\Delta t d^3}{\nu^2} = \frac{9.8 \times \frac{1}{273 + 39.5} \times (330 - 295) \times 0.32^3}{(16.96 \times 10^{-6})^2}$$

$$= 4.057 \times 10^7$$

$$(Gr \cdot Pr)_m = 4.057 \times 10^7 \times 0.699 = 2.836 \times 10^7$$

查表得 $C = 0.48, n = 0.25$。

$$Nu = C(Gr \cdot Pr)_m^n = 0.48 \times (2.836 \times 10^7)^{0.25} = 35.03$$

$$h = \frac{\lambda}{d} Nu = 4.39 \text{ W/(m}^2 \cdot \text{K)}$$

自然对流散热量 $\Phi_c = hA\Delta t = 4.39 \times 3.1416 \times 0.22 \times 6 \times 35 = 637.8$ W

查表取 $\varepsilon = 0.93$，则辐射换热量

$$\Phi_r = \varepsilon\sigma_0 A(T_1^4 - T_2^4)$$

$$= 0.93 \times 5.67 \times 10^{-8} \times 3.1416 \times 0.22 \times 6 \times (330^4 - 295^4)$$

$$= 937 \text{ W}$$

总散热量 $\Phi = \Phi_c + \Phi_r = 637.8 + 937 = 1574.8$ W

10-43 解题过程 (1) 热平衡关系式为 $mc\frac{dT}{d\tau} = A\alpha_1 G - A\xi\sigma_0(T^4 - T_\infty^4) - Ah(T - T_\infty)$

(2) 再次处于稳态时即 $\frac{dT}{d\tau} = 0$，所以 $\alpha_1 G = \xi\sigma_0(T^4 - T_\infty^4) + h(T - T_\infty)$

$$0.8 \times 3000 = 0.9 \times 5.67\left[\left(\frac{T}{100}\right)^4 - 3^4\right] + 50(T - 300)$$

$$T = 343 \text{ K}$$

10-44 解题过程 对任一微元段 dx，可以列出下列微分方程

$$\lambda f \frac{d^2 T}{dx^2} - U\varepsilon\sigma_0(T^4 - T_\infty^4) - Uh_1(T - T_\infty) = 0$$

边界条件为 $x = 0, T = T_0, x = h, -\lambda f \frac{dT}{dx} = f\varepsilon\sigma_0(T^4 - T_\infty^4) + fh_2(T - T_\infty)$。

其中：$U=\pi d, h_1=A_1\left(\frac{\Delta t}{d}\right)^{0.25}=A_1\left(\frac{T-T_\infty}{d}\right)^{0.25}$，

$$h_2=A_2\left(\frac{T-T_\infty}{0.9d}\right)^{0.25} \quad f=\frac{\pi d^2}{4}$$

系数 A_1、A_2 取决于温度，但在不大的温度变化范围内可以取为常数。该离散方程是关于温度 T 的非线性方程，可用数值方法求解，方程中的对流与辐射散量可相当于源项，从而使问题得以简化。

10-45 解题过程 (1)

$$t_{2m}=\frac{20+80}{2}=50\ ℃$$

$$c_{p2}=4174\ \mathrm{J/(kg\cdot K)}$$

$$\Phi=G_2c_{p2}\Delta t_2=\frac{2000}{3600}\times4174\times(80-20)=139.1\ \mathrm{kW}$$

$$\Delta t_m=\frac{80-20}{\ln\frac{120-20}{120-80}}=65.48\ ℃$$

$$A=\frac{\Phi}{k\Delta t_m}=\frac{139.13\times10^3}{1800\times65.48}=1.18\ \mathrm{m^2}$$

(2) $\frac{1}{k_\alpha}=\frac{1}{k}+R=\frac{1}{1800}+0.0004=9.56\times10^{-4}\ \mathrm{(m^2\cdot K)/W}$

所以 $k_\alpha=1046.51\ \mathrm{W/(m^2\cdot K)}$

设 $c_{p2}=4174\ \mathrm{J/(kg\cdot K)}$，则

$$NTU=\frac{k_\alpha A}{(q_m c)_{min}}=\frac{1046.5\times1.18}{2000/3600\times4174}=0.53$$

$$\varepsilon=1-e^{-NTU}=1-e^{-0.53}=0.41$$

所以 $$t''_2=20+0.41\times(120-20)=61\ ℃$$

$t_{2m}=\frac{20+61}{2}=40.5\ ℃$，查得 $c_{p2}=4174\ \mathrm{J/(kg\cdot K)}$，与假定值一致。

10-46 解题过程 自然对流换热系数 h 由下式决定

$$h=\frac{\phi}{A(t_w-t_f)}-\frac{\varepsilon C_0}{(t_w-t_f)}\left[\left(\frac{T_w}{100}\right)^4-\left(\frac{T_f}{100}\right)^4\right]$$

$$t_w=0.1073+26.57\times1.88-0.5828\times1.88^2=48\ ℃$$

$$t_f=0.1073+26.57\times0.96-0.5828\times0.96^2=25.08\ ℃$$

$$\phi = 28\ \text{W}, \varepsilon = 0.06$$

$A = \pi dl = 3.1416 \times 0.08 \times 0.8 = 0.2011\ \text{m}^2$，将这些数据代入得

$$h = \frac{28}{0.2011 \times (48 - 25.08)} - 0.06 \times 5.67 \times \frac{3.21^4 - 2.98^4}{48 - 25.08}$$

$$= 5.67\ \text{W/(m}^2 \cdot \text{K)}$$

$t_m = \dfrac{48.00 + 25.08}{2} = 36.5\ ℃$，查表得物性为

$$\lambda = 0.0273\ \text{W/(m} \cdot \text{K)}, Pr = 0.7, \nu = 16.624 \times 10^{-6}\ \text{m}^2/\text{s}$$

$$Nu = \frac{hd}{\lambda} = \frac{5.67 \times 0.08}{0.0273} = 16.6$$

$$GrPr = \frac{g\alpha \Delta t d^3}{\nu^2} Pr = \frac{9.8 \times (48 - 25.08) \times 0.08^3}{309.5 \times 16.624^2 \times 10^{-12}} \times 0.700$$

$$= 9.41 \times 10^5$$

10-47 解题过程 由教材习题 10-43 得 $mc\dfrac{dT}{d\tau} = A\alpha_1 G - A\xi\sigma_0(T^4 - T_\infty^4) - Ah(T - T_\infty)$，

两边除以 AhT_∞，得

$$mc\frac{d(T/T_\infty)}{d[Ah\tau/(mc)]} = \frac{\alpha_1 G}{hT_\infty} - \frac{\xi\sigma_0 T_\infty^4}{hT_\infty}\left[\left(\frac{T}{T_\infty}\right)^4 - 1\right] - \frac{T}{T_\infty} + 1$$

即
$$\frac{d\theta}{d\tau} = N_1 - N_2(\theta^4 - 1) - \theta + 1$$

由教材习题 10-43 的数据可求得 $N_1 = 0, N_2 = 0.202$，当 τ 值相当大时，即可认为过程趋于稳定。

即$\dfrac{d\theta}{dt}$无限趋近于 0，此时，数值求解所得结果与教材习题 10-43 所计算的结果应当一致。

10-48 解题过程 (1) 对于 $T = 5800$ K 的黑体，对 $\lambda = 1\mu\text{m} \cdot \text{K}$，查得 $F_{b(0-1)} = 71.93\ \%$，故 $F_{b(1-\infty)} = 28.07\ \%$，由教材表 8-2 知玻璃的 $\varepsilon = 0.94$，故可得稳态时的热平衡式为 $0.281G + G + h_i(t_f - t_g) = g_0(t_g - t_\infty) + 2\varepsilon\sigma_0 \times t_g^4$。

(2) 由(1) 知

$$0.281 \times 1000 + 250 + 440 + 10(t_f - 27)$$

$$= 55 \times (27 - 24) + 2 \times 0.94 \times 5.67 \times 3^4$$

$$t_f = 27 + 0.1 \times (165 + 863.4 - 281 - 250 - 440) = 32.74\ ℃$$

10-49 解题过程 (1) 不锈钢管允许的最大电流所产生的热量等于 $t_w = 300\ ℃$ 时的自然对流散热及辐射散热之和，$t_m = \dfrac{300+20}{20} = 160\ ℃$，查此时的物性为

$$\nu = 30.09 \times 10^{-6}\ m^2/s, Pr = 0.682, \lambda = 0.0364\ W/(m \cdot K)。$$

$$Gr = \frac{9.8 \times (300-20) \times 0.013^3}{30.09^2 \times 10^{-12} \times 433} = 15377$$

$$GrPr = 15377 \times 0.682 = 10487$$

$$h_0 = 0.48 \times 10487^{0.25} \times 0.0364/0.013 = 13.60\ W/(m^2 \cdot K)$$

$$h_1 = \frac{\varepsilon\sigma_0(t_w^4 - t_\infty^4)}{t_w - t_\infty} = \frac{0.8 \times 5.67 \times (5.73^4 - 2.93^4)}{300-20}$$

$$= 16.27\ W/(m^2 \cdot K)$$

所以 $h = h_0 + h_1 = 13.60 + 16.27 = 29.87\ W/(m^2 \cdot K)$

$$q = h\Delta t = 29.87 \times 280 = 8363.5\ W/m^2$$

$$q_1 = \pi dq = 3.1416 \times 0.013 \times 8363.5 = 341.6\ W/m$$

$$I^2R = 341.6\ W/m$$

$$I = \sqrt{341.6/4} = 9.24A$$

(2) 置于水中时，由题意可知电流所产生的热量等于自然对流散热量，$t_水 = 160\ ℃$ 时，此时的物性为 $\nu = 0.191 \times 10^{-6} m^2/s, Pr = 1.1, \lambda = 0.683\ W/(m \cdot K)$。

$$Gr = \frac{9.8 \times (300-20) \times 0.013^3}{0.191^2 \times 10^{-12} \times 433} = 3.816 \times 10^8,$$

$$GrPr = 3.816 \times 10^8 \times 1.1 = 4.198 \times 10^8$$

$$h = 0.48 \times (4.198 \times 10^8)^{0.25} \times 0.683/0.013 = 3609.8\ W/(m^2 \cdot K)$$

$$q = h\Delta t = 3609.8 \times 280 = 101074\ W/m^2$$

$$q_1 = \pi dq = 3.1416 \times 0.013 \times 101074 = 41280\ W/m$$

$$I = \sqrt{41280/4} = 101.6\ A$$

10-50 解题过程 采用集中参数法来分析问题，由于铅球温度在不断变化，故可列出

$$\rho c V \frac{d}{d\tau} + A\varepsilon\sigma_0(T^4 - T_\infty^4) = 0, 即 \frac{dT}{d\tau} = \frac{A\varepsilon\sigma_0 T^4}{\rho c V}, \frac{dT}{T^4} = \frac{A\varepsilon\sigma_0}{\rho c V} d\tau$$

积分后得$\frac{1}{3}T^{-3}=\frac{A\varepsilon\sigma_0}{\rho cV}\tau+C$，$\tau=0$时，$T=T_0$，所以$C=\frac{1}{3}T_0^{-3}$，即

$$\tau=\frac{1}{3}(T^{-3}-T_0^{-3})\frac{\rho cV}{A\varepsilon\sigma_0}$$

把已知数值代入

$$\frac{\rho cV}{A\varepsilon\sigma_0}=\frac{2710\times902\times\frac{4}{3}\pi\times0.02^3}{4\pi\times0.02^3\times0.96\times5.67\times10^{-8}}=2.99385\times10^{11}$$

所以
$$\tau=\frac{1}{3}\times\frac{T^{-3}-T_0^{-3}}{3.3401\times10^{-12}}$$

$T_0=303$ K，$T=40$ K，则 $\tau=\frac{1}{3}\times\frac{40^{-3}-303^{-3}}{3.3401\times10^{-12}}=1555.7\times10^3\,\text{s}$

10-51 解题过程 自然对流换热：$t_m=\frac{25+70}{2}=47.5$ ℃

查此时的物性为 $\nu=17.70\times10^{-6}$ m²/s，$Pr=0.698$，$\lambda=0.0281$ W/(m·K)。

$$Gr=\frac{9.8\times(70-25)\times0.1^3}{17.70^2\times10^{-12}\times320.5}=4.392\times10^6$$

$$GrPr=4.392\times10^6\times0.698=3.066\times10^6$$

$$Nu=0.59\times(3.066\times10^8)^{0.25}=24.69$$

$$h_c=24.69\times0.0281/0.1=6.937\ \text{W/(m}^2\cdot\text{K)}$$

对流换热量 $\Phi_1=(0.1\times2+0.01\times2)\times45\times6.937=68.681$ W/m

辐射散热量 $\Phi_2=(0.1\times2+0.01\times2)\times0.94\times(3.33^4-2.98^4)\times5.67$
$=51.71$ W/m

所以每米长母线上的总散热量

$$\phi=\phi_1+\phi_2=68.681+51.71=120.391\ \text{W/m}$$

$$I^2R=\phi$$

$$R=0.0366/1000=3.66\times10^{-5}\,\Omega/\text{m}$$

故得
$$I^2=120.39/(3.66\times10^{-5})$$

即
$$I=\sqrt{120.69/(3.66\times10^{-5})}=1814\ \text{A}$$

10-52 解题过程 (1) 芯线所发出的热量通过绝缘层传递到周围环境中去，单位长度上

的发热量 $\dot{\Phi}$ 可以表示为

$$\dot{\Phi}=\frac{t_1-t_\infty}{\dfrac{\ln(r_2/r_1)}{2\pi\lambda}+\dfrac{1}{2\pi r_2 h}}$$

故芯线表面温度与环境温度之差为

$$t_1-t_\infty=\dot{\Phi}\left[\frac{\ln(r_2/r_1)}{2\pi\lambda}+\frac{1}{2\pi r_2 h}\right]=\frac{\dot{\Phi}}{2\pi}\left(\frac{1}{\lambda}\ln\frac{r_2}{r_1}+\frac{1}{r_2 h}\right)$$

(2) 对于所研究的情形，散热量是一定的，当改变 r_2 的大小使绝缘层导热热阻及外表面换热热阻为最小时就在这到了临界绝缘直径，当温度差(t_1-t_∞) 最大时，此时散热量最大，而当散热量一定时，则温度差(t_1-t_∞) 最小，因而使 t_1 最低的 r_2 应满足 $\dfrac{hr_2}{\lambda}=1$ 的条件，即 $\dfrac{1}{hr_2}=\dfrac{1}{\lambda}$。对于芯线，其温度场满足 $\lambda_0\dfrac{1}{r}\dfrac{\mathrm{d}}{\mathrm{d}r}\left(r\dfrac{\mathrm{d}t}{\mathrm{d}r}\right)+\dfrac{\dot{\Phi}}{\pi r_1^2}=0$($\dfrac{\phi}{\pi r_1^2}$ 是单位体积芯线中的发热率)。对此进行两次积分得 $t=\dfrac{-\dot{\Phi}}{4\pi r_1^2}\dfrac{r^2}{\lambda_0}+C_1\ln r+C_2$，因为在 $r=0$ 处 t 为有限，所以 $C_1=0$，芯线中心($r=0$) 与表面($r=r_1$) 的温差 $\Delta t=C_2-\left(\dfrac{-\dot{\Phi}r_1^2}{\pi r_1^2\lambda_0}+C_2\right)=\dfrac{\dot{\Phi}}{4\pi\lambda_0}$。故得此时芯线中心温度与环境温度之差为

$$\Delta t'=\frac{\dot{\Phi}}{2\pi}\left(\frac{1}{\lambda}\ln\frac{r_2}{r_1 h}+\frac{1}{\lambda}+\frac{1}{2\lambda_0}\right)$$

10-53 解题过程 应注意的问题：① 顺流时冷流体的终温始终小于热流体的终温；② 顺流、逆流的曲线走向等。

不合理。在温差大的地方，换热剧烈，冷热流体温度变化率大，温差小的地方则相反，题图显然违背这一原则。

10-54 解题过程 先假设外壳平均温度为 $t_w=65$ ℃，$t_m=\dfrac{65+35}{2}=50$ ℃。

查物性为 $Pr=0.698$，$\lambda=0.0283$ W/(m·K)，$\nu=17.95\times10^{-6}$ m²/s。

侧面对流散热：$Gr_1=\dfrac{9.8\times(65-35)\times1^3}{17.95^2\times10^{-12}\times323}=2.825\times10^9$

$$Gr_1 Pr=2.825\times10^9\times0.698=1.972\times10^9$$

$$Nu_1 = 0.59 \times (1.972 \times 10^9)^{1/4} = 124.3$$

$$h_1 = 124.3 \times 0.0283/1 = 3.52 \text{ W/(m}^2 \cdot \text{K)}$$

顶面圆盖热表面特性尺度取 $0.9d$，则

$$Gr_2 = \frac{9.8 \times (65-35) \times 0.45^3}{17.95^2 \times 10^{-12} \times 323} = 2.574 \times 10^8$$

$$Gr_2 Pr = 2.574 \times 10^8 \times 0.698 = 1.797 \times 10^8$$

$$Nu_2 = 0.59 \times (1.797 \times 10^8)^{1/4} = 68.3$$

$$h_2 = 68.3 \times 0.0283/0.45 = 4.29 \text{ W/(m}^2 \cdot \text{K)}$$

对流换热量

$$\Phi_c = 3.1416 \times 1 \times 0.5 \times 3.52 \times 30 + \frac{3.1416}{4} \times 0.5^2 \times 30 \times 4.29$$

$$= 165.9 + 25.27 = 191.2 \text{ W}$$

辐射换热

$$\Phi_r = 0.92 \times \left(3.1416 \times 0.5 + \frac{3.1416}{4} \times 0.5^2\right) \times 5.67 \times (3.38^4 - 3.08^4)$$

$$= 0.92 \times 1.766 \times 5.67 \times 40.5 = 373.5 \text{ W}$$

总换热量 $\Phi = \Phi_c + \Phi_r = 564.3$ W。

实际应散出的热量为 $\Phi^* = 350 + 1.766 \times 700 \times 0.2 = 597.2$ W。

Φ 与 Φ^* 相差较大，重设 $t_w = 66$ ℃，空气的物性变化可以忽略而不考虑。

同理可得 $\Phi_c = 199.1 \times 31/30 = 205.7$ W

$$\Phi_r = 0.92 \times 1.766 \times 5.67 \times (3.39^4 - 3.08^4) = 387.6 \text{ W}$$

$$\Phi = \Phi_c + \Phi_r = 205.7 + 387.6 = 593.3 \text{ W}$$

Φ 与 Φ^* 相接近，故取 $t_w = 66$ ℃。

10-55 解题过程 出口温度需要采用迭代的方式求解，正确的 t^* 之值应使空气侧热平衡热量等于从空气到环境之间的传热量。现设 $t_f = 140$ ℃，则 $t_m = \frac{t_1 + t_f}{2} = 145$ ℃，查得物性为 $\rho = 0.844$ kg/m³，$\lambda = 0.0353$ W/(m·K)，$\nu = 28.37 \times 10^{-6}$ m²/s，$c_p = 1014$ J/(kg·K)，$Pr = 0.684$。

空气平均流速

$$u=\frac{q_m}{\rho A}=\frac{0.407}{0.844\times\frac{\pi\times 0.1^2}{4}}=\frac{0.407}{0.844\times 0.00785}=61.43\ \text{m/s}$$

$$Re=\frac{ud}{\nu}=\frac{61.43\times 0.1}{28.37\times 10^{-6}}=216532$$

$$Nu=0.023\times 216532^{0.8}\times 0.684^{0.3}=380.77$$

$$h=380.77\times 0.0353/0.1=134.4\ \text{W/(m}^2\cdot\text{K)}$$

内表面热阻

$$\frac{1}{h_1A_1}=\frac{1}{134.4}\times\frac{1}{3.1416\times 0.1\times 30}=7.8946\times 10^{-4}\ (\text{m}^2\cdot\text{K})/\text{W}$$

钢管导热系数取为 $\lambda_1=42.8\ \text{W/(m}\cdot\text{K)}$，则钢管的热阻为

$$\frac{1}{2\pi\lambda_1 l}\ln\frac{d_1}{d_2}=\frac{1}{2\times 3.1416\times 42.8\times 30}\ln\frac{112}{100}=0.1405\times 10^{4}\ (\text{m}^2\cdot\text{K})/\text{W}$$

取绝热层平均温度为80℃，则$\bar{\lambda}=0.099+0.0002\times 80=0.115\ \text{W/(m}\cdot\text{K)}$，则绝热层的热阻为

$$\frac{1}{2\pi\bar{\lambda}l}\ln\frac{d_1}{d_2}=\frac{1}{2\times 3.1416\times 0.115\times 30}\times\ln\frac{192}{112}$$
$$=248.65\times 10^{-4}\ (\text{m}^2\cdot\text{K})/\text{W}$$

外表面热阻

$$\frac{1}{h_2\pi d_3 l}=\frac{1}{9.6\times 3.1416\times 0.192\times 30}=57.5646\times 10^{-4}\ (\text{m}^2\cdot\text{K})/\text{W}$$

总热阻

$$\sum R=(7.8946+0.1405+248.65+57.5646)\times 10^{-4}$$
$$=314.2497\times 10^{-4}\ (\text{m}^2\cdot\text{K})/\text{W}$$

$$\Phi_b=\frac{\Delta t_m}{\sum R}=\frac{145-15}{314.2497\times 10^{-4}}=4137\ \text{W}$$

空气热平衡热量

$$\Phi_b=q_m c_p\Delta t=0.407\times 1014\times 10=4127\ \text{W}$$

Φ_h 与 Φ_b 比较接近，可以认为计算有效，假设成立。

设绝热层壁面温度为 $t_{绝}$。

钢管内壁温度

$$t = 145 - \frac{4127 + 4137}{2} \times (0.1405 + 7.8946) \times 10^{-4} = 145 - 3.32$$

$$= 141.68\ ℃$$

通过绝热层的温度降落

$$\Delta t = \frac{4127 + 4137}{2} \times 248.65 \times 10^{-4} = 102.75\ ℃$$

所以 $t_{绝} = 141.68 - \frac{102.75}{2} = 90.3\ ℃$，此值与假定绝热层平均值相差 10℃，但 90℃ 时绝热材料的 $\bar{\lambda} = 0.099 + 0.0002 \times 90.3 = 0.118$ W/(m・K)。

与0.115相差2.6%，差别不大，仍然在工程计算允许的偏差范围内，因此，出口温度$t_f = 140\ ℃$。

10-56 解题过程 通过计算水蒸气与管壁间辐射换热系数的大小来判断。根据已知条件，$p_{H_2O}s = 3 \times 10^6 \times 0.9 \times 0.045 = 1.22 \times 10^5$ Pa・m，$T_k = 733$ K。查教材图 8-21 得 $\varepsilon_{H_2O} = 0.45$，取 $T_w = 550 + 273 = 823$ K

$$p_{H_2O}s(T_w/T_g) = 1.22 \times 10^5 \times 823/773 = 1.30 \times 10^5\ \text{Pa} \cdot \text{m}$$

按 $T_w = 823$ K，$P_{H_2O}s = 1.3 \times 10^5$ Pa・m，查教材图 8-21 得 $\alpha_{H_2O} = 0.45$，设水蒸气与管壁之间的辐射传热量为 q

$$q = 5.67\left[\varepsilon_{H_2O}\left(\frac{T_k}{100}\right)^4 - \alpha_{H_2O}\left(\frac{T_w}{100}\right)^4\right] = 5.67 \times 0.45 \times (7.73^4 - 8.23^4)$$

$$= -2597\ \text{W/m}^2（负号表示管壁向蒸气放热）$$

传热热阻 $R = \frac{q}{\Delta t} = \frac{2597}{50} = 51.9\ \text{W/(m}^2 \cdot \text{K)} < 750\ \text{W/(m}^2 \cdot \text{K)}$。

仅占对流换热系数的 6.9 %，因此，在初步分析中可以不予考虑。

10-57 解题过程 (1) 裸线

解 10-57 表

$GrPr$	C	n
$10^{-2} \sim 10^2$	1.02	0.148
$10^2 \sim 10^4$	0.850	0.188

热量通过自然对流及辐射散失，$t_m = \frac{15 + 75}{2} = 45\ ℃$，查此时的物性

为 $Pr = 0.698, \lambda = 0.028\ \text{W/(m·K)}, \nu = 17.46 \times 10^{-6}\ \text{m}^2/\text{s}$。

$$GrPr = \frac{9.8 \times 60 \times 0.698 \times 0.002^3}{17.46^2 \times 10^{-12} \times 318} = 33.9$$

$$Nu = 1.02 \times 33.9^{0.148} = 1.718$$

$$h_c = 1.718 \times 0.023/0.002 = 24.05\ \text{W/(m}^2 \cdot \text{K)}$$

$$\Phi_{lc} = 3.1416 \times 0.002 \times 60 \times 24.05 = 9.07\ \text{W/m}$$

$$\begin{aligned}\Phi_{lr} &= \varepsilon\pi d C_0 (3.48^4 - 2.88^4) \\ &= 0.3 \times 3.1416 \times 0.002 \times 5.67 \times (146.7 - 68.8) \\ &= 0.832\ \text{W/m}\end{aligned}$$

$$\Phi_l = \Phi_{lc} + \Phi_{lr} = 9.07 + 0.833 = 9.9\ \text{W/m}。$$

(2) 包橡胶层的导线：

设外表面温度为 50℃，则 $t_m = \dfrac{65}{2} = 32.5$ ℃，查此时的物性为 $\nu = 16.24 \times 10^{-6}\text{m}^2/\text{s}, Pr = 0.7, \lambda = 0.0269\ \text{W/(m·K)}$。

$$GrPr = \frac{9.8 \times 35 \times 0.7 \times 0.0044^3}{16.24^2 \times 10^{-12} \times 3055} = 253.8$$

$$Nu = 0.85 \times 253.8^{0.148} = 1.955$$

$$h_{lc} = 1.955 \times 0.0269/0.0044 = 11.95\ \text{W/(m}^2 \cdot \text{K)}$$

$$\Phi_{lc} = 3.1416 \times 0.0044 \times 35 \times 11.95 = 5.78\ \text{W/m}$$

$$\Phi_{lt} = 0.9 \times 3.1416 \times 0.0044 \times 5.67 \times (3.23^4 - 2.88^4) = 2.825\ \text{W/m}$$

$$\Phi_l = \Phi_{lc} + \Phi_{lt} = 5.78 + 2.825 = 8.605\ \text{W/m}$$

可见此时的散热值与裸线时的基本相同，这说明 $t_w = 50$ ℃ 的假设是允许的。加了绝缘层后，电流大小不变，则导线散热量亦相同，通过绝缘层的温差

$$\Delta t = \frac{\Phi'_l \ln(d_2/d_1)}{2\pi\lambda} = \frac{9.9 \times \ln(4.4/2)}{2 \times 3.1416 \times 0.14} = 8.9\ ℃$$

导线表面温度为 $50 + 8.9 = 58.9$ ℃，因此，橡胶表面的温度为 50 ℃。

10-58 解题过程 (1) 单个换热器

由热平衡求油的流量

$$\Phi = q_{m1} \times 2100 \times (150 - 85) = 1.82 \times 4200 \times (80 - 35) = 343980\ \text{W},$$

$$q_{m1} = 2.52\ \text{kg/s}, A = \frac{\Phi}{k\Delta t_m} = \frac{343980}{59.44 \times 850} = 6.81\ \text{m}^2。$$

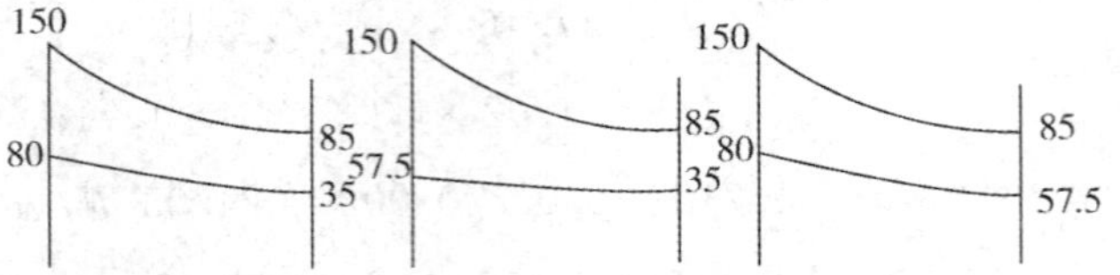

解 10-58 图

(2) 两个小换热器

先确定第一个换热器的出口水温 t_m，由于油量均分，故每个换热器的传热量为$\frac{1}{2} \times 343980 = 171990$ W。

由于水侧热平衡，$\Delta t_2 = \frac{\Phi}{Q_{m2} c_{p2}} = \frac{171990}{1.82 \times 4200} = 22.5$ ℃

所以 $t_m = 35 + 22.5 = 57.5$ ℃

$$\Delta t_{m1} = \frac{92.5 - 50}{\ln(92.5/50)} = 69.1\ ℃, A_1 = \frac{171990}{850 \times 69.1} = 2.929\ \text{m}^2$$

$$\Delta t_{m2} = \frac{70 - 27.5}{\ln(70/27.5)} = 45.49\ ℃, A_2 = \frac{171990}{850 \times 45.49} = 4.448\ \text{m}^2$$

所以　$A = A_1 + A_2 = 2.929 + 4.448 = 7.377\ \text{m}^2 > 6.81\ \text{m}^2$

因此，采用(a) 方案即单个换热器时所需的传热面积小。

10-59 解题过程 处于稳态时，遮热板与环境间的净辐射散热量等于板的两表面的自然对流散热，为便于计算，遮热板与炉门间的空气温度也取为 25℃。

(1) 辐射换热计算。辐射换热网络图如下图所示。

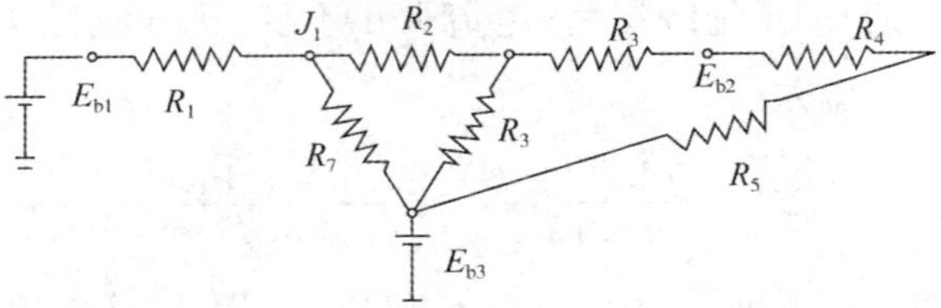

解 10-59 图

炉门为表面 1，环境为 3，遮热板的两个表面分别为 2L 和 2R。

$$X_{1,2L} = 0.2, X_{1,3} = 0.8, X_{2L,3} = 1$$

$$R_1=\frac{1-\varepsilon_1}{\varepsilon_1 A_1}=\frac{1-0.85}{0.85}=0.1765\ (\mathrm{m^2\cdot K})/\mathrm{W}$$

$$R_2=\frac{1}{A_1 X_{1,2}}=\frac{1}{1\times 0.2}=5\ (\mathrm{m^2\cdot K})/\mathrm{W}$$

$$R_3=\frac{1-\varepsilon_2}{\varepsilon_2 A_2}=\frac{1-0.75}{0.75}=0.3333\ (\mathrm{m^2\cdot K})/\mathrm{W}$$

$$R_4=R_3=0.3333\ (\mathrm{m^2\cdot K})/\mathrm{W}$$

$$R_5=\frac{1}{A_2 X_{2R,3}}=1\ (\mathrm{m^2\cdot K})/\mathrm{W}$$

$$R_6=\frac{1}{A_2 X_{2L,3}}=\frac{1}{0.8}=1.25\ (\mathrm{m^2\cdot K})/\mathrm{W}$$

$$R_7=\frac{1}{A_1 X_{1,3}}=\frac{1}{0.8}=1.25\ (\mathrm{m^2\cdot K})/\mathrm{W}$$

对节点 J_1、J_{2L} 及 J_{2R} 写出节点方程

$$\frac{E_{b1}-J_1}{R_1}+\frac{J_{2L}-J_1}{R_2}+\frac{E_{b3}-J_1}{R_7}=0$$

$$\frac{J_1-J_{2L}}{R_2}+\frac{E_{b2}-J_{2L}}{R_3}+\frac{E_{b3}-J_{2L}}{R_6}=0$$

$$\frac{E_{b2}-J_{2R}}{R_4}+\frac{E_{b3}-J_{2R}}{R_5}=0$$

$$E_{b1}=5.67\times 4.13^4=1649.6\ \mathrm{W/m^2}$$

$$E_{b3}=5.67\times 2.98^4=447.1\ \mathrm{W/m^2}$$

得
$$\frac{1649.6-J_1}{0.1765}+\frac{J_{2L}-J_1}{5}+\frac{447.1-J_1}{1.25}=0 \tag{1}$$

$$\frac{J_1-J_{2L}}{5}+\frac{E_{b2}-J_{2L}}{0.3333}+\frac{447.1-J_{2L}}{1.25}=0 \tag{2}$$

$$\frac{E_{b2}-J_{2R}}{0.3333}+\frac{447.1-J_{2R}}{1}=0 \tag{3}$$

由式(1) 和式(2) 两式得 $J_{2L}=162.46+0.75E_{b2}$ (4)

由式(3) 得
$$J_{2R}=\frac{3E_{b2}+447.1}{4} \tag{5}$$

于是辐射换热与对流的平衡可表示为

$$\frac{J_{2L}-E_{b2}}{\frac{1-\varepsilon_2}{\varepsilon_2 A_2}}+\frac{J_{2R}-E_{b2}}{\frac{1-\varepsilon_2}{\varepsilon_2 A_2}}=2hA_2(T_2-298) \tag{6}$$

(2) 自然对流换热系数计算，先假定 $t_2=37℃$，则 $t_m=\frac{37+25}{2}=31\ ℃$，查此时的物性为 $Pr=0.701$，$\lambda=0.0268\ W/(m\cdot K)$，$\nu=16.7\times10^{-6}\ m^2/s$。

$$Gr=\frac{9.8\times(31-25)\times1^3}{16.7^2\times10^{-12}\times304}=6.936\times10^8,$$

$$GrPr=6.936\times10^8\times0.701=4.862\times10^8$$

$$Nu=0.59(GrPr)^{0.25}=0.59\times(4.862\times10^8)^{0.25}=87.61$$

$$h=87.61\times\frac{0.0268}{1}=2.348\ W/(m^2\cdot K)$$

联立式(4) ~ 式(6) 得

$$3(162.46+0.75E_{b2})-3E_{b2}+3\times\frac{3E_{b2}+447.1}{4}-3E_{b2}=4.796(T_2-298)$$

$$8.505\left(\frac{T_2}{100}\right)^4+4.796T_2=2251.91$$

$T_2=309\ K$，$t_2=36\ ℃$，与假设值 37℃ 仅差 1℃，故上述计算有效。

10-60 解题过程

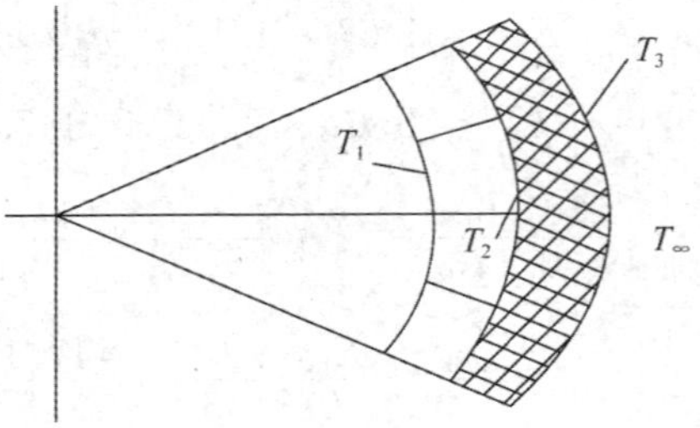

解 10-60 图

假设：① 储存器内的热量传递都是导热过程（略去球表面之间的辐射换热）；② 是一维的；③ 过程是稳态的；④ 在 R_0 内一直维持在液氮温度 77 K，而环境温度为 298 K。

稳态时通过 4 个支撑的热量 = 通过外层绝热层的热量。

设每个支撑的立体角为 ω，球容器所散失的热流量为 Φ，则对每个支撑有：

$$\frac{\Phi}{4}=\omega r^2\left[-\lambda(T)\frac{\mathrm{d}T}{\mathrm{d}r}\right],R_1\leqslant r\leqslant R_2,代入\lambda(T)=AT+B$$

由已知得 $A=4\times10^{-4}$，$B=0.03\ \mathrm{W/(m\cdot K)}$。

代入上式 $\frac{\Phi}{4}=-\omega r^2(AT+B)\frac{\mathrm{d}T}{\mathrm{d}r}$

积分得 $\Phi=-4\omega\frac{R_1R_2}{R_2-R_1}\left[\frac{A}{2}(T_3^2-T_1^2)+B(T_3-T_1)\right]$

从绝热材料导热及外表面散热的角度

$$\Phi=\frac{T_3-T_\infty}{\frac{1}{4\pi\lambda}\left(\frac{1}{R_3}-\frac{1}{R_4}\right)+\frac{1}{4\pi R_4^2h_0}}$$

$$=\frac{T_3-T_\infty}{\frac{1}{4\times3.1416\times0.03\times\left(\frac{1}{0.201}-\frac{1}{0.300}\right)}+\frac{1}{4\times3.1416\times0.3^2\times10}}$$

$$=\frac{T_3-T_\infty}{4.3572+0.0885}$$

因而得 $-4\omega\frac{R_1R_2}{R_2-R_1}\left[\frac{A}{2}(T_3^2-T_1^2)+B(T_3-T_1)\right]=\frac{T_3-T_\infty}{4.4457}$，

$$T_1=T_\mathrm{f}=77\ \mathrm{K}-4\times2.4\times10^{-2}\times\frac{0.15\times0.2}{0.2-0.15}$$

$$\left[\frac{4\times10^{-4}}{2}(T_3^2-77^2)+0.03(T_3-77)\right]=\frac{T_3-298}{4.4457}$$

由此迭代解得 $T_3=292.3\ \mathrm{K}$，$\Phi=\frac{292.3-298}{4.4457}=-1.282\ \mathrm{W}<0$，表示热量由外向内。

所需时间 $\tau=\frac{4}{3}\pi R_0^4\rho L\ \frac{1}{2}/\Phi=\frac{4\times3.1416\times0.149^3\times2\times10^5\times808}{3\times2\times1.282}$

$$=873316.7\ \mathrm{s}$$

$$=242.6\ \mathrm{h}$$

10-61 解题过程 从内管出发的热量通过三种方式传递到周围环境中去，即：① 壳端的导热；② 环形空间中空气的自然对流；③ 加热表面与外壳内表面间的辐射换热。其中对流方式只有当空气存在时才起作用，而其余两种方式则与空气存在与否关系不大，取决于加热元件表面温度和外壳的温度。为了查明通过非对流方式所散失的热量，可以在保持内外壁温度基本不变的条件下，把环形空间抽成真空，此时加热管所散失的热量即为通过非自然对流方式散失之值。

10-62 解题过程 (1) 流体与固体间不存在辐射换热；

(2) 流体与固体间不存在辐射换热；

(3) 流体与固体间存在辐射换热，需与对流换热同时考虑；

(4) 流体与固体间存在辐射换热，对流换热强烈时可以不计辐射；

(5) 流体与固体间辐射换热可以不考虑；

(6) 流体与固体间辐射换热可以不考虑；

(7) 流体与固体间存在辐射换热，需与对流换热同时考虑；

(8) 流体与固体间存在辐射换热，对流换热强烈时可以不计辐射；

(9) 必须考虑辐射换热，对流作用相对较小。

10-63 解题过程 (1) 材料为黑体时，$h(T-T_i)=G-\sigma_0 T^4$，即 $0.4(T-273)=1400-5.67\left(\frac{T}{100}\right)^4$，由此解得 $T=393$ K。

(2) 为材料 A 时，$\lambda T=2\times 5800=11600\ \mu\text{m}\cdot\text{K}$

查教材表 7-1 得 $F_{b(0-2)}=\left(91.43+\frac{94.51-91.43}{2000}\times 1600\right)\%=93.90\ \%$，故热平衡式为

$$0.4(T-273)=1400\times 0.939\times 0.2+1400\times(1-0.939)\times 0.8-\sigma_0 T^4$$

所以 $0.4(T-273)=331.24-\sigma_0 T^4$，由此解得 $T=276.2$ K。

(3) 为材料 B 时

$$0.4(T-273)=1400\times 0.939\times 0.8+1400\times(1-0.939)\times 0.2-\sigma_0 T^4$$

由此解得 $T=367.3$ K。

10-64 解题过程 设 $t_2=-10\ ℃$，$t_m=\frac{-10-30}{2}=-20\ ℃$

查教材附录得物性为

$c_p = 1.645\ \text{kJ/(kg·K)}, \rho = 1002.5\ \text{kg/m}^3,$

$\nu = 0.2703 \times 10^{-6}\ \text{m}^2/\text{s}, Pr = 3.505,$

$\lambda = 0.1272\ \text{W/(m·K)},$

$\mu_f = 0.2703 \times 10^{-6} \times 1002.5\ \text{kg/(m·s)},$

$\mu_w = 0.2235 \times 10^{-6} \times 958.9\ \text{kg/(m·s)}$

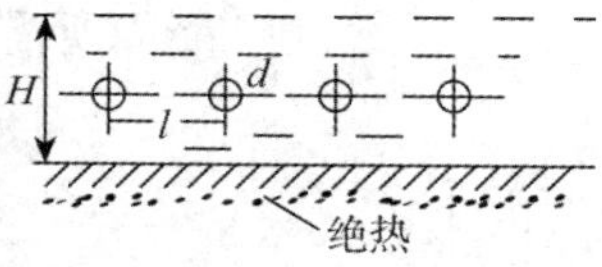

解 10-64 图

设流动已充分发展，于是

$$Re = \frac{4rh}{\pi d \mu_f} = \frac{4 \times 0.02}{3.1416 \times 0.012 \times 0.2703 \times 10^{-6} \times 1002.5} = 7831$$

采用 Gnielinski 公式，则

$$f = (1.82\lg Re - 1.64)^{-2} = (1.82\lg 7835 - 1.64)^{-2} = 0.0337$$

$$Nu_f = \frac{(0.0337/8)(7831 - 1000) \times 3.505}{1 + 12.7\sqrt{0.0337/8}(3.505^{2/3} - 1)}\left[1 + \left(\frac{0.012}{5}\right)^{2/3}\right]\left(\frac{3.505}{3.167}\right)^{0.11}$$

$$= 50$$

$$h = \frac{50 \times 0.1272}{0.012} = 530\ \text{W/(m}^2\cdot\text{K)}$$

每根换热量

$$\Phi_m = 3.1416 \times 0.012 \times 5 \times 530 \times \left[\frac{20}{\ln(30/10)} - 0\right]$$

$$= 0.1885 \times 18.2 \times 530 = 1818\ \text{W}$$

$$\Phi_{hb} = 0.02 \times 1645 \times 20 = 658\ \text{W}$$

再设出口为 -9℃，$t_m = -19.5$ ℃，温度变化不大，故仍按原物性计算

$$\Phi_{hj} = 3.1416 \times 0.012 \times 5 \times 530 \times (30 - 9)/\ln(30/9) = 1748\ \text{W}$$

$$\Phi_{hb} = 0.05 \times 1645 \times 21 = 1727\ \text{W}$$

相差小于 1%，计算有效。

$$\Phi = \frac{1748 + 1727}{2} = 1738\ \text{W}, \Delta t = \frac{1738}{0.05 \times 1645} = 21.13\ ℃$$

即 $t_2 = -30 + \Delta t = -30 + 21.13 = -8.87$ ℃

每一根管子所承担的冷冻体积为

$$\Delta V = 0.05^2 \times 5 - \frac{\pi}{4}d^2 \times 5 = 0.05^2 \times 5 - 0.785 \times 0.012^2 \times 5$$

$$= 0.01194\ \text{m}^3$$

凝固所需热量

$$Q = 0.01194 \times 1000 \times 3.34 \times 10^6 = 3.986 \times 10^6 \text{ J}$$

$$\Delta\tau = \frac{3.986 \times 10^6}{1734} = 2299 \text{ s} = 0.639 \text{ h}$$

10-65 解题过程 先假设 $d = 14$ mm,即 $\delta = 2$ mm,近似地以 70℃ 作为其外表面温度。则 $t_m = \frac{20+70}{2} = 45$ ℃,空气物性为 $\nu = 17.46 \times 10^{-6} \text{m}^2/\text{s}$,$\lambda = 0.02795$ W/(m·K)。

$Re = \frac{0.2 \times 0.014}{17.46} \times 10^6 = 160.4$,$Nu = 0.615 \times 160.4^{0.466} = 6.554$

$$h_c = \frac{6.554 \times 0.02795}{0.014} = 13.1 \text{ W/(m}^2 \cdot \text{K)}$$

由能量守恒得

$$\pi d' l \varepsilon \sigma_0 (T^4 - 293^4) + \pi d' l h (T - T_\infty) = \frac{2\pi\lambda l(80 - l)}{\ln(d'/d)}$$

$$0.014 \times 0.9 \times 5.67\left[\left(\frac{T}{100}\right)^4 - 2.93^4\right] + 0.014 \times 13.1(T - 293)$$

$$= \frac{2 \times 0.14(80 - t)}{\ln(14/10)}$$

由此式解得 $T = 338$ K

$$\begin{aligned} h_r &= \varepsilon\sigma_0(T^4 - T_\infty^4)/(T - T_\infty) = \varepsilon\sigma_0(T^2 + T_\infty^2)(T + T_\infty) \\ &= 5.67 \times 0.9 \times (338^2 + 293^2) \times (338 + 293) \times 10^{-8} \\ &= 6.443 \text{ W/(m}^2 \cdot \text{K)}, \end{aligned}$$

$$h = h_r + h_c = 6.443 + 13.1 = 19.54 \text{ W/(m}^2 \cdot \text{K)}$$

则 $\frac{hd_{cr}}{\lambda} = 2$,得当量直径为 $d_{cr} = \frac{2\lambda}{h} = \frac{2 \times 0.14}{19.54} = 0.0143$ m

据上述计算,绝缘层外表面温度为 $338 - 273 = 65$ ℃,今以 65℃ 重新计算

$t_m = \frac{20+65}{2} = 42.5$ ℃,空气物性为 $\lambda = 0.0278$ W/(m·K),$\nu = 17.21 \times 10^{-6} \text{m}^2/\text{s}$。

同理得 $$Re = \frac{0.2 \times 0.0143}{17.21} \times 10^6 = 166.2$$

$$Nu = 0.615 \times 166.2^{0.466} = 6.663$$

$$h_c = \frac{6.663 \times 0.0278}{0.0143} = 12.95\ \text{W/(m}^2 \cdot \text{K)}$$

$$h_r = 5.67 \times 0.9 \times (338^2 + 293^2) \times (338 + 293) \times 10^{-8} = 6.443\ \text{W/(m}^2 \cdot \text{K)}$$

$$h = h_r + h_c = 6.443 + 12.95 = 19.4\ \text{W/(m}^2 \cdot \text{K)}$$

$$d_{cr} = \frac{2\lambda}{h} = \frac{2 \times 0.14}{19.4} = 0.0144\ \text{m}$$

设最大散热量的绝缘层厚度为δ，有

$$\delta = \frac{d_{cr} - d}{2} = \frac{14.4 - 10}{2} = 2.2\ \text{mm}$$

$$0.0144 \times 0.9 \times 5.67\left[\left(\frac{T}{100}\right)^4 - 2.93^4\right] + 0.0144 \times 12.95(T - 293)$$

$$= \frac{2 \times 0.14(80 - t)}{\ln(14.4/10)}$$

由此式解得$t = 64$ ℃，最大散热量为

$$\frac{2\pi\lambda l(80 - 64)}{\ln(14.4/10)} = \frac{2 \times 3.1416 \times 0.14 \times 16 \times 1}{\ln 1.44} = 38.6\ \text{W/m}$$

最大散热量之绝热层厚为 2.2 mm，散热量为 38.6 W/m。

传热学的综合应用

10-66 解题过程 热量传递路径：芯片→活塞导热→弹簧导热→模块骨架导热→冷却水。弹簧既是导热材料，又起到减少接触热阻作用，充以氮气是为了利用其导热系数较高的特性。

10-67 解题过程 在入口处由于空气温度低，而且还存在与四周冷表面间的辐射换热，因而电子元件的温度也最低，随着流动的进行，电子元件的温度逐步上升，在出口由于电子元件与四周冷表面间的辐射又使得其温度有所下降。

10-68 解题过程 把这一问题按一维无限大平板有内热源的导热问题处理，当平板两侧为第三类边界条件时有$\theta = \frac{\phi}{2\lambda}(\delta^2 - x^2) + \frac{\phi\delta}{h}$，由题意可知$\lambda \to \infty$，且设$\theta = t - t_0$，因此有

$$t = t_0 + \frac{\phi}{2\lambda}(\delta^2 - x^2)$$

当 $x = 0$ 时,温度最高

$$t_{\max} = t_0 + \frac{\phi}{2\lambda}\delta^2 = 50 + \frac{8 \times 10^4}{2 \times 1.9} \times 0.03^2 = 68.9\ ℃$$

10-69 解题过程 表面传热系数为无限大,即是第一类边界条件,故有以下数学描述

$$\frac{1}{r}\frac{d}{dr}\left(r\frac{dt}{dr}\right) + \frac{\dot{\Phi}}{\lambda} = 0 \qquad r = r_0 \qquad r = r_i, t = t_{f0}$$

积分得 $$t = -\frac{\dot{\Phi} r^2}{4\lambda} + C_1 \ln r + C_2$$

由边界条件可得

$$C_1 = \frac{\dot{\Phi}(r_0^2 - r_i^2)}{4\lambda \ln(r_0/r_i)}, C_2 = t_{f0} + \frac{\dot{\Phi} r_i}{4\lambda} - \frac{\dot{\Phi}}{4\lambda}\frac{r_0^2 - r_i^2}{4\lambda \ln(r_0/r_i)} \ln r_i$$

最高温度处 $\frac{dt}{dr} = 0$,故有 $\frac{dt}{dr} = -\frac{\dot{\Phi} r}{2\lambda} + \frac{C_1}{r} = 0$。

$$r_m^2 = \frac{2\lambda}{\dot{\Phi}} C_1 = \frac{2\lambda}{\dot{\Phi}}\frac{\dot{\Phi}}{4\lambda}\frac{r_0^2 - r_i^2}{\ln(r_0/r_i)}$$

所以 $$r_m = \sqrt{\frac{r_0^2 - r_i^2}{2\ln(r_0/r_i)}}$$

10-70 解题过程 如解 10-70 图所示,由题意设 r_m 为筒体内温度最高处的半径,则据上题有

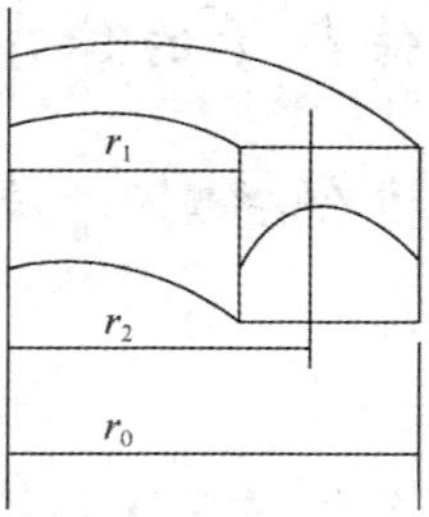

解 10-70 图

$$r_m = \sqrt{\frac{r_0^2 - r_1^2}{2\ln(r_0/r_1)}} = \sqrt{\frac{1.6^2 - 1^2}{2\ln(1.6/1)}} = 1.288\ \text{m}$$

$$t_m = t_f + \frac{\dot{\Phi}}{4\lambda}(r_1^2 - r_p^2) + \frac{\dot{\Phi} r_m^2}{2\lambda}\ln\frac{r_m}{r_1}$$

$$= 200 + \frac{10^5}{4 \times 40} \times (1^2 - 1.288^2) + \frac{10^5 \times 1.288^2}{2 \times 40} \times \ln\frac{1.288}{1}$$

$$= 312.8\ ℃$$

10-71 解题过程 由题意可知,在电极附近相当于 $r \to 0$ 处,有

$$\theta = t(r,\tau) - t_0 = \frac{\dot{\Phi}}{4\pi\lambda r}\left(1 - \text{erf}\frac{r}{\sqrt{4a\tau}}\right) = \frac{\dot{\Phi}}{4\pi\lambda r}$$

所以两种材料在相同的 ϕ 下的温升为 $\dfrac{\theta_{Cu}}{\theta_{Mo}}=\dfrac{\dot{\Phi}/(\lambda_{Cu}\cdot 4\pi r)}{\dot{\Phi}/(\lambda_{Mo}\cdot 4\pi r)}=\dfrac{\lambda_{Mo}}{\lambda_{Cu}}$，$\theta_{Cu}=\theta_{Mo}\dfrac{\lambda_{Mo}}{\lambda_{Cu}}$，当所用功率已使钼达到熔点时，此时对铜的电极仅为 $\theta_{Cu}=\theta_{Mo}\dfrac{\lambda_{Mo}}{\lambda_{Cu}}=1083\times\dfrac{126}{398}=342.86\ ℃<2600\ ℃$。

因此，应选用熔点较高且导热系数较大的铜作为电极材料。

10-72 解题过程 合理。辐射的影响，因为有网辐射时的传热系数既包括对流传热系数，又包括辐射传热系数，从而使有网时的传热系数远大于无网时的传热系数，随着进口温度的升高，平均温差减小，因而无论有网无网其传热系数都随着进口烟温的升高而升高。

10-73 解题过程 冰的融化过程取决于两个串联的热阻，即热量从水传递到冰球的外表面（单位面积热阻为 $1/h$）及冰球内部的导热热阻（热阻可以用 R/λ 表示）。因而不是水速越快，融化得越快，当 $Bi\left(\dfrac{hR}{\lambda}\right)$ 大于 10 以后，主要热阻已在球的内部导热这一侧，增加水速对于加速融化已无明显好处。

10-74 解题过程 ① 管径减小使流动增加；② 增加内表面的粗糙度。

10-75 解题过程 需传递的热量 $\Phi=24\times213=5112\ W$，考虑对称性，单侧 $\Phi=2556\ W$，取平均气流速度为 $u_\infty=5\ m/s$，按 $t_m=30\ ℃$ 计，查得物性为

$$\nu=16\times10^{-6}\ m^2/s,\rho=1.165\ kg/m^3,c_p=1005\ J/(kg\cdot K),$$

$$\lambda=0.0267\ W/(m\cdot K),Pr=0.701$$

$$Re=\frac{u_\infty d}{\nu}=\frac{5\times0.05\times2}{16\times10^{-6}}=31250$$

$$Nu=0.023\times31250^{0.8}\times0.701^{0.4}=0.023\times3943.5\times0.868=78.73$$

$$h=78.73\times0.0267/0.1=21\ W/(m^2\cdot K)$$

$$\Phi_b=0.05\times5\times5\times1.165\times1005\times\Delta t_1=2556,\Delta t_1=17.46\ ℃$$

$$t_m=20+17.46/2=28.73\ ℃$$

$$\Phi_h=Ah\Delta t_m=2556,0.5\times1.0\times21\times\Delta t_m=2556,\Delta t_m=243.4\ ℃$$

$$\Delta t_m=t_w-t_m=t_w-28.73=243.4\ ℃,$$

$$t_w=243.4+28.73=272.2\ ℃<300\ ℃$$

如按 $u_\infty = 4.5$ m/s 计算，则温升约为 19 ℃，则 $t_m = 20 + 19/2 = 29.5$ ℃，故可按 30 ℃ 计算物性。

同理可得

$$Re = \frac{4.5 \times 0.1}{16 \times 10^{-6}} = 28125$$

$$Nu = 0.023 \times 28125^{0.8} \times 0.701^{0.4} = 0.023 \times 3624.7 \times 0.868 = 72.36$$

$$h = 72.36 + 0.0267/0.1 = 19.32\ \text{W/(m}^2 \cdot \text{K)}$$

$$0.5 \times 1.0 \times 19.32 \times \Delta t_m = 2556, \Delta t_m = 264.6\ ℃$$

$$t_w = 264.6 + 29.5 = 294\ ℃ < 300\ ℃$$，故可取 $u_\infty = 4.5$ m/s。

10-76 解题过程 按长圆柱体散热分析，$Bi = \frac{hd/2}{\lambda} = \frac{8 \times 0.012/2}{1} = \frac{0.096}{2} = 0.048 < 0.1$，故可按集中参数法分析。

(1) 由 $Bi = 0.048$ 可知，对流换热较小，可忽略不计，因此可认为热电偶所测之值即为整个试管中 PCM 的温度。

(2)

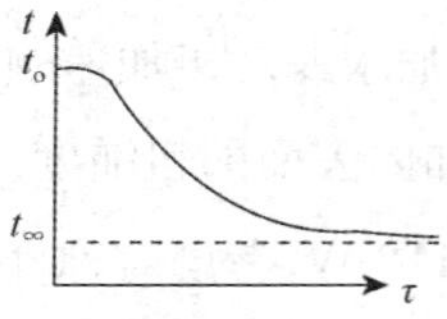

解 10-76 图

10-77 解题过程 (a) 为纯导热工况；(b) 在管道四周开始形成对流；(c) 自然对流进一步加剧；(d) 在管道四周形成强烈的自然对流。

10-78 解题过程 由题意可知，该传热问题为二维的、圆柱的、稳态的一个过程。

(1) 故该机械手温度场的控制方程为

$$\frac{\partial^2 T}{\partial x^2} + \frac{1}{r}\frac{\partial T}{\partial x} + \frac{\partial^2 T}{\partial r^2} = 0$$

(2) 初始条件：$T = T_0, x \in [0,32], r \in [-0.5, 0.5]$。

边界条件：$x = 0, \frac{\partial T}{\partial x} = 0$。

$x = 32\ \text{cm} = 0.32\ \text{m}, -\lambda \left.\frac{\partial T}{\partial x}\right|_{x=0.32} = h_1(T_{\infty 1} - T_0) + \varepsilon_1 \sigma (T_{sur1}^4 - T_0^4)$

当 $x \in [22,32], r = 0.5$ cm 时

$$-\lambda \left.\frac{\partial T}{\partial r}\right|_{r=0.5} = h_1(T_{\infty 1} - T_0) + \varepsilon_1\sigma(T_{\text{sur1}}^4 - T_0^4)$$

当 $x \in [0,22], r = 0.5\text{cm}$ 时

$$-\lambda \left.\frac{\partial T}{\partial r}\right|_{r=0.5} = h_2(T_{\infty 2} - T_0) + \varepsilon_2\sigma(T_{\text{sur2}}^4 - T_0^4)$$

当 $x \in [0,32], r = 0.5\ \text{cm}$ 时

$$\left.\frac{\partial T}{\partial r}\right|_{r=0.5} = 0$$

(3) 补充条件:忽略两相接界面上的接触热阻。

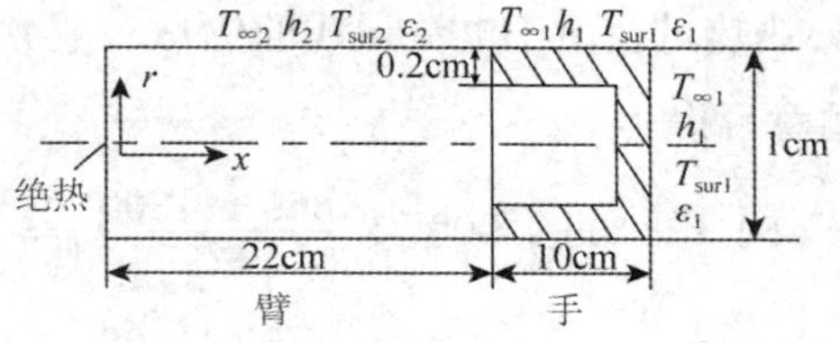

解 10-78 图

10-79 解题过程 $t_\infty = \dfrac{33-70}{2} = -18.5$ ℃,查此时的物性经线性插值得

$$\lambda = 0.0228 + \frac{0.0236 - 0.0228}{10} \times 1.5 = 0.02292\ \text{W/(m·K)}$$

$$\nu = \left[11.61 + \left(\frac{12.43 - 11.61}{10} \times 1.5\right)\right] \times 10^{-6}$$

$$= (11.61 + 0.123) \times 10^{-6} = 11.73 \times 10^{-6}\ \text{m}^2/\text{s}$$

$$Pr = 0.716 + \frac{0.712 - 0.716}{10} \times 1.5 = 0.715$$

$$T = 273 - 18.5 = 254.5\ \text{K}$$

$$Gr = \frac{g\alpha\Delta t L^3}{\nu^2} = \frac{9.8 \times \dfrac{1}{254.5} \times (33+70) \times 1.75^3}{11.73^2 \times 10^{-12}}$$

$$= \frac{9.8 \times 103 \times 5.539}{254.5 \times 137.6 \times 10^{-12}}$$

$$= 1.545 \times 10^{11}$$

$$Nu = 0.11(GrPr)^{\frac{1}{3}} = 0.11 \times (1.545 \times 10^{11} \times 0.715)^{\frac{1}{3}} = 527.8$$

$$h = \frac{Nu\lambda}{L} = \frac{527.8 \times 0.02292}{1.75} = 6.91\ \text{W/(m}^2 \cdot \text{K)}$$

$$q_{con} = h\Delta t = 6.91 \times (33 + 70) = 712.0\ \text{W/m}^2$$

$$q_{rad} = \varepsilon\sigma_0(3.06^4 - 2.03^4) = 0.85 \times 5.67 \times (87.68 - 16.98) = 341\ \text{W/m}^2$$

$$q = 712 + 341 = 1053\ \text{W/m}^2 > 928\ \text{W/m}^2$$

此时人体感到很冷。

10-80 解题过程 假设底阳极的导热（从 1500℃ → 100℃）可按一维问题处理，冷却水带走的热量分为两部分，即导热热量及由于焦耳－楞次效应的发热量，严格讲本题是有内热源的一维导热问题，现近似地分别计算由于温差形成的导热热量及由于电流形成的焦耳－楞次热量。

(1) 由题意可得

$$\overline{\lambda_2} = 64 \times \left(1 - 0.0007 \times \frac{860 + 1200}{2}\right) = 28.05\ \text{W/(m·K)}$$

$$\overline{\lambda_3} = 64 \times \left(1 - 0.0007 \times \frac{860 + 100}{2}\right) = 42.5\ \text{W/(m·K)}$$

所以导热热量 $\phi = \dfrac{\dfrac{\pi}{4} \times 0.4^2 \times (1500 - 100)}{\dfrac{0.293}{42.5} + \dfrac{0.131}{28.05} + \dfrac{0.106}{30.8}} = 11718\ \text{W}$

(2) 焦耳－楞次热 $\phi = I^2R = I_{max}^2R = 12000^2 \times 3.84 \times 10^{-6} = 553\ \text{W}$

所以 $\phi = 11718 + 553 = 12.27\ \text{kW}$，水的比热取 45℃ 时的值

$$c_p = 4174\ \text{J/(kg·K)}$$

所以需要水量 $\dot{m} = \dfrac{12.27 \times 10^3}{4174 \times (60 - 30)} = 0.098\ \text{kg/s} = 353\ \text{kg/h}$

10-81 解题过程 参见文献 42。

10-82 解题过程 (1) 包圆形绝热层时，临界直径应满足：$\dfrac{hd_0}{\lambda} = 2$，即 $\dfrac{hr_c}{\lambda} = 1$。

$$r_c = \frac{\lambda}{h} = \frac{0.16}{10} = 0.016\ \text{m}$$

单位长度最大散热量为

$$\frac{\phi_{max}}{L} = \frac{T_1 - T_\infty}{\dfrac{\ln(r_c/r_1)}{2\pi\lambda} + \dfrac{1}{2\pi r_c h}} = \frac{80 - 20}{\dfrac{\ln\dfrac{16}{5}}{2 \times 3.1416 \times 0.16} + \dfrac{1}{2 \times 3.1416 \times 0.016 \times 10}}$$

$= 27.97\ \mathrm{W/m}$

(2) 包正方形绝热层时，采用导热形状因子 s

总热阻 $R = \dfrac{\ln\left(1.08\,\dfrac{b}{d}\right)}{2\pi\lambda L} + \dfrac{1}{4bLh} = \dfrac{\ln\left(1.08\,\dfrac{b}{d}\right) + \ln b}{2\pi\lambda L} + \dfrac{1}{4bLh}$，当 $\dfrac{\mathrm{d}R}{\mathrm{d}b} = 0$，即 $b = b_{\mathrm{cr}}$ 时，有 $\dfrac{1}{2\pi\lambda L}\cdot\dfrac{1}{b} + \dfrac{1}{4Lh}\cdot\dfrac{1}{b^2} = 0 \Rightarrow b_{\mathrm{cr}} = \dfrac{\pi}{2}\left(\dfrac{\lambda}{h}\right)$，即

$$b_{\mathrm{cr}} = \frac{3.1416}{2} \times \left(\frac{0.16}{10}\right) = 0.02513\ \mathrm{m}$$

形状因子 $s = \dfrac{2\pi\lambda L}{\ln\left(1.08\,\dfrac{b}{d}\right)} = \dfrac{2 \times 3.1416 \times 1}{\ln\left(1.08 \times \dfrac{0.02513}{0.01}\right)} = \dfrac{6.28}{1.005} = 6.25$

$$\phi_1 = \frac{80-20}{\dfrac{1}{s\lambda} + \dfrac{1}{4hb}} = \frac{80-20}{\dfrac{1}{6.25 \times 0.16} + \dfrac{1}{4 \times 10 \times 0.02512}}$$

$$= \frac{60}{1+0.9552} = \frac{60}{1.9552}$$

$$= 30.69\ \mathrm{W/m^2}$$

每 1 cm 长绝缘层所用材料为

圆形：$V = \pi(1.6^2 - 0.5^2) = 7.253\ \mathrm{cm^3}$

四边形：$V = 2.512^2 - 3.1416 \times 0.5^3 = 6.310 - 0.393 = 5.917\ \mathrm{cm^3}$

每 1 $\mathrm{cm^3}$ 材料所对应的最大散热量为

圆形：$q_V = \dfrac{27.97 \times 0.01}{7.253} = 3.86 \times 10^{-2} = 0.0386\ \mathrm{W/cm^3}$

正方形：$q_V = \dfrac{30.69 \times 0.01}{5.525} = 0.0555\ \mathrm{W/cm^3}$

小论文题目

10-83 略

10-84 略

采用工具软件的题目

10-85 略

第十一章

传质学简介

知识点归纳

1. 斐克定律

单位时间内在垂直于质量扩散方向的面积上所扩散的组分A的量M_A或N_A，可用斐克定律计算

$$M_A = -D_{AB}\frac{\partial \rho_A}{\partial x}$$

$$N_A = -D_{AB}\frac{\partial c_A}{\partial x}$$

式中　M_A、N_A—— 质量通量密度、物质的量通量密度，单位分别为 $kg/(m^2 \cdot s)$ 及 $kmol/(m^2 \cdot s)$；

D_{AB}—— 比例系数，称为质扩散系数，单位为 m^2/s，下角标AB表示物质A向物质B扩散；

负号 —— 质量通量密度及物质的量的通量密度指向浓度降低的方向。

2. 物质扩散系数的物理意义

物质扩散系数表征了物质扩散能力的大小。

3. 等摩尔逆向扩散

设组分A、B以相同的物质的量的通量密度向相反方向扩散，则称这种扩散过程为等摩尔逆向扩散。

4. 对流传质

当流体流经一个相界面时与界面之间发生质量交换，称为对流传质，这种界面可以是液体表面也可以是固体表面。其表达式为

$$N_A = h_m(c_{A,w} - c_{A,f})$$

$$M_A = h_m(\rho_{A,w} - \rho_{A,f})$$

式中　$c_{A,w}$、$\rho_{A,w}$—— 界面处组分 A 的物质的量浓度与质量浓度，单位分别为 $kmol/m^3$、kg/m^3；

$c_{A,f}$、$\rho_{A,f}$—— 主流中组分 A 的物质的量浓度与质量浓度，单位分别为 $kmol/m^3$、kg/m^3；

h_m—— 表面传质系数，单位为 m/s。

难点解析

1. 两种典型的质扩散过程

(1) 等摩尔逆向扩散，如图 11-1 所示。

设组分 A、B 以相同物质量的通量密度向相反方向扩散，且稳态时整个扩散系统的总压力为常数，故有

$$p_0 = p_A + p_B = 常数$$

即　$$\frac{\mathrm{d}p_A}{\mathrm{d}x} + \frac{\mathrm{d}p_B}{\mathrm{d}x} = 0$$

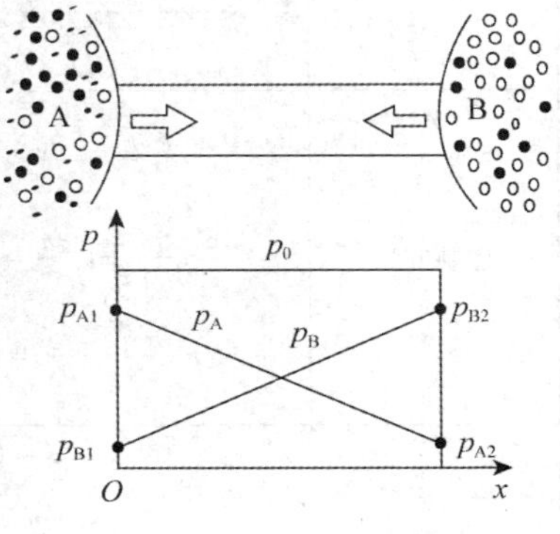

图 11-1　等摩尔逆向扩散

又据斐克定律，有

$$N_A = -D_{AB}\frac{\mathrm{d}c_A}{\mathrm{d}x} = -\frac{D_{AB}}{RT}\frac{\mathrm{d}p_A}{\mathrm{d}x}$$

同理有　$$N_B = -\frac{D_{BA}}{RT}\frac{\mathrm{d}p_B}{\mathrm{d}x}$$

因为 $N_A = -N_B$，故得

$$\frac{D_{AB}}{RT} = \frac{D_{BA}}{RT}$$

即 $$D_{AB}=D_{BA}=D$$

由此可见,对二元混合物,两种组分各自的质扩散系数是相等的。

(2) 单向扩散,如图 11-2 所示。

假设:① 扩散过程是稳态的;② 系统是等温的;③ 水面上方空间的压力 p_0 为常数;④ 混合气体可以作为理想气体处理。根据假设有

$$p_0=p_w+p_a=\text{常数}$$

$$N_w=\frac{Dp_0}{RT}\frac{1}{\Delta x}\ln\frac{p_{a2}}{p_{a1}}$$

$$M_w=\frac{Dp_0}{R_wT}\frac{1}{\Delta x}\ln\frac{p_{a2}}{p_{a1}}$$

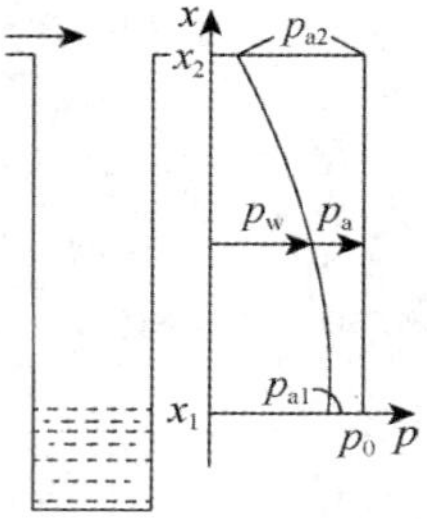

图 11-2 单向扩散

其中 $$\Delta x=x_2-x_1$$

2. 对流传热与对流传质的对比(表 11-1)

表 11-1 对流传热与对流传质的对比

对比内容	对流传热	对流传质
图示	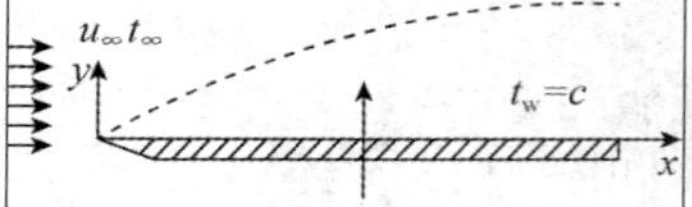	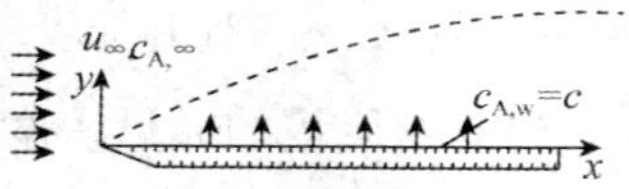
控制方程	$\frac{\partial u}{\partial x}+\frac{\partial \nu}{\partial y}=0$ $u\frac{\partial u}{\partial x}+\nu\frac{\partial u}{\partial y}=\nu\frac{\partial^2 u}{\partial y^2}$ $u\frac{\partial t}{\partial x}+\nu\frac{\partial t}{\partial y}=a\frac{\partial^2 t}{\partial y^2}$	$\frac{\partial u}{\partial x}+\frac{\partial \nu}{\partial y}=0$ $u\frac{\partial u}{\partial x}+\nu\frac{\partial u}{\partial y}=\nu\frac{\partial^2 u}{\partial y^2}$ $u\frac{\partial c_A}{\partial x}+\nu\frac{\partial c_A}{\partial y}=D\frac{\partial^2 c_A}{\partial y^2}$
边界条件	$y=0:u=\nu=0,t=t_w$ $y\to\infty:u\to u_\infty,t\to t_\infty$	$y=0:u=0;\nu=\nu_w=0,c_A=c_{A,w}$ $y\to\infty:u\to u_\infty,c_A\to c_{A,\infty}$
转移率方程	$-\lambda\left(\frac{\partial t}{\partial y}\right)_{y=0}=h(t_w-t_\infty)$	$-D\frac{\partial c_A}{\partial y}=h_\infty(c_{A,w}-c_{A,\infty})$
假定条件	流体物性为常数	(1) 组分 A 在空气中的浓度很低,流体的物性仍可按空气的物性计算; (2) 界面上质交换率很小,界面速度 v_w 可以略而不计

续表

对比内容	对流传热	对流传质
相似特征数	$Nu = \frac{hl}{\lambda} = \frac{\partial\left(\frac{t-t_w}{t_\infty - t_w}\right)}{\partial(y/l)}\bigg\vert_{y=0}$ $Pr = \frac{\nu}{a} = \frac{\text{动量边界层厚度}}{\text{热边界层厚度}}$	$Sh = \frac{h_m l}{D} = \frac{\partial\left(\frac{c_A - c_{A,w}}{c_{A,\infty} - c_{A,w}}\right)}{\partial(y/l)}\bigg\vert_{y=0}$ $Sc = \frac{\nu}{D} = \frac{\text{动量边界层厚度}}{\text{浓度边界层厚度}}$
层流分析解	$Nu_x = 0.332\, Re_x^{1/2} Pr^{1/3}$ $Nu = 0.664\, Re^{1/2} Pr^{1/3}$	$Sh_x = 0.332 Re_x^{1/2} Sc^{1/3}$ $Sh = 0.664 Re^{1/2} Sc^{1/2}$

3. 湍流对流换热与对流传质的对比(表 11-2)

表 11-2　湍流对流换热与对流传质的对比

传递方式	对流换热	对流传质
管内强制对流	$Nu = 0.023 Re^{0.8} Pr^{0.4}$ (换热充分发展段,流体被加热)	$Sh = 0.023\, Re^{0.83} S_c^{0.44}$ $2 \times 10^3 < Re < 3.5 \times 10^4$ $0.6 < Sc < 2.5$
外掠平板	$Nu_x = 0.0292 Re_x^{0.8} Pr^{1/3}$ $Re_x > 5 \times 10^5$	$Sh_x = 0.0292\, Re_x^{0.8} S_c^{1/3}$ $Re_x > 5 \times 10^5$

习题全解

扩散传质

11-1 解题过程 由教材式(11-6)　$N_A = \frac{D_{AB}}{\Delta x}(c_{A1} - c_{A2})$,可知

$$N_A = \frac{D_{AB}}{\Delta x}(c_{A1} - c_{A2}) = \frac{1.5 \times 10^{-9}}{1.5 \times 10^{-3}} \times (0.05 - 0.0107)$$

$$= 3.93 \times 10^{-8} \text{kmol/(m}^2 \cdot \text{s)}$$

所以每小时内每米管子上通过橡皮管的氧气扩散量 $N = N_A \cdot A \cdot t$

即 $N = N_A \cdot A \cdot t = 3.93 \times 10^{-8} \times \pi \times 12 \times 10^{-3} \times 1 \times 3.6 \times 10^3$

$= 5.334 \times 10^{-6}$ kmol

11-2 解题过程

$$c_{A1}=\frac{p_{A1}}{RT}=\frac{1.013\times10^5\times\frac{0.02}{0.1}}{8314\times(25+273)}=8.18\times10^{-3}\text{kmol/m}^3$$

$$c_{A2}=\frac{p_{A2}}{RT}=\frac{1.013\times10^5\times0.7}{8314\times(25+273)}=2.86\times10^{-2}\text{kmol/m}^3$$

$$N_A=\frac{D_{AB}}{\Delta x}(c_{A1}-c_{A2})=\frac{1.38\times10^5}{2}\times(8.18\times10^{-3}-2.86\times10^{-2})$$

D_{AB} 由资料查得，解得交换率为 $1.4\times10^{-7}\text{kmol/(m}^2\cdot\text{s)}$。

11-3 解题过程 查教材附录得 $t=25$ ℃，水蒸气的饱和压力 $p_s=3289.5=0.033\times10^5$ Pa

$$p_{w2}=50\%p_s=0.016\times10^5\ \text{Pa},p_{w1}=0.033\times10^5\ \text{Pa}$$

$$p_{a1}=p_0-p_{w1}=(1.013-0.033)\times10^5=0.98\times10^5\ \text{Pa}$$

$$p_{a2}=p_0-p_{w2}=(1.013-0.016)\times10^5=0.997\times10^5\ \text{Pa}$$

$$M_w=\frac{Dp_0}{R_wT}\frac{1}{\Delta x}\ln\frac{p_{a2}}{p_{a1}}=\frac{0.256\times10^{-4}\times1.013\times10^5}{\frac{8314}{18}\times298\times7.5\times10^{-2}}\times\ln\frac{0.997\times10^5}{0.98\times10^5}$$

$$=4.32\times10^{-6}\text{kg/(m}^2\cdot\text{s)}$$

蒸发率 $=M_wA=4.32\times10^{-6}\times3.1416\times7.5^2\times10^{-4}\text{kg/s}$

$$=7.63\times10^{-8}\text{kg/s}$$

11-4 解题过程 查教材附录得 $t=25$ ℃ 时水蒸气的饱和压力 $p_s=p_{w1}=0.033\times10^5$ Pa

$$p_{w2}=p_s\times30\%=0.0099\times10^5\ \text{Pa}$$

$$p_{a1}=p_0-p_{w1}=1.013\times10^5-0.033\times10^5=0.98\times10^5\ \text{Pa}$$

$$p_{a2}=p_0-p_{w2}=1.013\times10^5-0.0099\times10^5=1.0031\times10^5\ \text{Pa}$$

由蒸发质量 $m=M_wAt$ 可知

$$M_w=\frac{m}{A\cdot t}=\frac{10.7\times10^{-9}}{3.1416\times15^2\times10^{-6}\times3600}$$

$$=4.205\times10^{-9}\text{kg/(m}^2\cdot\text{s)}$$

又由 $M_w=\dfrac{Dp_0}{\Delta xR_wT}\ln\dfrac{p_{a2}}{p_{a1}}$ 可知

$$D=\frac{M_wR_wT\cdot\Delta x}{p_0}\cdot\frac{1}{\ln\frac{p_{a2}}{p_{a1}}}$$

$$= \frac{4.205 \times 10^{-9} \times \frac{8314}{18} \times 298 \times 0.1}{1.013 \times 10^5} \times \frac{1}{\ln \frac{1.0031 \times 10^5}{0.98 \times 10^5}}$$

$$= 2.454 \times 10^{-8} \mathrm{m^2/s}$$

11-5 解题过程 由题意可知：$p_{a1} = p_0 - p_{苯1} = (1.013 - 0.133) \times 10^5 = 0.88 \times 10^5$ Pa

$p_{a2} = p_0 - p_{苯2} = (1.013 - 0) \times 10^5 = 1.013 \times 10^5$ Pa

查 $t = 25$ ℃ 时，苯的扩散系数 $D = 0.88 \times 10^{-5} \mathrm{m^2/s}$。

所以 $M_{苯} = \dfrac{Dp_0}{R_{苯} T} \cdot \dfrac{1}{\Delta x} \ln \dfrac{p_{a2}}{p_{a1}}$

$$= \frac{0.88 \times 10^{-5} \times 1.013 \times 10^5}{\frac{8134}{78} \times 299 \times 0.2} \times \ln \frac{1.013 \times 10^5}{0.88 \times 10^5}$$

$$= 1.968 \times 10^{-5} \mathrm{kg/(m^2 \cdot s)}$$

蒸发率$= M_{苯} A = 1.968 \times 10^{-5} \times 3.1416 \times \left(\dfrac{0.02}{2}\right)^2$

$$= 6.183 \times 10^{-9} \mathrm{kg/s}$$

对流传质

11-6 解题过程 由题意取空气 $t_m = \dfrac{t_f + t_w}{2} = 12.5$ ℃ 时的物性参数得

$$\nu = 14.39 \times 10^{-6} \mathrm{m^2/s}, Re = \frac{u_\infty l}{\nu} = \frac{1.5 \times 0.3}{14.39 \times 10^{-6}} = 3.128 \times 10^4 。$$

0℃ 时水蒸气的密度 $\rho_w = 0.004847 \mathrm{~kg/m^3}$，$a = 7.313 \mathrm{~m^2/h}$，$D = 0.256 \times 10^{-4} \mathrm{m^2/s}$，$\nu = 16.5501 \times 10^{-4} \mathrm{m^2/s}$，$Sc = \dfrac{\nu}{D} = 64.648$。

$$Sh = 0.332 Re^{1/2} Sc^{1/3} = 0.332 \times (3.128 \times 10^4)^{1/2} \times 64.648^{1/3}$$
$$= 235.663$$

从而得 $h_m = \dfrac{Sh \cdot D}{l} = 0.02 \mathrm{~m/s}$

故得每小时因质交换而引起的冰块质量损失 m

$$m = h_m A \rho t = 0.02 \times 0.09 \times 0.004847 \times 3600$$

$\approx 0.032\ \text{kg}$

11-7 解题过程 由 $t = 22\ ℃$ 查教材附录得水蒸气的物性参数为 $r = 2449.62\ \text{kJ/kg}$，$\rho_w = 0.0199\ \text{kg/m}^3$。取空气的物性参数为 $c_p = 1.005\ \text{kJ/(kg.K)}$，$\rho = 1.185\ \text{kg/m}^3$。

由 $\dfrac{Sc}{Pr} = \dfrac{a}{D} = 0.845$，且来流为干燥空气，则 $\rho_\infty = 0\ \text{kg/m}^3$（$\rho_\infty$ 为空气中水蒸气的密度）

$$\rho_\infty = \rho_w - \frac{t_\infty - t_w}{r}\rho c_p\left(\frac{a}{D}\right)^{2/3} = 0$$

则可知干空气的温度 $t_\infty = t_w + \dfrac{r}{c_p\left(\dfrac{a}{D}\right)^{2/3}} \cdot \dfrac{\rho_w}{\rho} = 67.8\ ℃$

11-8 解题过程 按平均温度 35 ℃ 查空气物性，得 $\rho_a = 1.1465\ \text{kg/m}^3$，$\nu_a = 16.48 \times 10^{-6}\text{m}^2/\text{s}$。

按温度为 40 ℃ 查饱和和水蒸气物性，得 $\rho_s = 0.05116\ \text{kg/m}^3$。

按温度为 30 ℃ 查干饱和蒸气物性，得 $\rho_{w1} = 0.03037\ \text{kg/m}^3$

$$\nu_w = 303.53 \times 10^{-6}\text{m}^2/\text{s}$$

$$Re = \frac{u_\infty L}{\nu_a} = \frac{210}{16.48 \times 10^{-6}} = 1.214 \times 10^6$$

$$Sc = \frac{\nu_w}{D} = \frac{303.53 \times 10^{-6}}{0.256 \times 10^{-4}} = 11.857$$

$$\rho_{w2} = 0.02558\ \text{kg/m}^3$$

$$Sh = 0.332Re^{1/2}Sc^{1/3} = 0.332 \times (1.214 \times 10^6)^{1/2} \times 11.857^{1/3} = 834.14$$

$$h_m = \frac{Sh \cdot D}{L} = 0.0021\ \text{m/s}$$

所以，每平方米蒸发量 $M = h_m(\rho_{w1} - \rho_{w2}) = 1.023 \times 10^{-5}\text{kg/(m}^2 \cdot \text{s)}$。

11-9 解题过程 查 25 ℃ 时空气的物性得 $\nu_a = 15.53 \times 10^{-6}\text{m}^2/\text{s}$。

查 25 ℃ 时干饱和水蒸气的物性得 $\rho_{w1} = 0.0199\ \text{kg/m}^3$。

$$D = 0.256 \times 10^{-4}\ \text{m}^2/\text{s},\ \nu_w = 406.715 \times 10^{-6}\text{m}^2/\text{s}$$

$$2\times 10^3 < Re = \frac{u_\infty d}{\nu_a} = \frac{6.5\times 2.5\times 10^{-2}}{15.53\times 10^{-6}}$$

$$= 1.046\times 10^4 < 3.5\times 10^4$$

$$Sc = \frac{\nu_w}{D} = \frac{406.715\times 10^{-6}}{0.256\times 10^{-4}} = 15.887$$

$$Sh = 0.023Re^{0.83}Sc^{0.44} = 0.023\times (1.046\times 10^4)^{0.83}\times 15.887^{0.44}$$
$$= 168.422$$

$$h_m = \frac{Sh\cdot D}{d} = 0.17246\ \mathrm{m/s}$$

所以每秒钟空气所带走的水量

$$m = h_m A(\rho_{w1} - \rho_{w2})$$
$$= 0.17246\times 3.1416\times 2.5\times 10^{-2}\times 1.5\times (0.0199 - 0)$$
$$= 4\times 10^{-4}\ \mathrm{kg/s}$$

11-10 解题过程 参考教材习题 11-7 可知，a/D 为未知量，故而无法计算。

11-11 解题过程 查 25 ℃ 时空气的物性得 $\nu_a = 15.53\times 10^{-6}\mathrm{m^2/s}$

查 25 ℃ 时干饱和和水蒸气的物性得

$$\rho_{w1} = 0.0199\ \mathrm{kg/m^3}, D = 0.256\times 10^{-4}\mathrm{m^2/s}$$

$$\nu_w = 406.715\times 10^{-6}\mathrm{m^2/s}$$

$$Re = \frac{u_\infty d}{\nu_a} = \frac{4\times 8\times 10^{-2}}{15.53\times 10^{-6}} = 2.061\times 10^4$$

$$Sc = \frac{\nu_w}{D} = 15.887$$

$$Sh = 0.023Re^{0.83}Sc^{0.44} = 295.713$$

$$h_m = \frac{Sh\cdot D}{d} = 0.095\ \mathrm{m/s}$$

设从入口到出口空气中所含水蒸气的增量为 Δm

$$\Delta m = (\rho_{w1} - 0.4\rho_{w1})VA_1 = (\rho_{w1} - 0.4\rho_{w1})h_m A_2$$

即 $$V\cdot\frac{\pi d^2}{4} = h_m\pi dL \Rightarrow L = \frac{Vd}{4h_m} = 0.842\ \mathrm{m}。$$

11-12 解题过程 查 25 ℃ 时，空气的物性得 $\nu_a = 15.53\times 10^{-6}\ \mathrm{m^2/s}$

查 25 ℃ 时，干饱和水蒸气的物性得 $\rho_{w1} = 0.0199\ \mathrm{kg/m^3}$，$Sc = 0.607$，

$$D = 0.256 \times 10^{-4}\ \mathrm{m^2/s}$$

$$Re = \frac{u_\infty L}{\nu_a} = \frac{5 \times 500}{15.53 \times 10^{-6}} = 1.61 \times 10^8$$

$$h_m = \frac{D}{L} \cdot Sh = \frac{D}{L} \times 0.332 Re^{1/2} Sc^{1/3} = 1.826 \times 10^{-4}\ \mathrm{m/s}$$

当 $\rho_{w2} = 0.1\rho_{w1}$ 时，$m_1 = h_m A(\rho_{w1} - \rho_{w2}) = 0.8177\ \mathrm{kg/s}$。

当 $\rho_{w2} = 0.8\rho_{w1}$ 时，$m_2 = h_m A(\rho_{w1} - \rho_{w2}) = 0.1817\ \mathrm{kg/s}$。

11-13 解题过程 查 $t_m = \frac{16+10}{2} = 13$ ℃ 时空气的物性得 $\nu_a = 14.43 \times 10^{-6}\mathrm{m^2/s}$，

16 ℃ 干饱和水蒸气的物性 $\rho_s = 0.0142\ \mathrm{kg/m^3}$。

查 10 ℃ 时干饱和水蒸气的物性得 $\rho_{w1} = 0.009396\ \mathrm{kg/m^3}$，$D = 0.256 \times 10^{-4}\mathrm{m^2/s}$，$\nu_w = 896.54 \times 10^{-6}\mathrm{m^2/s}$，$r = 2477.7\ \mathrm{kJ/kg}$。

$$Re = \frac{u_\infty L}{\nu_a} = 1.7 \times 10^5$$

$$Sc = \frac{\nu_a}{D} = 0.564$$

$$h_m = \frac{D}{L} \cdot Sh = \frac{D}{L} \times 0.332\, Re^{1/2} Sc^{1/3} = 5.79 \times 10^{-3}\mathrm{m/s}$$

每平方米蒸发率

$$\dot{m} = h_m(\rho_{w1} - \rho_{w2}) = h_m(\rho_{w1} - 0.6\rho_s) = 5.073 \times 10^{-6}\mathrm{kg/s}$$

则每平方米的加热功率 $P = \dot{m} \cdot r = 12.568$ W。

11-14 解题过程 由题意可得 $Sh = 0.332 Re^{1/2} Sc^{1/3} = 135.178$

查教材附录得 $D = 0.62 \times 10^{-5}\mathrm{m^2/s}$

所以 $$h_m = \frac{D}{L} \cdot Sh = 1.73 \times 10^{-3}\mathrm{m/s}$$

11-15 解题过程 由题意可知：忽略水蒸发所带走的热量，设平板的稳态平衡温度为 t。

查教材附录得 $t_f = 50$ ℃ 时空气的物性为 $Pr = 0.698$，$\nu = 17.95 \times 10^{-6}\mathrm{m^2/s}$，$\lambda = 2.83 \times 10^{-2}\mathrm{W/(m \cdot K)}$。

$$Re = \frac{u_\infty L}{\nu} = \frac{15 \times 20 \times 10^{-2}}{17.95 \times 10^{-6}} = 1.67 \times 10^5$$

$$Nu = 0.332 Re^{1/2} Pr^{1/3} = 120.398$$

由 $Nu=\dfrac{hL}{\lambda}$ 可知，$h=\dfrac{Nu\cdot\lambda}{L}=17.036\ \mathrm{W/(m^2\cdot K)}$。

因此有 $h(t_f-t)=\varepsilon\sigma(T^4-T_w^4)$

解得 $t\approx 39.6\ ℃$

综合题

11-16 解题过程 查教材附录得 $t=\dfrac{32+25}{2}=28.5\ ℃$ 时空气的物性为 $\rho=1.199\ \mathrm{kg/m^3}$，$c_p=1.005\ \mathrm{kJ/(kg\cdot K)}$，$\lambda=2.63\times10^{-2}\ \mathrm{W/(m\cdot K)}$。

由水蒸气性质表查得，当 $t_{湿}=25\ ℃$ 时，$\rho_{w1}=0.02383\ \mathrm{kg/m^3}$，$r=2442.6\ \mathrm{kJ/kg}$。

$$\rho_\infty=\rho_{w1}-\frac{t_{干}-t_{湿}}{r}\rho c_p\left(\frac{a}{D}\right)^{2/3}=\rho_{w1}-\frac{t_{干}-t_{湿}}{r}\rho c_p\left(\frac{Sc}{Pr}\right)^{2/3}$$

$$=0.0207\ \mathrm{kg/m^3}$$

假设所需隔热材料的厚度为 δ

则
$$q=\frac{t_{干}-t_w}{\dfrac{1}{hA_1}+\dfrac{\delta}{\lambda A_2}}=h_m(\rho_\infty-\rho_{w2})rA_2$$

$$\frac{h_m}{h}=\frac{D}{\lambda}\left(\frac{Sc}{Pr}\right)^{1/3}$$

$$A_1=\pi dL$$

$$A_2=\pi(d+2\delta)L$$

求得 $\delta=13.3\ \mathrm{mm}$。

11-17 解题过程 由题意可知：$M_A=h_m\rho A\Rightarrow h_m=\dfrac{M_A}{\rho_A}$ （1）

$$h_m=\frac{D}{d}Sh \qquad (2)$$

由式(1) 和式(2) 可得
$$\left.\begin{aligned}Sh&=\frac{d}{D}\cdot\frac{M_A}{\rho_A}\\ Sc&=\frac{\nu}{D}\end{aligned}\right\}\Rightarrow Sh=\frac{d}{\nu}\cdot\frac{M_A}{\rho A}\cdot Sc$$

解 11-17 表

编号	升华量 /mg	试验时间 /min	M_A/ (kg/s)	试件表面的萘蒸气的密度 ρ/(kg/m³)	对应温度下空气的运动黏度 ν/(m²/s)	d/mm	A/m²	Sh
1	3.08	60	8.56×10^{-7}	1.2192×10^{-4}	2.5037×10^{-2}	30	1.508×10^{-3}	13.947
2	3.10	50	1.03×10^{-6}	1.2627×10^{-4}	2.5058×10^{-2}	30	1.508×10^{-3}	16.190
3	2.70	38	1.18×10^{-6}	1.2664×10^{-4}	2.5058×10^{-2}	30	1.508×10^{-3}	18.494
4	2.23	25	1.49×10^{-6}	1.4002×10^{-4}	2.5132×10^{-2}	30	1.508×10^{-3}	21.059

11-18 解题过程 查 $t=\dfrac{20+30}{2}=25$ ℃ 时空气的物性得

$$\nu_1=15.53\times10^{-6}\ \text{m}^2/\text{s},\lambda=2.63\times10^{-2}\ \text{W}/(\text{m}\cdot\text{K}),Pr=0.702$$

查 $t=\dfrac{20+30}{2}=25$ ℃ 时水蒸气的物性得

$$\nu_2=406.715\times10^{-6}\text{m}^2/\text{s},D=0.256\times10^{-4}\text{m}^2/\text{s},\rho_{w1}=0.02383\ \text{kg/m}^3$$

$$Re=\frac{u_\infty d}{\nu_1}=115.905$$

$$Sc=\frac{\nu}{D}=0.607$$

$$\rho_{w2}=\frac{p_w}{R_w T}=0.00557\ \text{kg/m}^3$$

$$Nu=0.023Re^{0.8}Pr^{0.4}=hd/\lambda$$

$$\Rightarrow h=\frac{\lambda}{d}Nu=\frac{0.023\lambda}{d}Re^{0.8}Pr^{0.4}=0.78\ \text{W}/(\text{m}^2\cdot\text{K})$$

$$Sh=0.023Re^{0.8}Sc^{0.4}=h_m d/D$$

$$\Rightarrow h_m=\frac{D}{d}Sh=\frac{0.023D}{d}Re^{0.8}Sc^{0.4}=7.2\times10^{-4}\ \text{m/s}$$

查 $t_w=30$ ℃ 时水蒸气的物性得，汽化潜热 $r=2430.9$ kJ/kg，$L=1$ m，所以每米管子上的总换热量

$$q=q_1+q_2=h\pi dL(t_w-t_f)+rh_m(\rho_{w1}-\rho_{w2})\pi dL=3.747\ \text{W}$$